# 中国国家标准汇编

## 491

GB 26035～26083

（2010 年制定）

中国标准出版社　编

中国质检出版社
中国标准出版社
北　京

**图书在版编目（CIP）数据**

中国国家标准汇编：2010年制定．491：GB 26035～26083/中国标准出版社编．—北京：中国标准出版社，2012
ISBN 978-7-5066-6544-5

Ⅰ．①中…　Ⅱ．①中…　Ⅲ．①国家标准-汇编-中国-2010
Ⅳ．①T-652.1

中国版本图书馆CIP数据核字(2011)第187830号

中国质检出版社
中国标准出版社 出版发行
北京市朝阳区和平里西街甲2号(100013)
北京市西城区三里河北街16号(100045)

网址:www.spc.net.cn
总编室:(010)64275323　发行中心:(010)51780235
读者服务部:(010)68523946
中国标准出版社秦皇岛印刷厂印刷
各地新华书店经销

*

开本 880×1230 1/16　印张 31.5　字数 772 千字
2012年1月第一版　2012年1月第一次印刷

*

定价 220.00 元

# 出 版 说 明

1.《中国国家标准汇编》是一部大型综合性国家标准全集。自1983年起,按国家标准顺序号以精装本、平装本两种装帧形式陆续分册汇编出版。它在一定程度上反映了我国建国以来标准化事业发展的基本情况和主要成就,是各级标准化管理机构,工矿企事业单位,农林牧副渔系统,科研、设计、教学等部门必不可少的工具书。

2.《中国国家标准汇编》收入我国每年正式发布的全部国家标准,分为"制定"卷和"修订"卷两种编辑版本。

"制定"卷收入上一年度我国发布的、新制定的国家标准,顺延前年度标准编号分成若干分册,封面和书脊上注明"20××年制定"字样及分册号,分册号一直连续。各分册中的标准是按照标准编号顺序连续排列的,如有标准顺序号缺号的,除特殊情况注明外,暂为空号。

"修订"卷收入上一年度我国发布的、修订的国家标准,视篇幅分设若干分册,但与"制定"卷分册号无关联,仅在封面和书脊上注明"20××年修订-1,-2,-3,……"字样。"修订"卷各分册中的标准,仍按标准编号顺序排列(但不连续);如有遗漏的,均在当年最后一分册中补齐。需提请读者注意的是,个别非顺延前年度标准编号的新制定的国家标准没有收入在"制定"卷中,而是收入在"修订"卷中。

读者配套购买《中国国家标准汇编》"制定"卷和"修订"卷则可收齐上一年度我国制定和修订的全部国家标准。

3. 由于读者需求的变化,自1996年起,《中国国家标准汇编》仅出版精装本。

4. 2010年我国制修订国家标准共2846项。本分册为"2010年制定"卷第491分册,收入国家标准GB 26035～26083的最新版本。

中国标准出版社

2011年8月

# 目　　录

ICS 77.150.60
H 62

# 中华人民共和国国家标准

GB/T 26035—2010

# 片状锌粉

# Flake zinc powder

2011-01-10 发布　　　　2011-10-01 实施

中华人民共和国国家质量监督检验检疫总局
中国国家标准化管理委员会　发布

# 前　言

本标准按照 GB/T 1.1—2009 给出的规划起草。

本标准参考了德国 ECKART 公司锌片颜料和锌片产品的供货技术指标、美国 ASTM D 267—1982(2008)《铜金粉标准规范》和 GB/T 2085.2—2007《铝粉　第 2 部分:球磨铝粉》及 GB/T 6890—2000《锌粉》标准,根据国内的生产、使用情况制定。

本标准由全国有色金属标准化技术委员会(SAC/TC 243)归口。

本标准负责起草单位:北京矿冶研究总院、北京北矿锌业有限责任公司。

本标准参加起草单位:深圳市中金岭南有色金属股份有限公司。

本标准主要起草人:王爱平、刘葵、李清湘、王彦军、林兴铭、刘春、刘小敏、蔡展彩、杨跃平、黄建民、姜求韬、闻莺、邱刚。

# 片 状 锌 粉

## 1 范围

本标准规定了片状锌粉的要求、试验方法、检验规则和包装、标志、运输、贮存、质量证明书及合同(或订货单)内容等。

本标准适用于以球磨法(包括干法和湿法)生产的片状锌粉。本标准产品主要用于锌铬防腐涂液和富锌防腐涂料等领域。

## 2 规范性引用文件

下列文件对于本文件的应用是必不可少的。凡是注日期的引用文件,仅注日期的版本适用于本文件。凡是不注日期的引用文件,其最新版本(包括所有的修改单)适用于本文件。

GB/T 5060 金属粉末松装密度的测定 第二部分:斯柯特容量计法

GB/T 5314 粉末冶金用粉末的取样方法

GB/T 6890—2000 锌粉

GB/T 19077.1 粒度分析 激光衍射法 第1部分:通则

HG/T 3852—2006 颜料筛余物测定法

YS/T 617.5—2007 铝、镁及其合金粉理化性能测定方法 第5部分:铝粉中油脂含量的测定

## 3 要求

### 3.1 产品分类

片状锌粉按粒度范围不同分为FZP-1、FZP-2和FZP-3三个牌号。

### 3.2 化学成分

片状锌粉的化学成分应符合表1的规定。

**表1 片状锌粉的化学成分**

| 牌　号 | 质量分数/% | | | | | |
|---|---|---|---|---|---|---|
| | 全锌,不小于 | 金属锌,不小于 | 杂质含量,不大于 | | | 油脂,不大于 |
| | | | Fe | Pb | Cd | |
| FZP-1 | 95 | 90 | 0.020 | 0.005 | 0.005 | 4 |
| FZP-2 | | | | | | |
| FZP-3 | | | | | | |

### 3.3 粒度分布、筛余物和松装密度

片状锌粉的粒度分布、筛余物和松装密度应符合表2的规定。

表 2　片状锌粉的粒度分布、筛余物和松装密度

| 牌　　号 | 粒度分布/μm | | | 筛余物/% | 松装密度/(g/cm³) |
|---|---|---|---|---|---|
| | D10 | D50 | D90 | 大于 45 μm 含量,不大于 | |
| FZP-1 | ≥5 | 22～18 | ≤45 | 3 | 0.6～1.3 |
| FZP-2 | ≥4 | 18～14 | ≤40 | 2 | |
| FZP-3 | ≥3 | 14～10 | ≤35 | 1 | |
| 注:本表所列粒度分布值为马尔文激光粒度分析仪分析的结果。 | | | | | |

3.4　**外观质量**

片状锌粉外观呈银灰色,具有明显金属光泽且色泽均匀,锌粉中无粉块和杂物。

3.5　**微观形貌**

微观粒子呈明显的片状形貌,如图 1。

**图 1　片状锌粉的微观形貌**

3.6　**特殊要求**

需方如对产品有其他要求时,由供需双方协商规定。

## 4　试验方法

### 4.1　片状锌粉化学成分的测定方法

**4.1.1**　片状锌粉中全锌的测定按 GB/T 6890—2000 的附录 A 的有关规定进行。

**4.1.2**　片状锌粉中金属锌的测定按本标准附录 B 的有关规定进行,杂质铁、铅、镉的测定按本标准附录 C 的有关规定进行。

**4.1.3**　片状锌粉中油脂的测定按 YS/T 617.5—2007 中方法 2 的规定进行,但在操作步骤中将丙酮用量增加至 80 mL,并且规定丙酮在脂肪洗提器中的循环时间为 8 h。

### 4.2　粒度分布的测定方法

片状锌粉的粒度分布的测定按 GB/T 19077.1 的有关规定进行,测定仪器及测定条件按本标准附录 A 的有关规定进行,试样分散方式采用湿式分散。

### 4.3 筛余物的测定方法

片状锌粉的筛余物的测定按 HG/T 3852—2006 中甲法的有关规定进行，但在测定时需用有机溶剂代替方法中的蒸馏水作为筛分介质。

### 4.4 松装密度的测定方法

片状锌粉的松装密度的测定按 GB/T 5060 的规定进行。

### 4.5 外观质量的检测方法

片状锌粉的外观质量采用目视法检测。

### 4.6 微观形貌的检测方法

片状锌粉的微观形貌通过扫描电子显微镜观察，放大倍数为 200～10 000 倍。

## 5 检验规则

### 5.1 检查与验收

5.1.1 片状锌粉产品应由供方质量监督部门进行检验，保证产品质量符合本标准或合同(或订货单)的规定，并填写质量证明书。

5.1.2 需方可对收到的产品按本标准或合同(或订货单)的规定进行检验，如检验结果与本标准及合同(或订货单)的规定不符时，应在收到产品之日起 30 天内向供方提出，由供需双方协商解决。如需仲裁，仲裁取样在需方由供需双方共同进行。

### 5.2 组批

片状锌粉应成批提交验收，每批应由同一原料生产的同一牌号的片状锌粉组成。每批净重不超过 1 000 kg。

### 5.3 检验项目

每批片状锌粉应进行化学成分、粒度分布、筛余物、松装密度、外观质量的检验。如需方有要求，并在合同中注明，可进行微观形貌的检验。

### 5.4 取样和制样

5.4.1 片状锌粉的取样和制样应符合表 3 的规定。

表 3 片状锌粉的取样和制样

| 检验项目 | 取样和制样方法 | 要求的章条号 | 试验方法的章条号 |
|---|---|---|---|
| 化学成分 | 按 GB/T 5314—1985 的规定 | 3.2 | 4.1 |
| 粒度分布 | 按 GB/T 5314—1985 的规定 | 3.3 | 4.2 |
| 筛余物 | 按 GB/T 5314—1985 的规定 | 3.3 | 4.3 |
| 松装密度 | 按 GB/T 5314—1985 的规定 | 3.3 | 4.4 |
| 外观质量 | 逐件 | 3.4 | 4.5 |
| 微观形貌 | 按 GB/T 5314—1985 的规定 | 3.5 | 4.6 |

5.4.2 将所有试样混匀，并缩分至 300 g，均匀分成 3 等份，供需双方各 1 份，另一份供仲裁分析用。

### 5.5 检验结果的判定

5.5.1 化学成分、粒度分布、筛余物、松装密度和微观形貌的检测结果与本标准或合同（或订货单）规定不符合时，按批判产品不合格。

5.5.2 外观质量的检测结果与本标准或合同（或订货单）规定不符合时，按件判产品不合格。

## 6 包装、标志、运输、贮存和质量证明书

### 6.1 包装

片状锌粉用桶包装，内衬塑料袋，内外包装应封闭严密，完整无损。每桶净重分为 20 kg 或 50 kg。需方如有特殊要求时，由供需双方商定。

### 6.2 标志

在每个包装上用标签或油漆等不易褪色的颜料注明：

a） 生产厂名称及厂址；
b） 产品名称；
c） 批号；
d） 净重；
e） 牌号；
f） 生产日期；
g） “防火”、“防潮”和“轻放”字样。

### 6.3 运输和贮存

6.3.1 片状锌粉在运输过程中应防潮、防火、轻放，避免撞击和跌落。

6.3.2 片状锌粉应贮存在通风、干燥、防火的库房内。

### 6.4 质量证明书

每批片状锌粉出厂时应附有产品质量证明书，其上应注明：

a） 供方名称及厂址；
b） 产品名称和牌号；
c） 批号；
d） 净重和件数；
e） 分析检验结果和质量监督部门印记；
f） 本标准编号；
g） 出厂日期。

## 7 合同（或订货单）内容

本标准所列材料的合同（或订货单）应包括下列内容：

a） 产品名称；

b） 产品牌号；

c） 产品数量；

d） 本标准编号、年代号；

e） 粒度分布检测仪器(厂家和型号)；

f） 其他。

# 附 录 A
## （资料性附录）
## 粒度分布的测定推荐测试条件

标准部分 3.2.2 中粒度的数值是根据英国马尔文激光粒度分析仪测试结果给出的。为使各实验室能够得到一致结果，推荐使用以下列出的测试条件，参见表 A.1。

**表 A.1 粒度分布测试条件**

| 分散介质 | 分散剂 | 推荐仪器工作条件 | | |
| --- | --- | --- | --- | --- |
| | | 超声强度和超声时间 | 泵速/(r/min) | 遮光度/% |
| 水 | 聚丙烯酸盐类 | 视样品粒度而定，一般来说，样品越细，超声时间约长，超声设备的工作条件如下：<br>设备功率：80 W～250 W<br>超声时间：0.5 min～2 min | 2 500～3 000 | 5～10 |

# 附　录　B
# （规范性附录）
# 金属锌含量的测定

## B.1　范围

本方法适用于片状锌粉中金属锌含量的测定。测定范围：88%～99%。

## B.2　方法提要

试样中的金属锌，可在微酸性溶液中与三氯化铁反应生成相当量的氯化亚铁，在硫酸-磷酸-硫酸锰的混合溶液中，用高锰酸钾标准溶液滴定，间接计算试样中金属锌的含量。

## B.3　试剂

除非另有说明，在分析中仅使用确认为分析纯的试剂和蒸馏水或去离子水或相当纯度的水。

**B.3.1**　三水合乙酸钠溶液(200 g/L)分析纯：称取 20 g 乙酸钠溶于 80 mL 水中，加水至 100 mL。

**B.3.2**　六水合三氯化铁溶液(200 g/L)分析纯：称取 20 g 三氯化铁溶于 50 mL 水中，加入三水合乙酸钠溶液(B.3.1)20 mL，搅拌溶解完全后，加水至 100 mL。可根据需要配够一天的用量。

**B.3.3**　混合保护液：称取 51 g 一水合硫酸锰(分析纯)置于 2 L 烧杯中，加入 300 mL 水，搅拌溶解完全后，用量筒量取 130 mL 硫酸(分析纯)(ρ1.84 g/mL)缓缓加入到烧杯中，边加边搅拌，再用量筒量取 138 mL 磷酸(分析纯)(ρ1.69 g/mL)缓缓加入到烧杯中，边加边搅拌，然后用水稀释至 1 L。

**B.3.4**　硫酸(1+19)，分析纯。

**B.3.5**　无水乙醇，分析纯。

**B.3.6**　高锰酸钾标准溶液，优级纯。

**B.3.6.1**　配制：称取 8 g 高锰酸钾置于 2 L 烧杯中，加入 1 L 蒸馏水，煮沸 1 h，冷却，静置 7 日后，用玻璃丝或脱脂棉过滤于 2 L 棕色容量瓶中，用蒸馏水稀释至 2 L，摇匀。次日进行标定。

**B.3.6.2**　标定：称取 0.30 g(精确至 0.000 1 g)无水草酸钠(在 105 ℃±5 ℃烘箱中干燥 1 h)置于 500 mL 锥形瓶中，加入 200 mL 硫酸(B.3.4)溶液，加热至 70 ℃～80 ℃，立即用高锰酸钾溶液滴定至出现淡红色为终点。

高锰酸钾标准溶液对 Zn 的滴定系数按式(B.1)计算：

$$T=\frac{m\times 0.4879}{V-V_0} \qquad \cdots\cdots(B.1)$$

式中：

$T$　——高锰酸钾标准溶液对 Zn 元素的滴定系数，单位为克每毫升(g/mL)；

$m$　——称取草酸钠的质量，单位为克(g)；

$V$　——标定时消耗高锰酸钾标准溶液的体积，单位为毫升(mL)；

$V_0$　——空白消耗高锰酸钾标准溶液的体积，单位为毫升(mL)；

0.487 9——草酸钠转化为对 Zn 元素系数。

取3份进行标定，其标定的极差值不大于0.000 01 g/mL，取其平均值。否则重新标定。

## B.4 分析步骤

**B.4.1** 称取试样0.2 g(精确至0.000 1 g)于干燥的500 mL碘量瓶中，加1 mL～1.5 mL无水乙醇(B.3.5)将试样充分分散后，立即加入25 mL三氯化铁溶液(B.3.2)，随即盖上瓶塞摇动，以防试样沾底，放置在磁力搅拌器上搅拌或手动摇动直至试样完全溶解。(需15 min～20 min)。

**B.4.2** 向碘量瓶中加入25 mL混合保护液(B.3.3)，125 mL水，用高锰酸钾标准溶液(B.3.6)滴定至淡红色为终点。

随同试料做空白试验。

## B.5 分析结果的计算

按式(B.2)计算金属锌的含量，以质量分数$w_{Zn}$计，单位以%表示：

$$w_{Zn}=\frac{T\times(V_1-V_0)}{m}\times 100 \qquad \cdots\cdots(B.2)$$

式中：

$T$——高锰酸钾标准溶液对Zn元素的滴定系数，单位为克每毫升(g/mL)；

$V_1$——滴定试样消耗高锰酸钾标准溶液的体积，单位为毫升(mL)；

$V_0$——滴定空白消耗高锰酸钾标准溶液的体积，单位为毫升(mL)；

$m$——称取试样的质量，单位为克(g)。

## B.6 允许差

实验室之间分析结果的数值应不大于表B.1所列允许差。

**表B.1 允许差** %

| $w_{Zn}$ | 允许差 |
|---|---|
| 88～99 | 0.80 |

# 附 录 C
（规范性附录）
火焰原子吸收光谱法测定铅、铁、隔量

## C.1 范围

本方法适用于片状锌粉中铅、铁、隔量的测定，测定范围：铅：0.002 0%～0.10%，铁、镉：0.001 0%～0.10%。

## C.2 方法提要

试样以硝酸、盐酸、过氧化氢分解，在稀盐酸介质中分别于原子吸收分光光度计波长 283.3 nm、248.3 nm、228.8 nm 处以空气-乙炔火焰测量铅、铁、镉的吸光度，按标准曲线法计算其含量。

## C.3 试剂

除非另有说明，在分析中仅使用确认为分析纯的试剂和蒸馏水或去离子水或相当纯度的水。

**C.3.1** 盐酸（$\rho$=1.19 g/mL）。

**C.3.2** 过氧化氢（30%）。

**C.3.3** 盐酸（1+1）。

**C.3.4** 硝酸（1+1）。

**C.3.5** 硝酸（1+3）。

**C.3.6** 铅标准贮存溶液：称取 0.100 0 g 金属铅（>99.99%）于 250 mL 烧杯中，加入 10 mL 硝骏（C.3.5），加热至溶解完全，煮沸除去氮的氧化物，取下冷却，移入 1 000 mL 容量瓶中，用水稀释至刻度混匀，此溶液 1 mL 含铅 0.1 mg。

**C.3.7** 铁标准贮存溶液：称取 0.100 0 g 金属铁（>99.99%）于 250 mL 烧杯中，加入 10 mL 硝酸（C.3.5），加热至溶解完全，煮沸除去氮的氧化物，取下冷却，移入 1 000 mL 容量瓶中，用水稀释至刻度混匀，此溶液 1 mL 含铁 0.1 mg。

**C.3.8** 镉标准贮存溶液：称取 0.100 0 g 金属镉（>99.99%）于 250 mL 烧杯中，加入 10 mL 硝酸（C.3.5），加热至溶解完全，煮沸除去氮的氧化物，取下冷却，移入 1 000 mL 容量瓶中，用水稀释至刻度混匀，此溶液 1 mL 含镉 0.1 mg。

**C.3.9** 镉标准溶液：移取镉标准贮存溶液（C.3.8）10 mL 于 100 mL 容量瓶中，加入 10 mL 盐酸（C.3.3）以水稀释至刻度，混匀，此溶液 1 mL 含镉 0.01 mg。

## C.4 仪器

原子吸收分光光度计，附铅、铁、镉空心阴极灯。

在仪器最佳工作条件下，凡能达到下列指标的仪器均可使用。

——灵敏度：在与测量试样溶液的基体相一致的溶液中，铅的特征浓度应不大于 0.20 μg/mL，铁的特征浓度应不大于 0.10 μg/mL 镉的特征浓度应不大于 0.020 μg/mL。

——精密度:用最高浓度的标准溶液测量 10 次吸光度,其标准偏差应不超过平均吸光度的 1.0%。用最低浓度的标准溶液(不是"零"标准溶液)测量 10 次吸光度,其标准偏差应不超过最高浓度标准溶液平均吸光度的 0.5%。

——工作曲线线性:将工作曲线按浓度等分成 5 段,最高段的吸光度差值与最低段的吸光度差值之比,应不小于 0.8。

仪器参考工作条件见表 C.1。

**表 C.1 仪器参考工作条件**

| 元素 | 波长/nm | 灯电流/mA | 燃烧器高度/mm | 狭缝/nm | 空气流量/(L/min) | 乙炔流量/(L/min) |
|---|---|---|---|---|---|---|
| 铅 | 283.3 | 3 | 7.5 | 0.2 | 4.5 | 1.2 |
| 铁 | 248.3 | 4 | 7.5 | 0.2 | 4.5 | 1.0 |
| 镉 | 228.8 | 3 | 7.5 | 0.2 | 5.0 | 1.0 |

## C.5 分析步骤

### C.5.1 试料

按表 C.2 称取试样,精确至 0.000 1 g。

**表 C.2 称样量及测定体积**

| 元素 | 质量分数/% | 试料量/g | 测定体积/mL | 分取溶液体积/mL |
|---|---|---|---|---|
| 铅 | 0.002 0～0.025 | 2.0 | 100 | 全量 |
| | >0.025～0.05 | 1.0 | 100 | — |
| | >0.05～0.1 | 0.50 | 100 | — |
| 铁 | 0.001 0～0.010 | 2.0 | 100 | — |
| | >0.010～0.05 | 1.0 | 100 | — |
| | >0.05～0.1 | 0.50 | 100 | — |
| 镉 | 0.001 0～0.010 | 0.5 | 100 | — |
| | >0.010～0.050 | 1.0 | 100 | 10 |
| | >0.05～0.1 | 0.50 | 100 | 10 |

### C.5.2 测定次数

独立地进行二次测定,取其平均值。

### C.5.3 空白试验

随同试料做空白试验。

### C.5.4 测定

C.5.4.1 将试料(C.5.1)置于 250 mL 烧杯中,加 5 mL～10 mL 硝酸(C.3.4)、10 mL～15 mL 盐酸

(C.3.3)和 1 mL 过氧化氢(C.3.2),盖上表皿,低温加热至溶解完全,煮沸片刻,冷却,移入 100 mL 容量瓶中,以水稀释至刻度,混匀。

**C.5.4.2** 当镉含量>0.010%时,分取 10 mL 试液(C.5.4.1)于 100 mL 容量瓶中,加入 10 mL 盐酸(C.3.3)以水稀释至刻度,混匀。

**C.5.4.3** 使用空气-乙炔火焰,分别于原子吸收分光光度计波长 283.3 nm、248.3 nm、228.8 nm 处,以水调零,与系列标准溶液同时测量试料溶液的吸光度,减去试样空白溶液的吸光度,从工作曲线上查出相应的铅、铁、镉浓度。

### C.5.5 工作曲线的绘制

**C.5.5.1** 铅工作曲线

移取铅标准溶液(C.3.6)0.00 mL、0.50 mL、1.00 mL、2.00 mL、4.00 mL、5.00 mL 于一组 100 mL容量瓶中,分别加入 10 mL 盐酸(C.3.3)以水稀释至刻度,混匀。

**C.5.5.2** 铁工作曲线

移取铁标准溶液(C.3.7)0.00 mL、0.50 mL、1.00 mL、2.00 mL、3.00 mL、4.00 mL 于一组 100 mL容量瓶中,分别加入 10 mL 盐酸(C.3.3)以水稀释至刻度,混匀。

**C.5.5.3** 镉工作曲线

移取镉标准溶液(C.3.9)0.00 mL、1.00 mL、2.00 mL、3.00 mL、4.00 mL、5.00 mL 于一组 100 mL容量瓶中,分别加入 10 mL 盐酸(C.3.3)以水稀释至刻度,混匀。

**C.5.5.4** 在与测定试料溶液相同条件下,分别测定铅、铁和镉系列标准溶液的吸光度,减去系列标准溶液中"零"浓度溶液的吸光度,以吸光度为纵坐标,浓度为横坐标,分别绘制铅、铁和镉的工作曲线。

## C.6 分析结果的计算

按式(C.1)计算铅、铁、镉的含量,以质量分数 $w_X$ 计,单位以%表示:

$$w_X = \frac{\rho \cdot V \cdot V_2 \times 10^{-6}}{m \cdot V_1} \times 100 \qquad \cdots\cdots(C.1)$$

式中:

$\rho$ ——自工作曲线上查得的铅、铁、镉浓度,单位为微克每毫升(μg/mL);

$V$ ——试液总体积,单位为毫升(mL);

$V_1$——分取试液体积,单位为毫升(mL);

$V_2$——测量试液体积,单位为毫升(mL);

$m$ ——试料的质量,单位为克(g)。

## C.7 允许差

实验室之间分析结果的差值应不大于表 C.3 所列允许差。

表 C.3 允许差

| 元　素 | 质量分数/% | 允许差/% |
|---|---|---|
| $w_{Pb}$ | 0.002 0～0.010 | 0.001 |
| | ＞0.010～0.030 | 0.003 |
| | ＞0.030～0.100 | 0.010 |
| $w_{Fe}$ | 0.001 0～0.010 | 0.000 5 |
| | ＞0.010～0.030 | 0.004 |
| | ＞0.030～0.060 | 0.008 |
| | ＞0.060～0.100 | 0.015 |
| $w_{Cd}$ | 0.001 0～0.010 | 0.000 5 |
| | ＞0.010～0.030 | 0.003 |
| | ＞0.030～0.100 | 0.010 |

ICS 77.150.10
H 61

# 中华人民共和国国家标准

GB/T 26036—2010

# 汽车轮毂用铝合金模锻件

**Aluminium alloys die forgings for motor-wheel**

2011-01-10 发布

2011-10-01 实施

中华人民共和国国家质量监督检验检疫总局
中国国家标准化管理委员会 发布

15

# 前　言

本标准由中国有色金属工业协会提出。

本标准由全国有色金属标准化技术委员会(SAC/TC 243)归口。

本标准负责起草单位:西南铝业(集团)有限责任公司。

本标准参加起草单位:东北轻合金有限责任公司。

本标准主要起草人:曾庆华、方清万、阙基容、李瑞山、王正安、刘科研。

# 汽车轮毂用铝合金模锻件

## 1 范围

本标准规定了汽车轮毂用铝合金模锻件的要求、试验方法、检验规则、标志、包装、运输、贮存及质量证明书与合同(或订货单)内容。

本标准适用于汽车用整体轮毂、旋压毛坯及乘用车轮辐用铝合金模锻件(以下简称模锻件)。

## 2 规范性引用文件

下列文件对于本文件的应用是必不可少的。凡是注日期的引用文件,仅所注日期的版本适用于本文件。凡是不注日期的引用文件,其最新版本(包括所有的修改单)适用于本文件。

GB/T 228 金属材料 室温拉伸试验方法

GB/T 231.1 金属材料 布氏硬度试验 第1部分:试验方法

GB/T 3190 变形铝及铝合金化学成分

GB/T 3199 铝及铝合金加工产品包装、标志、运输、贮存

GB/T 3246.1 变形铝及铝合金制品显微组织检验方法

GB/T 3246.2 变形铝及铝合金制品低倍组织检验方法

GB/T 6519 变形铝合金产品超声波检验方法

GB/T 7999 铝及铝合金光电直读发射光谱分析方法

GB/T 8545 铝及铝合金模锻件的尺寸偏差及加工余量

GB/T 16865 变形铝、镁及其合金加工制品拉伸试验用试样

GB/T 17432 变形铝及铝合金化学成分分析取样方法

GB/T 20975(所有部分) 铝及铝合金化学分析方法

## 3 要求

### 3.1 产品分类

模锻件的类别、牌号及供应状态应符合表1的规定。

**表 1**

| 类别 | 牌号 | 供应状态 |
|---|---|---|
| 整体模锻轮毂 | 6061 | T6 |
| 模锻轮辐 | | |
| 轮毂旋压毛坯 | | O、F |

### 3.2 化学成分

模锻件的 Pb 含量不大于 0.01%,其他含量应符合 GB/T 3190 的规定。

## 3.3 尺寸偏差

模锻件的尺寸及偏差应符合供需双方签订的图样规定，图样中未规定偏差且可直接测量的尺寸，其尺寸偏差应符合 GB/T 8545。

## 3.4 力学性能

模锻件的室温拉伸试验结果应符合表 2 的规定。

**表 2**

| 类别 | 供应状态 | 试样状态 | 厚度/mm | 室温拉伸试验结果 | | | | | | | | 布氏硬度 HB |
|---|---|---|---|---|---|---|---|---|---|---|---|---|
| | | | | 顺流线试样的拉伸性能 | | | | 非流线试样的拉伸性能 | | | | |
| | | | | 抗拉强度 $R_m$/(N/mm²) | 规定非比例延伸强度 $R_{p0.2}$/(N/mm²) | 断后伸长率/% | | 抗拉强度 $R_m$/(N/mm²) | 规定非比例延伸强度 $R_{p0.2}$/(N/mm²) | 断后伸长率/% | | |
| | | | | | | $A_{50\ mm}$ | $A$ | | | $A_{50\ mm}$ | $A$ | |
| | | | | 不小于 | | | | | | | | |
| 整体模锻轮毂 | T6 | T6 | ≤100 | 330 | 290 | — | 11 | 330 | 290 | — | 9 | 102 |
| 模锻轮辐 | T6 | T6 | ≤100 | 310 | — | — | 12 | — | — | — | — | 75～95 |
| 轮毂旋压毛坯 | F 或 O | T62 | ≤100 | 260 | 240 | 7 | 6 | 260 | 240 | 5 | 4 | 80 |

## 3.5 布氏硬度

模锻件的布氏硬度应符合表 2 的规定。

## 3.6 超声波

对需要进行超声波检验的锻件，可供需双方协商，并在图样或合同中注明超声波检验及检验的级别。

## 3.7 疲劳性能

需要进行疲劳性能检验的锻件，可供需双方协商，并在图样或合同中注明疲劳性能检验方法及级别。

## 3.8 低倍组织

3.8.1 低倍组织中的流线不允许有穿流和严重的涡流。

3.8.2 低倍组织上不允许有非金属夹杂和裂纹。

3.8.3 低倍试片上的氧化膜，每点长度应不大于 3.0 mm。

### 3.9 显微组织

显微组织应为变形组织且不允许有过烧。

### 3.10 外观质量

3.10.1 模锻件需经蚀洗,其表面应光洁,无腐蚀。

3.10.2 待加工模锻件表面的裂纹应予清除。其他有规律性缺陷允许进行检验性打磨以确定其深度,但缺陷深度应保证模锻件留有三分之一的名义加工余量。

## 4 试验方法

### 4.1 化学成分

化学成分分析取样按 GB/T 17432 规定,试验方法可采用 GB/T 7999 或 GB/T 20975,仲裁分析方法应符合 GB/T 20975 的规定。

### 4.2 尺寸偏差

尺寸偏差应用相应精度的量具或专用工具进行测量。

### 4.3 力学性能

室温拉伸试验方法应符合 GB/T 228 的规定。

### 4.4 布氏硬度

布氏硬度试验方法应符合 GB/T 231.1 的规定。

### 4.5 超声波检验

超声波检验方法按 GB/T 6519 进行。

### 4.6 疲劳性能

疲劳性能试验方法应符合图样或合同中注明的疲劳性能试验方法的规定。

### 4.7 低倍组织

低倍组织检验方法应符合 GB/T 3246.2 的规定。

### 4.8 显微组织

显微组织检验方法应符合 GB/T 3246.1 规定。

### 4.9 外观质量

表面质量用目视检验,当缺陷深度难以确定时,可以打磨后测量。

## 5 检验规则

### 5.1 检查和验收

5.1.1 模锻件应由供方技术监督部门进行检验,保证模锻件质量符合本标准及合同(或订货单)的规定，并填写质量证明书。

5.1.2 需方应对收到的模锻件按本标准的规定进行复验。复验结果与本标准及订货合同的规定不符时，应以书面形式向供方提出，由供需双方协商解决。属于表面质量及尺寸偏差的异议，应在收到模锻件之日起一个月内提出，属于其他性能的异议，应在收到模锻件之日起三个月内提出。如需仲裁，仲裁取样应由供需双方共同进行。

### 5.2 组批

锻件应成批提交验收，每批应由同一牌号、状态和规格组成。

### 5.3 计重

锻件采用检斤计重。

### 5.4 检验项目

5.4.1 每批模锻件出厂前均应进行化学成分、尺寸偏差、力学性能、布氏硬度和外观质量的检验。

5.4.2 淬火制品应进行显微组织检验。

5.4.3 合同中注明超声波检验的模锻件应进行超声波检验，可不检验低倍组织。不进行超声波检验的模锻件应检验低倍组织。

### 5.5 取样

模锻件的取样应符合表3的规定。

**表 3**

| 检验项目 | 取样规定 | 要求的章条号 | 试验方法的章条号 |
|---|---|---|---|
| 化学成分 | 按GB/T 17432的规定进行 | 3.2 | 4.1 |
| 尺寸偏差 | 逐件检验 | 3.3 | 4.2 |
| 力学性能 | 每批(或淬火炉)应取1件锻件或专用的试验锻坯，并在其上按规定切取各个方向上的试样各1个。拉伸试样应符合GB/T 16865的规定。 | 3.4 | 4.3 |
| 布氏硬度 | 逐件检验 | 3.5 | 4.4 |
| 超声波检验 | 合同中注明检验超声波的锻件，逐件检验。 | 3.6 | 4.5 |
| 疲劳性能 | 从锻件或试验余料、或试验锻坯上切取一个试样检验。 | 3.7 | 4.6 |
| 低倍组织 | 从锻件或试验余料、或试验锻坯上切取一个试样检验。 | 3.8 | 4.7 |
| 显微组织 | 从锻件或试验余料、或试验锻坯上切取一个试样检验。 | 3.9 | 4.8 |
| 外观质量 | 逐件检验 | 3.10 | 4.9 |

### 5.6 检验结果的判定

5.6.1 化学成分不合格时，判批不合格。

5.6.2 尺寸偏差不合格时，判件不合格。

5.6.3 力学性能不合格时，应从原试样的相邻部位或其他锻件上另取双倍数量的试样进行重复试验，重复试验合格时判批(或淬火炉)合格。若重复试验结果仍有不合格者时，判批(或淬火炉)不合格，但允许供方进行重新热处理后重新取样检验。

5.6.4 布氏硬度不合格时，判件不合格。

5.6.5 超声波检验不合格时，判件不合格。

5.6.6 疲劳性能不合格时，判该件不合格。从其余锻件中另取 2 件进行重复试验，重复试验合格时判批合格，重复试验仍不合格时，判批不合格。

5.6.7 低倍组织不合格时，判该件不合格。从其余锻件中另取 2 件进行重复试验，重复试验合格时判批合格，重复试验仍不合格时，判批不合格。

5.6.8 显微组织不合格时，判批（或热处理炉）不合格。

5.6.9 外观质量不合格时，判件不合格。

5.6.10 当出现其他缺陷时，该批模锻件由供需双方协商处理。

## 6 标志、包装、运输、贮存

### 6.1 标志

6.1.1 在检验合格的模锻件上打印如下标记（或贴标签）：

a） 供方技术监督部门的检印；

b） 牌号；

c） 状态；

d） 淬火炉次号；

e） 锻件代号标记；

f） 模锻件批号。

6.1.2 模锻件的包装箱标志应符合 GB/T 3199 的规定。

### 6.2 包装、运输、贮存

6.2.1 需加工的模锻件可简易包装。不加工或局部加工的模锻件应包装，如需要涂油或有特殊要求时，可双方协商并在合同中注明。

6.2.2 其他按 GB/T 3199 的规定。

### 6.3 质量证明书

每批锻件应附有符合本标准规定的产品质量证明书，其上注明：

a） 供方名称、地址、电话、传真；

b） 产品名称；

c） 牌号、供应状态；

d） 规格或锻件代号；

e） 批号、热处理炉号；

f） 净重或件数；

g） 各项分析检验项目的试验或检验结果；

h） 技术监督部门的印记；

i） 本标准编号；

j） 包装日期（或出厂日期）。

## 7 合同内容

订购本标准所列产品的合同(或订货单)内应包括下列内容:

a) 产品名称;

b) 牌号;

c) 供应状态;

d) 规格或锻件代号;

e) 净重(或件数);

f) 本标准编号。

ICS 77.150.99
H 63

# 中华人民共和国国家标准

GB/T 26037—2010

# 深冲用粉末冶金钽板

## Powder metallurgic tantalum sheets for deep-drawning

2011-01-10 发布　　　　2011-10-01 实施

中华人民共和国国家质量监督检验检疫总局
中国国家标准化管理委员会　发布

# 前　　言

本标准由中国有色金属工业协会提出。

本标准由全国有色金属标准化技术委员会(SAC/TC 243)归口。

本标准起草单位:西部金属材料股份有限公司、西北有色金属研究院。

本标准主要起草人:李高林、杨军红、武宇、赵鸿磊、宜楠、姚修楠、张锟宇。

# 深冲用粉末冶金钽板

## 1 范围

本标准规定了深冲用粉末冶金钽板的分类、要求、试验方法、检验规则、标志、包装、运输和贮存，质量证明书和合同(或订货单)内容。

本标准适用于制作喷丝头或有其他深冲要求的粉末冶金钽板。

## 2 规范性引用标准

下列文件对于本文件的应用是必不可少的。凡是注日期的引用文件，仅注日期的版本适用于本文件。凡是不注日期的引用文件，其最新版本(包括所有的修改单)适用于本文件。

GB/T 228 金属材料 室温拉伸试验方法

GB/T 4156 金属材料 薄板和薄带埃里克森杯突试验

GB/T 4340.1 金属材料 维氏硬度试验 第1部分:试验方法

GB/T 6394 金属平均晶粒度测定法

GB/T 15076(所有部分) 钽铌化学分析方法

## 3 要求

### 3.1 产品牌号、状态和规格

产品的牌号、状态和规格应符合表1的规定。

表 1

| 牌 号 | 状 态 | 厚度/mm | 宽度/mm | 长度/mm |
|---|---|---|---|---|
| FTa1 | 退火态(M) | 0.1～3.0 | 25～150 | 75～2 000 |

### 3.2 标记示例

产品标记按产品名称、牌号、状态、规格、标准编号的顺序表示，标记示例如下：

按本标准生产的粉末冶金钽板，退火态，厚度为0.25 mm，宽度为75 mm，长度为300 mm的板材标记为：

板 FTa1 M 0.25×75×300 GB/T 26037—2010

### 3.3 化学成分

产品的化学成分应符合表2规定。

表 2

| 主成分 | 杂质含量(质量分数)/%,不大于 | | | | | | | | | | |
|---|---|---|---|---|---|---|---|---|---|---|---|
| Ta | C | N | H | O | Nb | Fe | Ti | W | Mo | Si | Ni |
| 余量 | 0.010 | 0.010 | 0.001 5 | 0.03 | 0.050 | 0.01 | 0.005 | 0.02 | 0.02 | 0.005 | 0.005 |

## 3.4 室温力学性能

产品的室温力学性能应符合表 3 的规定。

表 3

| 牌　号 | 状　态 | 厚度/mm | 抗拉强度 $R_m$/MPa | 规定非比例延伸强度 $R_{p0.2}$/MPa | 断后伸长率 $A$/% |
|---|---|---|---|---|---|
| FTa1 | M | 0.1～0.5 | ≥207 | ≥137 | ≥25 |
| | | >0.5～3.0 | | | ≥30 |

## 3.5 晶粒度、杯突和维氏硬度

产品的晶粒度,杯突值和维氏硬度应符合表 4 的规定。

表 4

| 牌号 | 状态 | 晶粒度/级 | 杯突值/mm | 维氏硬度 |
|---|---|---|---|---|
| FTa1 | M | ≥7.5 | ≥7.5 | 95～130 |

## 3.6 尺寸及允许偏差

3.6.1 板材的厚度、宽度、长度的允许偏差应符合表 5 的规定,合同(或订货单)中未注明厚度公差,按二级厚度公差供货。

表 5　　单位为毫米

| 厚　度 | 厚度允许偏差 | | 宽度允许偏差 | 长度允许偏差 |
|---|---|---|---|---|
| | 一级 | 二级 | | |
| 0.1～0.2 | ±0.015 | ±0.02 | ±0.15 | $^{+2}_{0}$ |
| >0.2～0.3 | ±0.02 | ±0.03 | | |
| >0.3～0.5 | ±0.03 | ±0.04 | ±0.20 | |
| >0.5～0.8 | ±0.04 | ±0.06 | | |
| >0.8～1.5 | ±0.08 | ±0.12 | ±0.80 | |
| >1.5～3.0 | ±0.12 | ±0.15 | | |

3.6.2 板材边部应剪切整齐,无裂口。

### 3.7 平直度要求

板材平直度应不大于3%。

### 3.8 外观质量

3.8.1 板材表面应光亮，不允许有裂纹、起皮、折叠、明显的氧化、杂质压入等缺陷。

3.8.2 板材表面允许有轻微划伤和辊印，允许有经过轧制的修磨痕迹，允许有不影响使用的压坑。

## 4 试验方法

### 4.1 化学成分分析方法

板材的化学成分分析方法按GB/T 15076的规定进行。

### 4.2 室温力学性能检验方法

板材室温力学性能检验方法按GB/T 228进行。

### 4.3 晶粒度、杯突和维氏硬度检验方法

板材的晶粒度按GB/T 6394的规定进行检验；杯突按GB/T 4156的规定进行检验；维氏硬度按GB/T 4340.1的规定进行检验。

### 4.4 尺寸测量方法

板材在距离边部不小于10 mm处，用相应精度的千分尺测量其厚度。用钢板尺或卷尺测量其长度，用游标卡尺测量其宽度。

### 4.5 平直度测量方法

板材平直度按图1测量，按式(1)计算：

$$平直度(\%)=(H/L)\times 100 \quad\cdots\cdots(1)$$

式中：

$H$——板材下表面与基准面之间的最大垂直距离，用塞尺测量，单位为毫米(mm)；

$L$——板材最高点与基准面接触点之间的最小水平距离，用游标卡尺测量，单位为毫米(mm)。

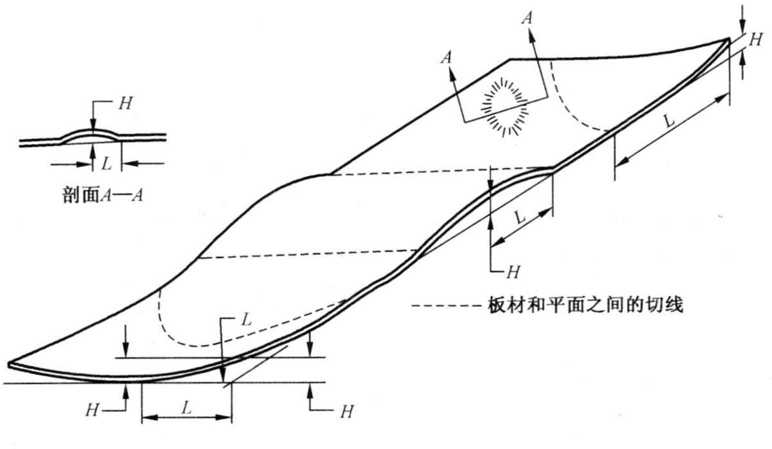


图 1

### 4.6 外观质量的检验方法

板材的外观质量采用目视检验，必要时放大20倍目视检验。

## 5 检验规则

### 5.1 检查和验收

5.1.1 板材应由供方进行检验，并保证产品质量符合本标准及合同（订货单）的规定，并填写质量证明书。

5.1.2 需方可对收到的产品进行检验。如检验结果与本标准不符时，在收到产品之日起三个月内向供方提出，双方协商解决。如需仲裁，仲裁取样由供需双方在需方共同进行。

### 5.2 组批

板材应成批提交验收。每批由同一牌号、同一烧结炉号、同一规格、同一状态的板材组成。

### 5.3 检验项目及取样

板材检验项目，取样规定应符合表6的规定。

表6

| 检验项目 | 取样规定 | 要求章条号 | 检验章条号 |
|---|---|---|---|
| 化学成分 | 每批任取一张，产品头部任取一份试样 | 3.3 | 4.1 |
| 力学性能 | 每批任取一张，产品纵向任取两个试样 | 3.4 | 4.2 |
| 晶粒度 | 每批任取一张，产品任取一个试样 | 3.5 | 4.3 |
| 显微硬度 | 每批任取一张，产品任取一个试样 | 3.5 | 4.3 |
| 杯突试验 | 每批任取一张，产品剪切前任取两个试样 | 3.5 | 4.3 |
| 外形尺寸 | 逐张检验 | 3.6 | 4.4 |
| 平直度 | 逐张检验 | 3.7 | 4.5 |
| 外观质量 | 逐张检验 | 3.8 | 4.6 |

### 5.4 检验结果判定

5.4.1 板材化学成分检验结果不合格时，应从该批产品中取双倍样品进行不合格项目的重复试验。如仍有一个结果不合格时，则判该批不合格。

5.4.2 室温力学性能、晶粒度、维氏硬度和杯突试验中，如有一个试验结果不合格，应从该批中取双倍试样对该不合格项目进行重复试验。若重复试验结果仍有一个试验结果不合格时，判该批产品不合格。但允许供方逐张进行不合格项目的检验，合格者重新组批交货。

5.4.3 尺寸及允许偏差、平直度和外观质量检验不合格者，判单张产品不合格。

## 6 标志、包装、运输、贮存及质量证明书

### 6.1 产品标志

在检验合格的板材和包装箱上应作如下标志：

a) 供方名称；
b) 产品牌号、规格和状态；
c) 产品批号或炉号。

### 6.2 包装、运输和贮存

6.2.1 板材每张之间用软纸隔开，然后放在装有防潮纸的干燥木箱内，各板之间用填充材料塞紧，防止窜动。

6.2.2 箱内应衬防潮纸，箱外注明“防潮”、“轻放”等字样或标志。

6.2.3 运输和保管时，要防止碰伤、受潮和活性化学试剂的浸蚀。

### 6.3 质量证明书

每批产品应附有质量证明书。其上注明：
a) 供方名称；
b) 产品名称；
c) 产品牌号、规格和状态；
d) 产品批号(或炉号)、批重和件数；
e) 各项分析检验结果及检验部门印记；
f) 本标准编号；
g) 检验日期。

## 7 合同(或订货单)内容

本标准所列材料的合同(或订货单)应包括下列内容：
a) 产品名称；
b) 牌号、规格和状态；
c) 产品净重和张数；
d) 本标准编号；
e) 其他。

ICS 77.150
H 63

# 中华人民共和国国家标准

GB/T 26038—2010

# 钨基高比重合金板材

**Tungsten base, high-density alloy plate**

2011-01-10 发布　　2011-10-01 实施

中华人民共和国国家质量监督检验检疫总局
中国国家标准化管理委员会　发布

# 前　言

本标准由中国有色金属工业协会提出。

本标准由全国有色金属标准化技术委员会归口。

本标准由西部金属材料股份有限公司负责起草。

本标准由西北有色金属研究院参加起草。

本标准主要起草人：邓自南、丁旭、郭让民、赵娟、糜丹青、王国栋。

# 钨基高比重合金板材

## 1 范围

本标准规定了钨基高比重合金板材的要求，试验方法，检验规则及标志、包装、运输、贮存及质量证明书与合同(或订货单)内容。

本标准适用于粉末冶金板坯经轧制生产的钨基高比重合金板材。

## 2 规范性引用文件

下列文件中的条款通过本标准的引用而成为本标准的条款。凡是注日期的引用文件，其随后所有的修改单(不包括勘误的内容)或修订版均不适用于本标准，然而，鼓励根据本标准达成协议的各方研究是否可使用这些文件的最新版本。凡是不注日期的引用文件，其最新版本适用于本标准。

GB/T 228　金属材料　室温拉伸试验方法

GB/T 3850　致密烧结金属材料与硬质合金密度测定方法

GB/T 4193　电真空器件、电光源用细钨钼丝和薄带的密度测试方法

GB/T 4324(所有部分)　钨化学分析方法

GB/T 8170　数值修约规则与极限数值的表示和判定

## 3 要求

### 3.1 产品分类

#### 3.1.1 产品牌号

钨基高比重合金板材牌号按表1分类。

**表1　钨基高比重合金板材牌号**

| 牌　号 | 钨公称含量(质量分数)/% |
|---|---|
| W90NiFe | 90 |
| W93NiFe | 93 |
| W95NiFe | 95 |
| W97NiFe | 97 |

#### 3.1.2 状态和规格

产品的状态和规格应符合表2的规定。

**表2　钨基高比重合金板材状态和规格**　　单位为毫米

| 牌　号 | 状　态 | 规　格 | | |
|---|---|---|---|---|
| | | 厚度 | 宽度 | 长度 |
| W90NiFe<br>W93NiFe<br>W95NiFe<br>W97NiFe | 硬态(Y)<br>消除应力态(m) | 0.10～0.20 | 30～300 | 50～500 |
| | 消除应力态(m) | >0.20～1.00 | 50～400 | 50～1 000 |
| | 热轧态(R)<br>消除应力态(m) | >1.00～2.00 | 50～400 | 50～1 000 |
| | | >2.00～6.00 | 50～300 | 50～500 |
| 注：经供需双方协商，可供应其他规格的高比重板材。 | | | | |

3.1.3 标记

钨基高比重合金板材的标记按产品名称、牌号、状态、规格和标准编号的顺序表示。标记示例如下：

用 W93NiFe 制造，消除应力态，厚度为 0.5 mm，宽度为 200 mm，长度为 500 mm 的钨基高比重合金板材标记为：

板　W93NiFe-m 0.5×200×500　GB/T 26038—2010

## 3.2 化学成分

各种牌号钨基高比重合金板材的化学成分应符合表 3 的规定。

表 3　钨基高比重合金板材化学成分　%

| 合金牌号 | W[a] | 合金元素含量（质量分数） | | 杂质含量（质量分数），不大于 | | | | | | | | | |
|---|---|---|---|---|---|---|---|---|---|---|---|---|---|
| | | Ni | Fe | Al | Mg | Ca | Si | C | N | H | O | 其他杂质[b] 单个 | 其他杂质[b] 合计 |
| W90NiFe | 余量 | 6.9～7.1 | 2.9～3.1 | 0.002 | 0.003 | 0.005 | 0.005 | 0.008 | 0.003 | 0.001 | 0.005 | 0.002 | 0.018 |
| W93NiFe | 余量 | 4.8～5.0 | 2.0～2.2 | | | | | | | | | | |
| W95NiFe | 余量 | 3.4～3.6 | 1.4～1.6 | | | | | | | | | | |
| W97NiFe | 余量 | 2.0～2.2 | 0.8～1.0 | | | | | | | | | | |

[a] 钨的质量分数为 100% 与表中合金元素和所有杂质元素实测值总和的差值，求和前各元素数值要修约到 0.00*X*%。

[b] 其他杂质指表中未列出或未规定数值的元素。

## 3.3 密度

钨基高比重合金板材的密度应符合表 4 的规定。

表 4　钨基高比重合金板材密度允许值

| 牌　　号 | 密度/($g/cm^3$) |
|---|---|
| W90NiFe | 16.95～17.25 |
| W93NiFe | 17.45～17.85 |
| W95NiFe | 17.95～18.35 |
| W97NiFe | 18.45～18.85 |

## 3.4 外形尺寸及允许偏差

3.4.1 钨基高比重合金板材的厚度、宽度、长度及其允许偏差应符合表 5 的规定。当合同未注明厚度偏差等级时，按Ⅱ级偏差供货。

表 5　钨基高比重合金板材厚度、宽度和长度允许偏差　单位为毫米

| 厚度 | 厚度允许偏差 | | 宽度 | 宽度允许偏差 | 长度 | 长度允许偏差 |
|---|---|---|---|---|---|---|
| | Ⅰ级 | Ⅱ级 | | | | |
| 0.10～0.20 | ±0.020 | ±0.030 | 30～300 | ±2.0 | 50～500 | ±2.0 |
| >0.20～0.30 | ±0.025 | ±0.035 | 50～400 | ±3.0 | 50～1 000 | ±3.0 |
| >0.30～0.40 | ±0.030 | ±0.040 | 50～400 | ±3.0 | 50～1 000 | ±3.0 |

表 5（续）

单位为毫米

| 厚度 | 厚度允许偏差 | | 宽度 | 宽度允许偏差 | 长度 | 长度允许偏差 |
|---|---|---|---|---|---|---|
| | Ⅰ级 | Ⅱ级 | | | | |
| >0.40～0.60 | ±0.040 | ±0.050 | 50～400 | ±4.0 | 50～1 000 | ±4.0 |
| >0.60～1.00 | ±0.060 | ±0.100 | 50～400 | ±4.0 | 50～1 000 | ±4.0 |
| >1.00～2.00 | ±0.100 | ±0.200 | 50～400 | ±4.0 | 50～1 000 | ±4.0 |
| >2.00～4.00 | ±0.200 | ±0.300 | 50～300 | ±5.0 | 50～500 | ±5.0 |
| >4.00～6.00 | ±0.300 | ±0.400 | 50～300 | ±5.0 | 50～500 | ±5.0 |
| 注：按供需双方协商，可供其他精度要求的板材。 | | | | | | |

3.4.2 钨基高比重合金板材应平整，不平度应符合表 6 的规定。

**表 6 钨基高比重合金板材不平度允许值**

| 板材厚度/mm | 不平度/%，不大于 |
|---|---|
| ≤2.0 | 6 |
| >2.0～6.0 | 4 |
| 注：不平度若有更高要求，经供需双方协商确定。 | |

### 3.5 力学性能

钨基高比重合金板材消除应力状态的室温纵向力学性能应符合表 7 的规定。需方有特殊要求时，应供需双方协商确定，并在合同（或订货单）中注明。

**表 7 钨基高比重合金板材室温力学性能**

| 牌号 | 状态 | 抗拉强度($R_m$)/MPa | 伸长率($A$)/% |
|---|---|---|---|
| W90NiFe | m | ≥760 | ≥5 |
| W93NiFe | | ≥760 | ≥4 |
| W95NiFe | | ≥725 | ≥3 |
| W97NiFe | | ≥700 | ≥2 |
| 注 1：厚度不小于 0.5 mm 的板材试样的标距长度 $L_0=5.65\sqrt{S_0}$。<br>注 2：厚度小于 0.5 mm 的板材试样的标距长度 $L_0=50$ mm，试样宽度 $b=12.5$ mm。 | | | |

### 3.6 外观质量

3.6.1 钨基高比重合金板材以清洗或轧制的表面状态供货，当需方要求并在合同中注明时，也可以磨削等机加表面状态供货。

3.6.2 钨基高比重合金板材表面应符合以下要求：

a) 板材表面不允许有裂纹、分层、起皮、龟裂、折叠、金属或非金属压入等；

b) 板材表面允许有轻微擦伤、辊印、凹坑、麻点，允许经过修磨，但修磨后其厚度应不超出厚度允许偏差；

c) 板材表面不允许有缺角，边部应切割整齐，无裂口。

## 4 试验方法

### 4.1 化学成分分析方法

钨基高比重合金板材的化学成分分析方法按 GB/T 4324 的规定进行。GB/T 4324 中未包括的元素，其分析方法由供需双方协商确定。数值修约规则按 GB/T 8170 的有关规定进行。修约数位与表 3

中所列极限数位一致。

### 4.2 密度检验方法

厚度不超过 2.0 mm 的钨基高比重合金板材的密度测定按 GB/T 4193 进行。厚度大于 2.0 mm 的钨基高比重合金板材，其密度测定按 GB/T 3850 进行。经双方协商并在合同中注明后，也可用其他方法测量整块板材的密度。

### 4.3 外形尺寸测量方法

4.3.1 钨基高比重合金板材的尺寸采用相应精度的量具测量。厚度测量在距离板材边部不小于 10 mm 处进行。

4.3.2 钨基高比重合金板材不平度测量参见图 1，其不平度(%)按式(1)计算：

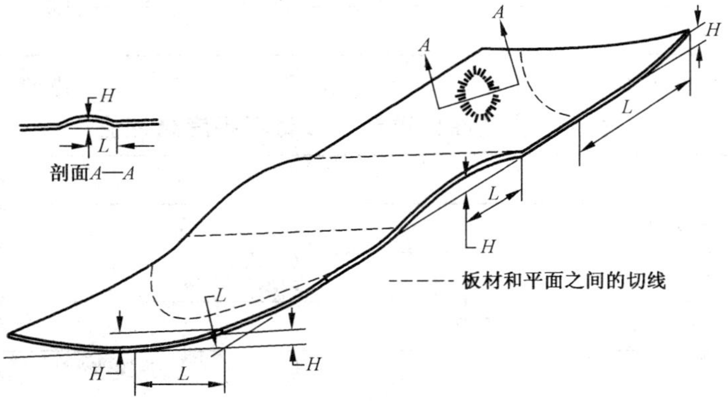


图 1 钨基高比重合金板材不平度测量示意图

$$不平度=(H/L)\times 100 \quad\cdots\cdots(1)$$

式中：

$H$——板材下表面与基准面之间的最大垂直距离，单位为毫米(mm)；

$L$——板材最高点与基准面接触点之间的最小水平距离，单位为毫米(mm)。

### 4.4 室温力学性能检验方法

钨基高比重合金板材的室温力学性能检验方法按 GB/T 228 进行。

### 4.5 外观质量检验方法

钨基高比重合金板材的外观质量用目视的方法进行检查。

## 5 检验规则

### 5.1 检查和验收

5.1.1 钨基高比重合金板材应由供方进行检验，保证产品质量符合本标准的要求，并填写质量证明书。

5.1.2 需方可对收到的产品按本标准的规定进行检验。检验结果与本标准及合同(或订货单)的规定不符时，应以书面形式向供方提出，由供需双方协商解决。属于尺寸偏差及外观质量的异议，应在收到产品之日起一个月提出，属于其他性能的异议，应在收到产品之日起三个月内提出。如需仲裁，仲裁取样应由供需双方共同进行。

### 5.2 组批

钨基高比重合金板材应成批提交验收。每批由同一牌号、同一混料批(或炉号)、同一规格、同一制造方法和同一状态的板材组成。

### 5.3 检验项目

钨基高比重合金板材应进行化学成分、密度、外形尺寸、力学性能和外观质量的检验。

### 5.4 取样

钨基高比重合金板材取样应符合表 8 的规定。

**表 8 钨基高比重合金板材取样规定**

| 检验项目 | 取样规定 | 要求的章节号 | 试验方法章节号 |
|---|---|---|---|
| 化学成分 | 每批任取一张板材、在其任意位置取样 1 份[a]，取样重量不少于 50 g | 3.2 | 4.1 |
| 密度 | 密度每批任取一张、在其任意位置取样 1 个 | 3.3 | 4.2 |
| 外形尺寸 | 厚度、宽度、长度逐张检验 | 3.4.1 | 4.3.1 |
| | 不平度逐张检验 | 3.4.2 | 4.3.2 |
| 力学性能 | 每批任取两张，每张沿轧制方向任意位置取样 1 个 | 3.5 | 4.4 |
| 外观质量 | 逐张检验 | 3.6 | 4.5 |

[a] 允许供方以坯料的化学成分分析结果报出。

### 5.5 检验结果的判定

5.5.1 化学成分不合格时，应从该批产品(含原检验不合格产品)中另取双倍数量的试样进行重复试验。若重复试验结果仍有不合格项目，则判该批产品不合格。

5.5.2 密度和力学性能不合格时，应从该批产品(含原检验不合格产品)中另取双倍数量的试样进行重复试验。若重复试验结果仍有不合格项目，则判该批产品不合格。

5.5.3 产品外形尺寸不合格时，判该件产品不合格。

5.5.4 产品外观质量不合格时，判该件产品不合格。

## 6 标志、包装、运输、贮存及质量证明书

### 6.1 标志

6.1.1 检验合格的产品应附有标签或标牌，其上注明：

a) 供方质量监督部门印记；

b) 产品牌号、规格和状态；

c) 产品批号。

6.1.2 产品的包装箱上应注明"防潮"、"轻放"等字样或标志。

### 6.2 包装、运输和贮存

6.2.1 板材每张之间用软纸隔开，并用牛皮纸等包裹，然后用箱包装。箱内应衬防潮纸，并用软物填实、塞紧，防止窜动。

6.2.2 运输和保管时，要防止碰撞、受潮和侵蚀。

### 6.3 质量证明书

每批产品应附有质量证明书。其上注明：

a) 供方名称、地址；

b) 产品名称；

c) 产品牌号、规格和状态；

d) 产品批号；

e) 净重和件数；

f) 各项分析检验结果及质量监督部门印记；

g) 本标准编号；

h) 检验日期(或包装日期)。

## 7 合同(或订货单)内容

本标准所列材料的订货单(或合同)应包括下列内容：

a） 产品名称；

b） 牌号、规格和状态；

c） 外观质量；

d） 厚度偏差等级；

e） 产品净重或张数；

f） 包装要求；

g） 本标准编号；

h） 其他。

ICS 77.150.60
H 62

# 中华人民共和国国家标准

GB/T 26039—2010

# 无 汞 锌 粉

**Mercury-free zinc powder**

2011-01-10 发布　　　　2011-10-01 实施

中华人民共和国国家质量监督检验检疫总局
中国国家标准化管理委员会　发布

# 前　言

本标准按照 GB/T 1.1—2009 给出的规则起草。

本标准由全国有色金属标准化技术委员会(SC 2/TC 243)归口。

本标准负责起草单位:株洲冶炼集团股份有限公司、深圳市中金岭南有色金属股份有限公司。

本标准参加起草单位:上虞市丰申金属制品有限公司。

本标准主要起草人:谭仪文、郭军、吴涛、李清湘、夏海燕、徐军、陈端云、蔡展彩、朱诗林。

# 无 汞 锌 粉

## 1 范围

本标准规定了无汞锌粉的要求、试验方法、检验规则及标志、包装、运输与贮存、质量证明书及合同(或订货单)内容等。

本标准适用于以锌为原料，添加In、Bi、Al、Ca等合金元素，经喷雾法、化学置换法、电解共沉积法、真空蒸发-冷凝法等方法制成的无汞锌粉产品。该产品主要用于无汞碱性锌-二氧化锰电池制造业。

## 2 规范性引用文件

下列文件对于本文件的应用是必不可少的。凡是注日期的引用文件，仅注日期的版本适用于本文件。凡是不注日期的引用文件，其最新版本(包括所有的修改单)适用于本文件。

GB/T 1479 金属粉末松装密度的测定 第一部分 漏斗法

GB/T 1480 金属粉末粒度组成的测定 干筛分法

GB/T 5314 粉末冶金用粉末的取样方法

GB/T 6682 分析室验室用水规格和试验方法

GB/T 8170—2008 数值修约规则与极限数值的表示和判定

GB/T 12689.1—2004 锌及锌合金化学分析方法 铝量的测定 铬天青S-聚乙二醇辛基苯基醚-溴化十六烷基吡啶分光光度法、CAS分光光度法和EDTA滴定法

GB/T 12689.3—2004 锌及锌合金化学分析方法 镉量的测定 火焰原子吸收光谱法

GB/T 12689.4—2004 锌及锌合金化学分析方法 铜量的测定 二乙基二硫代氨基甲酸铅分光光度法、火焰原子吸收光谱法和电解法

GB/T 12689.6—2004 锌及锌合金化学分析方法 铅量的测定 示波极谱法

## 3 术语和定义

下列术语和定义适用于本标准。

3.1

**无汞锌粉 mercury-free zinc powder**

无汞锌粉是碱性电池的负极活性材料，由锌和In、Bi、Al、Ca等元素组成，汞含量小于3 μg/g的两元或多元锌合金粉。

## 4 要求

### 4.1 化学成分

无汞锌粉化学成分应符合表1规定。

表 1　无汞锌粉的化学成分

<table>
<tr><th colspan="2">元素名称</th><th>单　位</th><th>含　量</th><th>备　注</th></tr>
<tr><td>主要成分</td><td>Zn</td><td>%</td><td>余量</td><td></td></tr>
<tr><td rowspan="4">添加</td><td>In</td><td>%</td><td>0.010～0.090</td><td rowspan="4">非限制条件<br>可由不同元素种类和含量组成多种牌号的无汞锌粉</td></tr>
<tr><td>Bi</td><td>%</td><td>0.010～0.060</td></tr>
<tr><td>Al</td><td>%</td><td>0～0.020</td></tr>
<tr><td>Ca</td><td>%</td><td>0～0.020</td></tr>
<tr><td rowspan="6">杂质</td><td>Cu</td><td>μg/g</td><td>≤1</td><td rowspan="6">限制条件</td></tr>
<tr><td>Fe</td><td>μg/g</td><td>≤3</td></tr>
<tr><td>Cd</td><td>μg/g</td><td>≤10</td></tr>
<tr><td>Pb</td><td>μg/g</td><td>≤30</td></tr>
<tr><td>Hg</td><td>μg/g</td><td>≤3</td></tr>
<tr><td>ZnO</td><td>%</td><td>≤0.4</td></tr>
<tr><td colspan="5">注：限制条件是无汞锌粉必须满足的指标；非限制条件是无汞锌粉满足制定的指标范围即可。</td></tr>
</table>

## 4.2　析气量

无汞锌粉的析气量在 60 ℃下不大于 0.15 mL/(5 g·3 d)。

## 4.3　物理规格

无汞锌粉的物理规格见表 2。

表 2　无汞锌粉的物理规格

| 粒度分布/% | | | | | 松装密度 g/$cm^3$ |
|---|---|---|---|---|---|
| ≥850 μm | 850 μm～425 μm | 425 μm～106 μm | 106 μm～75 μm | ≤75 μm | 2.7～3.5 |
| 0 | ≤10 | ≥60 | ≤30 | ≤15 | |

## 4.4　外观质量

无汞锌粉外观是银灰色粉末，有金属光泽，不规则颗粒形貌。

## 4.5　其他

需方如对无汞锌粉的化学成分和物理规格有其他特殊要求时，可由供需双方另行商定。

# 5　试验方法

5.1　铟、铋含量的检验方法按附录 B 的规定进行。

5.2　铝含量的检验方法按 GB/T 12689.1—2004 的规定进行。

5.3　钙含量的检验方法按附录 E 的规定进行。

5.4 铜含量的检验方法按 GB/T 12689.4—2004 的规定进行。
5.5 铁含量的检验方法按附录 A 的规定进行。
5.6 镉含量的检验方法按 GB/T 12689.3—2004 的规定进行。
5.7 铅含量的检验方法按 GB/T 12689.6—2004 的规定进行。
5.8 汞含量的检验方法按附录 C 的规定进行。
5.9 氧化锌含量的检验方法按附录 D 的规定进行。
5.10 松装密度的检验方法按 GB/T 1479 中的有关规定进行。
5.11 析气量的检验方法按附录 F 的规定进行。
5.12 粒度分布的检验方法按 GB/T 1480 中的有关规定进行。
5.13 外观用目视法测定。

## 6 检验规则

### 6.1 检查与验收

6.1.1 无汞锌粉应由供方技术监督部门进行检验，保证产品质量符合本标准或合同（或订货单）的规定，并填写质量证明书。

6.1.2 需方应对收到的产品按本标准的规定进行检验，如检验结果与本标准或合同（或订货单）的规定不符时，应在收到产品之日起 20 天内向供方提出，由供需双方协商解决。如需仲裁，仲裁取样在需方由供需双方共同进行。

### 6.2 组批

无汞锌粉应成批提交检验，每批应由同一牌号、同物理规格的产品组成。批重不予规定。

### 6.3 检验项目

每批无汞锌粉应进行物理规格、析气量、外观质量和化学成分的检验。

### 6.4 仲裁取样、制样

取样方法按 GB/T 5314 的规定进行，将所取份样混合均匀，缩分至不少于 1 000 g，分装于三个清洁、干燥的磨口玻璃瓶中，密封。一瓶用于仲裁，供需双方各保存一瓶。

### 6.5 检验结果的判定

6.5.1 无汞锌粉检验结果的数值修约和修约后数值的判定分别按 GB/T 8170—2008 中第 3 章和 4.3.3 的规定进行。

6.5.2 无汞锌粉的析气量的检验结果与本标准或合同（或订货单）的规定不相符时，则加倍取样对不合格项目进行复验。如仍不合格时，则判该批产品为不合格。

6.5.3 无汞锌粉的化学成分、物理规格与本标准或合同（或订货单）的规定不相符时，则判该批产品为不合格。

6.5.4 无汞锌粉的外观质量与本标准或合同（或订货单）的规定不相符时，则判该袋（桶）产品不合格。

## 7 标志、包装、运输与贮存、质量证明书

### 7.1 标志

无汞锌粉产品应贴上标签，其上注明产品名称和商标、牌号、批号、净重、生产日期、厂名和厂址、“防

潮”标志。

### 7.2 包装

无汞锌粉用塑料袋密封包装，外用桶或编织袋封装。

### 7.3 运输

产品在运输过程中应防潮、防水、防火、防酸碱，应避免撞击和跌落。

### 7.4 贮存

产品应存放于清洁、干燥、无酸碱的环境中。

### 7.5 其他

需方如对产品的标志、包装、运输、贮存等有特殊要求时，由供需双方商定。

### 7.6 质量证明书

每批产品应附有质量证明书，注明：

a) 生产厂家和商标；

b) 产品名称和牌号；

c) 批号；

d) 净重和件数；

e) 分析检验结果和技术监督部门印记；

f) 本标准编号；

g) 出厂日期。

## 8 合同（或订货单）内容

本标准所列材料的合同（或订货单）内应包括下列内容：

a) 产品名称；

b) 产品牌号；

c) 化学成分、物理规格、外观质量等特殊要求；

d) 数量；

e) 本标准编号；

f) 其他。

# 附 录 A
## （规范性附录）
## 萃取-火焰原子吸收光谱法测定无汞锌粉中铁量

### A.1 范围

本方法规定了无汞锌粉中铁量的测定。

本方法适用于无汞锌粉中铁量的测定，测定范围：铁含量 1.0 μg/g～10 μg/g。

### A.2 方法原理

在 6 mol/L 盐酸介质中，甲基异丁基甲酮萃取富集铁，并使其与试样中的大部分锌分离。有机相用火焰原子吸收光谱法测量铁的吸光度。

### A.3 试剂

除非另有说明，在分析中仅使用确认为分析纯的试剂。

**A.3.1** 甲基异丁基甲酮(MIBK)。

**A.3.2** 盐酸，1+1，优级纯。

**A.3.3** 盐酸，1+1，提纯后使用。

提纯步骤：将 1+1 盐酸(A.3.2)500 mL 置于 1 L 分液漏斗中，加入 MIBK(A.3.1)50 mL，振摇 1 min，分层后将盐酸放入另一个 1 L 分液漏斗中，加入 MIBK(A.3.1)20 mL，振摇 1 min，分层后将盐酸倒入试剂瓶中备用。

**A.3.4** 铁标准储备溶液，100 μg/mL

称取金属铁(>99.9%)0.1 g，精确到 0.1 mg；用盐酸(A.3.2)20 mL 溶解，冷却，移入 1 000 mL 容量瓶中，用水稀释至刻度，摇匀备用。

**A.3.5** 铁标准溶液，5 μg/mL

吸取铁标准储备溶液(A.3.4)5.00 mL 置于 100 mL 容量瓶中，加入盐酸(A.3.2)2 mL，用水稀释至刻度，摇匀。

**A.3.6** 水，GB/T 6682，二级。

### A.4 仪器

原子吸收分光光度计，铁空心阴极灯。

### A.5 分析步骤

#### A.5.1 试料

称取试样 1 g，精确到 0.001 g。

### A.5.2 空白试验

随同试料做空白试验。

### A.5.3 测定

A.5.3.1 将试料置于125 mL三角烧杯中，分次加入盐酸(A.3.3)20 mL，盖上表面皿，加热至完全溶解(温度不要过高以免溶液蒸发过多)，继续加热蒸发至溶液体积10 mL，冷却，移入25 mL磨口塞比色管中，加水至18 mL。加入MIBK(A.3.1)2.00 mL，盖上磨口塞，振摇1 min，分层后有机相立即用原子吸收分光光度计在波长248.3 nm处测量吸光度(用空白溶液作参比)。

A.5.3.2 在工作曲线上查出被测元素的量。

### A.5.4 工作曲线绘制

吸取铁标准溶液(A.3.5)0.00 mL、0.20 mL、0.50 mL、1.00 mL、1.50 mL、2.00 mL置于一组125 mL三角烧杯中，加入盐酸(A.3.3)20 mL，加热蒸发至溶液体积10 mL。以下按A.5.3.1步骤进行测量(测量吸光度时用0 μg溶液调零)，绘制工作曲线。

## A.6 分析结果的计算

式(A.1)计算铁含量，以质量分数 $w_{Fe}$ 计，数值以微克每克(μg/g)表示：

$$w_{Fe}=\frac{m_1}{m} \qquad \cdots\cdots(A.1)$$

式中：

$m_1$——自工作曲线上查得的铁质量，单位为微克(μg)；

$m$ ——试料的质量，单位为克(g)。

计算结果表示到小数点后一位且最多两位有效数字。

## A.7 允许差

实验室之间铁含量分析结果的差值应不大于表A.1所列的允许差。

**表A.1 允许差**

| $w_{Fe}$/(μg/g) | 允许差/(μg/g) |
|---|---|
| 1.0～3.0 | 0.5 |
| >3.0～10 | 1.0 |

# 附 录 B
# （规范性附录）
# 火焰原子吸收光谱法测定无汞锌粉中铟、铋量

## B.1 范围

本方法规定了无汞锌粉中铟、铋含量的测定。

本方法适用于无汞锌粉中铟、铋含量的测定。测定范围：铟、铋含量 0.005%～0.1%。

## B.2 方法原理

试样用硝酸溶解，采用空气-乙炔火焰原子吸收分光光度法，在波长 303.9 nm、223.1 nm 处分别测定铟、铋的吸光度。

## B.3 试剂

除非另有说明，在分析中仅使用确认为分析纯的试剂和蒸馏水或相当纯度的水。

**B.3.1** 硝酸（1+1）。

**B.3.2** 锌溶液，0.2 g/mL。

称取高纯锌（99.999%）50 g，精确到 0.1 g；置于 500 mL 烧杯中，分次加入硝酸（B.3.1）200 mL，加热溶解，加水煮沸除去氮的氧化物，冷却至室温，移入 250 mL 容量瓶中，用水稀释至刻度，摇匀。

**B.3.3** 铟标准溶液，200 μg/mL

称取三氧化二铟 0.120 9 g，精确到 0.000 1 g；加硝酸（B.3.1）10 mL，加热溶解，煮沸除去氮氧化物，冷却，移入 500 mL 容量瓶中，用水稀释至刻度，摇匀。

**B.3.4** 铋标准溶液，200 μg/mL

称取金属铋（>99.99%）0.1 g，精确到 0.000 1 g；加硝酸（B.3.1）20 mL，加热溶解，煮沸除去氮氧化物，冷却，移入 500 mL 容量瓶中，用水稀释至刻度，摇匀。

## B.4 仪器

原子吸收分光光度计，铟、铋空心阴极灯。

## B.5 分析步骤

### B.5.1 试料

称取试样 1 g，精确到 0.001 g。

### B.5.2 空白试验

随同试料做空白试验。

**B.5.3 测定**

**B.5.3.1** 将试料置于125 mL三角烧杯中，加5 mL水，分次加入硝酸(B.3.1)15 mL，加热溶解，蒸发至5 mL，取下，移入100 mL容量瓶中，用水稀释至刻度。

**B.5.3.2** 用原子吸收分光光度计，乙炔-空气火焰分别在303.9 nm、223.1 nm处测定铟、铋的吸光度(用空白溶液作参比)。

**B.5.3.3** 在工作曲线上查出被测元素的量。

**B.5.4 工作曲线绘制**

吸取铟标准溶液(B.3.3)、铋标准溶液(B.3.4) 0.00 mL、0.50 mL、1.00 mL、1.50 mL、2.00 mL、2.50 mL，依次置于一组100 mL容量瓶中，加锌溶液(B.3.2)2.5 mL，用水定容，摇匀，以下按B.5.3.2步骤进行测量(测量吸光度时用0 μg溶液调零)；绘制工作曲线。

**B.6 分析结果的计算**

按式(B.1)计算铟(In)、铋(Bi)含量，以质量分数 $w_X$ 计，数值以%表示：

$$w_X = \frac{m \times 10^{-6}}{m_1} \times 100 \qquad \cdots\cdots (B.1)$$

式中：

$m_1$——自工作曲线上查得的铟、铋质量，单位为微克(μg)；

$m$ ——试料的质量，单位为克(g)。

计算结果表示到小数点后四位且最多三位有效数字。

**B.7 允许差**

实验室之间铟含量、铋含量分析结果的差值应不大于表B.1所列允许差。

**表 B.1 允许差**

| $w_{In}$、$w_{Bi}$/% | 允许差/% |
|---|---|
| 0.005～0.020 0 | 0.002 0 |
| >0.020 0～0.040 0 | 0.004 0 |
| >0.040 0～0.10 | 0.007 0 |

# 附　录　C
（规范性附录）
冷原子吸收光谱法测定无汞锌粉中汞量

## C.1　范围

本方法规定了无汞锌粉中汞含量的检测。

本方法适用于无汞锌粉中汞含量的检测。测定范围：汞含量 0.5 μg/g～4.0 μg/g。

## C.2　方法原理

锌粉用硝酸溶解，用氯化亚锡将汞（Ⅱ）还原成金属汞；以空气为载气将金属汞蒸气导入测汞仪吸收管，利用汞原子对共振线有特征吸收。测量其吸光度。

## C.3　试剂

除非另有说明，在分析中仅使用确认为分析纯的试剂和蒸馏水或去离子水或相当纯度的水。

**C.3.1**　硝酸（ρ1.40 g/mL）。

**C.3.2**　硝酸，1+1。

**C.3.3**　盐酸，1+1。

**C.3.4**　重铬酸钾溶液，50 g/L。

**C.3.5**　氯化亚锡溶液，200 g/L。

称取氯化亚锡（$SnCl_2 \cdot 2H_2O$）20 g 加热溶于盐酸（C.3.3）中，冷却后再加入盐酸（C.3.3）至溶液总体积 100 mL。

**C.3.6**　汞标准储备溶液，100 μg/mL

称取氯化汞（优级纯）0.135 3 g，精确到 0.001 g；溶于水，加入硝酸（C.3.1）66 mL，移入 1 000 mL 容量瓶中，用水稀释至刻度，混匀。

**C.3.7**　汞标准溶液 0.1 μg/mL

吸取汞标准储备溶液（C.3.6）1.00 mL 于 1 000 mL 容量瓶中，加入重铬酸钾溶液（C.3.4）3 mL、硝酸（C.3.1）66 mL，用水稀释至刻度，混匀。

## C.4　仪器

测汞仪或原子吸收分光光度计（附汞测定装置）和汞空心阴极灯。

## C.5　分析步骤

### C.5.1　试料

称取试样 5 g，精确到 0.01 g。

### C.5.2 空白试验

随同试料做空白试验。

### C.5.3 测定

C.5.3.1 将锌粉试样置于100 mL高型烧杯中，加入20 mL水，再缓慢加入硝酸(C.3.1)20 mL后，加热使其完全溶解，并蒸发至10 mL以下；冷却后，移入100 mL容量瓶中，加重铬酸钾溶液(C.3.4)5滴，用水稀释至刻度，摇匀。

C.5.3.2 吸取试液(C.5.3.1)2.00 mL于汞蒸气发生器中，用水稀释至9 mL，加氯化亚锡溶液(C.3.5)1 mL，迅速盖紧发生器塞，在测汞仪上读出最大吸光度；或用原子吸收分光光度计，乙炔-空气火焰在253.7 nm测定汞的吸光度(均用空白溶液作参比)。

C.5.3.3 从工作曲线上查出被测元素的量。

### C.5.4 工作曲线绘制

吸取汞标准溶液(C.3.7)0.00 mL、0.50 mL、1.00 mL、1.50 mL、2.00 mL、2.50 mL、3.00 mL、4.00 mL于汞蒸气发生器中，以下按C.5.3.2步骤进行测量(测量吸光度时用0 μg溶液调零)；以汞量为横坐标，吸光度为纵坐标绘制工作曲线。

## C.6 分析结果的计算

按式(C.1)计算汞的含量，以质量分数$w_{Hg}$计，数值以微克每克(μg/g)表示：

$$w_{Hg}=\frac{m_1 \cdot V_1}{m \cdot V_2} \qquad \cdots\cdots (C.1)$$

式中：

$m_1$——自上作曲线上查得的汞质量，单位为微克(μg)；

$m$——试料的质量，单位为克(g)；

$V_1$——试料溶液总体积，单位为毫升(mL)；

$V_2$——吸取的试料溶液体积，单位为毫升(mL)。

计算结果表示到小数点后两位且最多两位有效数字。

## C.7 允许差

实验室之间汞含量分析结果的差值应不大于表C.1所列允许差。

**表 C.1 允许差**

| $w_{Hg}$/(μg/g) | 允许差/(μg/g) |
|---|---|
| 0.05～1.5 | 0.3 |
| >1.5～4.0 | 0.5 |

# 附 录 D
# （规范性附录）
# 火焰原子吸收光谱法测定无汞锌粉中的氧化锌量

## D.1 范围

本方法规定了无汞锌粉中氧化锌含量的测定。

本方法适用于无汞锌粉中氧化锌含量的测定。测定范围：氧化锌 0.03%～0.4%。

## D.2 方法原理

由氢氧化氨、氯化铵、亚硫酸钠和聚乙烯醇组成的混合溶液，将氧化锌溶解后形成锌氨络离子。亚硫酸钠可消除溶液中氧的干扰并阻止金属锌氧化，聚乙烯醇可抑制金属锌的溶解。用火焰原子吸收分光光度法测定试液中的氧化锌量。

## D.3 试剂

除非另有说明，在分析中仅使用确认为分析纯的试剂和蒸馏水或去离子水或相当纯度的水。

D.3.1 盐酸（$\rho$1.19 g/mL）。

D.3.2 氨水（$\rho$0.88 g/mL）。

D.3.3 聚乙烯醇，2 g/L。

D.3.4 混合溶液

称取无水亚硫酸钠（$Na_2SO_3$）10 g，氯化铵 20 g 溶于 460 mL 水中，加氨水（D.3.2）35 mL，聚乙烯醇（D.3.3）5 mL，混合均匀。

D.3.5 锌标准储备溶液，1 mg/mL。

称高纯锌（99.999%）1 g，精确到 1 mg；置于 200 mL 烧杯中，加盐酸（D.3.1）10 mL，加热溶解，冷却，移入 1 000 mL 容量瓶中，用水稀释至刻度，摇匀。

D.3.6 锌标准溶液，10 μg/mL。

吸取锌标准储备溶液（D.3.5）1.00 mL 于 100 mL 容量瓶中，用水稀释至刻度，摇匀。

## D.4 仪器

原子吸收分光光度计，锌空心阴极灯。

## D.5 分析步骤

### D.5.1 试料

称取试样 1 g，精确到 0.001 g。

### D.5.2 空白试验

随试料做空白试验。

**D.5.3 测定**

**D.5.3.1** 将试料置于 150 mL 干燥烧杯中，准确加入混合溶液(D.3.4)50.00 mL，保持溶液温度在 20 ℃～30 ℃下，充分搅拌 3 min，立即用快速滤纸干过滤。

**D.5.3.2** 吸取试液(D.5.3.1)5.00 mL 于 100 mL 容量瓶中，用水稀释至刻度，摇匀。

**D.5.3.3** 用原子吸收分光光度计，乙炔-空气火焰在 213.9 nm 处测定锌的吸光度(用空白溶液作参比)。

**D.5.3.4** 在工作曲线上查出被测元素的量。

**D.5.4 工作曲线绘制**

吸取锌标准溶液(D.3.6)0.00 mL、2.00 mL、5.00 mL、10.00 mL、20.00 mL、30.00 mL 于一组 100 mL 容量瓶中，加混合溶液(D.3.4)5 mL，用水稀释至刻度，混匀，以下按 D.5.3.3 步骤进行测量(测量吸光度时用 0 μg 溶液调零)；绘制工作曲线。

## D.6 分析结果的计算

按式(D.1)计算氧化锌(ZnO)含量，以质量分数 $w_{ZnO}$ 计，数值以%表示：

$$w_{ZnO}=\frac{m_1 \cdot V \times 10^{-6}}{m_2 \cdot V_2}\times 1.245\times 100 \quad \cdots\cdots\cdots\cdots (D.1)$$

式中：

$m_1$ ——自工作曲线上查得的锌质量，单位为微克(μg)；

$m_2$ ——试料的质量，单位为克(g)；

$V_1$ ——试料溶液的总体积，单位为毫升(mL)；

$V_2$ ——吸取的试料溶液的体积，单位为毫升(mL)；

1.245——氧化锌和锌的比值。

计算结果表示到小数点后两位且最多两位有效数字。

## D.7 允许差

实验室之间氧化锌含量分析结果的差值应不大于表 D.1 所列允许差。

**表 D.1 允许差**

| $w_{ZnO}$/% | 允许差/% |
|---|---|
| 0.03～0.40 | 0.10 |

# 附 录 E
# (规范性附录)
# 火焰原子吸收光谱法测定无汞锌粉中钙量

## E.1 范围

本方法规定了无汞锌粉中钙含量的测定。

本方法适用于无汞锌粉中钙含量的测定。测定范围:50 μg/g～400 μg/g。

## E.2 方法原理

试样用盐酸和硝酸分解,在体积分数4%的盐酸、0.25%氯化镧介质中,用空气-乙炔火焰原子吸收光谱法,在波长422.7 nm处,测定钙的吸光度。用基体匹配法消除锌的干扰。

## E.3 试剂

除非另有说明,在分析中仅使用确认为分析纯的试剂和蒸馏水或去离子水或相当纯度的水。

E.3.1 硝酸(1+1),优级纯。

E.3.2 盐酸(1+1),优级纯。

E.3.3 氯化镧溶液($LaCl_3 \cdot 7H_2O$),25 g/L。

E.3.4 锌溶液(0.2 g/mL):称取20 g高纯锌(≥99.999%)置于250 mL烧杯中,加入130 mL盐酸(E.3.2),15 mL硝酸(E.3.1),加热溶解,蒸发至40 mL～45 mL,取下,冷却,移入100 mL容量瓶中,用水稀释至刻度,摇匀。

E.3.5 钙标准溶液(100 μg/mL):称取0.249 8 g碳酸钙(已在120 ℃干燥1 h),精确到0.1 mg;置于200 mL烧杯中,缓慢加入25 mL盐酸(E.3.2),加热溶解,冷后移入1 000 mL容量瓶中,用水稀释至刻度,摇匀。

## E.4 仪器

原子吸收分光光度计,钙空心阴极灯。

## E.5 分析步骤

### E.5.1 试料

称取试样1 g,精确到0.001 g。

### E.5.2 空白试验

随试料做空白试验。

### E.5.3 测定

E.5.3.1 将试料置于125 mL三角烧杯中,加入10 mL盐酸(E.3.2),加1 mL硝酸(E.3.1),加热溶解，并蒸发至 2 mL 左右，冷却，移入 50 mL 容量瓶中。加入 5.0 mL 氯化镧溶液(E.3.3)，用水稀释至刻度，混匀。用原子吸收分光光度计，调整空气-乙炔火焰，于波长 422.7 nm 处，测量钙的吸光度(用空白溶液作参比)。

E.5.3.2 在工作曲线上查出被测元素的量。

### E.5.4 工作曲线绘制

吸取钙标准溶液(E.3.5)0 mL、0.5 mL、1.00 mL、2.00 mL、3.00 mL、4.00 mL 置于一组 50 mL 容量瓶中，加入锌溶液(E.3.4)5.00 mL，以下按 E.5.3.1 步骤进行测量(测量吸光度时用"零"浓度溶液调零)，绘制工作曲线。

## E.6 分析结果的计算

按式(E.1)计算钙(Ca)的含量，以质量分数 $w_{Ca}$ 计，数值以 μg/g 表示：

$$w_{Ca}=\frac{m_1}{m} \qquad \cdots\cdots(E.1)$$

式中：

$m_1$——自工作曲线上查得的钙质量，单位为微克(μg)；

$m$ ——试料的质量，单位为克(g)。

计算结果表示到个位数且最多两位有效数字。

## E.7 允许差

实验室之间钙含量分析结果的差值应不大于表 E.1 所列的允许差。

**表 E.1 允许差**

| $w_{Ca}$/(μg/g) | 允许差/(μg/g) |
|---|---|
| 30～100 | 15 |
| >100～200 | 30 |
| >200～400 | 40 |

# 附　录　F
（规范性附录）
集气法测定无汞锌粉析气量

## F.1　范围

本方法规定了无汞锌粉析气量的检测。

本方法适用于无汞锌粉析气量的检测。测定范围：析气量＜0.2 mL/(5g·3d)。

## F.2　方法原理

在电解液中，锌粉在某些杂质的作用下易发生溶解（腐蚀）并析出氢气，析气量与锌粉的物理性能和化学性能有关，用集气法收集气体测定析气量。

## F.3　试剂

除非另有说明，在分析中仅使用确认为分析纯的试剂。

F.3.1　液体石蜡，化学纯

预处理：将液体石蜡倒入烧杯中，加热至 80 ℃，保持 3 h，冷却后倒入干净干燥的瓶中封存备用。

F.3.2　氢氧化钾

KOH 含量大于 90％的优级纯 KOH。

F.3.3　氧化锌。

F.3.4　电解液

氢氧化钾（F.3.2）溶于水（F.3.5），稀释至比重为 1.4（在 20 ℃下测定），每 95 g 氢氧化钾水溶液加氧化锌（F.3.3）5 g，加热，搅拌溶解，静置后取清液密封保存。

F.3.5　水，GB/T 6682，二级。

## F.4　检测装置

F.4.1　析气量检测装置如图 F.1。

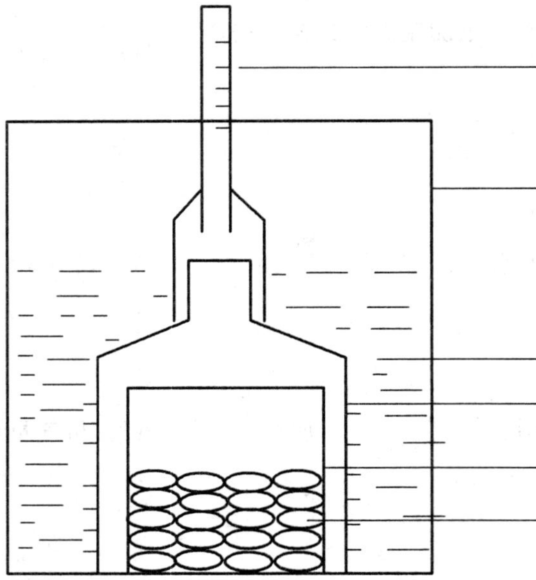


图 F.1　无汞锌粉析气量检测装置

**F.4.2**　刻度管：刻度部分的总体积为 0.5 mL，刻度分度值不大于 0.01 mL。

**F.4.3**　聚乙烯塑料杯：内径为 30 mm±0.2 mm，内部高度为 25 mm±0.2 mm。

**F.4.4**　低型烧杯：200 mL。

**F.4.5**　恒温水浴器或烘箱：温度精度±1 ℃。

## F.5　检测步骤

检测前，将检测装置用稀盐酸浸泡，用水(F.3.5)冲洗干净，干燥备用。

### F.5.1　试料

称取试样 5 g，精确到 10 mg。

### F.5.2　测定

将试料平铺于检测装置(F.4.1)塑料杯中，加入电解液(F.3.4)5.00 mL，用玻璃棒轻轻搅拌锌粉，将锌粉中的气体赶出，然后将塑料杯放入烧杯中，罩上玻璃罩，缓缓倒入液体石蜡(F.3.1)至淹没玻璃罩；刻度管注满液体石蜡(F.3.1)，按住管口，罩在玻璃罩上(应无气泡进入)；放入恒温水浴器或烘箱中，在 60 ℃±2 ℃温度下保持 72 h，读出析气量。

## F.6　允许差

实验室之间钙含量分析结果的差值应不大于表 F.1 所列的允许差。

**表 F.1 允许差**

| 析气量/[mL/(5 g·3 d)] | 允许差/[mL/(5 g·3 d)] |
|---|---|
| 0.1 | 0.01 |
| >0.1～0.2 | 0.02 |

ICS 71.060.50
G 12

# 中华人民共和国国家标准

GB/T 26040—2010

# 锡　　酸　　钠

## Sodium stannate

2011-01-10 发布　　2011-10-01 实施

中华人民共和国国家质量监督检验检疫总局
中国国家标准化管理委员会　发布

# 前　言

本标准参照采用法国 NF T23-302:1982《锡酸钠》。

本标准与法国 NF T23-302:1982 主要差异如下：

——本标准增加含锡 36.5%的牌号；

——本标准增加了杂质铁元素含量要求；

——除游离碱指标，其余项目指标均严于 NF T23-302:1982 要求。

本标准由中国有色金属工业协会提出。

本标准由全国有色金属标准化技术委员会归口。

本标准由云南锡业集团(控股)有限责任公司负责起草。

本标准由广西华锡集团股份有限公司参加起草。

本标准主要起草人：白健、曹靖、裍建成、郭应辉、李天敏、张艳、罗珮珍。

# 锡　　酸　　钠

## 1　范围

本标准规定了锡酸钠产品的技术要求、试验方法、检验规则及标志、包装、运输、贮存、质量证明书及合同(或订货单)内容。

本标准适用于金属锡或含锡物料与氢氧化钠、硝酸钠生产的锡酸钠产品。

## 2　规范性引用文件

下列文件中的条款通过本标准的引用而成为本标准的条款，凡是注日期的引用文件，其随后所有的修改单(不包括勘误的内容)或修订版均不适用于本标准。然而，鼓励根据本标准达成协议的各方研究是否可使用这些文件的最新版本。

GB/T 6678　化工产品采样总则

GB/T 8170　数值修约规则与极限数值的表示和判定

GB/T 23278(所有部分)　锡酸钠化学分析方法

## 3　符号、单位和缩略语

下列符号、单位和缩略语的适用于本标准。

3.1

**分子式　molecule formula**

锡酸钠分子式为：$Na_2SnO_3 \cdot 3H_2O$ 或 $Na_2Sn(OH)_6$。

3.2

**相对分子量　relative molecular mass**

266.726 4(按 2007 年国际原子量)

## 4　要求

4.1　产品牌号

锡酸钠按其锡的含量分为两个牌号：Sn-42、Sn-36.5

4.2　化学成分

化学成分应符合表 1 的规定。

**表 1　锡酸钠的化学成分**

| 名称 | 牌号 | 质量分数/% | | | | | | | |
|---|---|---|---|---|---|---|---|---|---|
| | | Sn 不小于 | 杂质，不大于 | | | | | | |
| | | | Pb | Sb | As | Fe | 游离碱(NaOH 计) | 硝酸盐($NO_3^-$ 计) | 碱不溶物 |
| 锡酸钠 | Sn-42 | 42 | 0.002 0 | 0.002 5 | 0.001 0 | 0.02 | 3.5 | 0.1 | 0.1 |
| | Sn-36.5 | 36.5 | 0.002 0 | 0.002 0 | 0.002 0 | 0.02 | 4.5 | 0.2 | 0.2 |
| 注：需方如对产品有特殊要求时，可由供需双方商定。 | | | | | | | | | |

4.3 外观质量：白色粉末状或白色晶体状。

## 5 试验方法

5.1 锡酸钠的化学成分仲裁分析方法按 GB/T 23278 进行。

5.2 锡酸钠外观质量采用目视法。

## 6 检验规则

### 6.1 检查和验收

6.1.1 产品应由供方质量技术监督部门进行检验，以保证产品质量符合本标准及合同(或订货单)的规定，每批出厂产品应附有产品质量证明书。

6.1.2 需方对收到的产品应按本标准的规定进行检验，如检验结果与本标准及合同(或订货单)的规定不符时，应在收到产品之日起 60 天内向供方提出，由供需双方协商解决。如需仲裁，由供需双方共同进行或由供需双方认可的检验机构抽样检验。

### 6.2 组批

锡酸钠应成批提交检验，每批产品应由同一牌号的产品组成，每批重量不超过 5 000 kg。

### 6.3 检验项目

每批产品应进行化学成分、外观质量的检验。

### 6.4 仲裁取样和制备

#### 6.4.1 取样

6.4.1.1 仲裁取样的样品数和样品量按 GB/T 6678 的规定执行。选取取样单元数的规定见表 2。

**表 2 仲裁取样单元数**

| 总体物料的单元数 | 选取的最少单元数 |
|---|---|
| 1～10 | 全部单元 |
| 11～49 | 11 |
| 50～64 | 12 |
| 65～81 | 13 |
| 82～101 | 14 |
| 102～125 | 15 |
| 126～151 | 16 |
| 152～181 | 17 |
| 182～216 | 18 |
| 217～254 | 19 |
| 255～296 | 20 |
| 297～343 | 21 |
| 344～394 | 22 |
| 395～450 | 23 |
| 461～512 | 24 |

6.4.1.2 用不锈钢取样管垂直插入桶、件的 3/4 处，呈梅花状布点，每个单元取样量不小于 200 g。

#### 6.4.2 制备

6.4.2.1 将所取试样合并，并迅速充分混匀，按四分法缩分制成 3 份，每份试样量约 200 g，供需双方各一份，仲裁单位一份。

6.4.2.2 每份样品必须立即装入干燥、密封容器中，贴上标签。

6.4.2.3 标签需注明生产单位、产品名称、样品编号、产品批号、数量、分析元素、取样日期、取样人等，并在样品容器的封口处粘贴封条，封条须供需双方签章认可待检。

### 6.5 检验结果的判定

6.5.1 检验结果数值按 GB/T 8170 规定修约、表示和判定。

6.5.2 化学成分的检验结果若有一项与本标准及合同（或订货单）规定不符时，应从该批产品中再取双倍于 6.4 规定的试样量进行重复检验，检验结果仍不符合本标准 4.2 及合同（或订货单）规定，则判该批为不合格。

6.5.3 外观质量不符合本标准规定时，则按取样的最小单元（桶、件）判为不合格。

## 7 标志、包装、运输和贮存

### 7.1 标志和包装

锡酸钠产品应内衬塑料袋、外用塑料桶密封包装，每桶净重 25 kg。需方对产品包装有特殊要求时，可由供需双方商定。产品包装物上应标明：

a） 生产厂名称、厂址、商标和联系电话（或传真）；
b） 产品名称和牌号；
c） 产品批号和产品执行标准；
d） 产品净重；
e） 生产日期；
f） 合格标志。

### 7.2 运输和贮存

7.2.1 产品应在干燥、通风和避免光照射的环境中贮存。

7.2.2 产品运输时应防止日晒、潮湿和雨淋。

### 7.3 质量证明书

每批产品应附有产品质量证明书，其上注明：

a） 生产厂名称、厂址、商标和联系电话（或传真）；
b） 产品名称和牌号；
c） 批号和执行标准；
d） 净重和件数；
e） 生产日期；
f） 分析检验结果、检验人和技术监督部门印章。

## 8 合同（或订货单）内容

本标准所列锡锭合同（或订货单）应包括下列内容：

a） 产品名称；
b） 牌号；
c） 对杂质含量的特殊要求；
d） 外观要求；
e） 包装形式；
f） 数量；
g） 本标准编号；
h） 其他。

ICS 77.120.99
H 68

# 中华人民共和国国家标准

GB/T 26041—2010

# 限流熔断器用银及银合金丝、带材

# Silver and silver alloy wire/strip for flow-limited fuse

2011-01-10 发布 2011-10-01 实施

中华人民共和国国家质量监督检验检疫总局
中国国家标准化管理委员会 发布

# 前　　言

本标准由全国有色金属标准化技术委员会(SAC/TC 243)归口。

本标准由贵研铂业股份有限公司负责起草。

本标准主要起草人:蒋传贵、李靖华、张玮、王海燕、徐惠军、王耀东、朱武勋。

# 限流熔断器用银及银合金丝、带材

## 1 范围

本标准规定了银及银合金丝、带材的要求、试验方法、检验规则和标志、包装、运输、贮存及质量证明书与合同(或订货单)内容。

本标准适用于限流熔断器用银及银合金带材、丝材。

## 2 规范性引用文件

下列文件对于本文件的应用是必不可少的。凡是注日期的引用文件,仅注日期的版本适用于本文件。凡是不注日期的引用文件,其最新版本(包括所有的修改单)适用于本文件。

GB/T 1424 贵金属及其合金电阻系数测试方法

GB/T 15072.8 贵金属合金化学分析方法 金、钯、银合金中铜量的测定 硫脲析出 EDTA 络合返滴定法

GB/T 15077 贵金属及其合金材料几何尺寸测量方法

GJB 950(所有部分) 贵金属及其合金微量元素分析方法

## 3 要求

### 3.1 产品牌号和化学成分

3.1.1 产品的牌号和化学成分应符合表 1 的规定。

表 1

%

| 牌号 | 化学成分(质量分数) | | | | | | | |
|---|---|---|---|---|---|---|---|---|
| | 主要成分 | | 杂质元素质量分数,不大于 | | | | | |
| | Ag | Cu | Cu | Fe | Pb | Bi | Sb | 总量 |
| Ag99.95[a] | ≥99.95 | — | 0.025 | 0.003 | 0.005 | 0.004 | 0.002 | 0.05 |
| Ag72Cu | 余量 | 28±1.0 | — | 0.10 | 0.005 | 0.005 | 0.005 | 0.15 |

[a] 银的质量分数为 100% 减去表中所列杂质总量的余量。

3.1.2 供货状态

产品状态分为硬态(Y)、半硬态(Y2)和软态(M)三种。一般以硬态供货,若需半硬态和软态产品,必须在订货合同中注明。

### 3.2 物理性能

3.2.1 产品的物理性能应符合表 2 规定。

表 2

| 牌号 | 20 ℃时的电阻率 $\rho$/($10^{-6}$ Ω·mm) | 电阻温度系数 TCR/(1/℃) | 抗拉强度/MPa | 延伸率/% |
|---|---|---|---|---|
| Ag99.95 | 15.62～16.89 | 0.004 1 | 160～380 | 3～40 |
| Ag72Cu | 21.34～22.66 | 0.003 5 | 300～540 | 3～30 |
| 注：电阻温度系数、抗拉强度和延伸率只做参考，对丝、带材不做要求。 | | | | |

3.2.2 在环境温度为 20 ℃及任意环境温度 $t$ ℃，银及银合金丝、带材的米电阻计算方法参见附录 A。

### 3.3 产品几何尺寸及允许偏差

3.3.1 带材的几何尺寸及允许偏差应符合表 3 的规定。

表 3

单位为毫米

| 厚　度 | 厚度允许偏差 | 宽　度 | 宽度允许偏差 | 长度，不小于 |
|---|---|---|---|---|
| ≥0.05～0.10 | −0.010 | 20～100 | ±0.5 | 300 |
| >0.10～0.15 | −0.015 | | | |
| >0.15～0.25 | −0.020 | | | |
| >0.25～0.45 | −0.025 | | | |
| >0.45～0.70 | −0.030 | 20～200 | ±1.0 | 200 |
| >0.70～1.00 | −0.040 | | | |
| >1.00～1.50 | −0.060 | | | |

3.3.2 丝材的直径及允许偏差应符合表 4 的规定。

表 4

单位为毫米

| 直径 | 直径允许偏差 | 不圆度，不大于 |
|---|---|---|
| ≥0.085～0.150 | ±0.004 | 0.008 |
| >0.15～0.25 | ±0.005 | 0.01 |
| >0.25～0.50 | −0.02 | 0.02 |
| >0.50～1.00 | −0.03 | 0.03 |

### 3.4 外观质量

3.4.1 带材表面应光洁、平整，不允许有裂纹、起皮、气泡、夹杂物等缺陷，允许有轻微的、局部的、其尺寸不超过厚度允许偏差的表面划伤、凹坑、压痕和辊印。边部应整齐、无毛刺、裂边和卷边。

3.4.2 丝材表面应光滑清洁，不应有毛刺、裂纹、凹坑、扭折等缺陷和明显氧化色。允许表面有局部的麻点和深度不超过直径允许偏差的划痕。轻微的氧化色和油迹不作判废依据。

### 3.5 表面粗糙度

带材表面粗糙度 $R_z$ 值应不大于 6.3 μm。直径不大于 0.30 mm 的丝材，表面粗糙度 $R_z$ 值不大于

0.8 μm；直径大于 0.30 mm 的丝材，表面粗糙度 $R_z$ 值不大于 1.6 μm。

## 4 检验方法

4.1 化学成分中主成分的分析按 GB/T 15072.8 的规定进行，杂质元素的分析按 GJB 950 的规定进行。

4.2 电阻率检测按 GB/T 1424 的规定进行。

4.3 尺寸检测按 GB/T 15077 的规定进行。

4.4 外观质量采用目视检查。

4.5 表面粗糙度采用干涉显微镜或表面粗糙度仪测定。

## 5 检验规则

### 5.1 检验和验收

5.1.1 产品应由供方检验部门进行检验，保证产品质量符合本标准（或订货合同）的规定，并填写质量证明书。

5.1.2 需方应对收到的产品按本标准的规定进行检验，如检验结果与本标准（或订货合同）的规定不符时，应在收到产品之日起三个月内向供方提出，由供需双方协商解决。如需仲裁，仲裁取样由供需双方共同进行。

### 5.2 组批

产品应成批提交验收。每批应由同一合金牌号、状态和规格的产品组成。

### 5.3 检验项目及取样

检验项目、取样位置及数量应符合表 5 的规定。

表 5

| 检验项目 | 取样位置 | 取样数量 | 要求的章条号 | 检验的章条号 |
|---|---|---|---|---|
| 化学成分 | 铸锭头部 1/3 处 | 按铸锭总数的 20%进行抽样，但不少于 1 个 | 3.1.1 | 4.1 |
| 电阻率 | 任意部位 | 每炉一个 | 3.2 | 4.2 |
| 几何尺寸 | 任意部位 | 逐卷检验 | 3.3 | 4.3 |
| 外观质量 | 任意部位 | 逐卷检验 | 3.4 | 4.4 |
| 表面粗糙度 | 任意部位 | 每批一个 | 3.5 | 4.5 |

### 5.4 检验结果的判定

5.4.1 化学成分不合格时，判该批产品不合格。

5.4.2 几何尺寸偏差和外观质量不合格时，判该卷不合格。

5.4.3 电阻率检验不合格，从该炉产品中取双倍试样进行重复试验。重复试验结果仍有试样不合格，判该炉产品不合格。

5.4.4 表面粗糙度检验不合格时，从该批产品中取双倍试样进行重复试验。重复试验仍有试样不合格，则判该批产品不合格。

## 6 标志、包装、运输、贮存

### 6.1 标志

在已检验合格的每卷(包)产品上应附上如下标记：

a) 产品名称；

b) 合金牌号；

c) 交货状态；

d) 批号；

e) 规格；

f) 重量；

g) 包装日期。

### 6.2 包装、运输和贮存

6.2.1 产品成卷包装，每卷外用软质材料包裹且捆扎牢固，装入箱内。

6.2.2 产品运输过程中要防止碰伤和压伤。

6.2.3 产品应保存在干燥无腐蚀性气氛的场所。

### 6.3 质量证明书

每批产品应附有质量证明书，注明：

a) 供方名称、地址、电话、传真；

b) 产品名称；

c) 合金牌号；

d) 批号；

e) 规格；

f) 净重；

g) 各项检验结果和技术监督部门印记；

h) 本标准编号；

i) 出厂日期。

## 7 订货单(或合同)内容

订购本标准所列产品的订货单(或合同)内应包括下列内容：

a) 产品名称；

b) 合金牌号；

c) 交货状态；

d) 规格；

e) 数量；

f) 本标准编号；

g) 其他。

# 附 录 A
## （资料性附录）
## 在环境温度为 20 ℃及任意环境温度 $t$ ℃，银及银合金丝、带材的米电阻计算方法

**A.1** 在环境温度为 20 ℃时，银及银合金丝、带的米电阻按公式（A.1）计算，其误差为±3%。

$$R_{20^\circ}=\rho_{20^\circ}\cdot\frac{L}{S} \qquad \cdots\cdots\cdots\cdots (A.1)$$

式中：

$\rho_{20^\circ}$——在环境温度为 20 ℃时，材料的电阻率，单位为 $10^{-6}$ 欧姆·毫米（$10^{-6}$ Ω·mm）；

$L$ ——长度，单位为米（m）；

$S$ ——材料的截面积，单位为平方毫米（$mm^2$）；

$R_{20^\circ}$——环境温度 20 ℃时的米电阻，单位为毫欧姆（mΩ）。

**A.2** 在任意环境温度（$t$ ℃）时银及银合金丝、带的米电阻按公式（A.2）计算。

$$R_t=R_{20^\circ}[1+TCR\cdot(t-20)] \qquad \cdots\cdots\cdots\cdots (A.2)$$

式中：

$R_t$ ——环境温度为 $t$ ℃时的米电阻，单位为毫欧姆（mΩ）；

$R_{20^\circ}$ ——环境温度 20 ℃时的米电阻，单位为毫欧姆（mΩ）；

$t$ ——环境温度，单位为摄氏度（℃）；

$TCR$——电阻温度系数，单位为每摄氏度（1/℃）。

ICS 77.120.60
H 13

# 中华人民共和国国家标准

GB/T 26042—2010

# 锌及锌合金分析方法 光电发射光谱法

Methods for analysis of zinc and zinc alloys—
The optical emission spectrometry

(ISO 3815-1:2005,Zinc and zinc alloys—
Part 1:Analysis of solid samples by optical emission spectrometry,MOD)

2011-01-10 发布 2011-10-01 实施

中华人民共和国国家质量监督检验检疫总局
中国国家标准化管理委员会 发布

# 前　　言

本标准按照 GB/T 1.1—2009 给出的规则起草。

本标准修改采用 ISO 3815-1:2005《锌及锌合金　第 1 部分:固体试样的光电发射光谱分析法》(英文版)。与 ISO 3815-1:2005 相比,对原标准在以下方面的技术内容做了修改和补充:

——标准名称改为《锌及锌合金分析方法　光电发射光谱法》;

——规范性引用文件中修改为引用我国标准;

——明确了测定元素及其测定范围;

——增加附录 A 试样制备;

——附录 B 中的数据来自于起草单位重新做的试验结果。

本标准由全国有色金属标准化技术委员会(SAC/TC 243)归口。

本标准起草单位:中华人民共和国辽宁出入境检验检疫局、深圳市中金岭南有色金属股份有限公司韶关冶炼厂。

本标准参加起草单位:中国有色金属工业标准计量质量研究所、中冶葫芦岛有色金属集团有限公司、株洲冶炼集团股份有限公司、河南豫光金铅股份有限公司。

本标准主要起草人:李岩、董秀文、师世龙、涂小红、邓乐章、赵永善、刘丽敏、丁爱梅、王军学、孔建敏。

# 锌及锌合金分析方法
# 光电发射光谱法

## 1 范围

本标准规定了锌及锌合金中铅、镉、铁、铜、锡、铝、镁含量的光电发射光谱分析方法。

本标准适用于锌及锌合金产品分析，各元素的测定范围见表1。

本标准包括制备锌及锌合金分析试样的推荐方法。

**表1 元素及测定范围**

| 元素 | 测定范围/% |
|---|---|
| Pb | 0.000 5～1.40 |
| Cd | 0.000 5～0.020 |
| Fe | 0.000 5～0.10 |
| Cu | 0.000 06～5.00 |
| Sn | 0.000 2～0.002 0 |
| Al | 0.000 2～28.00 |
| Mg | 0.000 5～0.10 |

## 2 规范性引用文件

下列文件对于本文件的应用是必不可少的。凡是注日期的引用文件，仅注日期的版本适用于本文件。凡是不注日期的引用文件，其最新版本(包括所有的修改单)适用于本文件。

GB/T 470 锌锭(GB/T 470—2008,ISO 752:2004,MOD)

GB/T 8170 数值修约规则与极限数值的表示和判定

GB/T 8738 铸造用锌合金锭

GB/T 12689(所有部分) 锌及锌合金化学分析方法

GB/T 26043—2010 锌及锌合金取样方法(ISO 20081:2005,MOD)

## 3 术语和定义

GB/T 26043—2010中的术语和定义以及下列术语和定义适用于本标准。

3.1

**光电发射光谱法**

测量试样被激发时试样中各元素发射出的电磁辐射强度的方法。

注1：每个元素发射出特定的波长，其发射强度与每个元素的含量有关。

## 4 取样

按照 GB/T 26043—2010 中 7.1 的规定取样。

## 5 试样制备

试样应适合光电发射光谱分析。其形状和大小可根据试样夹具和使用的仪器而定。试样表面按照仪器操作手册的要求制备。推荐的试样制备方法见附录 A。

## 6 分析步骤

### 6.1 一般规定

采用光电发射光谱法分析固体试样，试样应符合第 5 章的规定。分析 GB/T 470、GB/T 8738 标准中锌及锌合金的杂质元素及合金元素时，可以使用不同的分析线，常用的分析线见附录 B。

分析线的选择取决于分析程序和光谱仪型号。

仪器的检出限见附录 C。

### 6.2 校准

所用仪器应当能够检出和测定相关产品标准(见 6.1)中规定的所有元素。

校准光谱仪时，应当优先选择有证标准物质(CRM)，其次是标准物质(RM)，最后是内控标准物质(IRM)。

如果使用内控标准物质，按照 GB/T 12689 中的分析方法测定其化学成分。

应在合理的周期内对仪器进行再校准。用于再校准的标准试样，应当有与被分析试样相近的物理和化学性质。

### 6.3 分析方法

通常，每个试样至少应当激发 2 次。如果测试结果不一致或者怀疑仪器有故障，应当在同一试样的新表面上重新进行测试。

**注**：对于某个具体的实验室，如果取样频率足够高且有历史数据支持，每个试样可以只测试 1 次，但一批试样的测试结果应当至少是 2 次测试的平均值。

### 6.4 结果表示

测试结果以质量分数表示，计算 6.3 中所有有效单次测试结果(不包括有问题的单次测试结果)的算术平均值为最终结果。

测试结果按照 GB/T 470、GB/T 8738 标准的规定表示，按 GB/T 8170 中有关规定进行数值修约。

### 6.5 试验报告

试验报告应包括以下内容：

a) 样品标识；

b) 试验结果；

c) 实验室或测试机构名称；

d） 试验报告日期；

e） 本标准编号；

f） 实验室负责人或其他责任人签名。

# 附 录 A
（资料性附录）
# 试 样 制 备

## A.1 设备

**A.1.1** 能够满足试样加工要求的车床或铣床。

**A.1.2** 箱式电阻炉。

**A.1.3** 带盖高纯石墨坩埚，见图 A.1。

单位为毫米

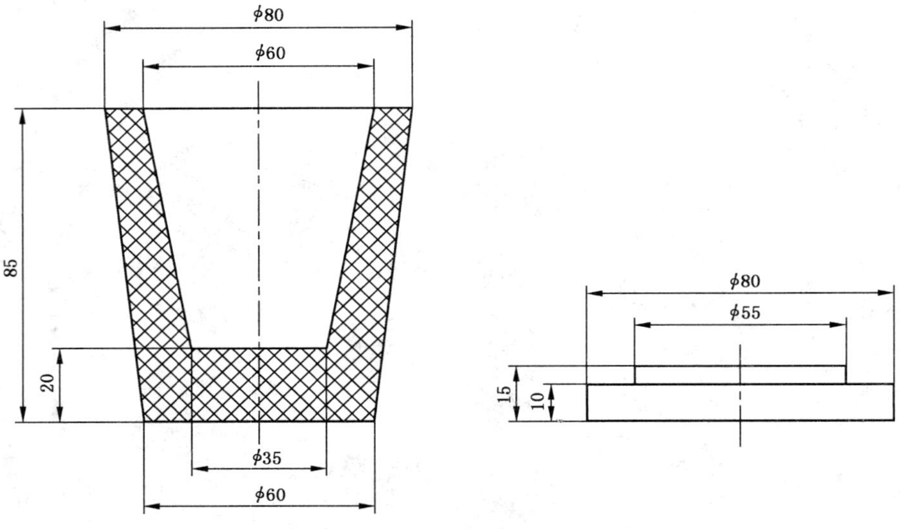


**图 A.1 高纯石墨坩埚示意图**

**A.1.4** 熔铸模可以选用不锈钢、纯铜或高纯石墨材料制作，见图 A.2。

单位为毫米

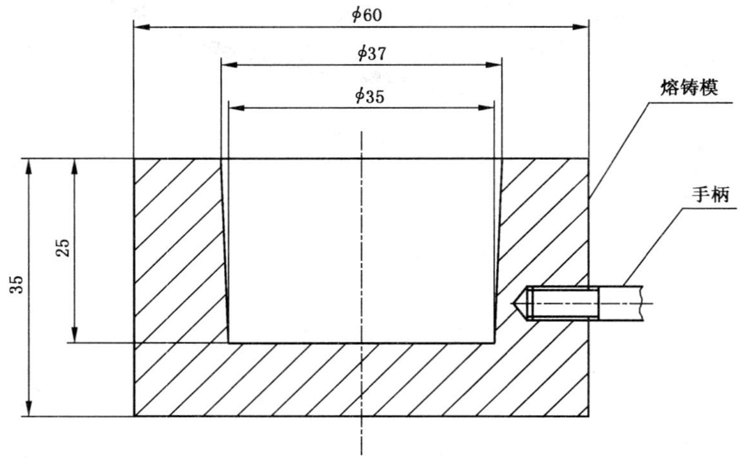


**图 A.2 熔铸模示意图**

## A.2 试样制备

### A.2.1 炉前试样的制备

在生产过程中，用高纯石墨工具或其他适宜的工具接取有代表性的锌液，并迅速将其倒入熔铸模(图A.2)中，空冷，脱模取出试样。

### A.2.2 试样的熔铸

钻屑试样应剪碎至5 mm以下，混合均匀缩分至200 g～400 g，用磁铁除铁后，装入石墨坩埚(图A.1)中，盖上石墨坩埚盖，移入已升温至540 ℃～560 ℃的箱式电炉中，保温10 min～15 min(也可根据试样的成分特点，选择适宜的加热温度和保温时间)，使试样完全熔化，并适当摇动(可用石英棒轻微搅动)，取出坩埚，迅速将其倒入熔铸模(图A.2)中，空冷，脱模取出试样。

其他形状的试样也可采用上述方法熔铸，但试样表面应清理干净。

## A.3 试样加工

试样的测试面应切去1.0 mm～1.5 mm，加工成光洁、平整、无气孔、无夹杂、无裂纹等缺陷的平面。加工过程中不得使用润滑剂，切削速度以试样不氧化为宜。试样应当有一个新鲜的测试表面。有明显的脏污、陈旧、氧化、疏松、夹杂或其他外来物质，或被反复处理已经污染的表面应当重新加工。测试表面应当有与标准物质相同的粗糙度。

## A.4 熔铸质量判别

熔铸试样应当均匀，具有代表性，同一试样其主要元素的两次激发测试值之间的相对误差应不大于2%；反之，则应考虑调整试样的熔铸条件，如：加热温度、保温时间、铸模形状等。

# 附　录　B
（资料性附录）
# 精　密　度

表 B.1　重复性和再现性

| 元　素 | 含量(质量分数)/% | r/% | R/% |
|---|---|---|---|
| Pb | 0.000 94 | 0.000 22 | 0.000 25 |
| | 0.002 5 | 0.000 4 | 0.000 5 |
| | 0.008 4 | 0.001 0 | 0.001 2 |
| | 0.014 | 0.001 6 | 0.002 |
| | 0.030 | 0.003 | 0.004 |
| | 0.49 | 0.03 | 0.04 |
| | 1.25 | 0.05 | 0.07 |
| Cd | 0.000 30 | 0.000 10 | 0.000 12 |
| | 0.000 60 | 0.000 18 | 0.000 22 |
| | 0.002 3 | 0.000 3 | 0.000 4 |
| | 0.010 3 | 0.000 9 | 0.001 1 |
| | 0.022 4 | 0.001 8 | 0.002 0 |
| | 0.145 | 0.009 | 0.010 |
| Fe | 0.000 90 | 0.000 20 | 0.000 25 |
| | 0.001 7 | 0.000 3 | 0.000 4 |
| | 0.004 1 | 0.000 4 | 0.000 5 |
| | 0.012 | 0.002 | 0.003 |
| | 0.050 | 0.005 | 0.006 |
| | 0.36 | 0.04 | 0.06 |
| Cu | 0.000 09 | 0.000 04 | 0.000 05 |
| | 0.000 32 | 0.000 08 | 0.000 10 |
| | 0.001 7 | 0.000 2 | 0.000 3 |
| | 0.007 0 | 0.000 7 | 0.000 8 |
| | 0.021 5 | 0.001 8 | 0.002 0 |
| | 0.063 | 0.004 | 0.005 |
| | 0.354 | 0.024 | 0.028 |
| | 0.98 | 0.04 | 0.06 |
| | 2.32 | 0.10 | 0.15 |
| | 6.05 | 0.25 | 0.30 |

表 B.1(续)

| 元 素 | 含量(质量分数)/% | $r$/% | $R$/% |
|---|---|---|---|
| Sn | 0.000 21 | 0.000 12 | 0.000 15 |
| | 0.000 78 | 0.000 22 | 0.000 25 |
| | 0.001 7 | 0.000 3 | 0.000 4 |
| | 0.004 7 | 0.000 8 | 0.001 0 |
| | 0.011 1 | 0.001 5 | 0.002 0 |
| | 0.038 | 0.003 | 0.004 |
| Al | 0.000 50 | 0.000 15 | 0.000 18 |
| | 0.001 0 | 0.000 2 | 0.000 3 |
| | 0.014 | 0.002 | 0.003 |
| | 0.137 | 0.015 | 0.020 |
| | 1.55 | 0.08 | 0.12 |
| | 3.05 | 0.13 | 0.20 |
| | 7.03 | 0.24 | 0.40 |
| | 11.61 | 0.40 | 0.55 |
| | 27.40 | 0.70 | 0.80 |
| Mg | 0.000 40 | 0.000 15 | 0.000 20 |
| | 0.002 8 | 0.000 3 | 0.000 4 |
| | 0.004 9 | 0.000 5 | 0.000 6 |
| | 0.020 | 0.002 | 0.003 |
| | 0.053 | 0.004 | 0.005 |
| | 0.099 | 0.006 | 0.008 |

# 附 录 C
# （资料性附录）
# 分 析 线

表 C.1 给出了光电发射光谱仪分析锌和锌合金的常用分析线。

**表 C.1**

| 元 素 | 分析线/nm |
|---|---|
| Zn | 481.0 |
| Pb | 405.7[a];368.3 |
| Cd | 228.8;361.0 |
| Fe | 371.9 |
| Cu | 327.4;324.7;510.5[b] |
| Sn | 317.5 |
| Al | 396.1;394.4;305.2[c] |
| Mg | 285.20;279.08;382.9 |
| **注**：如果分析结果相同，也可选择其他分析线。 | |
| [a] 405.7 nm 分析线用于 1.5%以下 Pb 含量的分析。<br>[b] 510.5 nm 分析线用于 0.5%～5% Cu 含量的分析。<br>[c] 305.2 nm 分析线用于 4%～30% Al 含量的分析。 | |

# 附 录 D
## （资料性附录）
## 检 出 限

表 D.1 是火花源光电发射光谱仪(OES)可得到的最低检出限(LOD)数据。

表 D.1

| 元 素 | 分析线/nm | 检出限[a]/(μg/g) |
|---|---|---|
| Pb | 405.7 | <1 |
| Cd | 228.8 | 0.1 |
| Fe | 371.8 | 1 |
| Cu | 324.7 | <1 |
| Sn | 317.5 | 1 |
| Al | 396.1 | 0.2 |
| Mg | 279.0 | <1 |

[a] LOD=$3S_0$，$S_0$=零浓度时的标准偏差。

ICS 77.120.60
H 62

# 中华人民共和国国家标准

GB/T 26043—2010

# 锌及锌合金取样方法

## Zinc and zinc alloys—Method of sampling—Specifications

(ISO 20081:2005,MOD)

2011-01-10 发布 2011-10-01 实施

中华人民共和国国家质量监督检验检疫总局
中国国家标准化管理委员会 发布

# 前　言

本标准按照 GB/T 1.1—2009 给出的规则起草。

本标准修改采用 ISO 20081:2005《锌及锌合金取样方法》(英文版)。

本标准对 ISO 20081:2005 做了编辑性修改，删除 ISO 20081:2005 的目次、前言。

本标准与 ISO 20081:2005 的主要技术性差异如下：

——规范性引用文件中引用了我国标准；

——文字表述符合我国语言习惯和行业用语；

——钻孔取样方法中，增加了对钻孔深度的要求。

本标准由全国有色金属标准化技术委员会(SAC/TC 243)归口。

本标准负责起草单位：中冶葫芦岛有色金属集团有限公司、中国有色金属工业标准计量质量研究所。

本标准主要起草人：李军、王星、冷希学、赵永善、孟庆武、朱东萍。

# 锌及锌合金取样方法

## 1 范围

本标准规定了锌及锌合金的取样方法。

本标准适用于 GB/T 470 和 GB/T 8738 标准中的锌及锌合金。

## 2 规范性引用文件

下列文件对于本文件的应用是必不可少的。凡是注日期的引用文件，仅注日期的版本适用于本文件。凡是不注日期的引用文件，其最新版本(包括所有的修改单)适用于本文件。

GB/T 470　锌锭(GB/T 470—2008，ISO 752:2004，MOD)

GB/T 8738　铸造用锌合金锭

## 3 术语和定义

下列术语和定义适用于本标准。

3.1

**样品　sample**

代表产品化学成分的一部分产品。

3.2

**试件　test piece**

供分析检测用具有特定形状的材料。

3.3

**交货批　consignment of cast product**

按发货量接收的产品数量。

注：除非供需双方对取样有其他方面的约定，才能使用该定义。

3.4

**样锭　sampling unit**

从一交货批中选取的单个铸造产品。

3.5

**总样　gross sample**

从一交货批中选取的样锭的总和。

3.6

**试样　test sample**

由总样制得的供选取试料用的样品。

3.7

**试料　test portions**

从试样中取得的供实际分析用的具有一定数量的样品。

## 4 原则

由于锌及锌合金锭的形状不同、重量不等，凝固过程中会产生偏析，在选取的样锭上规定的取样位置不一样，试样的化学成分会有不同。因此，建议在生产时从浇注过程中取样。

## 5 工具

5.1 取样勺，其设计应能盛下足够多的液态金属，可以注满取样模，并配有长柄或其他装置，使其能伸到炉、槽、罐或坩埚内。取样勺应使用不影响液态金属化学成分的材料制作。

5.2 取样模，其设计应能确保所得到的金属试样具有代表性。取样模的形状和尺寸非常重要。取样模的冷却速度应足够快，使金属快速凝固，避免化学成分偏析。取样模应使用不影响液态金属化学成分的材料制作，以确保液态金属的化学成分不发生变化。

## 6 样品的采取和试件的制备

### 6.1 采取

样品应用适当的取样方式进行采取。

### 6.2 制备

试件的形状和尺寸应满足检测设备、方法和操作方式的需要。试件应按照所用分析检测方法要求的方式进行制备。

## 7 取样方法

### 7.1 浇铸过程中的取样频次

连铸或间歇浇铸过程中的取样频次，应能体现产品和生产设备情况。

取样应由专业人员进行。

### 7.2 浇铸产品的取样

如果需要对锭和铸件进行取样，锭的取样应按照附录 A 的规定进行。或由供需双方协商。

取样应由专业人员进行。

# 附 录 A
# （规范性附录）
# 重量不大于 30 kg 样锭的取样方法

## A.1 总则

本附录规定了当无法由液态金属中进行取样，对重量不大于 30 kg 的锌及锌合金锭进行化学分析时，试样的采取和制备方法。

## A.2 样锭的采取

### A.2.1 组批

样锭应按批采取，每批应由同一化学成分的锭组成。

根据供需双方协商，每次交货批可分成若干批，并符合：

a） 锌锭不少于 25 t；

b） 锌合金锭不少于 5 t。

任何交货批少于 a）和 b）中规定的数量应作为单独的一批。

### A.2.2 取样数量

锌锭应按批随机采取，GB/T 470 中规定的 Zn99.995、Zn99.99 和 Zn99.95，每 2.5 t 任取一锭，Zn99.5 和 Zn98.5，每 1 t 任取一锭。

锌合金锭应按批随机采取，每 1 t 任取一锭。

每种情况，锭的采取数量不应少于 5 块。

若交货量少于 5 块锭时，则全部锭都要用来取样。

## A.3 取样和制样

### A.3.1 基本要求

对于没有过大偏析（锭厚度超过 50 mm）的铸造产品的取样，应对采取的每个样锭都钻孔取样。取样孔的位置和数量，以能够取得具有代表性样品为宜。对于有过大偏析的铸造产品的取样，应对每个样锭的整个横断面进行磨削取样，也可以锯屑取样。

取样前，应对每个样锭进行仔细清理，除去全部污物，去掉表层。取样用的锯、钻头、刀具或其他工具，使用前应完全清理干净。取样速度应控制好，不要使试样过热而氧化，不得使用润滑剂。推荐使用硬质合金头工具。

总试样应由从样锭取得的全部钻屑、磨削屑、锯屑、或剪切屑样品混合制备取得。用磨削、钻孔等方法取得的碎片尺寸应均匀。

对总试样进行称量，并根据分析的需要，将试料分成四等份，分别密封在容器内，供方、需方和分析各持一份，保留一份备查。

**A.3.2 GB/T 470 标准中规定的锌锭**

化学成分试样的采取，通常按以下方法钻孔取样。

将选取的样锭按锭模中的位置翻转过来平放、一字排开，每组最多 10 块锭，确保每块浇注标识排列方向一致。

在每组样锭排出的长方形上画一条对角线。

用直径约 15 mm 的碳化钨钻头，不得使用润滑剂。沿对角线在每块锭上钻取两个点，这两个点距该锭长边的垂直距离分别为短边长度的 1/3 和 2/3（如图 A.1 所示）。

钻孔时，应控制好钻孔速度，防止钻屑氧化，以获取厚度为 0.2 mm～0.5 mm 的钻屑。钻孔深度不小于锭厚度的三分之二。

**A.3.3 GB/T 8738 标准中规定的铸造锌合金锭**

化学成分试样的采取，通常按以下方法钻孔取样。

将选取的样锭按锭模中的位置翻转过来平放、一字排开，每组最多 5 块锭，确保每块浇注标识排列方向一致。

在每组样锭排出的长方形上画一条对角线。

用直径约 15 mm 的碳化钨钻头，不得使用润滑剂。沿对角线在每个锭上钻取三个点，这三个点距该锭长边的垂直距离分别为短边长度的 1/4、1/2 和 3/4（如图 A.2 所示）。

当钻孔点的准确位置恰好在锭的凹陷处时，应另选一个点，与准确位置尽可能接近。

钻孔时，应控制好钻孔速度，防止钻屑氧化，以获取厚度为 0.2 mm～0.5 mm 的钻屑。钻孔深度不小于锭厚度的三分之二。

**A.3.4 重量超过 30 kg 样锭的取样**

单块超过 30 kg 的样锭的取样方法由供需双方商定。

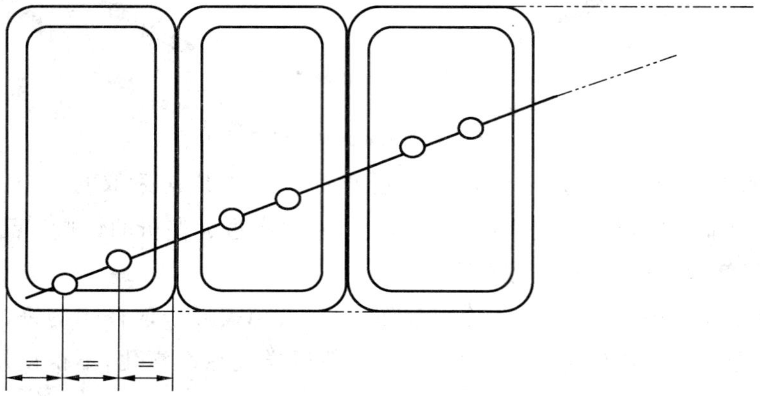


**图 A.1 铸造锌锭取样示意图**

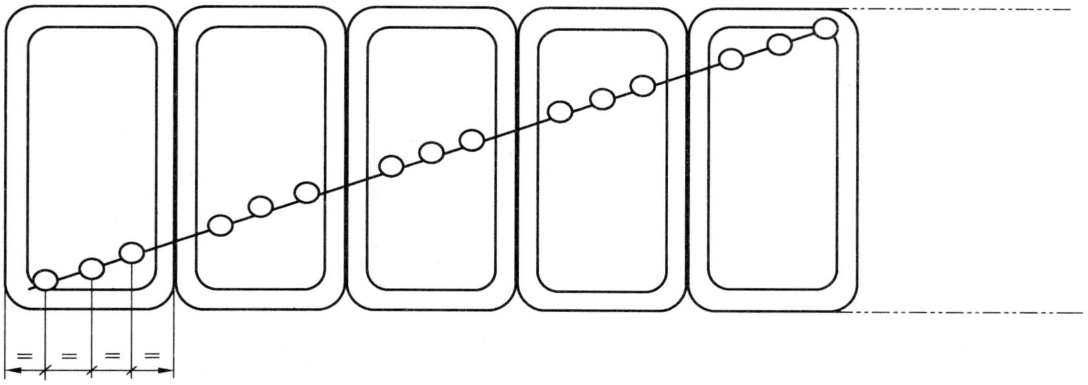


图 A.2 铸造锌合金锭取样示意图

ICS 77.150.30
H 62

# 中华人民共和国国家标准

GB/T 26044—2010

# 信号传输用单晶圆铜线及其线坯

## Single crystal round copper wire and drawing stock for signal transmission

2011-01-10 发布　　2011-10-01 实施

中华人民共和国国家质量监督检验检疫总局
中国国家标准化管理委员会　发布

# 前　　言

本标准由中国有色金属工业协会提出。

本标准由全国有色金属标准化技术委员会归口。

本标准由焦作市森格高新材料有限责任公司、中国有色金属工业标准计量质量研究所负责起草。

本标准由兰州理工大学参加起草。

本标准主要起草人：封存利、刘光林、丁雨田、武国旗、古思红、胡勇、杨丽娟、赵永善、赵军锋。

# 信号传输用单晶圆铜线及其线坯

## 1 范围

本标准规定了信号传输用单晶圆铜线及其线坯的要求、试验方法、检验规则及标志、包装、运输、贮存、质量证明书和合同(或订货单)内容。

本标准适用于采用热型连铸技术所生产的圆形横截面单晶圆铜线坯及其制成的单晶圆铜线。

## 2 规范性引用文件

下列文件中的条款通过本标准的引用而成为本标准的条款。凡是注日期的引用文件,其随后所有的修改单(不包括勘误的内容)或修订版均不适用于本标准,然而,鼓励根据本标准达成协议的各方研究是否可使用这些文件的最新版本。凡是不注日期的引用文件,其最新版本适用于本标准。

GB/T 3048.2　电线电缆电性能试验方法　第2部分:金属材料电阻率试验

GB/T 3952　电工用铜线坯

GB/T 3953　电工圆铜线

GB/T 4909.2　裸电线试验方法　第2部分:尺寸测量

GB/T 4909.3　裸电线试验方法　第3部分:拉力试验

GB/T 4909.4　裸电线试验方法　第4部分:扭转试验

GB/T 5121(所有部分)　铜及铜合金化学分析方法

YS/T 448　铜及铜合金铸造和加工制品宏观组织检验方法

## 3 术语和定义

下列术语和定义适用于本标准。

3.1

**单晶圆铜线坯　The single crystal round copper drawing stock**

采用热型连铸技术生产的圆形横截面线坯,且任一圆形横截面内所含有的晶粒数不超过10个的铜线坯。

3.2

**单晶圆铜线　The single crystal round copper wire**

采用单晶圆铜线坯进一步深加工制成的圆铜线材。

## 4 要求

### 4.1 产品分类

#### 4.1.1 牌号、状态、规格

单晶圆铜线及其线坯按化学成分分为两个牌号。其牌号、状态、规格应符合表1的规定:

**表1　单晶圆铜线及其线坯的牌号、状态、规格**

| 名　称 | 牌　号 | 状　态 | 直径/mm |
|---|---|---|---|
| 单晶圆铜线坯 | TU1、TU2 | 铸(Z) | >3.0～30.0 |
| 单晶圆铜线 | TU1、TU2 | 软(R) | 0.070～3.0 |
| | | 硬(Y) | 0.070～12.0 |
| 注:软态(R)为铜线的低温退火状态。 | | | |

#### 4.1.2 标记示例

标记示例按牌号、状态、直径和标准号的顺序表示，标记示例如下：

示例 1：牌号为 TU1，铸态，直径为 8.0 mm 的单晶圆铜线坯标记为：

单晶圆铜线坯 TU1 Z $\phi$8.0 GB/T 26044—2010

示例 2：牌号为 TU2，硬态，直径为 0.12 mm 的单晶圆铜线标记为：

单晶圆铜线 TU2 Y $\phi$0.12 GB/T 26044—2010

### 4.2 化学成分

4.2.1 单晶圆铜线及其线坯化学成分应符合表 2 和表 3 的规定。

**表 2 TU1 牌号的化学成分**

| 元素组 | 杂质元素 | 含量/%，不大于 | 杂质元素组总含量/%，不大于 | |
|---|---|---|---|---|
| 1 | Se | 0.000 20 | 0.000 30 | 0.000 3 |
| | Te | 0.000 20 | | |
| | Bi | 0.000 20 | — | |
| 2 | Cr | — | 0.001 5 | |
| | Mn | — | | |
| | Sb | 0.000 4 | | |
| | Cd | — | | |
| | As | 0.000 5 | | |
| | P | — | | |
| 3 | Pb | 0.000 5 | 0.000 5 | |
| 4 | S | 0.001 5 | 0.001 5 | |
| 5 | Sn | — | 0.002 0 | |
| | Ni | — | | |
| | Fe | 0.001 0 | | |
| | Si | — | | |
| | Zn | — | | |
| | Co | — | | |
| 6 | Ag | 0.002 5 | 0.002 5 | |
| 杂质元素总含量 | | 0.006 5 | | |

注 1：TU1 牌号的主成分为 Cu，其含量为 100%减去表中杂质元素的实测值之和。

注 2：TU1 牌号的氧含量应不大于 0.001 0%。

**表 3 TU2 牌号的化学成分**

| Cu+Ag 不小于 | 杂质元素含量/%，不大于 | | | | | | | | | |
|---|---|---|---|---|---|---|---|---|---|---|
| | As | Sb | Bi | Fe | Pb | Sn | Ni | Zn | S | P |
| 99.95 | 0.001 5 | 0.001 5 | 0.000 6 | 0.002 5 | 0.002 | 0.001 | 0.002 | 0.002 | 0.002 5 | 0.001 |

注：TU2 牌号的氧含量应不大于 0.001%。

4.2.2 需方对单晶铜的化学成分有特殊要求时，可由供需双方商定。

### 4.3 尺寸及其允许偏差

4.3.1 单晶圆铜线坯的直径及其允许偏差应符合表 4 的规定。

**表 4　单晶圆铜线坯的直径及其允许偏差**

单位为毫米

| 公称直径 | 允许偏差 |
|---|---|
| >3.0～8.0 | ±0.35 |
| >8.0～12.0 | ±0.50 |
| >12.0～22.0 | ±0.75 |
| >22.0～30.0 | ±1.00 |

4.3.2　单晶圆铜线的直径及其允许偏差应符合表 5 的规定。

**表 5　单晶圆铜线的直径及其允许偏差**

单位为毫米

| 公称直径 | 允许偏差 |
|---|---|
| 0.070～0.125 | ±0.003 |
| >0.125～0.400 | ±0.004 |
| >0.40～3.00 | ±1.0%*d* |
| >3.00～8.00 | ±0.035 |
| >8.00～12.00 | ±0.050 |
| 注：*d* 代表公称直径。 | |

## 4.4　力学性能

4.4.1　单晶圆铜线坯的力学性能应符合表 6 的规定。

**表 6　单晶圆铜线坯的力学性能**

| 牌号 | 状态 | 直径/mm | 伸长率/% |
|---|---|---|---|
| TU1 | 铸(Z) | >3.0～30.0 | ≥55 |
| TU2 | | | ≥50 |

4.4.2　单晶圆铜线的力学性能应符合表 7 的规定。

**表 7　单晶圆铜线的力学性能**

| 公称直径/mm | 伸长率/% | 抗拉强度 $R_m$/(N/mm²) | 伸长率/% |
|---|---|---|---|
| | 软(R) | 硬(Y) | |
| | 不小于 | 不小于 | |
| 0.070～0.125 | 12 | 412 | 1.0 |
| >0.125～0.200 | 15 | 411 | 1.0 |
| >0.200～0.650 | 17 | 407 | 1.0 |
| >0.650～1.000 | 25 | 403 | 1.0 |
| >1.00～1.45 | 25 | 398 | 1.1 |
| >1.45～1.85 | 25 | 393 | 1.1 |
| >1.85～2.30 | 25 | 389 | 1.1 |
| >1.85～2.75 | 25 | 383 | 1.2 |
| >2.75～3.00 | 25 | 375 | 1.3 |
| >3.00～5.00 | — | 360 | 1.8 |

表 7（续）

| 公称直径/mm | 伸长率/% | 抗拉强度 $R_m$/(N/mm²) | 伸长率/% |
|---|---|---|---|
| | 软(R) | 硬(Y) | |
| | 不小于 | 不小于 | |
| >5.00～7.00 | — | 340 | 2.0 |
| >7.00～8.00 | — | 330 | 2.4 |
| >8.00～10.00 | — | 310 | 2.8 |
| >10.00～12.00 | — | 280 | 3.5 |

## 4.5 扭转性能

单晶圆铜线坯应进行扭转试验，扭转次数应符合表 8 的规定，扭转断裂后表面不应出现皱边，断口不应有夹杂缺陷。

表 8 单晶圆铜线坯的扭转性能

| 牌 号 | 状 态 | 公称直径/mm | 扭转次数 |
|---|---|---|---|
| TU1<br>TU2 | 铸(Z) | >3.0～5.0 | ≥20 |
| | | >5.0～8.0 | ≥30 |
| | | >8.0～12.0 | ≥35 |
| | | >12.0～22.0 | ≥40 |
| | | >22.0～30.0 | ≥45 |

## 4.6 电性能

单晶圆铜线及其线坯的电阻率应符合表 9 的规定。

表 9 单晶圆铜线及其线坯的电阻率

| 名 称 | 牌号 | 状态 | 体积电阻率(20 ℃)/(Ω·mm²/m)，不大于 | |
|---|---|---|---|---|
| | | | 公称直径<2.00 mm | 公称直径≥2.00 mm |
| 单晶圆铜线坯 | TU1 | Z | 0.017 000 | |
| | TU2 | Z | 0.017 170 | |
| 单晶圆铜线 | TU1 | R | 0.017 100 | 0.017 100 |
| | | Y | 0.017 800 | 0.017 700 |
| | TU2 | R | 0.017 170 | 0.017 170 |
| | | Y | 0.017 890 | 0.017 760 |

## 4.7 晶粒数

单晶圆铜线坯任意横断面的宏观组织中所含晶粒个数应符合表 10 的规定。

表 10 单晶圆铜线坯晶粒数量等级

| 牌号 | 状态 | 任意横断面的宏观组织晶粒数 | |
|---|---|---|---|
| | | 级别 | 晶粒个数 |
| TU1、TU2 | Z | A 级 | 1～3 |
| | | B 级 | 4～6 |
| | | C 级 | 7～10 |

4.8 表面质量

4.8.1 单晶圆铜线坯应圆整,尺寸均匀,无红色、黑色氧化现象。

4.8.2 单晶圆铜线坯表面不允许有三角口或其他任何形状的裂纹、毛刺等对后序加工或使用有害的缺陷。

4.8.3 单晶圆铜线表面应光洁,不得有影响使用的任何缺陷。

4.9 交货重量

4.9.1 单晶圆铜线坯应成盘交货,每盘单晶圆铜线坯为一整根,中间不应有二次引锭和焊接现象。单晶圆铜线应成盘或成圈交货,不允许焊接或扭接。单晶圆铜线坯重量应符合表11的规定。

表11 单晶圆铜线坯成品重量

| 规格/mm | 3.0～4.00 | >4.00～6.00 | >6.00～8.00 | >8.00～16.00 | >16.00～30.00 |
|---|---|---|---|---|---|
| 盘重/kg,不小于 | 5 | 10 | 15 | 30 | 50 |

4.9.2 供需双方协商,单晶圆铜线坯或线可以任何重量交货。

## 5 试验方法

5.1 化学成分分析方法

单晶圆铜线及其线坯的化学成分分析方法按GB/T 5121的规定进行。

5.2 尺寸及其允许偏差测量方法

单晶圆铜线及其线坯的尺寸及其允许偏差测量方法按GB/T 4909.2的规定进行。

5.3 力学性能试验方法

单晶圆铜线及其线坯的室温拉伸试验方法按GB/T 4909.3的规定进行。

5.4 扭转性能试验方法

5.4.1 单晶圆铜线坯的扭转试验方法按GB/T 4909.4的规定进行。

5.4.2 试样应从经过4.8.1和4.8.2检查合格的单晶圆铜线坯上取样。原始标距长度为300 mm,扭转速度应不超过30 r/min;绕试样轴线方向单向扭转,直至扭断。

5.5 电性能试验方法

5.5.1 单晶圆铜线及其线坯的电阻率测试方法按GB/T 3048.2的规定进行。

5.5.2 电阻率试验可直接在单晶圆铜线及其线坯上取样进行。

5.6 晶粒数检验方法

单晶铜线坯的晶粒数检验方法按YS/T 448规定的进行,晶粒数按整个横截面内的晶粒计数。晶粒过小分辨不清时,可采用10倍及以上放大镜下进行观察。

5.7 表面质量检验方法

单晶圆铜线及其线坯的表面质量用目视检查。

## 6 检验规则

6.1 检查和验收

6.1.1 单晶圆铜线及其线坯应由供方质量监督部门进行检验,保证产品质量符合本标准及合同(或订货单)的规定,并填写质量证明书。

6.1.2 需方可对收到的产品按本标准的规定进行检验,如检验结果与本标准及合同(或订货单)的规定不符时,应在收到产品之日起1个月内向供方提出,由供需双方协商解决。如需仲裁,仲裁取样由供需双方共同进行。

6.2 组批

单晶圆铜线及其线坯应成批提交验收,每批应由同一牌号、状态和规格的铜线坯或铜线组成。铜线坯的批重不得超过 1 000 kg,铜线的批重不得超过 500 kg。

6.3 检验项目

每批单晶圆铜线坯均应进行化学成分、尺寸及其允许偏差、力学性能、扭转性能、电性能、晶粒数及表面质量的检验;每批单晶圆铜线均应进行尺寸及其允许偏差、力学性能、电性能及表面质量的检查。

6.4 取样

单晶圆铜线及其线坯取样位置和取样数量应符合表 12 的规定。

表 12 取样位置和取样数量

| 检验项目 | 取样方法和取样数量 | 要求的章条号 | 试验方法的章条号 |
|---|---|---|---|
| 化学成分 | 每批取二个样 | 4.2 | 5.1 |
| 尺寸及其允许偏差 | 逐卷 | 4.3 | 5.2 |
| 力学性能 | 线坯每卷取二个样,线每卷取一个样或每批取 3%的样 | 4.4 | 5.3 |
| 扭转性能 | 每批取二个样 | 4.5 | 5.4 |
| 电性能 | 线坯每卷取一个样,线每卷取一个样或每批取 3%的样 | 4.6 | 5.5 |
| 晶粒数 | 每卷取一个样 | 4.7 | 5.6 |
| 表面质量 | 逐卷 | 4.8 | 5.7 |

6.5 检验结果的判定

6.5.1 产品化学成分不合格时,判该批产品不合格。

6.5.2 尺寸偏差、表面质量不合格时,判该卷产品不合格。

6.5.3 当力学性能、扭转性能、电性能、晶粒数检验结果有不合格时,应从该批产品(包括原检验不合格的那卷产品)中,另取双倍数量的试样就不合格项目进行重复试验。重复试验结果全部合格,则判该批产品合格。若重复试验结果仍有试样不合格,则判该批不合格,或逐卷检验,合格者交货。

## 7 标志、包装、运输、贮存及质量证明书

7.1 标志

在每卷或每盘检验合格的产品上应附有以下内容的标签:

a) 生产厂名称、商标;

b) 产品名称;

c) 产品牌号、状态、规格;

d) 净重;

e) 批号;

f) 出厂日期;

g) 质检部门的检印。

7.2 包装

7.2.1 单晶圆铜线坯应成卷包装,捆扎良好。

7.2.2 单晶圆铜线应卷绕整齐,最后一层应与线盘侧板边缘保持适当的距离。

7.2.3 包装应有防潮、防污染及防机械损伤措施。

7.2.4 供需双方可协商其他包装方法。

7.3 运输及贮存

在存放、搬运和运输过程中,应注意保护产品免受机械损伤,防止受潮及受到腐蚀物的侵蚀。

### 7.4 质量证明书

每批产品应附有质量证明书，注明：

a) 生产厂名称；

b) 产品名称；

c) 产品牌号、状态、规格；

d) 批号；

e) 重量或件数；

f) 各项分析检验结果和质检部门检印；

g) 本标准编号；

h) 出厂日期(或包装日期)。

## 8 合同(或订货单)内容

本标准所列材料的合同(或订货单)内应包括下列内容：

a) 产品名称；

b) 产品牌号、状态、规格；

c) 重量和件数；

d) 本标准编号；

e) 其他。

ICS 77.150.60
H 62

# 中华人民共和国国家标准

GB/T 26045—2010

# 蓄电池板栅用铅钙合金锭

## The lead calcium alloys ingot for the accumulator cell slab lattice

2011-01-10 发布　　2011-10-01 实施

中华人民共和国国家质量监督检验检疫总局
中国国家标准化管理委员会　发布

# 前　言

本标准按照 GB/T 1.1—2009 给出的规则起草。

本标准由中国有色金属工业协会提出。

本标准由全国有色金属标准化技术委员会(SAC/TC 243)归口。

本标准负责起草单位:株洲冶炼集团股份有限公司、河南豫光金铅股份有限公司、上海飞轮有色冶炼厂、江苏春兴合金集团有限公司。

本标准参加起草单位:湖北金洋冶金股份有限公司。

本标准主要起草人:谭仪文、周华文、张小国、蒴爱民、吴建华、杨大伟、赵波、赵开宏、赵振波、马永刚、韩鹰、常银甫、王喜安。

# 蓄电池板栅用铅钙合金锭

## 1 范围

本标准规定了蓄电池板栅用铅钙合金锭(以下简称为铅钙合金锭)的要求、试验方法、检验规则、标志、包装、运输、贮存、质量证明书以及合同(或订货单)内容等。

本标准适用于免维护蓄电池板栅用铅钙合金锭。

## 2 规范性引用文件

下列文件对于本文件的应用是必不可少的。凡是注日期的引用文件,仅注日期的版本适用于本文件。凡是不注日期的引用文件,其最新版本(包括所有的修改单)适用于本文件。

GB/T 469 铅锭

GB/T 4103(所有部分) 铅及铅合金化学分析方法

GB/T 8170—2008 数值修约规则与极限数值的表示和判定

## 3 术语和定义

下列术语和定义适用于本文件。

3.1

**蓄电池板栅用铅钙合金 the lead calcium alloys ingot for the accumulator cell slab lattice**

用铅为原料,添加钙、铝、锡等金属,经熔炼和合金化处理后浇铸的铅合金。主要用于铸造蓄电池板栅。

## 4 要求

4.1 产品分类

铅钙合金锭按化学成分分为 PC1、PC2、PC3、PC4、PC5、PC6 等六个牌号。

4.2 化学成分

铅钙合金锭的化学成分应符合表 1 的规定。

4.3 锭形和锭重

铅钙合金锭呈长方梯形,锭两端有突出耳部。铅钙合金锭重量为:23 kg±2 kg。

4.4 表面质量

铅钙合金锭表面应无熔渣、粒状氧化物及外来污染物。不得有冷隔、外来夹杂,不得有大于 10 mm 的飞边、毛刺(允许修整)。

4.5 需方若对铅钙合金锭产品的化学成分、锭形和锭重以及表面质量有特殊要求时,由供需双方商定。

表 1 铅钙合金锭的牌号及化学成分 %

| 牌号 | 主成分 | | | | 杂质,不大于 | | | | | | | | |
|---|---|---|---|---|---|---|---|---|---|---|---|---|---|
| | Ca | Sn | Al | Pb | Fe | Cu | Zn | Sb | As | Bi | Ni | Cd | Ag |
| PC1 | 0.06～0.10 | 0.05～0.1 | 0.02～0.05 | 余量 | 0.002 | 0.002 | 0.002 | 0.001 | 0.002 | 0.008 | 0.002 | 0.002 | 0.002 |
| PC2 | 0.09～0.12 | 0.15～0.3 | 0.005～0.01 | 余量 | | | | | | | | | |
| PC3 | 0.10～0.12 | 0.5～0.6 | 0.02～0.04 | 余量 | | | | | | | | | |
| PC4 | 0.06～0.08 | 0.7～1.0 | 0.02～0.04 | 余量 | | | | | | | | | |
| PC5 | 0.08～0.10 | 1.1～1.2 | 0.02～0.04 | 余量 | | | | | | | | | |
| PC6 | 0.05～0.08 | 1.4～1.8 | 0.01～0.03 | 余量 | | | | | | | | | |

## 5 试验方法

5.1 铅钙合金锭的化学成分仲裁分析方法按 GB/T 4103 的规定进行。

5.2 铅钙合金锭的锭重用称量法检验。

5.3 铅钙合金锭表面质量用目视法检验。

## 6 检验规则

### 6.1 检查和验收

6.1.1 产品应由供方技术监督部门进行检验,保证产品质量符合本标准或合同(或订货单)的规定,并填写质量证明书。

6.1.2 需方可对收到的产品按本标准的规定进行检验。如检验结果与本标准或订货单(或合同)的规定不符时,应在收到产品之日起 15 天内向供方提出,由供需双方协商解决。如需仲裁,仲裁取样在需方由供需双方共同进行。

### 6.2 组批

铅钙合金锭应成批提交检验,每批应由同一熔炼炉所生产的合金锭组成。

### 6.3 检验项目

每批铅钙合金锭应进行化学成分、锭重和表面质量的检验。

### 6.4 取样和制样

#### 6.4.1 生产样的采取

每批合金在铸锭时,按前、中、后顺序取光谱分析样,即分别在批产量的 1/6(第一块样)、1/2(第二块样)、5/6(第三块样)时采取。

#### 6.4.2 化学成分的仲裁取样和制备

化学成分的仲裁取样和制备按 GB/T 469 中的规定执行或由供需双方商定。

6.5 检验结果的判定

6.5.1 蓄电池板栅用铅钙合金锭的化学成分检验结果的数值修约和修约后数值的判定分别按GB/T 8170—2008 中第 3 章和 4.3.3 条的规定进行。

6.5.2 铅钙合金锭化学成分仲裁分析结果与本标准或合同(或订货单)的规定不符时,按批判不合格。

6.5.3 铅钙合金锭的锭重、表面质量与本标准的规定或合同(或订货单)的要求不符时,按锭判不合格。

## 7 标志、包装、运输与贮存、质量证明书

7.1 标志

7.1.1 每块铅钙合金锭上应标示有明显的、不易脱落的牌号(代号)、批号和供方商标。

7.1.2 每捆铅钙合金锭应粘贴不干胶标签,注明捆号、净重和供方名称。

7.2 包装

铅钙合金锭用镀锌冷轧钢带或 PET 塑料带定量捆扎包装。

7.3 运输与贮存

7.3.1 铅钙合金锭应用无腐蚀性物质的运输工具装运。防止被雨淋。

7.3.2 铅钙合金锭应贮存在通风、干燥、无腐蚀性物质的库房内。

7.3.3 铅钙合金锭在运输与贮存过程中,表面生成的灰色或灰白色薄膜,系铅的自然氧化而成,不作报废依据。

7.4 需方如对铅钙合金锭的标志、包装、运输与贮存有特殊要求时,由供需双方商定。

7.5 质量证明书

每批铅钙合金锭出厂时应附质量证明书,其上注明:

a) 供方名称;
b) 产品名称和牌号;
c) 批号;
d) 净重和件数;
e) 分析检验结果和技术监督部门印记;
f) 本标准编号;
g) 出厂日期。

## 8 合同(或订货单)内容

本标准所列材料的合同(或订货单)内应包括下列内容:

a) 产品名称;
b) 产品牌号;
c) 锭形、尺寸、杂质含量等特殊要求;
d) 数量;
e) 本标准编号;
f) 其他。

ICS 77.150.30
H 62

# 中华人民共和国国家标准

GB/T 26046—2010

# 氧化铜粉

# Copper oxide powder

2011-01-10 发布　　2011-10-01 实施

中华人民共和国国家质量监督检验检疫总局
中国国家标准化管理委员会　发布

# 前　言

本标准按照 GB/T 1.1—2009 给出的规则起草。

本标准由中国有色金属工业协会提出。

本标准由全国有色金属标准化技术委员会(SAC/TC 243)归口。

本标准起草单位:大冶有色金属公司。

本标准主要起草人:王敏、袁功启、张永红、刘坤。

# 氧 化 铜 粉

## 1 范围

本标准规定了氧化铜粉的要求、试验方法、检验规则及包装、标志、运输、贮存和质量证明书以及合同(或订货单)内容等。

本标准适用于铜粉氧化法、碳酸氢铵-氨水亚铜浸出法和可溶铜加碱合成法所生产的氧化铜粉,一般用于制造玻璃、搪瓷、陶瓷等的着色剂和磁性材料的原料,还用于制造烟火、染料、触媒、其他铜盐以及人造丝工业和电镀行业等。

## 2 规范性引用文件

下列文件对于本文件的应用是必不可少的。凡是注日期的引用文件,仅注日期的版本适用于本文件。凡是不注日期的引用文件,其最新版本(包括所有的修改单)适用于本文件。

GB/T 6679 固体化工产品采样通则

GB/T 8710 数值修约规则与极限数值的表示与判定

JJF 1070 定量包装商品净含量计量检验规则

## 3 要求

### 3.1 分类

氧化铜粉按化学成分和细度分为三个牌号:CuO990、CuO985、CuO980。

### 3.2 化学成分

氧化铜粉的化学成分应符合表1的规定。

表1 氧化铜粉的化学成分 %

| 名 称 | CuO990 | CuO985 | CuO980 |
|---|---|---|---|
| 氧化铜(CuO) | ≥99.0 | ≥98.5 | ≥98.0 |
| 盐酸不溶物 | ≤0.05 | ≤0.10 | ≤0.15 |
| 氯化物(Cl) | ≤0.005 | ≤0.010 | ≤0.015 |
| 硫化合物(以 $SO_4^{2-}$ 计) | ≤0.01 | ≤0.05 | ≤0.1 |
| 铁(Fe) | ≤0.01 | ≤0.04 | ≤0.1 |
| 总氮量(N) | ≤0.005 | — | — |
| 水溶物 | ≤0.01 | ≤0.05 | ≤0.1 |

### 3.3 细度

牌号 CuO990 的细度[200 目(74 μm)筛残余]≤1%;牌号 CuO985 和 CuO980 的细度[100 目

(150 μm)筛残余]≤1%。

### 3.4 外观质量

产品应为黑色粉末，纯净无凝块，无肉眼可见夹杂物。

## 4 试验方法

4.1 氧化铜粉的化学成分的测定参考附录 A～附录 G 或者双方协商确定的方法进行。
4.2 氧化铜粉的细度测定按附录 H 或者双方协商确定的方法进行。
4.3 氧化铜粉的外观质量用目视检查。

## 5 检验规则

### 5.1 检查与验收

5.1.1 产品应由供方技术检验部门进行检验，保证产品质量符合本标准或合同(或订货单)的要求，每批产品都附有质量证明书。
5.1.2 需方应对收到的氧化铜粉进行检验。如检验结果与本标准或合同(或订货单)的规定不符合时，应在收到产品之日起 30 天内向供方提出，由双方协商解决。如需仲裁，仲裁取样在需方由供需双方共同进行。

### 5.2 组批

氧化铜粉应成批提交验收，每批应由同一生产周期、同一批原料生产的同一牌号的产品组成，每个批次不超过 1 000 kg。

### 5.3 检验项目

每批氧化铜粉应进行化学成分、细度和外观质量的检验。

### 5.4 取、制样

氧化铜粉化学成分和细度的取、制样按 GB/T 6679 的规定进行。外观质量的检验逐(袋)桶进行。

### 5.5 检验结果的判定

5.5.1 检验结果的数值修约和判定按 GB/T 8170 中的规定进行。
5.5.2 化学成分及细度检验结果与本标准或合同(或订货单)不符时，应从同批产品取双倍量样品进行复验，复验仍有不合格，判该批产品不合格。
5.5.3 外观质量与本标准或合同(或订货单)不符时，按桶(袋)判不合格。

## 6 包装、标志、运输、贮存和质量证明书

### 6.1 包装

氧化铜粉用桶包装，内衬塑料袋烫封。每桶净重 25 kg 或 50 kg 两种规格。也可用复合纸袋包装，采用复合编织袋内衬一层烤铝箔纸真空包装，每袋净重 25 kg 或 50 kg 两种规格。定量包装产品净含量符合 JJF 1070 的规定，需方如有特殊要求，由供需双方商定。

### 6.2 标志

包装桶(袋)上应注明:生产厂名称、产品名称、等级、净重、批号、包装日期和其他有关标志。

### 6.3 运输和贮存

氧化铜粉运输和贮存应防止受潮和日晒。装运时防止包装破损。在符合本标准的运输和贮存条件下,生产厂应保证从包装日期起三个月内氧化铜粉质量符合本标准要求。每批氧化铜粉出厂时应附有产品质量证明书。

### 6.4 质量证明书

每批氧化铜粉出厂时应附有质量证明书,其上应注明:

a) 供方名称及厂址;

b) 产品名称和规格;

c) 批号;

d) 件数;

e) 分析检验结果和技术监督部门印记;

f) 本标准编号;

g) 出厂日期。

## 7 合同(或订货单)内容

本标准所列材料的合同(或订货单)内应包括下列内容:

a) 产品名称;

b) 产品牌号;

c) 化学成分、细度等特殊要求;

d) 产品数量;

e) 本标准编号;

f) 其他。

# 附　录　A
（资料性附录）
# 氧化铜量的测定　碘量法

## A.1　范围

本方法适用于氧化铜中氧化铜含量的测定。测定范围：95%～99.5%。

## A.2　方法提要

试样用硝酸溶解，用氨水和冰乙酸调节溶液的 pH 值为 3～4，用氟化氢铵掩蔽铁。加入碘化钾与二价铜作用，析出的碘以淀粉为指示剂，用硫代硫酸钠标准溶液滴定。

## A.3　试剂和材料

**A.3.1**　碘化钾（固体）。

**A.3.2**　氟化氢铵饱和溶液：贮存于聚乙烯瓶中。

**A.3.3**　氨水（$\rho$0.90 g/mL）。

**A.3.4**　冰乙酸（$\rho$1.05 g/mL）。

**A.3.5**　硝酸（1+2）。

**A.3.6**　硫氰酸钾溶液（200 g/mL）。

**A.3.7**　淀粉溶液（5 g/L）。

**A.3.8**　硫代硫酸钠标准滴定溶液[$c(Na_2S_2O_3 \cdot 5H_2O)=0.1$ mol/L]。

**A.3.8.1**　制备：称取 250 g 硫代硫酸钠（$Na_2S_2O_3 \cdot 5H_2O$）置于 1 000 mL 烧杯中，加入 2 g 无水碳酸钠溶于约 500 mL 的水中，移入 10 L 棕色试剂瓶中。用煮沸并冷却的蒸馏水稀释至约 10 L，加入 1 mL 三氯甲烷，充分摇动，静置两周，使用时过滤，补加 1 mL 三氯甲烷，混匀，静置 2 h。

**A.3.8.2**　标定：称取 0.3 g（精确至 0.000 1 g）处理过的电铜片（≥99.95%）三份。以下按 A.5.3.1～A.5.3.2 条与试料测定同时进行。

按式（A.1）计算硫代硫酸钠标准滴定溶液的实际浓度：

$$c=\frac{m \cdot W \times 1\ 000}{M \cdot V} \quad \cdots\cdots\cdots (A.1)$$

式中：

$c$ ——标准滴定溶液的实际浓度，单位为摩尔每升（mol/L）；

$W$——电铜片的质量，单位为克（g）；

$M$——铜的摩尔质量，单位为克每摩尔（g/mol）[$M$(Cu)=63.5]；

$V$ ——滴定电铜片所消耗标准滴定溶液的体积，单位为毫升（mL）。

平行标定三份，测定结果保留四位有效数字，其极差值不大于 $8\times10^{-5}$ mol/L 时，取其平均值，否则重新标定。标准滴定溶液每隔一周必须重新标定一次。

注：电解片的处理。将电解片放入微沸的冰乙酸（1+4）中微沸 1 min，取出后用水和无水乙醇分别冲洗两次。在 100 ℃烘箱中烘 4 min，冷却，置于磨口试剂瓶中备用。

## A.4 仪器

滴定管(50 mL,胖肚滴定管)。

## A.5 分析步骤

### A.5.1 试料

称取 0.37 g 试样,精确至 0.000 1 g。独立地进行两次测定,取其平均值。

### A.5.2 空白试验

随同试料做空白试验。

### A.5.3 测定

**A.5.3.1** 将试料(A.5.1)置于 500 mL 锥形烧杯中,缓慢加入 15 mL 硝酸(A.3.5),盖上表皿,待剧烈反应停止后,置于电热板上低温处,加热使其完全溶解并蒸至近干。取下,用水洗涤烧杯及杯壁,加热溶解,冷至室温。

**A.5.3.2** 用氨水(A.3.3)中和至氢氧化铜沉淀生成,加入 3 mL 冰乙酸(A.3.4),1 mL 氟化氢铵饱和溶液(A.3.2),用水冲洗杯壁,混匀。加入约 3 g 碘化钾,立即用硫代硫酸钠标准滴定溶液滴定。当溶液呈淡黄色时,加入 5 mL 淀粉溶液,继续滴定至溶液呈淡蓝色。加入 5 mL 硫氰酸钾溶液(A.3.6),摇动,待吸附的碘释放出后,继续滴定至淡蓝色消失即为终点。

## A.6 分析结果的计算

按公式(A.2)计算氧化铜的含量,以质量分数 $w_{CuO}$ 计,数值以%表示:

$$w_{CuO}=\frac{c\cdot(V_1-V_2)\cdot M}{m\times 1\,000}\times 100 \quad\cdots\cdots(A.2)$$

式中:

$c$ ——硫代硫酸钠标准滴定溶液的实际浓度,单位为摩尔每升(mol/L);

$V_1$——试验溶液消耗的硫代硫酸钠标准滴定溶液的体积,单位为毫升(mL);

$V_2$——空白试验消耗的硫代硫酸钠标准滴定溶液的体积,单位为毫升(mL);

$M$ ——氧化铜的摩尔质量,单位为克每摩尔(g/mol)[$M$(CuO)=79.55];

$m$ ——试样质量,单位为克(g)。

## A.7 允许差

实验室之间分析结果的差值应不大于表 A.1 所列允许差。

**表 A.1 允许差**

| $w_{CuO}$/% | 允许差/% |
|---|---|
| 95～98 | 0.25 |
| 98～99.5 | 0.20 |

# 附 录 B
## （资料性附录）
## 盐酸不溶物含量测定 重量法

### B.1 范围

本方法适用于氧化铜中盐酸不溶物含量的测定。测定范围：0.05%～1.00%。

### B.2 方法提要

用少量盐酸溶解试样，过滤洗涤不溶物，干燥至恒重。

### B.3 试剂和材料

**B.3.1** 盐酸(1+4)。
**B.3.2** 4号玻璃砂坩埚：滤板孔径为5 μm～15 μm。

### B.4 分析步骤

称取5.00 g试样，精确至0.000 1 g，置于250 mL烧杯中，少量水润湿，加入40 mL盐酸溶液，加热溶解。用已在105 ℃±2 ℃的电烘箱中干燥至恒重的4号玻璃砂坩埚过滤，用热水洗涤滤渣至洗液无色，移入烘箱在105 ℃±2 ℃下干燥至恒重。

### B.5 分析结果的计算

按式(B.1)计算盐酸不溶物的含量，以质量分数 $w_{(盐酸不溶物)}$ 计，数值以%表示：

$$w_{盐酸不溶物} = \frac{m_1 - m_2}{m_0} \times 100 \qquad \cdots\cdots(B.1)$$

式中：
$m_1$——干燥后玻璃砂坩埚和不溶物质量的数值，单位为克(g)；
$m_2$——玻璃砂坩埚质量的数值，单位为克(g)；
$m_0$——试料质量的数值，单位为克(g)。
取平行测定结果的算术平均值为测定结果。

### B.6 允许差

实验室之间分析结果的差值应不大于表B.1所列允许差。

**表 B.1 允许差**

| $w_{(盐酸不溶物)}$/% | 允许差/% |
|---|---|
| 0.05～0.10 | 0.01 |
| 0.10～0.50 | 0.05 |
| 0.50～1.00 | 0.10 |

# 附　录　C
（资料性附录）
# 氯化物含量测定　电位滴定法

## C.1　范围

本方法适用于氧化铜中氯化物含量的测定。测定范围：0.001%～0.50%。

## C.2　方法提要

用稀硝酸溶解试料，过滤洗涤不溶物，将清亮滤液用电位滴定仪测定。

## C.3　试剂

C.3.1　硝酸（$\rho$1.42 g/mL），优级纯。
C.3.2　硝酸（1+1）。
C.3.3　银标准溶液：称取 1.000 0 g 金属银（Ag≥99.99%）置于 250 mL 烧杯中，加入 40 mL 硝酸溶液（C.3.2），盖上表面皿，加热至完全溶解，赶尽氮的氧化物，取下，冷却至室温。用水稀释至刻度。混匀。此溶液 1 mL 含 1.00 mg 银。避光保存。

## C.4　仪器、设备

C.4.1　自动电位滴定仪。
C.4.2　DM141-SC　银离子测定复合电极。

## C.5　分析步骤

称取适量试样（CuO990 约 2 g，CuO985 和 CuO980 约 1 g），精确至 0.000 1 g，置于 100 mL 烧杯中，加入少许水润湿，加入 20 mL 硝酸溶液（C.3.2），盖上表皿，低温溶解，赶尽氮的氧化物，取下，冷却至室温。用水冲洗表面皿及烧杯壁，加水至总体积为 50 mL。若溶液混浊，则干过滤于 100 mL 烧杯中，用水洗涤原烧杯及滤纸各 3～4 次，至总滤液体积为 50 mL～60 mL。

连接好电极，设置分析程序，以银标准溶液为滴定剂，于电位滴定仪上测定溶液中 $Cl^-$ 的含量。

与试样分析同时做空白试验。

## C.6　分析结果的计算

按式（C.1）计算氯化物含量，以氯（$Cl^-$）的质量分数 $w_{Cl^-}$ 计，数值以%表示：

$$w_{Cl^-}=\frac{c\cdot(V-V_0)\cdot M\times10^{-3}}{m_0}\times100 \qquad\cdots\cdots(C.1)$$

式中：

$V$ ——滴定中消耗硝酸银标准滴定溶液体积的数值，单位为毫升（mL）；

$V_0$——空白试验中消耗硝酸银标准滴定溶液体积的数值，单位为毫升(mL)；
$c$——硝酸银标准滴定溶液浓度的准确数值，单位为摩尔每升(mol/L)；
$m_0$——试料质量的数值，单位为克(g)；
$M$——氯($Cl^-$)摩尔质量的数值，单位为克每摩尔(g/mol)($M$=35.45)。
取平行测定结果的算术平均值为测定结果。

## C.7 允许差

实验室之间分析结果的差值应不大于表C.1所列允许差。

**表C.1 允许差**

| $w_{Cl^-}$/% | 允许差/% |
|---|---|
| 0.001～0.05 | 0.005 |
| 0.05～0.10 | 0.01 |
| 0.10～0.50 | 0.05 |

# 附　录　D
（资料性附录）
# 硫化合物含量测定　硫酸钡比浊法

## D.1　范围

本方法适用于氧化铜中硫化合物含量的测定。测定范围：≤0.50%。

## D.2　方法提要

用盐酸溶解试样，用氯化钡与硫化合物反应生成硫酸钡结晶体，比浊确定含量。

## D.3　试剂和材料

**D.3.1**　盐酸：6 mol/L。
**D.3.2**　盐酸：3 mol/L。
**D.3.3**　溴素：饱和溴水。
**D.3.4**　氯化钡溶液：100 g/L，过滤后使用。
**D.3.5**　不含硫化物的氯化铜溶液

称取 2 g 氧化铜以少量水润湿，加 6 mL 盐酸，10 mL 饱和溴水，在水浴上蒸干。残渣溶于水，稀释至 100 mL，加 1 mL 盐酸(D.3.1)，煮沸，加 5 mL 氯化钡溶液，放置澄清后，过滤，稀释至 250 mL。

**D.3.6**　硫酸根($SO_4^{2-}$)标准贮存溶液(1 mg/mL)：选用硫酸钠标准物质，取适量置于瓷坩埚中，600 ℃下灼烧 4 h，冷却后，置于干燥器保存备用。准确称取 1.478 7 g 上述硫酸钠于 200 mL 高型烧杯中，用水溶解后，移入 1 000 mL 容量瓶中，用水稀释至刻度，混匀。

**D.3.7**　硫酸根($SO_4^{2-}$)标准溶液(0.1 mg/mL)：准确移取 10.00 mL 硫酸盐($SO_4^{2-}$)标准贮存溶液，置于 100 mL 容量瓶中，加水稀释至刻度，混匀，即可使用。

## D.4　分析步骤

称取 1.0 g 试样，精确至 0.000 1 g，于 250 mL 烧杯中，用少量润湿，加 10 mL 盐酸(D.3.1)，加入 2.5 mL 饱和溴水，缓慢加热直至试样完全溶解。并低温蒸干。加水溶解(必要时过滤)，稀释至 50 mL。取溶液 25 mL，于 50 mL 比色管中，加 1 mL 盐酸(D.3.2)，于 30 ℃～35 ℃水浴中保温 10 min，加 3 mL 氯化钡溶液，加水至 35 mL，摇匀，放置 30 min。所呈浊度与标准进行比较。

与试料分析同时进行标准分析：分别取 25 mL 不含硫化物的氯化铜溶液于一组 50 mL 比色管中，加入 0.8 mL 盐酸(D.3.2)，于 30 ℃～35 ℃水浴中保温 10 min，分别加入 0.5 mL、2.5 mL、5.0 mL 硫酸根标准溶液，加 3 mL 氯化钡溶液(D.3.4)，用水补充溶液体积至 35 mL，摇匀，放置 30 min。

## D.5　结果比对

根据与标准溶液的浊度比对，判定样品牌号。

# 附 录 E
# （资料性附录）
# 总氮含量测定 滴定法

## E.1 范围

本方法适用于氧化铜中总氮含量的测定。测定范围：0.001%～0.50%。

## E.2 方法提要

试样经硫酸加热溶解，硫酸将氮还原为氨，而氨则与硫酸结合成硫酸铵溶液中，加入 NaOH，并蒸馏，使 $NH_3$ 溢出，用 $H_3BO_3$ 吸收后，用已知摩尔浓度的酸滴定，测出样品全氮含量。

## E.3 试剂和材料

**E.3.1** 硫酸（$H_2SO_4$）：（6 mol/L，无氮）。

**E.3.2** 氢氧化钠（NaOH）：称取 40 g 氢氧化钠，溶于 100 mL 蒸馏水中，配成 40%氢氧化钠溶液（m/V）。

**E.3.3** 硼酸溶液（$H_3BO_3$）：称取 2 g 硼酸，溶于 100 mL 蒸馏水中，配成 2%硼酸溶液（m/V）。

**E.3.4** 混合指示剂：甲基红溶于乙醇配成 0.1%乙醇溶液，溴甲酚绿溶于乙醇配成 0.5%乙醇溶液，二种溶液等体积混合，阴凉处保存（保存期三个月以内）。

**E.3.5** 盐酸标准滴定溶液（HCl）：0.05 mol/L 标准液，移取 4.2 ml 浓盐酸，注入 1 000 mL 水中，摇匀，标定后使用。

标定：称取 0.08 g 碳酸钠标准物质，精确至 0.000 1 g，于 250 mL 锥形瓶中，溶于 50 mL 水，加 10 滴溴甲酚绿-甲基红混合指示剂，用配制好的盐酸标准滴定溶液滴定至溶液由绿色变为暗红色，煮沸 2 min，冷却后继续滴定至溶液再呈暗红色为终点。计算盐酸标准滴定溶液的实际浓度。

## E.4 仪器、设备

KDN—102C 型自动定氮仪。

## E.5 分析步骤

### E.5.1 试料

称取 5.00 g 试样，精确至 0.000 1 g。

### E.5.2 空白试验

随同试料作空白试验。

### E.5.3 试样溶解

将试料（E.5.1）放入 500 mL 烧杯中，加少量水润湿，加入 20 mL 硫酸（E.3.1），加热溶解，冷却，稀释至 140 mL，置于定氮仪中。

#### E.5.4 蒸馏

##### E.5.4.1 蒸馏前准备

a) 接通进水口、排水口、注意排水胶管出水口，不得高于仪器底平面，同时关闭排水阀门；
b) 接通电源；
c) 进液胶管分别插入蒸馏水筒和 40%NaOH 溶液筒(自备)。

##### E.5.4.2 蒸馏操作

a) 开自来水给水龙头，使自来水经过给水口进入冷凝管。
b) 开总电源开关，待红色指示灯亮，按一下汽按钮待蒸汽导出管放出蒸汽，按清除按钮停止加热。
c) 在蒸馏导出管托架上，放上已经加入适量(15 mL 左右)的接收液(硼酸和混合指示剂)的锥形瓶。抬起锥形瓶托架使蒸馏导出管的末端浸入接收液内。
d) 在消化完全冷却后的消化管内，逐个加 10 mL 左右蒸馏水稀释样品，如微量蒸馏，需将冷却后的消化液移至定容瓶内定容，然后按需移液至消化管内。
e) 向下压左侧手柄，将消化管套在防溅管密封圈上，稍加旋转使其保持接口密封，拉下防护罩。
f) 加碱：按下碱液按钮，NaOH 溶液量必须至蒸馏液碱性颜色变黑为止。(**注意：如仪器连续数天停止使用，必须先吸空胶管和碱泵内的碱液，然后用 10%的硼酸溶液过滤胶管和碱泵；再用蒸馏水过滤一次即可**)。
g) 按下蒸汽按钮，开始蒸馏，到时或到量时自动停止。(全量蒸馏接收液体积约为 150 mL；微量蒸馏接收液体积约为 100 mL)。用洗瓶将蒸馏水冲洗接收管。取下锥形瓶。

#### E.5.5 滴定

吸收氨后的吸收液，用标定后的盐酸溶液进行滴定，溶液由蓝绿色变为灰紫色为终点。

### E.6 分析结果的计算

按式(E.1)计算总氮含量，以氮(N)的质量分数 $w_N$ 计，数值以%表示：

$$w_N = \frac{(V_1 - V_0) \cdot c \cdot 14}{m \times 1\,000} \times 100 \qquad \text{(E.1)}$$

式中：
$V_1$——滴定试样时消耗酸标准溶液的体积，单位为毫升(mL)；
$V_0$——滴定空白时消耗酸标准溶液的体积，单位为毫升(mL)；
$c$——酸标准溶液的实际摩尔浓度，单位为克每摩尔(mol/L)；
$m$——试样重量，单位为克(g)；
14——氮的摩尔质量，单位为克每摩尔(g/mol)。
平行测定的结果用算术平均值表示，保留小数后二位。

### E.7 允许差

实验室之间分析结果的差值应不大于表 E.1 所列允许差。

**表 E.1 允许差**

| $w_N$/% | 允许差/% |
|---|---|
| 0.001～0.05 | 0.005 |
| 0.05～0.10 | 0.01 |
| 0.10～0.50 | 0.05 |

# 附　录　F
# （资料性附录）
# 铁含量的测定　火焰原子吸收光谱法

## F.1　范围

本方法适用于氧化铜中铁含量的测定。测定范围：0.001%～0.3%。

## F.2　方法提要

用硝酸溶解试样，于原子吸收光谱仪波长248.3 nm处，测量溶液的吸光度，减去试样空白溶液的吸光度，从工作曲线上查出相应的铁浓度。

## F.3　试剂

**F.3.1**　硝酸（$\rho$=1.19 g/mL）。

**F.3.2**　硝酸（1+1）。

**F.3.3**　硝酸（1+3）。

**F.3.4**　铁标准溶液：称取0.100 0 g金属铁（≥99.99%）于250 mL烧杯中，加入10 mL硝酸（F.3.3），加热至溶解完全，煮沸除去氮的氧化物，取下冷却，移入1 000 mL容量瓶中，用水稀至刻度混匀，此溶液1 mL含铁0.1 mg。

## F.4　仪器、设备

原子吸收光谱仪，附铁空心阴极灯。

在仪器最佳工作条件下，凡能达到下列指标者均可使用。

——灵敏度：在与测量试料溶液的基体相一致的溶液中，铁的特征浓度应不大于0.1 μg/mL。

——精密度：用最高浓度标准测量10次吸光度，其标准偏差应不超过平均吸光度的1.0%，用最低浓度的标准溶度（不是“零”标准溶度）测量10次吸光度，其标准偏差应不超过最高浓度标准溶液平均吸光度的0.5%。

——工作曲线线性：将工作曲线按浓度等分成五段，最高段的吸光度差值与最低段吸光度差值之比不小于0.8。

仪器参考工作条件：光源：铁空心阴极灯；波长：248.3 nm；火焰：空气-乙炔。

## F.5　分析步骤

**F.5.1**　称取0.50 g试样，精确至0.000 1 g，置于250 mL烧杯中（随同试料做空白实验），用少量水润湿，加入10 mL硝酸溶液（F.3.2）低温溶解，取下冷却至室温，移入100 mL容量瓶中，以水稀释至刻度，混匀。

**F.5.2**　使用空气-乙炔火焰，于原子吸收光谱仪波长248.3 nm处，与标准溶液系列同时，以水调零测量溶液的吸光度，减去试样空白溶液的吸光度，从工作曲线上查出相应的铁浓度。

**F.5.3** 工作曲线的绘制

**F.5.3.1** 移取 0 mL、1.00 mL、2.00 mL、3.00 mL、4.00 mL、5.00 mL 铁标准溶液(F.3.4),分别置于一组 100 mL 容量瓶中,加入 10.0 mL 硝酸(F.3.2),用水稀释至刻度,混匀。

**F.5.3.2** 与测定试验溶液相同条件下,测定系列标准溶液的吸光度。以铁浓度为横坐标,吸光度为纵坐标绘制工作曲线。

## F.6 分析结果的计算与表述

按式(F.1)计算铁含量,以质量分数 $w_{Fe}$ 计,数值以%表示:

$$w_{Fe}=\frac{\rho \cdot V\times 10^{-6}}{m_0}\times 100 \qquad \text{(F.1)}$$

式中:

$\rho$ ——自工作曲线上查得的铁浓度,单位为微克每毫升(μg/mL);

$V$ ——试液体积的数值,单位为毫升(mL);

$m_0$——试料质量的数值,单位为克(g)。

取平行测定结果的算术平均值为测定结果。

## F.7 允许差

实验室之间分析结果的差值应不大于表 F.1 所列允许差。

**表 F.1 允许差**

| $w_{Fe}$/% | 允许差/% |
|---|---|
| 0.001～0.05 | 0.005 |
| 0.05～0.10 | 0.01 |
| 0.10～0.30 | 0.05 |

# 附 录 G
（资料性附录）
# 水溶物含量测定 重量法

## G.1 范围

本方法适用于氧化铜中水溶物含量的测定。测定范围：0.001%～0.50%。

## G.2 方法提要

用适量水溶解试样，过滤洗涤不溶物，干燥至恒重。

## G.3 仪器

G.3.1 4号玻璃砂坩埚：滤板孔径为5 μm～15 μm。

## G.4 分析步骤

称取3.00 g试样，精确至0.000 1 g，置于350 mL锥型烧杯中，加入150 mL热水中搅拌1 h，用已在105 ℃±2 ℃的电烘箱中干燥至恒重的4号玻璃滤埚过滤，用热水洗涤滤渣至洗液无色，于105 ℃±2 ℃的电烘箱中干燥至恒重。

## G.5 分析结果的计算

按式（G.1）计算水溶物的含量，以质量分数 $w_{水溶物}$ 计，数值以%表示：

$$w_{水溶物}=\frac{m_0-(m_1-m_2)}{m_0}\times 100 \qquad \text{( G.1 )}$$

式中：

$m_1$——干燥后玻璃砂坩埚和不溶物质量的数值，单位为克（g）；

$m_2$——玻璃砂坩埚质量的数值，单位为克（g）；

$m_0$——试料质量的数值，单位为克（g）。

取平行测定结果的算术平均值为测定结果。

## G.6 允许差

实验室之间分析结果的差值应不大于表G.1所列允许差。

**表 G.1 允许差**

| $w_{水溶物}$/% | 允许差/% |
|---|---|
| 0.001～0.05 | 0.005 |
| 0.05～0.10 | 0.01 |
| 0.10～0.50 | 0.05 |

# 附 录 H
（资料性附录）
# 细 度 测 定

## H.1 范围

本方法适用于氧化铜中细度的测定。测定范围：残余≤1.00%。

## H.2 方法提要

将试样通过试验筛，称量其剩余物。

## H.3 仪器、设备

**H.3.1** 孔径 0.150 mm 标准筛 一套（附筛盖和底盘）；
**H.3.2** 孔径 0.074 mm 标准筛 一套（附筛盖和底盘）；
**H.3.3** 电子天平，感量 0.01 g；
**H.3.4** 振荡器，能垂直和水平振荡。

## H.4 测定方法

### H.4.1 CuO990 测定方法

将孔径为 0.074 mm 的筛子和底盘叠好，称量约 20 g 试样，精确到 0.01 g，置于筛上，盖好筛盖，置于振荡器上，夹紧，振荡 5 min，将未通过 0.074 mm 标准筛子试样称量，夹在筛孔中的颗粒作不通过此孔径部分计量。

### H.4.2 CuO985 和 CuO980 测定方法

将孔径为 0.150 mm 的筛子和底盘叠好，称量约 20 g 试样，精确到 0.01 g，置于筛上，盖好筛盖，置于振荡器上，夹紧，振荡 3 min，将未通过 0.150 mm 标准筛子试样称量，夹在筛孔中的颗粒作不通过此孔径部分计量。

## H.5 分析结果的计算

按式(H.1)计算细度，以筛余物的质量分数 $w_{筛余物}$ 计，数值以%表示：

$$w_{筛余物}=\frac{m}{m_0}\times 100 \qquad \cdots\cdots (H.1)$$

式中：
$m$ ——筛子上剩余试料的质量，单位为克(g)；
$m_0$——试料的质量，单位为克(g)。

## H.6 允许差

实验室之间分析结果的差值应不大于表 H.1 所列允许差。

**表 H.1 允许差**

| $w_{筛余物}$/% | 允许差/% |
|---|---|
| 0.05～0.10 | 0.01 |
| 0.10～0.50 | 0.05 |
| 0.50～1.00 | 0.10 |

ICS 77.160
H 72

# 中华人民共和国国家标准

GB/T 26047—2010

# 一次柱式锂电池绝缘子

**Insulators of primary lithium battery for pillar**

2011-01-10 发布

2011-10-01 实施

中华人民共和国国家质量监督检验检疫总局
中国国家标准化管理委员会 发布

# 前　言

本标准的附录 A 为规范性附录。

本标准由中国有色金属工业协会提出。

本标准由全国有色金属标准化技术委员会归口。

本标准由西北有色金属研究院、西安华泰有色金属实业有限责任公司、西部金属材料股份有限公司起草。

本标准主要起草人:冯生、艾建玲、包杰、吴秦健、杨清海、朱梅生、杨永福。

# 一次柱式锂电池绝缘子

## 1 范围

本标准规定了一次柱式锂电池绝缘子产品的要求、试验方法、检验规则及包装、标志、运输和贮存及合同(或订货单)内容。

本标准适用于一次柱式锂电池用绝缘子产品。

## 2 规范性引用文件

下列文件中的条款通过本标准的引用而成为本标准的条款。凡是注日期的引用文件,其随后所有的修改单(不包括勘误的内容)或修订版均不适用于本标准,然而,鼓励根据本标准达成协议的各方研究是否可使用这些文件的最新版本。凡是不注日期的引用文件,其最新版本适用于本标准。

GB/T 223(所有部分) 钢铁及合金化学分析方法

GB/T 3280 不锈钢冷轧钢板和钢带

SJ/T 11038 电子玻璃软化点的测试方法

YB/T 5240 玻封铁铬合金 4J28

## 3 要求

### 3.1 绝缘子的结构及型号

3.1.1 绝缘子的结构见图 1。

单位为毫米

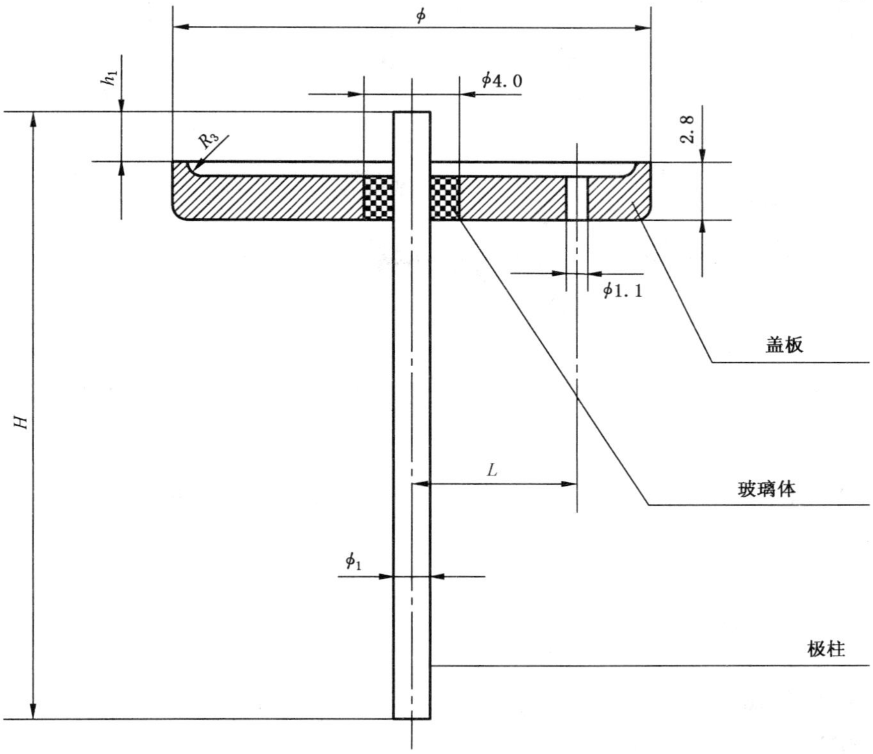


图 1 绝缘子结构图

3.1.2 绝缘子的型号及尺寸见表1。

表1

单位为毫米

| 绝缘子型号 | 外径<br>$\phi$ | 极柱长度<br>$H$ | 冒头高度<br>$h_1$ | 极柱直径<br>$\phi_1$ | 注液孔距极柱中心的距离<br>$L$ |
|---|---|---|---|---|---|
| ER09622015 | $9.6^{+0.04}_{0}$ | 22±0.2 | 1.5±0.2 | 1.0±0.2 | 2.8±0.1 |
| ER12315015 | $12.3^{+0.04}_{0}$ | 15±0.2 | 1.5±0.2 | 2.0±0.2 | 4.0±0.1 |
| ER13521015 | $13.5^{+0.04}_{0}$ | 21±0.2 | 1.5±0.2 | 2.0±0.2 | 4.5±0.1 |
| ER13221011 | $13.2^{+0.04}_{0}$ | 21±0.2 | 1.1±0.2 | 2.0±0.2 | 4.5±0.1 |
| ER13530015 | $13.5^{+0.04}_{0}$ | 30±0.2 | 1.5±0.2 | 2.0±0.2 | 4.5±0.1 |
| ER13546015 | $13.5^{+0.04}_{0}$ | 46±0.2 | 1.5±0.2 | 2.0±0.2 | 4.5±0.1 |
| ER15946015 | $15.9^{+0.04}_{0}$ | 46±0.2 | 1.5±0.2 | 2.0±0.2 | 5.5±0.1 |
| ER15928515 | $15.9^{+0.04}_{0}$ | 28.5±0.2 | 1.5±0.2 | 2.0±0.2 | 5.5±0.1 |
| ER17546015 | $17.5^{+0.04}_{0}$ | 46±0.2 | 1.5±0.2 | 2.0±0.2 | 6.0±0.1 |
| ER18546015 | $18.5^{+0.04}_{0}$ | 46±0.2 | 1.5±0.2 | 2.0±0.2 | 6.0±0.1 |
| ER24014801 | $24.0^{+0.04}_{0}$ | 14.8±0.2 | 0±0.1 | 2.0±0.2 | 7.5±0.1 |
| ER24546015 | $24.5^{+0.04}_{0}$ | 46±0.2 | 1.5±0.2 | 2.0±0.2 | 7.5±0.1 |
| ER30614801 | $30.6^{+0.04}_{0}$ | 14.8±0.2 | 0±0.1 | 2.0±0.2 | 10.0±0.1 |
| ER31557015 | $31.5^{+0.08}_{+0.04}$ | 57±0.2 | 1.5±0.2 | 2.0±0.2 | 10.0±0.1 |

3.1.3 型号表示规则

ER ××× ××× ××

- ××（第三组）——冒头高度值×10,单位为毫米(mm)
- ×××（第二组）——极柱长度值×10,单位为毫米(mm)
- ×××（第一组）——绝缘子外径×10,单位为毫米(mm)
- ER——一次柱式锂电池代号

3.1.4 标记

绝缘子标记按产品名称、一次柱式锂电池代号、绝缘子外径、极柱长度、冒头高度顺序进行表示。标记示例如下：

示例1：

按本标准生产的绝缘子,外径为9.6 mm,极柱长度为22 mm,冒头高度为1.5 mm,标记为：

绝缘子 ER09622015 GB/T 26047—2010

示例2：

按本标准生产的绝缘子,外径为13.5 mm,极柱长度为30 mm,冒头高度为1.5 mm,标记为：

绝缘子 ER13530015 GB/T 26047—2010

## 3.2 原材料

原材料的牌号及技术要求见表2。

## 3.3 绝缘子外观质量

3.3.1 盖板应无锈斑、无划伤、无凹坑、无缺口。

3.3.2 极柱应无锈斑、无划伤、无弯曲、无毛刺。

3.3.3 玻璃体应表面光滑、无裂纹、无气泡、无凹陷、无石墨灰点。

### 3.4 绝缘子的性能

#### 3.4.1 气密性

漏气率≤$1\times10^{-10}$ Pa·$m^3$/s。

#### 3.4.2 封接拉力

封接拉力≥1 250 N。

表 2

| 名称 | 材料牌号 | 技术要求 | | | | | | | | |
|---|---|---|---|---|---|---|---|---|---|---|
| 不锈钢板 | 06Cr19Ni10<br>12Cr18Ni9 | 化学成分应符合 GB/T 3280 | | | | | | | | |
| 铁铬丝 | 4J28 | 化学成分应符合 YB/T 5240 | | | | | | | | |
| | 4J28A | 化学成分(质量分数)/% | | | | | | | | |
| | | Fe | Cr | Ni | C | P | S | Mn | Si | N |
| | | 余量 | 26.0～30.0 | 1.0～2.0 | ≤0.09 | ≤0.02 | ≤0.02 | ≤1.00 | ≤0.80 | ≤0.25 |
| 玻璃粉 | 13 粉 | 软化点,620 ℃～640 ℃ | | | | | | | | |
| | 19 粉 | 软化点,640 ℃～660 ℃ | | | | | | | | |
| | DM305 | 软化点,700 ℃～730 ℃ | | | | | | | | |
| | DM308 | 软化点,690 ℃～720 ℃ | | | | | | | | |

## 4 试验方法

### 4.1 原材料检验

4.1.1 不锈钢板、铁铬丝化学成分分析方法按 GB/T 223 的规定进行。

4.1.2 玻璃粉的软化点检验按 SJ/T 11038 方法进行。

### 4.2 产品检验

4.2.1 绝缘子外形尺寸检验用相应精度的量具测量。

4.2.2 外观质量检验在光线充足的地方,用目视检验。

4.2.3 气密性试验按附录 A 的规定进行。

4.2.4 封接拉力试验在电子拉力试验机上以 15 mm/s 的速度进行检测,当芯柱长度小于 30 mm 时,采用芯柱长度大于 30 mm 的随炉样品进行封接拉力试验检测。

## 5 检验规则

### 5.1 检查和验收

5.1.1 产品应由供方质量检验部门进行检验,保证产品质量符合本标准及合同(订货单)的规定,并填写产品质量证明书。

5.1.2 需方应对收到的产品按本标准的规定进行检验。如检验结果与本标准及合同(订货单)的规定不符时,应在收到产品之日起一个月内向供方提出,由供需双方协商解决。如需仲裁,仲裁取样由供需双方在需方共同进行。

### 5.2 组批

产品应成批提交验收。每批产品应由同一型号、相同的加工工艺、烧结周期不超过 24 h 的产品组成,数量不大于 2 万只。

5.3 **检验项目**

5.3.1 每批产品应进行外形尺寸、外观质量、气密性、封接拉力检验。

5.3.2 原材料检验为供方的入厂检验。

5.4 **取样**

产品的取样应符合表3的规定。

5.5 **检验结果的判定**

5.5.1 不锈钢板、铁铬丝的化学成分不合格，判该批原材料不合格；玻璃粉软化点不合格，判该批玻璃粉不合格。

**表3**

| 序号 | 检验项目 | | 取样数量 | 要求的章条号 | 试验方法的章条号 |
|---|---|---|---|---|---|
| 1 | 原材料 | 不锈钢板、铁铬丝化学成分 | 每批取一份 | 3.2 | 4.1.1 |
| | | 玻璃软化点 | 每批取一份 | 3.2 | 4.1.2 |
| 2 | 产品 | 外形尺寸 | 每批抽取1‰，且不小于10只 | 3.1.2 | 4.2.1 |
| 3 | | 外观质量 | 逐件 | 3.3 | 4.2.2 |
| 4 | | 气密性 | 每批抽取1‰，不小于5只 | 3.4.1 | 4.2.3 |
| 5 | | 封接拉力 | 每批抽取0.5‰，不少于3只 | 3.4.2 | 4.2.4 |

5.5.2 外形尺寸若有1个样品的检验结果不合格，则从该批产品中另取相同数量的样品进行重复试验，若仍有1个样品的检验结果不合格，判该批产品不合格。

5.5.3 外观质量检验不合格，判该件不合格。

5.5.4 气密性、封接拉力若有1个样品的检验结果不合格，则另取相同数量样品进行重复试验，若仍有一个样品的检验结果不合格，则判该批产品不合格。

## 6 包装、标志、运输、贮存

6.1 **标志**

6.1.1 在每个小纸盒上贴上标签。标签内容包括：产品名称、型号、数量、批号、包装日期。

6.1.2 在包装箱外作标志，标志内容包括：需方名称、地址、收货人、产品名称、供方名称和地址。

6.2 **包装**

6.2.1 产品应先装入小纸盒中，每盒数量不大于2 000只；对于芯柱直径为1.0 mm的产品，应将芯柱插入泡沫板中再装盒。

6.2.2 将小纸盒放在大包装箱内，用泡沫板塞紧。

6.3 **运输和贮存**

6.3.1 产品在运输过程中应防止碰撞、挤压。

6.3.2 产品应放在干燥、无污染的环境中贮存。

6.4 **质量证明书**

每批产品应附有产品质量证明书，其上注明：

a) 供方名称；

b) 产品名称、型号；

c) 批号和数量；

d) 各项检验结果及供方质检部门检印；

e) 本标准编号；

f） 日期。

## 7 合同(或订货单)内容

订购本标准所列产品的合同(或订货单)内应包括下列内容：

a） 产品名称、型号；

b） 产品数量；

c） 本标准编号；

d） 其他。

# 附 录 A
（规范性附录）
# 气密性检测方法

**A.1** 方法原理

氦质谱检漏仪是根据质谱学原理，使用氦气作为探测气体而制成的气密性检测仪器。将被检样品放在检漏仪的检漏口上，在被检样品一侧吹入氦气，当样品上有漏孔存在时，氦气就通过样品漏孔进入检漏仪而被检测到。

**A.2** 气密性检测系统示意图见图A.1。

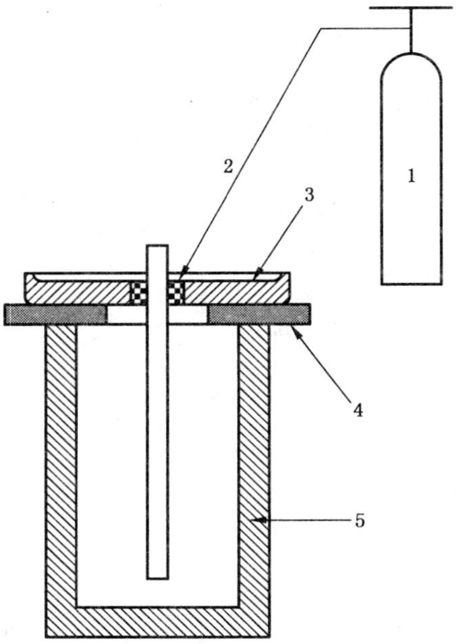


1——氦气；
2——喷枪；
3——被检样品；
4——橡胶垫；
5——检漏仪。

**图A.1 气密性检测系统示意图**

**A.3** 检测设备

检测设备采用氦质谱检漏仪。

**A.4** 检测步骤

**A.4.1** 在检漏口橡胶垫上均匀涂真空脂，将被检样品放在检漏口上。

**A.4.2** 打开检漏仪器“启动”开关。

**A.4.3** 当检漏仪真空度显示数据小于1 Pa时，按下“发射”开关。

**A.4.4** 用喷枪向被检样品封接部位吹氦气。

**A.4.5** 记录检漏仪显示的“漏率”数据。

ICS 77.150.30
H 62

# 中华人民共和国国家标准

GB/T 26048—2010

# 易切削铜合金线材

## Free-cutting copper alloy wire

2011-01-10 发布　　2011-10-01 实施

中华人民共和国国家质量监督检验检疫总局
中国国家标准化管理委员会　发布

# 前 言

本标准是修改采用美国 ASTM B 301/B 301M—2004《易切削铜棒、条、线和型材》中线材相应规定。

本标准与 ASTM B 301/B 301M—2004 相比，主要差异如下：

——本标准多了 10 个牌号及其相应的技术要求，即：HPb59-1、HPb59-3、HPb60-2、HPb62-3、HPb63-3、HSb60-0.9、HSb61-0.8-0.5、HBi60-1.3、HSi61-0.6、QSn4-4-4；

——本标准未采纳 ASTM B 301/B 301M—2004 中 C14520、C14700 两个牌号及其相应的技术要求；

——本标准的线材的直径(对边距)范围较大；

——增加了对矩(方)形、正六角形线材的圆角半径的规定；

——增加了线材卷(轴)重量的规定；

——增加了断口的检测、残余应力试验、耐脱锌腐蚀试验等的规定；

——增加了切削性能检测方法；

——根据国际环保无危害的要求，在订货合同内容上增加了有无危害标志的规定。

本标准的附录 A 和附录 B 为资料性附录。

本标准由中国有色金属工业协会提出。

本标准由全国有色金属标准化技术委员会归口。

本标准由宁波博威集团有限公司负责起草。

本标准由宁波长振铜业有限公司参加起草。

本标准主要起草人：刘庆、谢潇、张明、蔡洎华、胡仁昌、王继军、刘剑。

# 易切削铜合金线材

## 1 范围

本标准规定了易切削铜合金线材的产品分类、技术要求、试验方法、检验规则及标志、包装、运输、贮存和合同(或订货单)内容等。

本标准适用于各工业部门进一步机械切削加工用圆形、正六角形、正方形和矩形铜合金线材。

## 2 规范性引用文件

下列文件中的条款通过本标准的引用而成为本标准的条款。凡是注日期的引用文件,其随后所有的修改单(不包括勘误的内容)或修订版均不适用于本标准,然而,鼓励根据本标准达成协议的各方研究是否可使用这些文件的最新版本。凡是不注日期的引用文件,其最新版本适用于本标准。

GB/T 228—2002 金属材料 室温拉伸试验方法

GB/T 351 金属材料电阻系数测量方法

GB/T 2828.1 计数抽样检验程序 第1部分:按接收质量限(AQL)检索的逐批检验抽样计划

GB/T 5121(所有部分) 铜及铜合金化学分析方法

GB/T 5231 加工铜及铜合金化学成分和产品形状

GB/T 8888 重有色金属加工产品包装、标志、运输和贮存

GB/T 10119 黄铜耐脱锌腐蚀性能的测定

GB/T 10567.2 铜及铜合金加工材残余应力检验方法 氨熏试验法

YS/T 336 铜、镍及其合金管材和棒材断口检验法

## 3 产品分类

### 3.1 牌号、状态、规格

产品的牌号、状态和规格应符合表1的规定:

表1 产品的牌号、状态、规格

| 牌号 | 状态 | 直径(对边距)/mm | 形状 |
|---|---|---|---|
| HPb59-1、HPb59-3、HPb60-2、HPb62-3、HPb63-3 | 半硬($Y_2$)、硬(Y) | 0.5～12 | 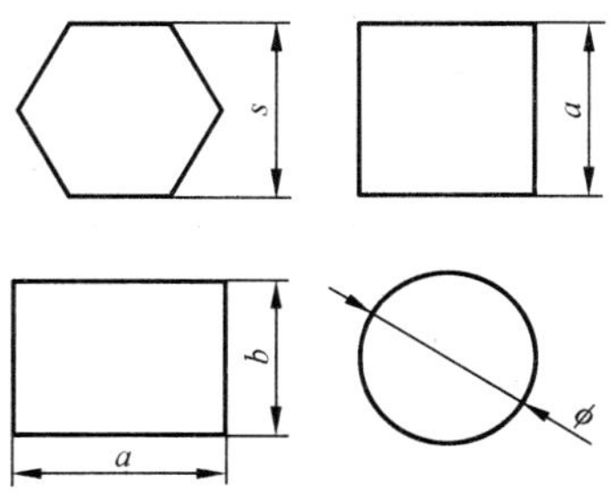  |
| HSb60-0.9、HSb61-0.8-0.5、HBi60-1.3、HSi61-0.6 | 半硬($Y_2$)、硬(Y) | 0.5～12 | |
| QPb1、QSn4-4-4、QTe0.5、QTe0.5-0.02 | 半硬($Y_2$)、硬(Y) | 0.5～12 | |

### 3.2 标记示例

产品标记按产品名称、牌号、状态、规格和标准编号的顺序表示。标记示例如下:

示例1:用HPb59-1制造的、硬态、对边距为3 mm的方形线标记为:

易切削铜合金方形线 HPb59-1Y 3×3 GB/T 26048—2010

示例 2：用 HPb63-3 制造的、半硬态、短边为 2 mm、长边为 4 mm 的矩形线标记为：

易切削铜合金矩形线 HPb63-3$Y_2$　2×4　GB/T 26048—2010

示例 3：用 HSb59-0.9 制造的、半硬态、对边距为 3 mm 的正六角形线标记为：

易切削铜合金正六角形线 HSb59-0.9$Y_2$　3　GB/T 26048—2010

示例 4：用 QSn4-4-4 制造的、硬态、直径为 1.5 mm 的圆线标记为：

易切削铜合金圆线 QSn4-4-4Y　$\phi$1.5　GB/T 26048—2010

## 4　技术要求

### 4.1　化学成分

4.1.1　线材各牌号的化学成分应符合 GB/T 5231 的规定(与美国 ASTM 标准相对应牌号见附录 A)。

4.1.2　不在 GB/T 5231 标准中规定的其他铜合金牌号的化学成分应符合表 2 和表 3 的规定。

表 2　线材的化学成分

| 合金牌号 | 化学成分/% | | | | | | | | | | |
|---|---|---|---|---|---|---|---|---|---|---|---|
| | 主成分 | | | | | | | 杂质成分 | | | |
| | Cu | Sb | B、Ni、Fe、Sn 等 | Si | Bi | P | Zn | Fe | Pb | Cd | 杂质总和 |
| HSb60-0.9 | 58～62 | 0.3～1.5 | 0.05<Ni+Fe+B<0.9 | — | — | — | 余量 | — | 0.2 | 0.01 | 0.2 |
| HSb61-0.8-0.5 | 59～63 | 0.4～1.2 | 0.05<Ni+Sn+B<1.2 | 0.3～1.0 | — | — | 余量 | 0.2 | 0.2 | 0.01 | 0.3 |
| HBi60-1.3 | 58～62 | 0.05<Sb+B+Ni+Sn<1.2 | | — | 0.3～2.3 | — | 余量 | 0.1 | 0.2 | 0.01 | 0.3 |
| HSi61-0.6 | 59～63 | 0.05<Sb+B+Ni+Sn<1.0 | | 0.4～1.0 | — | 0.03～0.12 | 余量 | 0.15 | 0.2 | 0.01 | 0.3 |

注 1：元素含量为上下限者为合金元素，元素含量为单个数值者为杂质元素，单个数值表示最高限量。

注 2：杂质总和为表中所列杂质元素实测值总和。

注 3：表中用“余量”表示的元素含量为 100%减去表中所列元素实测值所得。

表 3　线材的化学成分

| 合金牌号 | 化学成分/% | | | |
|---|---|---|---|---|
| | Cu+Ag，不小于 | Pb | Te | P |
| QTe0.5-0.02 | 99.85[a] | ≤0.05 | 0.30～0.70 | 0.010～0.030 |
| QPb1 | 99.50[b] | 0.8～1.5 | — | — |

[a] 包含碲。

[b] 包含铅。

### 4.2　尺寸及其允许偏差

4.2.1　线材直径(对边距)及其允许偏差应符合表 4 的规定。

表 4 线材直径(对边距)及其允许偏差

单位为毫米

| 牌号 | 直径(对边距) | 允许偏差(±) | |
|---|---|---|---|
| | | 圆形 | 正六角形、正方形和矩形 |
| HPb59-1、HPb59-3、HPb60-2、HPb62-3、HPb63-3、HSb60-0.9、HSb61-0.8-0.5、HBi60-1.3、HSi61-0.6、QTe0.5-0.02、QPb1、QSn4-4-4、QTe0.5 | ≥0.5～0.75 | 0.008 | — |
| | >0.75～1.0 | 0.010 | 0.020 |
| | >1.0～1.2 | 0.013 | 0.025 |
| | >1.2～1.5 | 0.015 | 0.030 |
| | >1.5～2.0 | 0.020 | 0.040 |
| | >2.0～3.8 | 0.025 | 0.050 |
| | >3.8～12 | 0.040 | 0.075 |
| 注：当需方要求单向偏差时，其值为表中数值的 2 倍。 | | | |

4.2.2 正六角形、正方形和矩形线材的圆角半径 $r$ 应符合表 5 的规定。

表 5 正六角形、正方形和矩形线材的圆角半径

单位为毫米

| 对边距[a] | ≤2 | >2～4 | >4～6 | >6～10 | >10～12 |
|---|---|---|---|---|---|
| 圆角半径 $r$ | ≤0.4 | ≤0.5 | ≤0.6 | ≤0.8 | ≤1.2 |
| [a] 对于矩形，对边距指窄边长。 | | | | | |

4.2.3 经供需双方协商，可供应其他规格和允许偏差的线材。

4.2.4 线材的圆度应不大于直径允许偏差之半。

## 4.3 力学性能

线材的室温纵向力学性能结果应符合表 6 的规定。

表 6 室温纵向力学性能

| 牌号 | 状态 | 直径(对边距)/mm | 抗拉强度 $R_m$/(N/mm²) | 断后伸长率 $A_{100\ mm}$/% |
|---|---|---|---|---|
| | | | 不小于 | |
| HPb59-1<br>HPb60-2 | $Y_2$ | ≥0.5～2.0 | 450 | 8 |
| | | >2.0～4.0 | 430 | 8 |
| | | >4.0～12.0 | 420 | 10 |
| | Y | ≥0.5～2.0 | 530 | — |
| | | >2.0～4.0 | 520 | — |
| | | >4.0～12.0 | 500 | — |
| HPb59-3 | $Y_2$ | ≥0.5～2.0 | 385 | 8 |
| | | >2.0～4.0 | 380 | 8 |
| | | >4.0～6.0 | 370 | 8 |
| | | >6.0～12.0 | 360 | 10 |
| | Y | ≥0.5～2.0 | 480 | — |
| | | >2.0～4.0 | 460 | — |
| | | >4.0～6.0 | 435 | — |
| | | >6.0～12.0 | 430 | — |

表 6（续）

| 牌号 | 状态 | 直径(对边距)/mm | 抗拉强度 $R_m$/(N/mm²) | 断后伸长率 $A_{100\ mm}$/% |
|---|---|---|---|---|
| | | | 不小于 | |
| HPb63-3<br>HPb62-3 | $Y_2$ | ≥0.5～2.0 | 420 | 3 |
| | | >2.0～4.0 | 410 | 4 |
| | | >4.0～12.0 | 400 | 4 |
| | Y | ≥0.5～12.0 | 430 | — |
| HSb60-0.9 | $Y_2$ | ≥0.5～12.0 | 330 | 10 |
| | Y | ≥0.5～12.0 | 380 | 5 |
| HSb61-0.8-0.5 | $Y_2$ | ≥0.5～12.0 | 380 | 8 |
| | Y | ≥0.5～12.0 | 400 | 5 |
| HBi60-1.3<br>HSi61-0.6 | $Y_2$ | ≥0.5～12.0 | 350 | 8 |
| | Y | ≥0.5～12.0 | 400 | 5 |
| QSn4-4-4 | $Y_2$ | ≥0.5～2.0 | 480 | 4 |
| | | >2.0～4.0 | 450 | 6 |
| | | >4.0～12.0 | 430 | 8 |
| | Y | ≥0.5～2.0 | 520 | — |
| | | >2.0～4.0 | 500 | — |
| | | >4.0～12.0 | 450 | — |
| QTe0.5-0.02、<br>QPb1、QTe0.5 | $Y_2$ | ≥0.5～12 | 260 | 6 |
| | Y | ≥0.5～12 | 330 | 4 |

注 1：伸长率指标均指拉伸试样中间断裂值。

注 2：经供需双方协议可供应其状态和性能的线材，具体要求应在合同中注明。

## 4.4 电性能

QTe0.5 和 QPb1 电性能应该符合表 7 的规定。

表 7 导电率

| 牌号 | 试验温度/℃(℉) | 导电率/(%IACS) |
|---|---|---|
| QTe0.5 | 20(68) | ≥85.0 |
| QPb1 | | ≥90.0 |

注 1：导电率试验应该使用经过 600 ℃退火 1 h 处理的试样来进行（导电率是由测电阻系数而换算）。

注 2：本标准中其他铜合金通常不应用在电气方面，因此不规定电性能要求。

## 4.5 残余应力

黄铜线材应进行消除应力处理。客户有特殊要求的线材，应按其要求进行消除残余应力处理。

## 4.6 耐脱锌腐蚀性能

当用户有要求，并在合同中注明时，无铅黄铜线材应进行脱锌腐蚀性能的测定，并符合表 8 的规定。如果用户不要求时，供方可不进行该项检测，但应保证符合表 8 的规定。

**表 8 线材耐脱锌腐蚀性能**

| 牌 号 | 失锌层深度/μm,不大于 | | | |
|---|---|---|---|---|
| | 横向 | | 纵向 | |
| | 平均 | 最大 | 平均 | 最大 |
| HSb60-0.9、HSb61-0.8-0.5、HBi60-1.3、HSi61-0.6 | 150 | 250 | 200 | 350 |

### 4.7 断口检验

线材断口应致密、无缩尾、气孔、分层和夹杂,允许存在不影响用户使用要求的轻微缺陷。直径(对边距)大于或等于 5 mm 的线材,其缺陷大小和数量不应超过 YS/T 336 中的规定;直径(对边距)小于 5 mm 的线材,其缺陷大小和数量不应超过表 9 的规定。

**表 9 缺陷判定要求**

| 直径(对边距)/mm | 忽略不计的缺陷直径/mm | 允许存在缺陷 | | 两缺陷间距/mm |
|---|---|---|---|---|
| | | 直径/mm | 个数 | |
| 0.5～2 | ≤0.01 | >0.01～0.05 | ≤2 | ≥0.2 |
| >2～5 | ≤0.05 | >0.05～0.1 | ≤2 | ≥0.5 |

### 4.8 切削性

当用户有要求,并在合同中注明时,应进行切削性的检验。如果用户不要求时,供方可不进行该项检测,但直径大于 1.0 mm 的线材应保证相对切削率大于 75%(以美国 C36000 合金的 100%切削性指数为基准)。

### 4.9 表面质量

4.9.1 线材表面应光滑、清洁、不允许有影响用户使用的缺陷。线材表面允许有轻微的、局部的、不使线材直径超出其允许偏差的压入物和划伤。

4.9.2 线材经热处理后表面允许有轻微的发红、发暗和氧化色。

### 4.10 线材卷(轴)重量

4.10.1 线材卷(轴)重量应符合表 10 的规定。

**表 10 线材卷(轴)重量**

| 线材直径(对边距)/mm | 每卷(轴)重量/kg | |
|---|---|---|
| | 标准卷 | 较轻卷 |
| >0.5～1.0 | 10±1 | 8±1 |
| >1.0～2.0 | 22±2 | 20±2 |
| >2.0～4.0 | 25±2 | 22±2 |
| >4.0～6.0 | 30±3 | 25±3 |
| >6.0～12.0 | 150±20 | 100±20 |

4.10.2 每批许可交付重量不大于 10%的较轻线材卷(轴)。

4.10.3 用户对线材卷(轴)重量有特殊要求时,可协商进行。

## 5 试验方法

### 5.1 化学成分仲裁分析方法

线材的化学成分仲裁分析方法按 GB/T 5121 的规定进行。

5.2 外形尺寸及其允许偏差测量方法

线材的外形尺寸用相应精度的测量工具测量。

5.3 力学性能检测方法

线材的室温力学性能检测方法按 GB/T 228 的规定进行。直径不大于 4 mm 的线材，试样号为 R9；直径大于 4 mm 的线材，标距长度为 100 mm。

5.4 电性能检验方法

线材的电性能检验方法按 GB/T 351 的规定进行。

5.5 残余应力检验方法

线材的残余应力检验方法按 GB/T 10567.2 的规定进行。

5.6 耐脱锌腐蚀性能检验方法

线材的耐脱锌腐蚀性检验方法按 GB/T 10119 的规定进行。

5.7 断口检验方法

线材的断口检验方法按 YS/T 336 的规定进行。

5.8 切削性检测方法

线材切削性的检测方法参照附录 B 进行。

5.9 表面质量检验方法

线材的表面质量用目视进行检验。

5.10 卷(轴)重量检验方法

线材卷(轴)重量用相应精度的测量工具测量。

## 6 检验规则

6.1 检查和验收

6.1.1 线材应由供方技术监督部门进行检验，保证产品质量符合本标准及合同(或订货单)的规定，并填写质量保证书。

6.1.2 需方对收到的产品按本标准的规定进行检验，如检验结果与本标准及合同(或订货单)的规定不符时，应在收到产品之日起 3 个月内，以书面的形式向供方提出，由供需双方协商解决。如需仲裁，仲裁取样应由供需双方共同进行。

6.2 组批

线材应成批提交检验，每批应由同一牌号、状态和规格组成，每批重量应不超过 1 500 kg。

6.3 检验项目

6.3.1 每批线材应进行化学成分、外形尺寸及其允许偏差、力学性能、表面质量及卷(轴)重量的检验。

6.3.2 当用户有要求，每批线材还应进行电性能、残余应力、断口、耐脱锌腐蚀性能及切削性的检验。

6.4 取样

线材的取样应符合表 11 的规定。

表 11 线材的取样

| 检验项目 | 取样规定 | 要求的章条号 | 试验方法的章条号 |
|---|---|---|---|
| 化学成分 | 1 个试样/1 炉(供方)；1 个试验/批(需方) | 4.1 | 5.1 |
| 外形尺寸及其允许偏差 | 按照 GB/T 2828.1 规定的取样，检测水平Ⅱ或供需双方协商，接收质量限 AQL=4.0 | 4.2 | 5.2 |
| 力学性能 | 任取 2 段/批，1 个试样/1 卷(轴) | 4.3 | 5.3 |
| 电性能 | 任取 2 段/批，1 个试样/1 卷(轴) | 4.4 | 5.4 |

表 11（续）

| 检验项目 | 取样规定 | 要求的章条号 | 试验方法的章条号 |
|---|---|---|---|
| 残余应力 | 任取 2 段/批，1 个试样/1 卷(轴) | 4.5 | 5.5 |
| 耐脱锌腐蚀性能 | 任取 2 段/批，1 个试样/1 卷(轴) | 4.6 | 5.6 |
| 断口 | 任取 2 段/批，1 个试样/1 卷(轴) | 4.7 | 5.7 |
| 切削性 | 任取 2 根/批，1 个试样/根 | 4.8 | 5.8 |
| 表面质量 | 按照 GB/T 2828.1 规定的取样或供需双方协商，接收质量限 AQL=4.0 | 4.9 | 5.9 |
| 卷(轴)重量 | 每卷(轴) | 4.10 | 5.10 |

### 6.5 检验结果的判定

6.5.1 化学成分不合格时，判该批线材不合格。

6.5.2 线材的外形尺寸及其允许偏差和表面质量，每批中不合格件数超出接受质量限时，判整批不合格，或由供方逐卷检验，合格者交货。

6.5.3 当力学性能、电性能、残余应力、耐脱锌腐蚀性能、断口、切削性的试验结果中有试样不合格时，应从该批线材中另取双倍数量的试样(其中一个试样必须取自原检验不合格的那卷线材)进行重复试验，重复试验结果全部合格，则判整批产品合格。若重复试验结果仍有试样不合格，则判该批线材不合格，或由供方重新处理。

## 7 标志、包装、运输、贮存和质量证明书

线材的标志、包装、运输、贮存和质量证明书按 GB/T 8888 的规定进行。

## 8 合同(或订货单)内容

订购本标准所列材料的合同(或订货单)内应包括下列内容：

a) 产品名称；
b) 牌号；
c) 状态；
d) 尺寸规格；
e) 重量或卷数；
f) 电性能、残余应力、耐脱锌腐蚀性能、断口、切削性(当用户有要求时)；
g) 本标准的编号；
h) 有无危害标志；
i) 其他。

# 附　录　A
（资料性附录）
## 本标准与美国 ASTM 标准相对应的牌号

| 本标准牌号 | ASTM 牌号 |
|---|---|
| HPb60-2 | C37700 |
| HPb62-3 | C36000 |
| QTe0.5 | C14500 |
| QTe0.5-0.02 | C14510 |
| QPb1 | C18700 |

# 附　录　B
# （资料性附录）
# 切削性检测方法

## B.1　范围

本附录规定了铜及铜合金切削性的检测方法。

本附录适用于铜及铜合金切削性的检测。

## B.2　方法原理

以 HPb62-3（美国 C36000）合金的切削性指数为 100%，与待测试样做对比试验，并以试样切削试验过程中测得的切削力或电流、电压值计算出的切削力为主要评定指标。

## B.3　主要设备

自动车床、切削力测力仪或 EX 电量监控仪、合金刀具、游标卡尺、直尺。

## B.4　试样

### B.4.1　对比试样

长度为 200 mm，直径为 $\phi$25 mm 的 HPb62-3（美国 C36000）合金直棒，其标准成分为：Cu61.5%，Zn35.5%，Pb3.0%（各元素的扩展不确定度为 0.06%）。

### B.4.2　待测试样

制作与对比试样状态、直度和形状相同的待测试样。

## B.5　试验方法及步骤

试验方法分为两种，使用切削力测力仪时按照方法一进行，使 EX 电量监控仪时按照方法二进行。

### B.5.1　方法一

将对比试样 HPb62-3 和待测试样，分别放在同一台装有切削力测力仪的自动车床上，按相同的试验条件（车床主轴转速、切削速度、合金刀具及其参数、进给量、切削状态、环境温度等）进行切削力检测试验。每个试样至少收集切削力 $F$（含轴向力 $F_X$、径向力 $F_Y$、主切削力 $F_Z$ 三个分力）的三组平均值数据，每组试验数据采集的点数在 50 个以上。

确定切削参数：1）精车：切削量为 0.5 mm，转速为 820 r/min，走刀速度为 0.260 mm/r；2）粗车：切削量为 1 mm，转速为 610 r/min，走刀速度为 0.260 mm/r（切削参数选精车或粗车中一种）。

### B.5.2　方法二

**B.5.2.1**　将对比试样 HPb62-3 和待测试样，分别放在同一台装有 EX 电量监控仪自动车床上，按相同的试验条件（车床主轴转速、切削速度、合金刀具及其参数、进给量、切削状态、环境温度等）进行切削性检测试验。

**B.5.2.2**　测试步骤

**B.5.2.2.1**　开启车床，进行空转，从 EX 电量监控仪上记下空载电流量备用。

**B.5.2.2.2**　确定切削参数：1）精车：切削量为 0.5 mm，转速为 820 r/min，走刀速度为 0.260 mm/r；2）粗车：切削量为 1 mm，转速为 610 r/min，走刀速度为 0.260 mm/r（切削参数选精车或粗车中一种）。

**B.5.2.2.3**　进行切削试验，每个试样记录同一时间点上三相电流 $I_a$、$I_b$、$I_c$，三相电压 $U_a$、$U_b$、$U_c$ 的数据，至少收集十组数据。

**B.5.2.3 计算方法**

消耗在切削过程中的功率称为切削功率 $P_m$，切削功率为轴向力 $F_X$、径向力 $F_Y$ 和主切削力 $F_Z$ 所消耗的功率之和，因 $F_Y$ 方向没有位移，所以不消耗功率，于是：

$$P_m = (F_Z V + F_X n_w f/1\ 000) \times 10^{-3} \qquad \text{(B.1)}$$

式中：

$P_m$——切削功率，单位为千瓦(kW)；

$F_X$——轴向力，单位为牛顿(N)；

$F_Z$——主切削力，单位为牛顿(N)；

$V$——切削速度，单位为米每秒(m/s)；

$n_w$——工件转速，单位为转每秒(r/s)；

$f$——进给量，单位为毫米每秒(mm/s)。

式(B.1)中等号右侧的第二项是消耗在进给运动中的功率，它相对于 $P_m$ 来说，一般很小(>1%～2%)，可以略去不计，于是可得：

$$F_Z = P_m \times 1\ 000/V \qquad \text{(B.2)}$$

由机床测得的电流 $I_a$、$I_b$、$I_c$，电压 $U_a$、$U_b$、$U_c$，计算出平均电流和平均电压 $\overline{U}$，平均电流减去空载电流作为切削电流 $I$，平均电压不变，根据下式计算车床运行功率 $P$：

$$P = I \times \overline{U} \qquad \text{(B.3)}$$

考虑到机床的传动效率，可得：

$$P_m = P \times \eta \qquad \text{(B.4)}$$

式中：$\eta$ 为机床的传动效率，一般取为 0.75～0.85，大值适用于新机床，小值适用于旧机床。

将式(B.4)带入式(B.2)中，可得：

$$F_Z = P \times \eta \times 1\ 000/V \qquad \text{(B.5)}$$

切削速度计算：

$$V = \pi \times D \times n_w/1\ 000 \qquad \text{(B.6)}$$

式中：

$D$——试样直径，单位为毫米(mm)。

将式(B.6)带入式(B.5)中可得：

$$F_Z = \frac{P \times \eta \times 10^6}{\pi \times D \times n_w} \qquad \text{(B.7)}$$

## B.6 切削性的评定

### B.6.1 用主切削力评定

一般以主切削力 $F_Z$ 表示切削力，因为切削力的另两个分力轴向力 $F_X$ 和径向力 $F_Y$ 对切削的影响可以很小，可以忽略不计，因此将测得的主切削力 $F_Z$ 数值近似看作是切削力数值，来评定切削性。

评定切削性的计算公式为：

相对切削率(%)＝(HPb62-3 合金的主切削力 $F_Z$/ 被测合金的主切削力 $F_Z$)×100% ……(B.8)

### B.6.2 用切削力评定

切削力 $F$ 为轴向力 $F_X$、径向力 $F_Y$、主切削力 $F_Z$ 三者的合力，计算式为：

$$F = \sqrt{(F_X^2 + F_Y^2 + F_Z^2)} \qquad \text{(B.9)}$$

评定切削性的计算公式为：

相对切削率(%)＝(HPb62-3 合金的切削力 $F$/ 被测的切削力 $F$)×100% ……(B.10)

ICS 77.150.30
H 62

# 中华人民共和国国家标准

GB/T 26049—2010

# 银包铜粉

# Silver-coated copper powder

2011-01-10 发布　　2011-10-01 实施

中华人民共和国国家质量监督检验检疫总局
中国国家标准化管理委员会　发布

# 前 言

本标准按照GB/T 1.1—2009给出的规则起草。

本标准由全国有色金属标准化技术委员会(SAC/TC 243)归口。

本标准负责起草单位:昆明理工恒达科技有限公司。

本标准主要起草人:黄峰、郭忠诚、王敏。

# 银 包 铜 粉

## 1 范围

本标准规定了银包铜粉的要求、试验方法、检验规则、标志、包装、运输、贮存、质量证明书以及合同(或订货单)内容。

本标准适用于电子、机电、通讯、印刷、航空航天、军工等行业的导电、电磁屏蔽等领域作导电胶、导电涂料、导电油漆、导电油墨等用的银包铜粉。

## 2 规范性引用文件

下列文件对于本文件的应用是必不可少的。凡是注日期的引用文件,仅注日期的版本适用于本文件。凡是不注日期的引用文件,其最新版本(包括所有的修改单)适用于本文件。

GB/T 4456 包装用聚乙烯吹塑薄膜

GB/T 5060—1985 金属粉末松装密度的测定 第二部分:斯柯特容量计法

GB/T 5121(所有部分) 铜及铜合金化学分析方法

GB/T 5314—1985 粉末冶金用粉末的取样方法

GB/T 19077.1 粒度分析 激光衍射法 第1部分 通则

YS/T 521.3 粗铜化学分析方法 金和银量的测定

YS/T 617.5—2007 铝、镁及其合金粉理化性能测定方法 第5部分:铝粉中油脂含量的测定

## 3 要求

### 3.1 产品分类

银包铜粉根据银含量及形状的不同,分为PAC-1、PAC-2、PAC-3、PAC-4、PAC-5、PAC-6、PAC-7、PAC-8、PAC-9九个牌号。

### 3.2 化学成分

银包铜粉的化学成分应符合表1的规定。

表 1 银包铜粉化学成分

| 牌号 | 化学成分/% | | | | | | | | | | |
|---|---|---|---|---|---|---|---|---|---|---|---|
| | Ag | Cu+Ag 不小于 | 杂质含量,不大于 | | | | | | | | |
| | | | Fe | Pb | As | Sb | Bi | Ni | Sn | Zn | 油脂 |
| PAC-1 | 2.5～3.0 | 99 | 0.01 | 0.01 | 0.004 | 0.005 | 0.002 | 0.003 | 0.004 | 0.004 | 0.5 |
| PAC-2 | 3.0～3.5 | | | | | | | | | | |
| PAC-3 | 5.0～5.8 | | | | | | | | | | |
| PAC-4 | 7.0～8.0 | | | | | | | | | | |

表 1（续）

| 牌号 | 化学成分/% | | | | | | | | | | |
|---|---|---|---|---|---|---|---|---|---|---|---|
| | Ag | Cu+Ag不小于 | 杂质含量，不大于 | | | | | | | | |
| | | | Fe | Pb | As | Sb | Bi | Ni | Sn | Zn | 油脂 |
| PAC-5 | 18.0～18.5 | 99 | 0.01 | 0.01 | 0.004 | 0.005 | 0.002 | 0.003 | 0.004 | 0.004 | 0.5 |
| PAC-6 | | | | | | | | | | | |
| PAC-7 | | | | | | | | | | | |
| PAC-8 | | | | | | | | | | | |
| PAC-9 | 19.5～20.5 | | | | | | | | | | |

### 3.3 粒度分布及松装密度

产品的粒度分布及密度应符合表 2 的规定，若需方有特殊要求，由供需双方另行商定。

表 2 产品粒度分布及密度

| 牌号 | 形 状 | 粒度分布/μm | | | 松装密度/(g/cm$^3$) |
|---|---|---|---|---|---|
| | | D10 | D50 | D90 | |
| PAC-1 | 片 状 | ≥8.0 | 27.0±3.0 | ≤50.0 | 0.62～0.77 |
| PAC-2 | 片 状 | | | | |
| PAC-3 | 片 状 | | | | |
| PAC-4 | 片 状 | | | | |
| PAC-5 | 片 状 | | | | |
| PAC-6 | 片 状 | ≥8.0 | 26.0±3.0 | ≤50.0 | 1.50～1.70 |
| PAC-7 | 树枝状 | | | | 1.80～2.00 |
| PAC-8 | 球 状 | ≥9.0 | 26.0±3.0 | ≤48.0 | 2.30～3.50 |
| PAC-9 | 片 状 | ≥2.0 | 15.0±3.0 | ≤26.0 | 1.10～1.60 |

### 3.4 外观质量

银包铜粉外观为纯净的、色泽均匀、无肉眼可见杂质的金属粉末，产品颜色随银含量增加，由铜红色逐渐变为银白色。

### 3.5 微观形貌

片状银包铜粉的微观形貌应呈明显的片状形貌，如图 1；枝状银包铜粉的微观形貌应呈明显的树枝形，如图 2；球状银包铜粉的微观形貌应呈明显的类球形，如图 3。

图 1　片状银包铜粉的微观形貌

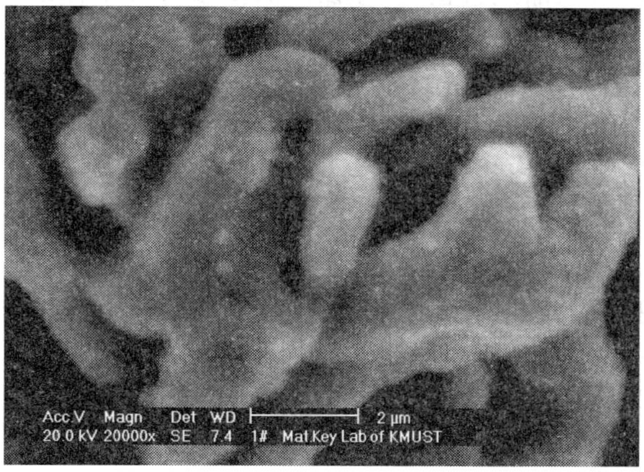


图 2　枝状银包铜粉的微观形貌

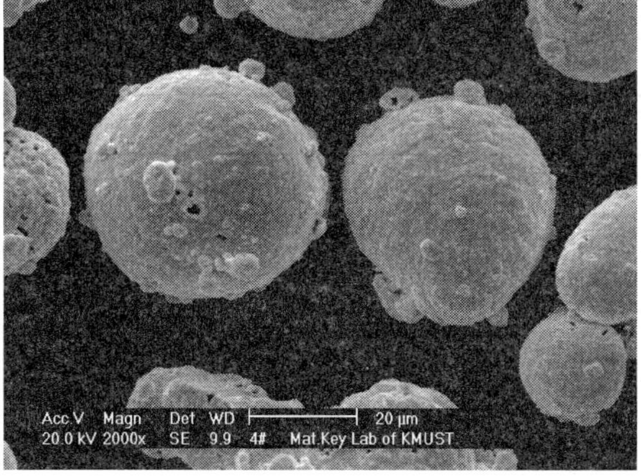


图 3　球状银包铜粉的微观形貌

## 4 试验方法

4.1 银包铜粉中 Ag 含量的测定方法按 YS/T 521.3 的规定进行，Cu 量的测定以及其他杂质 Fe、Pb、As、Sb、Bi、Ni、Sn 和 Zn 含量的测定按 GB/T 5121 的规定进行。
4.2 银包铜粉中油脂含量的测定按 YS/T 617.5—2007 标准中的方法 2 的规定进行。
4.3 粒度分布按 GB/T 19077.1 的规定进行。
4.4 松装密度测定按 GB/T 5060—1985 的规定进行。
4.5 外观质量采用目测法检测。
4.6 银包铜粉的微观形貌通过扫描电子显微镜观察，放大倍数为 200～10 000 倍。

## 5 检验规则

### 5.1 检查与验收

5.1.1 供方质量检验部门应对产品进行检验，保证产品质量符合本标准或合同(或订货单)之规定，并填写产品质量证明书。
5.1.2 需方可对产品验收，若检验结果与本标准或订货单(或合同)不符合时，应在收到产品之日起 30 天内向供方提出，由供需双方协商解决。如需仲裁，由双方认可的第三方对有争议的项目进行仲裁，仲裁取样在需方，由供需双方共同进行。

### 5.2 组批

银包铜粉应成批提交验收，每批应由同一批原料生产相同牌号的产品组成，每个批次不大于 1 000 kg。

### 5.3 检验项目

每批产品应进行化学成分、外观质量、微观形貌、粒度分布、松装密度的检验。

### 5.4 取样与制样

5.4.1 银包铜粉的取样和制样应符合表 3 的规定。

**表 3 银包铜粉的取样和制样**

| 检验项目 | 取样和制样方法 | 要求的章条号 | 试验方法的章条号 |
|---|---|---|---|
| 化学成分 | 按 GB/T 5314—1985 的规定 | 3.2 | 4.1 和 4.2 |
| 粒度分布 | 按 GB/T 5314—1985 的规定 | 3.3 | 4.3 |
| 松装密度 | 按 GB/T 5314—1985 的规定 | 3.3 | 4.4 |
| 外观质量 | 逐件 | 3.4 | 4.5 |
| 微观形貌 | 按 GB/T 5314—1985 的规定 | 3.5 | 4.6 |

5.4.2 将所有试样混匀，并缩分至 0.3 kg，均匀分成 3 等份，密封保存。供需双方各 1 份，另一份供仲裁分析用。

## 5.5 检验结果的判定

5.5.1 化学成分检测结果与本标准或合同(或订货单)不符时,按批判不合格;外观检验结果与本标准或合同(或订货单)不符合时,按件判不合格。

5.5.2 其他检验项目的检测结果不合格时,从该批产品中另取双倍数量的样品进行不合格项目的重复检验,若该项结果仍不合格,则判该批产品不合格。

# 6 包装、标志、运输、贮存和质量证明书

## 6.1 包装

6.1.1 产品净重为 1 kg±0.005 kg 或 10 kg±0.05 kg,真空密封包装。

6.1.2 内包装

内包装采用性能好的聚乙烯塑料袋作真空包装,塑料袋厚度不小于 0.1 mm,塑料袋接缝和封口处应热合牢固,无硬伤、孔洞、污垢,其物理、机械性能应符合 GB/T 4456 的规定。

6.1.3 外包装

6.1.3.1 外包装用铁桶,内衬塑料袋,内外包装应封闭严密,完整无损,且外包装用铁桶应做好防锈处理,其内、外表面应干燥、光滑,无毛刺、无破损。

6.1.3.2 外包装用纸箱,内衬塑料袋,内外包装应封闭严密,纸箱应具有一定的弯曲性能,折缝时应无裂缝,装配时无破裂或表皮断裂,板层间粘合牢固。封口采用胶带粘贴。

6.1.4 需方对产品包装有特殊要求时,由供需双方协商确定,并在合同中注明。

## 6.2 标志

在每个包装上用标签或不褪色的颜料注明:

a) 生产厂名称、商标;
b) 供方地址;
c) 产品名称和牌号;
d) 检测日期;
e) 净重;
f) 生产日期;
g) “防火”、“防潮”和“轻放”字样。

## 6.3 运输

产品在运输过程中,应防潮、防火、轻放,避免撞击和跌落,防止尖锐的器械刺通真空包装袋,要有防止雨水和阳光暴晒的措施。

## 6.4 贮存

产品应贮存在没有腐蚀性化学物品,通风、干燥、防火的库房内,避免阳光直射。

## 6.5 质量证明书

每批产品都应附有供方质量检验部门填写的质量证明书,其上注明:

a) 厂家名称、地址;
b) 名称;
c) 牌号;

d） 批号；

e） 净重；

f） 检测日期；

g） 质量检验部门印记；

h） 出厂日期；

i） 保质期；

j） 本标准编号。

## 7 合同(或订货单)内容

本标准所列材料的合同(或订货单)应包括下列内容：

a） 产品名称；

b） 牌号；

c） 化学成分及物理规格的特殊要求；

d） 数量；

e） 本标准编号；

f） 其他。

ICS 77.160
H 16

# 中华人民共和国国家标准

GB/T 26050—2010

# 硬质合金 X射线荧光测定金属元素含量 熔融法

Hardmetals—Determination of contents of metallic elements by X-ray fluorescence—Fusion method

(ISO 4503:1978,MOD)

2011-01-10 发布

2011-10-01 实施

中华人民共和国国家质量监督检验检疫总局
中国国家标准化管理委员会
发布

# 前　言

本标准使用重新起草法修改采用 ISO 4503:1978《硬质合金　X 射线荧光测定金属元素含量　熔融法》。

本标准与 ISO 4503:1978 在结构略有变动，增加了 5.6 条和 8.6 条，将国际标准的 8.6 条改为 8.7 条。

本标准与 ISO 4503:1978 相比存在技术性差异，这些差异涉及的条款已通过在其外侧页边空白位置的垂直单线(|)进行了标示，附录 A 中给出了相应技术性差异及其原因的一览表。

本标准由全国有色金属标准化技术委员会(SAC/TC 243)归口。

本标准起草单位：崇义章源钨业股份有限公司。

本标准主要起草人：赵永昌、章秋霖、陈邦明、曾俊力、罗盛任。

# 硬质合金
# X射线荧光测定金属元素含量
# 熔融法

**警告——使用本标准的人员应有正规实验室工作的实践经验。本标准并未指出所有可能的安全问题。使用者有责任采取适当的安全和健康措施,并保证符合国家有关法规规定的条件。**

## 1 范围

本标准规定了测定碳化物和硬质合金中钴、铬、铁、锰、钼、镍、铌、钽、钛、钨、钒和锆含量的X射线荧光分析法

## 2 适用领域

本标准适用于铌、钽、钛、钒、钨和锆的碳化物。

本标准也适用于这些碳化物和粘结金属的混合物。

本标准还适用于用这些碳化物制成的所有牌号的预烧结和烧结硬质合金,测定范围见表1。

**表 1**

| 元素 | 质量分数/% | |
|---|---|---|
| | 最小 | 最大 |
| Co | 0.05 | 50 |
| Cr | 0.05 | 2.0 |
| Fe | 0.05 | 2.0 |
| Mn | 0.05 | 2.5 |
| Mo | 0.05 | 5.0 |
| Nb | 0.05 | 15 |
| Ni | 0.05 | 5.0 |
| Ta | 0.10 | 30 |
| Ti | 0.3 | 30 |
| V | 0.15 | 4.0 |
| W | 45 | 95 |
| Zr | 0.05 | 2.0 |

## 3 方法原理

测量被测元素的特征X射线光谱的强度。为了消除粒度和元素间相互影响,将试料溶解在合适的混合酸中,转化为硫酸盐,或者直接进行氧化。然后,把其硫酸盐或其氧化物和四硼酸钠和钡的化合物的混合物熔化在一起。

## 4 干扰元素

干扰元素的影响,例如钛和钨对钒的线干扰,应予以考虑。

## 5 试剂

除非另有说明，在分析中，仅使用确认为分析纯的试剂和蒸馏水或相当纯度的水。

5.1 无水过氧化钡或无水碳酸钡。

5.2 无水四硼酸钠或无水四硼酸锂。

为了确保无水，把四硼酸钠加热到约 400 ℃，四硼酸锂加热到约 670 ℃。

5.3 氢氟酸($\rho$1.12 g/mL)。

5.4 硝酸(1+1)。

5.5 硫酸(1+1)。

5.6 溴化锂溶液(240 mg/mL)。

## 6 仪器与设备

6.1 X射线荧光光谱仪。

6.2 炉子：用以在 700 ℃～900 ℃下氧化试料，并在约 1 100 ℃下制备硼酸盐熔化物。

注：如能采用带自动的高温熔融、混合、搅拌、铸模一体化功能的高频熔样机更好。

6.3 铂皿：50 mL～100 mL 或 20 mL(平底)

注：以 95% Pt+5% Au 的皿较好。

6.4 铂合金板：具有磨光的表面的铂合金，如 85% Pt+10% Rh+5% Au 或者 95% Pt+5% Au。该板应保持表面温度为 300 ℃～400 ℃，这样使硼酸盐片(见 8.4)容易松散并且不开裂。

6.5 黄铜环，或者耐热钢筒，或者石墨筒。

注：可以用石墨或者耐热钢模代替铂合金板(6.4)和黄铜环。

6.6 湿的或干的研磨装置。

## 7 样品

7.1 试样应该在研钵中被粉碎成粉末，研钵应由不致于改变试样成分的材料制成。被粉碎的材料，当用酸溶液方法时，应通过 2 mm 筛，用氧化法时，应通过 0.18 mm 筛。

7.2 分析应该使用两份或三份试样来进行。

## 8 分析步骤

8.1 称取约 0.5 g 试样，精确至±0.001 g。如铂皿为 20 mL(平底)，试样量可按比例减至 0.2 g，精确至±0.001 g。

注：如果试样中含有润滑剂，则必须采用润滑剂含量的校正值。

8.2 将试料置于铂皿中，用预先选用的溶解步骤(8.2.1)或者用氧化步骤(8.2.2)转化试样。如果钼含量大于 0.1%就不得用氧化步骤。

注：如果用氧化步骤，须在瓷舟上转化试样。

8.2.1 加 15 mL 硝酸(5.4)到未氧化或者部分氧化过的试料上，适度地加热铂皿，滴加 2 mL 氢氟酸(5.3)，把铂皿保持在适度温度。在试料完全溶解后，加入 1 mL～2 mL 硫酸(5.5)。使其干燥，在近 600 ℃下加热，直到不再有 $SO_3$ 蒸气逸出为止，冷却。

存在着钼从一个坩埚转移到另一个坩埚的可能性，所以，在加热操作中，应该注意避免这种转移。因此，不在同一个炉子中加热钼含量高低不同的样品。

8.2.2 在空气中，在 700 ℃～900 ℃的炉子内氧化试料约 1 h。如果达到了完全氧化，按照 8.3 的规定继续进行试验。如果没有达到完全氧化(如含有高钛量的硬质合金)按照 8.2.1 的规定继续进行试验。

8.3 把试样和由(15±0.01)g 四硼酸钠(5.2)与(4±0.01)g 过氧化钡(5.1)或(4.5±0.01)g 碳酸钡

(5.1)所组成的熔融缓冲混合物充分地混合，适当地加热铂皿，直到其内容物完全熔融，反应已平息为止。用盖盖住铂皿。通过在约 1 100 ℃温度下，熔化 10 min～15 min 来溶解氧化物。回荡熔化物以得到均匀体。

8.4 把熔化物倒入已预热的黄铜环(6.5)中，该黄铜环放在铂合金支板(6.4)上，支板置于一个约 300 ℃～400 ℃的加热装置上。让其冷却，致使硼酸盐片从支板上疏松下来，把带有环的硼酸盐片放在石棉板上，冷却到室温。

8.5 在一个湿的或干的研磨装置(6.6)上，研磨硼酸盐片，直至得到一个平滑光洁的表面。立刻冲洗，干燥该表面。

注：应该在 220 号砂纸上作最后的湿研磨或干研磨，当使用干研磨时，务必避免一个试样通过砂纸被另一个试样污染。

8.6 如采用高频熔融制样机(6.2 注)，先称取 0.2 g 试样精确至±0.001 g，经氧化后与 6 g±0.001 g 四硼酸锂分别放入专用 20 mL 铂皿(平底)中充分混合后，加入 0.7 mL 溴化锂溶液(5.6)，置于高频熔样机上，在 1 150 ℃温度下熔化 10 min～15 min，其氧化物被完全熔融成均匀的玻璃片。

注：采用此条款操作，可省略 8.3、8.4、8.5 所规定的操作。

8.7 用 X 射线荧光光谱仪进行分析。

## 9 X-射线荧光分析

9.1 为了得到最佳的脉冲值，全部测量参数，包括 X 射线管的阴极材料，均应予以选择。

9.2 应使用表 2 所示的分析线。

表 2

| 元素 | Co，Cr，Fe，Mn，Mo，Nb，Ni，Ti，V，Zr | Ta，W |
|---|---|---|
| 分析线 | $K_{\alpha1,2}$ | $L_{\alpha1}$ |

注：推荐全部被测元素，在第一级反射中，用 LiF(200)晶体。对于钛，在第二级测量时，可用季戊四醇晶体。

9.3 当需要时，应进行背底校正。

## 10 标准曲线的制备

标准曲线，应该在具有表 1 所规定的化学成分、大致相当于待分析的硬质合金牌号的合成试样的基础上进行绘制。这些试样应该通过混合已精确知道其成分含量的金属或其适当的化合物来进行制备。该混合物应按 8.1～8.7 的规定进行分析。

## 11 结果表示

### 11.1 偏差

两次或三次单独测定值之间的偏差，不应超过表 3 所给值。

表 3

| 含量/% | 两次测量的偏差/% | 三次测量的偏差/% |
|---|---|---|
| 0.05～0.4 | 0.04 | 0.05 |
| >0.4～2 | 0.20 | 0.25 |
| >2～10 | 0.30 | 0.35 |
| >10～30 | 0.4 | 0.5 |
| >30～95 | 1.0 | 1.2 |

### 11.2 最终结果

报出合格的测定值的算术平均值，修约到表 4 所给出的精确度。

表 4

| 含量/% | 修约精确度/% |
| --- | --- |
| 0.05～0.4 | 0.01 |
| >0.4～30 | 0.1 |
| >30～95 | 1 |

## 12 试验报告

试验报告，应包括以下内容：

a） 本标准编号；

b） 鉴定试样所需的各种细节；

c） 所得结果；

d） 本国家标准中未规定的或认为是附加的各种操作；

e） 可能影响结果的各种现象的细节。

# 附 录 A
## （资料性附录）
## 本标准与 ISO 4503:1978 相比的技术差异及原因

表 A.1 给出了本标准与 ISO 4503:1978 的技术性差异及其原因。

**表 A.1 本标准与 ISO 4503:1978 的技术性差异及其原因**

| 本标准章条编号 | 技术性差异 | 原 因 |
|---|---|---|
| — | 警告 | 考虑到安全性 |
| 5.2 | 增加了无水四硼酸锂 | 增加可操作性，便于标准的执行 |
| 5.6 | 溴化锂溶液 | |
| 6.2 | 增加注 | |
| 6.3 | 铂皿 20 mL（平底） | |
| 8.1 | 增加 20 mL 铂皿的称样量 | |
| 8.2 | 增加注 | |
| 8.6 | 增加采用高频熔融制样机操作 | |

ICS 77.160
H 16

# 中华人民共和国国家标准

GB/T 26051—2010/ISO 11873:2005

# 硬质合金 钴粉中硫和碳量的测定 红外检测法

**Hardmetals—Determination of sulfur and carbon contents in cobalt metal powders—Infrared detection method**

(ISO 11873:2005,IDT)

2011-01-10 发布

2011-10-01 实施

中华人民共和国国家质量监督检验检疫总局
中国国家标准化管理委员会
发布

# 前　言

本标准按照 GB/T 1.1—2009 给出的规则起草。

本标准使用翻译法等同采用 ISO 11873:2005《硬质合金—钴粉中硫和碳量的测定—红外检测法》及 ISO 于 2008-11-15 发布的技术修改单 ISO 11873:2005/Cor.1:2008。由于其中第 1 章中测量范围(0.001%～0.1%)与 5.2 中允许差的高含量(0.2%)明显不对应，根据实际应用情况，把 1 中测量范围改为 0.001%～0.2%。

本标准由全国有色金属标准化技术委员会(SAC/TC 243)归口。

本标准起草单位：厦门金鹭特种合金有限公司、国家钨材料工程技术研究中心。

本标准主要起草人：邹建平、肖满斗、张淑彬、吴冲浒、吴其山、孙晓昱、吴高潮、黄家明、谢屹峰、林高安。

# 硬质合金
# 钴粉中硫和碳量的测定
# 红外检测法

## 1 范围

本标准规定了通过在氧中将硫和碳燃烧成二氧化碳和二氧化硫用红外法检测进行钴粉中硫和碳量测定的方法。测定范围(质量分数):0.001%~0.2%。

## 2 规范性引用文件

下列文件对于本文件的应用是必不可少的。凡是注日期的引用文件,仅所注日期的版本适用于本文件。凡是不注日期的引用文件,其最新版本(包括所有的修改单)适用于本文件。

GB/T 6379(所有部分) 测量方法与结果的精确性(正确度和精密度)[ISO 5725(所有部分)]

## 3 试剂

应使用高纯试剂。

3.1 氧气,纯度依照供方规定(不低于99.5%)。

3.2 钨粒,或其他形状的含钨助燃剂,粒度不小于0.2 mm。

3.3 铁屑,用于助燃。

## 4 分析步骤

### 4.1 称样

用坩埚称取0.5 g~1.5 g试样,精确到0.001 g。根据碳和硫含量确定称样量。若样品保存在塑料容器中,有可能会被污染。

### 4.2 测量

加入助熔剂(3.2和3.3),并根据仪器操作规程进行测定。

### 4.3 校正

坩埚和助熔剂(3.2和3.3)的空白试验至少测定三次。若空白值符合设备操作规程要求,则采用标准样品进行校准测试,不得少于三次。

## 5 分析结果的计算

### 5.1 结果计算

硫含量以硫的质量分数 $w_S$ 计,碳含量以碳的质量分数 $w_C$ 计,数值以%表示,按下列公式计算:

$$w_S = \frac{(m_S - B) \times P \times 100}{m}$$

$$w_C = \frac{(m_C - B) \times P \times 100}{m}$$

式中：

$m_S$ ——试料中硫的含量，单位为克(g)；

$m_C$ ——试料中碳的含量，单位为克(g)；

$P$ ——校正系数；

$m$ ——试料量，单位为克(g)；

$B$ ——平均空白值(见4.3)。

### 5.2 允许差

按照GB/T 6379的规定计算重复性标准差，三次独立分析结果的重复性标准差不应大于下列数值：

表1 %

| 元　素 | 低含量(质量分数) | 高含量(质量分数) |
|---|---|---|
| C | 0.005 0±0.002 5 | 0.200 0±0.020 0 |
| S | 0.005 0±0.002 5 | 0.200 0±0.020 0 |

### 5.3 最终结果

按算术平均值报出结果，精确到0.001%。

## 6 试验报告

试验报告应该包括以下信息：

a) 本标准号；

b) 鉴定样品所需细节；

c) 试验结果；

d) 本标准未规定的操作；

e) 可能影响试验结果的任何情况。

ICS 77.160
H 72

# 中华人民共和国国家标准

GB/T 26052—2010

# 硬质合金管状焊条

# Tubular welding rods of tungsten carbide

2011-01-10 发布　　　　2011-10-01 实施

中华人民共和国国家质量监督检验检疫总局
中国国家标准化管理委员会　发布

# 前　言

本标准由中国有色金属工业协会提出。

本标准由全国有色金属标准化技术委员会(SAC/TC 243)归口。

本标准起草单位:自贡长城硬面材料有限公司、厦门金鹭特种合金有限公司、自贡硬质合金有限责任公司。

本标准主要起草人:王维民、李伟、李玉玺、易长宾、何清泉、邹建平、戴普、周明智。

# 硬质合金管状焊条

## 1 范围

本标准规定了硬质合金管状焊条(以下简称焊条)的要求、试验方法、检验规则、标志、包装、运输、贮存、质量证明书及合同(或订货单)内容等。

本标准适用于耐磨件的表面堆焊和钎焊。

## 2 规范性引用文件

下列文件对于本文件的应用是必不可少的。凡是注日期的引用文件,仅注日期的版本适用于本文件。凡是不注日期的引用文件,其最新版本(包括所有的修改单)适用于本文件。

GB/T 699 优质碳素结构钢

GB/T 1480 金属粉末粒度组成的测定 干筛分法

YS/T 412 硬质合金球粒

## 3 要求

### 3.1 焊条的牌号、硬质合金颗粒尺寸级别和规格

焊条的牌号、硬质合金颗粒尺寸级别和规格见表1。

表 1

| 牌　号 | 硬质合金颗粒尺寸级别 | | | 焊条规格 | |
|---|---|---|---|---|---|
| | 颗粒尺寸/μm | 筛上物/% | 筛下物/% | 焊条直径 D/mm | 焊条长度 L/mm |
| HTYQ01<br>HTYQ02<br>HTYQ03 | 850～600(－20 目～＋30 目) | ≤10 | ≤10 | 3.2<br>4.0<br>5.0 | 600 |
| | 600～425(－30 目～＋40 目) | | | | |
| | 425～250(－40 目～＋60 目) | | | | |
| | 250～180(－60 目～＋80 目) | | | | |
| 注:本表之外的颗粒尺寸由制造厂家与用户协商确定。 | | | | | |

### 3.2 焊条外管原料要求

焊条金属外管采用 08 钢,其技术要求应符合 GB/T 699 的规定。

### 3.3 焊条中硬质颗粒的化学成分、物理、机械性能和组织结构

焊条中硬质合金颗粒的化学成分、物理、机械性能和组织结构应符合 YS/T 412 的规定。

### 3.4 焊条硬质合金颗粒尺寸

焊条中硬质合金颗粒尺寸应符合表1的规定。

3.5　焊条填充率

焊条中硬质合金颗粒的重量占焊条重量的百分比应不小于60%。

3.6　焊条尺寸及允许偏差

焊条尺寸见表1,直径 $D$ 的允许偏差为±0.3 mm,长度 $L$ 的允许偏差为±7 mm。

3.7　焊条外观质量

焊条外观目视应无可见锈斑、毛刺,管缝应严密,不漏粉。

## 4　试验方法

4.1　硬质合金颗粒的化学成分、物理、机械性能和组织结构的检测按YS/T 412的规定进行。
4.2　硬质合金颗粒尺寸的检测按GB/T 1480的规定进行。
4.3　焊条填充率的检验:每批任取5根,称总重量后倒出硬质合金颗粒,称出硬质合金颗粒的重量,计算出硬质合金颗粒重量占焊条总重量的百分数,精确至0.1%。
4.4　焊条尺寸及允许偏差用相应精度的量具测量。
4.5　焊条的外观质量用目视检测。

## 5　检验规则

5.1　检查和验收

5.1.1　产品由供方进行检验,保证产品质量符合本标准及合同(或订货单)的规定,并填写产品质量证明书。
5.1.2　需方可对收到的产品按本标准及合同(或订货单)的规定进行检验,如检验结果与本标准及合同(或订货单)的规定不符合时,应在收到产品之日起1个月内向供方提出,由供需双方协商解决。如需仲裁,仲裁取样由供需双方共同进行。

5.2　组批

产品应成批提交验收,每批由同一牌号、同一颗粒尺寸级别、同一规格焊条组成,每批重量由供需双方协商确定。

5.3　检验项目及取样规定

产品检验项目及取样规定见表2。

表2

| 检验项目 | 取样规定 | 要求的章条号 | 试验方法章条号 |
| --- | --- | --- | --- |
| 硬质合金颗粒的化学成分、物理、机械性能和组织结构 | 供方以硬质合金颗粒的检测结果报出,需方从该批产品中任取10根焊条中的硬质合金颗粒取样分析。 | 3.3 | 4.1 |
| 硬质合金颗粒尺寸 | 供方以硬质合金颗粒尺寸的检测结果报出,需方从该批产品中任取10根焊条中的硬质合金颗粒取样分析。 | 3.4 | 4.2 |

表 2（续）

| 检验项目 | 取样规定 | 要求的章条号 | 试验方法章条号 |
|---|---|---|---|
| 焊条填充率 | 每批任取 5 根 | 3.5 | 4.3 |
| 焊条尺寸及允许偏差 | 逐根 | 3.6 | 4.4 |
| 焊条外观质量 | 逐根 | 3.7 | 4.5 |

### 5.4 检验结果判定

5.4.1 硬质合金颗粒的化学成分、物理、机械性能和组织结构不合格时，应在该批产品中对该不合格项加倍取样进行重复试验。若试验结果仍有一项不合格，则判该批产品为不合格。
5.4.2 硬质合金颗粒的粒度不合格时，应在该批产品中对该不合格项加倍取样进行重复试验，若试验结果仍有一项不合格，则判该批产品为不合格。
5.4.3 焊条填充率不合格，应在该批产品中对该不合格项加倍取样进行重复试验，若试验结果仍有一项不合格，则判该批产品为不合格。
5.4.4 焊条尺寸及允许偏差不合格，则判该根焊条不合格。
5.4.5 焊条的外观质量不合格，则判该根焊条不合格。

## 6 标志、包装、运输、贮存、质量证明书

### 6.1 标志

产品外包装上应注明：供方名称、产品名称和焊条牌号、规格、批号、净重。

### 6.2 包装

产品用防锈纸包装好装入塑料盒或硬纸盒，每盒重量一般为 3 kg～8 kg，或按供需双方协商意见办理。

### 6.3 运输

产品运输时，应防止受潮，不得剧烈碰撞。

### 6.4 贮存

产品贮存时，应存放于干燥、通风、无酸或碱气氛之处，严防氧化。存放期不宜超过半年。

### 6.5 质量证明书

每批产品应提供产品质量证明书，其上注明：

a） 供方名称、地址、邮编；
b） 产品名称；
c） 产品牌号和规格；
d） 批号；
e） 净重；
f） 各项分析检验结果和质检部门印记；

g） 本标准编号；

h） 检验员号；

i） 检验日期。

## 7 合同（或订货单）要求

订购本标准所列产品的合同（或订货单）应包括下列内容：

a） 产品名称；

b） 产品牌号和规格；

c） 产品重量；

d） 本标准编号；

e） 其他。

ICS 77.160
H 71

# 中华人民共和国国家标准

GB/T 26053—2010

# 硬质合金喷焊粉

## Spray welding powder for cemented carbide

2011-01-10 发布

2011-10-01 实施

中华人民共和国国家质量监督检验检疫总局
中国国家标准化管理委员会 发布

# 前　　言

本标准由中国有色金属工业协会提出。

本标准由全国有色金属标准化技术委员会(SAC/TC 243)归口。

本标准起草单位：自贡长城硬面材料有限公司、厦门金鹭特种合金有限公司、自贡硬质合金有限责任公司。

本标准主要起草人：李伟、李玉玺、易长宾、颜维、孙东平、邹建平、戴普、贺建乐。

# 硬质合金喷焊粉

## 1 范围

本标准规定了硬质合金喷焊粉产品的要求、试验方法、检验规则、标志、包装、运输、贮存、质量证明书及合同(或订货单)等内容。

本标准适用于破碎法和喷雾法制取的硬质合金喷焊粉。

## 2 规范性引用文件

下列文件对于本文件的应用是必不可少的。凡是注日期的引用文件,仅注日期的版本适用于本文件。凡是不注日期的引用文件,其最新版本(包括所有的修改单)适用于本文件。

GB/T 1480 金属粉末粒度组成的测定 干筛分法

GB/T 1482 金属粉末流动性的测定 标准漏斗法(霍尔流速计)

GB/T 4324.6 钨化学分析方法 邻二氮杂菲光度法测定铁量

GB/T 4324.8 钨化学分析方法 镍量的测定 电感耦合等离子体原子发射光谱法 火焰原子吸收法和丁二酮肟重量法

GB/T 4324.21 钨化学分析方法 二苯基碳酰二肼光度法测定铬量

GB/T 4324.25 钨化学分析方法 惰气熔融库仑滴定法测定氧量

GB/T 4324.27 钨化学分析方法 燃烧-库仑滴定法测定碳量

GB/T 5060 金属粉末松装密度的测定 第2部分:斯柯特容量计法

GB/T 5124.3 硬质合金化学分析方法 电位滴定法测定钴量

GB/T 5314 粉末冶金用粉末的取样方法

## 3 要求

### 3.1 分类和牌号

硬质合金喷焊粉的类别、牌号应符合表1的规定。

表 1

| 类别 | 牌号 |
|---|---|
| WC/Co | PF106 |
| | PF106D |
| | PF112 |
| | PF112D |
| | PF117 |
| | PF117D |
| | PF113 |

表 1（续）

| 类别 | 牌号 |
|---|---|
| WC/Cr/Co | PF210 |
| | PF210D |
| $Cr_3C_2$/NiCr | PF321 |
| | PF321D |

## 3.2 牌号表示示例

产品的牌号按类别、钴（镍）含量和颗粒形状的顺序表示，示例如下：

示例 1：

WC/Co 类钴含量为 5.5%～6.5%的球形喷焊粉，其牌号表示为 PF106D。

示例 2：

WC/Cr/Co 类钴含量为 9.1%～10.1%的喷焊粉，其牌号表示为 PF210。

示例 3：

$Cr_3C_2$/NiCr 类镍含量为 17.5%～21.5%的喷焊粉，其牌号表示为 PF321。

## 3.3 硬质合金喷焊粉化学成分

硬质合金喷焊粉化学成分应符合表 2 规定。

表 2

%

| 类别 | 牌号 | 化学成分（质量分数） | | | | | | |
|---|---|---|---|---|---|---|---|---|
| | | W | C | Co | Ni | Cr | Fe | O |
| WC/Co | PF106 | 余量 | 5.2～6.0 | 5.5～6.5 | — | — | ≤1.0 | ≤0.5 |
| | PF106D | 余量 | | | | | ≤0.15 | |
| | PF112 | 余量 | | 11.5～12.5 | | | ≤1.0 | |
| | PF112D | 余量 | | | | | ≤0.15 | |
| | PF117 | 余量 | 4.7～5.4 | 16.5～17.5 | | | ≤1.0 | |
| | PF117D | 余量 | | | | | ≤0.15 | |
| | PF113 | 余量 | 4.1～4.5 | 12.0～14.0 | | | ≤1.0 | |
| WC/Cr/Co | PF210 | 余量 | 5.2～6.0 | 9.1～—10.1 | | 3.0～4.5 | ≤1.0 | |
| | PF210D | 余量 | | | | | ≤0.15 | |
| $Cr_3C_2$/NiCr | PF321 | — | 8.0～10.0 | | 17.5～1.5 | 余量 | ≤1.0 | |
| | PF321D | | | | | | ≤0.5 | |

## 3.4 硬质合金喷焊粉物理性能

硬质合金喷焊粉物理性能应符合表 3 的规定。

表 3

| 类别 | 牌号 | 粒度规格/mm | 对应规格/目 | 流速/(s/50 g) | 松装密度/(g/cm³) |
|---|---|---|---|---|---|
| WC/Co | PF106 | 0.104～0.043 | −150～+325 | ≤25 | ≥4 |
| | | 0.104～0.038 | −150～+400 | | |
| | | 0.074 | −200 | | |
| | | 0.053 | −270 | | |
| | | 0.043 | −325 | | |
| | PF106D | 0.104～0.043 | −150～+325 | ≤18 | ≥4 |
| | | 0.104～0.038 | −150～+400 | | |
| | | 0.074 | −200 | | |
| | | 0.053 | −270 | | |
| | | 0.043 | −325 | | |
| | PF112 | 0.104～0.043 | −150～+325 | ≤25 | ≥4 |
| | | 0.104～0.038 | −150～+400 | | |
| | | 0.074 | −200 | | |
| | | 0.053 | −270 | | |
| | | 0.043 | −325 | | |
| | PF112D | 0.104～0.043 | −150～+325 | ≤18 | ≥4 |
| | | 0.104～0.038 | −150～+400 | | |
| | | 0.074 | −200 | | |
| | | 0.053 | −270 | | |
| | | 0.043 | −325 | | |
| | PF117 | 0.104～0.043 | −150～+325 | ≤25 | ≥4 |
| | | 0.104～0.038 | −150～+400 | | |
| | | 0.074 | −200 | | |
| | | 0.053 | −270 | | |
| | | 0.043 | −325 | | |
| | PF117D | 0.104～0.043 | −150～+325 | ≤18 | ≥4 |
| | | 0.104～0.038 | −150～+400 | | |
| | | 0.074 | −200 | | |
| | | 0.053 | −270 | | |
| | | 0.043 | −325 | | |
| | PF113 | 0.104～0.043 | −150～+325 | ≤25 | ≥4 |
| | | 0.104～0.038 | −150～+400 | | |
| | | 0.074 | −200 | | |
| | | 0.053 | −270 | | |
| | | 0.043 | −325 | | |

表 3（续）

| 类别 | 牌号 | 粒度规格/mm | 对应规格/目 | 流速/(s/50 g) | 松装密度/(g/cm³) |
|---|---|---|---|---|---|
| WC/Cr/Co | PF210 | 0.104～0.043 | −150～+325 | ≤25 | ≥4 |
| | | 0.104～0.038 | −150～+400 | | |
| | | 0.074 | −200 | | |
| | | 0.053 | −270 | | |
| | | 0.043 | −325 | | |
| | PF210D | 0.104～0.043 | −150～+325 | ≤18 | ≥4 |
| | | 0.104～0.038 | −150～+400 | | |
| | | 0.074 | −200 | | |
| | | 0.053 | −270 | | |
| | | 0.043 | −325 | | |
| $Cr_3C_2$/NiCr | PF321 | 0.104～0.043 | −150～+325 | ≤36 | ≥2 |
| | | 0.104～0.038 | −150～+400 | | |
| | | 0.074 | −200 | | |
| | | 0.053 | −270 | | |
| | | 0.043 | −325 | | |
| | PF321D | 0.104～0.043 | −150～+325 | ≤36 | ≥2 |
| | | 0.104～0.038 | −150～+400 | | |
| | | 0.074 | −200 | | |
| | | 0.053 | −270 | | |
| | | 0.043 | −325 | | |

### 3.5 硬质合金喷焊粉外观质量

硬质合金喷焊粉外观为深灰色疏松粉末，目视无可见杂物及结块。

### 3.6 硬质合金喷焊粉粒度

3.6.1 硬质合金喷焊粉粒度见表 3。

3.6.2 硬质合金喷焊粉粒度有上限要求的，其筛上物重量不大于 10%；同时有上下限要求的，其筛上物、筛下物重量分别不大于 10%，总重量不大于 15%。

3.6.3 如用户有特殊要求，可由供需双方协商确定。

## 4 试验方法

4.1 产品的 Fe 含量测定按 GB/T 4324.6 的规定进行。

4.2 产品的 Co 含量测定按 GB/T 5124.3 的规定进行。

4.3　产品的 Ni 含量测定按 GB/T 4324.8 的规定进行。
4.4　产品的 Cr 含量测定按 GB/T 4324.21 的规定进行。
4.5　产品的 O 含量测定按 GB/T 4324.25 的规定进行。
4.6　产品的 C 含量测定按 GB/T 4324.27 的规定进行。
4.7　产品的流速分析按 GB/T 1482 的规定进行。
4.8　产品的松装密度的测定按 GB/T 5060 的规定进行。
4.9　产品的外观质量用目视检查。
4.10　产品的粒度检验按 GB/T 1480 的规定进行。

## 5　检验规则

### 5.1　检查和验收

5.1.1　产品应由供方进行检验，应保证产品质量符合本标准规定及合同(或订货单)的规定，并填写质量证明书。
5.1.2　需方应对收到的硬质合金喷焊粉按本标准及合同(或订货单)的规定进行检验。如检验结果与本标准及合同(或订货单)的要求不符时，应在收到产品之日起一个月内，向供方提出，由供需双方协商解决，如需仲裁，由供需双方在需方共同采样。

### 5.2　组批

硬质合金喷焊粉应成批提交验收，每批由同一生产方法制取的、同一牌号粉组成。

### 5.3　检验项目及取样

产品的检验项目及取样应符合表 4 的规定。

表 4

| 检验项目 | 取样规定 | 要求的章条号 | 试验方法的章条号 |
|---|---|---|---|
| 化学成分 | 按 GB/T 5314 的规定进行 | 3.3 | 4.1～4.6 |
| 流速 | 按 GB/T 5314 的规定进行 | 3.4 | 4.7 |
| 松装密度 | 按 GB/T 5314 的规定进行 | 3.4 | 4.8 |
| 外观质量 | 按 GB/T 5314 的规定进行 | 3.5 | 4.9 |
| 粒度 | 按 GB/T 5314 的规定进行 | 3.6 | 4.10 |

### 5.4　检验结果的判定

5.4.1　产品的化学成分的检验如有一项不合格，则在该批产品中对该不合格项加倍取样进行重复试验，若重复试验结果有一个不合格，则判该批产品不合格。
5.4.2　产品的流速、松装密度的检验中如有一项不合格，则在该批产品中对该不合格项加倍取样进行重复试验，若重复试验结果有一个不合格，则判该批产品不合格。
5.4.3　产品的外观检验不合格，则判该批产品不合格。

5.4.4 产品的粒度分析不合格，则判该批产品不合格。

## 6 标志、包装、运输、贮存和质量证明书

### 6.1 标志

产品外包装上应有标志，其上应注明：

a) 供方名称；

b) 产品名称和牌号；

c) 批号；

d) 净重；

e) “防潮”、“防撞”字样。

### 6.2 包装

产品采用铁桶（或塑料桶），内衬塑料袋密封包装，每桶净重不超过 50 kg，或按供需双方协商确定的方式进行包装。

### 6.3 运输和贮存

6.3.1 产品运输时，应防止潮湿，防止剧烈碰撞。

6.3.2 产品应贮存在干燥、通风和无酸、碱气氛环境中，存放期不超过六个月。

### 6.4 质量证明书

每批产品应附有质量证明书，内上注明：

a) 供方名称和商标；

b) 产品牌号粒度；

c) 产品批号；

d) 批重及净重；

e) 检验日期、检验部门印记；

f) 本标准编号。

## 7 合同（或订货单）内容

订购本标准所列产品的合同（或订货单）应包括下列内容：

a) 产品名称；

b) 产品牌号；

c) 产品净重；

d) 本标准编号；

e) 其他。

ICS 77.160
H 71

# 中华人民共和国国家标准

GB/T 26054—2010

# 硬质合金再生混合料

## Reproduced composition powder of cemented carbide

2011-01-10 发布　　2011-10-01 实施

中华人民共和国国家质量监督检验检疫总局
中国国家标准化管理委员会　发布

# 前　言

本标准由中国有色金属工业协会提出。

本标准由全国有色金属标准化技术委员会(SAC/TC 243)归口。

本标准起草单位:深圳市格林美高新技术股份有限公司、厦门金鹭特种合金有限公司、荆门市格林美新材料有限公司、武汉格林美资源循环有限公司。

本标准主要起草人:韩红涛、谭翠丽、许开华、杨跃、邹建平、闫梨、张锐、罗晓华。

# 硬质合金再生混合料

## 1 范围

本标准规定了硬质合金再生混合料(以下简称再生混合料)的要求、试验方法、检验规则、标志、包装、运输、贮存、质量证明书及合同(或订货单)内容。

本标准适用于回收的硬质合金加工而成的再生混合料。

## 2 规范性引用文件

下列文件对于本文件的应用是必不可少的。凡是注日期的引用文件,仅注日期的版本适用于本文件。凡是不注日期的引用文件,其最新版本(包括所有的修改单)适用于本文件。

GB/T 3249 金属及其化合物粉末费氏粒度的测定方法

GB/T 4324.12 钨化学分析方法 氯化-钼蓝光度法测定硅量

GB/T 5124.1 硬质合金化学分析方法 总碳量的测定 重量法

GB/T 5124.2 硬质合金化学分析方法 不溶(游离)碳量的测定 重量法

GB/T 5124.3 硬质合金化学分析方法 电位滴定法测定钴量

GB/T 5124.4 硬质合金化学分析方法 过氧化物光度法测定钛量

GB/T 5158.4 金属粉末 总氧含量的测定 还原-提取法

GB/T 5314 粉末冶金用粉末的取样方法

GB/T 6150.11 钨精矿化学分析方法 锌量的测定 火焰原子吸收光谱法

GB/T 20255.2 硬质合金化学分析方法 钴、铁、锰和镍量的测定 火焰原子吸收光谱法

## 3 要求

### 3.1 产品分类

3.1.1 再生混合料按其原料、使用要求的不同,分为两大类,每类分为不同组别,并用不同代号表示,见表1。

表 1

| 分　类 | 组　别 | 代　号 |
|---|---|---|
| YG 类(钨钴类) | YG 杂类 | CPG |
| | 顶锤类 | CPD |
| YT 类(钨钛钴类) | YT 类 | CPT |

3.1.2 再生混合料分类代号示例:

```
CP  X
│   │
│   └──────表示原料的种类(G 代表 YG 杂类、D 代表顶锤类、T 代表 YT 类)
└──────────硬质合金再生混合料
```

## 3.2 化学成分

再生混合料的化学成分应符合表 2 的规定。

表 2

%

<table>
<tr><th rowspan="3">分类</th><th rowspan="3">代号</th><th colspan="11">化学成分(质量分数)</th></tr>
<tr><th rowspan="2">W</th><th rowspan="2">Co</th><th rowspan="2">总碳</th><th rowspan="2">游离碳</th><th rowspan="2">Ti</th><th rowspan="2">O</th><th rowspan="2">Ni</th><th colspan="2">Fe</th><th>Si</th><th>Zn</th></tr>
<tr><th>破碎法</th><th>锌熔法</th><th>破碎法</th><th>锌熔法</th></tr>
<tr><td rowspan="2">YG 类</td><td>CPG</td><td>余量</td><td>3.00～15.00</td><td>5.20～6.00</td><td rowspan="3">≤0.10</td><td>≤0.30</td><td rowspan="3">≤0.25</td><td rowspan="3">≤0.50</td><td rowspan="3">≤0.50</td><td rowspan="3">≤0.10</td><td rowspan="3">≤0.05</td><td rowspan="3">≤0.02</td></tr>
<tr><td>CPD</td><td>余量</td><td>6.00～8.20</td><td>5.35～5.70</td><td>≤0.30</td></tr>
<tr><td>YT 类</td><td>CPT</td><td>余量</td><td>3.00～15.00</td><td>5.25～7.00</td><td>≤12.00</td></tr>
</table>

## 3.3 费氏粒度

再生混合料的费氏粒度应符合表 3 的规定。

表 3

单位为微米

| 代号 | CPG | CPD | CPT |
|---|---|---|---|
| 费氏粒度 | ≤3.5 | ≤3.5 | ≤2.5 |
| 注：如需方对费氏粒度或其他项目有特殊要求，由供需双方协商确定。 | | | |

## 3.4 外观质量

再生混合料为灰黑色粉末，应洁净、干燥、均匀，不得有结块及目视可见杂质。

## 3.5 其他

需方有其他特殊要求时，可由供需双方协商确定，并在合同中注明。

# 4 试验方法

4.1 钴含量的测定按 GB/T 5124.3 的规定进行。

4.2 总碳含量的测定按 GB/T 5124.1 的规定进行。

4.3 游离碳含量的测定按 GB/T 5124.2 的规定进行。

4.4 钛含量的测定按 GB/T 5124.4 的规定进行。

4.5 氧含量的测定按 GB/T 5158.4 的规定进行。

4.6 镍、铁含量的测定按 GB/T 20255.2 的规定进行。

4.7 硅含量的测定按 GB/T 4324.12 的规定进行。

4.8 锌含量的测定按 GB/T 6150.11 的规定进行。

4.9 费氏粒度的测定按 GB/T 3249 的规定进行。

4.10 产品的外观质量用目视检查。

## 5 检验规则

### 5.1 检查和验收

5.1.1 产品应由供方进行检验，保证其质量符合本标准及合同(或订货单)的规定，并填写质量证明书。

5.1.2 需方应对收到的产品按本标准及合同(或订货单)的规定进行检验，如检验结果与本标准及合同(或订货单)不符时，应在收到产品之日起 30 日内向供方提出，由供需双方协商解决。如需仲裁，仲裁取样在需方，由供需双方共同进行。

### 5.2 组批

产品应成批提交验收，每批应由同一类别、同一代号的产品组成，批重不大于 3 吨或由双方协商确定。

### 5.3 检验项目及取样

产品的检验项目及取样应符合表 4 的规定。

**表 4**

| 检验项目 | 取样规定 | 要求的章条号 | 试验方法的章条号 |
|---|---|---|---|
| 化学成分 | 按 GB/T 5314 的规定进行 | 3.2 | 4.1～4.8 |
| 费氏粒度 | | 3.3 | 4.9 |
| 外观质量 | | 3.4 | 4.10 |

### 5.4 检验结果的判定

5.4.1 产品的化学成分检验结果不合格时，应对不合格的项目取双倍数量的试样进行重复检验，如仍有一个结果检验不合格时，判该批不合格。

5.4.2 产品的费氏粒度检验不合格，判该批不合格。

5.4.3 产品的外观质量检验不合格，判该批不合格。

## 6 标志、包装、运输、贮存和质量证明书

### 6.1 标志

经检验合格的产品外包装上应打印如下标志(或贴标签)：

a) 供方名称；

b) 产品名称、代号；

c) 批号、批重；

d) 本标准编号。

### 6.2 包装

产品经检验合格后，采用聚乙烯塑料袋包装，每袋净重 50 kg 或由双方协商确定；置于包装桶中加盖密封存放。

### 6.3 运输

运输时防止产品受雨、受潮，运输车辆应清洁。在搬运过程中应轻拿轻放，不得滚动、倒置及剧烈碰撞，并防止产品的密封包装损坏。

### 6.4 贮存

产品应存放于干燥、通风、无酸碱气氛之处，以防氧化。贮存期不宜超过半年。

### 6.5 质量证明书

每批产品应附有质量证明书，其上注明：

a） 供方名称、地址、电话、传真；
b） 产品名称、代号；
c） 批号、批重；
d） 各项分析检验结果和质量检验部门印记；
e） 检验日期；
f） 出厂日期；
g） 本标准编号。

## 7 合同（或订货单）内容

本标准所列产品的合同（或订货单）包括下列内容：

a） 产品名称；
b） 代号；
c） 数量；
d） 本标准编号；
e） 其他。

ICS 77.160
H 71

# 中华人民共和国国家标准

GB/T 26055—2010

# 再生碳化钨粉

# Reproduced tungsten carbide powder

2011-01-10 发布

2011-10-01 实施

中华人民共和国国家质量监督检验检疫总局
中国国家标准化管理委员会 发布

# 前　言

本标准由中国有色金属工业协会提出。

本标准由全国有色金属标准化技术委员会(SAC/TC 243)归口。

本标准起草单位:自贡科瑞德新材料有限责任公司。

本标准主要起草人:梁小华、刘博、罗军、米栋林、赵宇、梅华。

# 再生碳化钨粉

## 1 范围

本标准规定了再生碳化钨粉的要求、试验方法、检验规则、标志、包装、运输、贮存、质量证明书及合同(或订货单)内容。

本标准适用于回收的硬质合金采用电溶法工艺生产的再生碳化钨粉。

## 2 规范性引用文件

下列文件中对于本文件的应用是必不可少的。凡是注日期的引用文件,仅注日期的版本适用于本文件。凡是不注日期的引用文件,其最新版本(包括所有的修改单)适用于本文件。

GB/T 1480 金属粉末粒度组成的测定 干筛分法

GB/T 4324.6 钨化学分析方法 邻二氮杂菲光度法测定铁量

GB/T 4324.8 钨化学分析方法 镍量的测定 电感耦合等离子体原子发射光谱法 火焰原子吸收法和丁二酮肟重量法

GB/T 4324.12 钨化学分析方法 氯化-钼蓝光度法测定硅量

GB/T 4324.25 钨化学分析方法 惰气熔融库仑滴定法测定氧量

GB/T 4324.29 钨化学分析方法 重量法测定氯化挥发后残渣量

GB/T 5124.1 硬质合金化学分析方法 总碳量的测定 重量法

GB/T 5124.2 硬质合金化学分析方法 不溶(游离)碳量的测定 重量法

GB/T 5124.3 硬质合金化学分析方法 电位滴定法测定钴量

GB/T 5124.4 硬质合金化学分析方法 过氧化物光度法测定钛量

GB/T 5314 粉末冶金用粉末的取样方法

## 3 要求

### 3.1 产品分类

再生碳化钨粉根据原料的不同分为 WCH-1 、WCH-2 、WCH-3、WCH-4 四种牌号。WCH-1 表示顶锤、压缸类再生碳化钨粉,WCH-2 表示辊环类再生碳化钨粉,WCH-3 表示 YG 类再生碳化钨粉,WCH-4 表示 YT 类再生碳化钨粉。

### 3.2 化学成分

再生碳化钨粉的化学成分应符合表 1 的规定。

表 1

%

| 产品牌号 | 化学成分/(质量分数) | | | | | | | | |
|---|---|---|---|---|---|---|---|---|---|
| | W | 总碳($C_t$) | 游离碳($C_f$) | Co+Ni | Fe | Ti | Si | 氯化残渣 | O |
| WCH-1 | 余量 | 5.85～6.12 | ≤0.05 | ≤0.8 | ≤0.05 | ≤0.2 | ≤0.06 | ≤0.04 | ≤0.25 |
| WCH-2 | 余量 | 5.85～6.12 | ≤0.05 | ≤0.8 | ≤0.05 | ≤0.2 | ≤0.06 | ≤0.04 | ≤0.25 |
| WCH-3 | 余量 | 5.85～6.12 | ≤0.07 | ≤0.8 | ≤0.07 | ≤0.5 | ≤0.06 | ≤0.04 | ≤0.25 |
| WCH-4 | 余量 | 5.85～8.00 | ≤0.08 | ≤0.8 | ≤0.08 | ≤12.00 | ≤0.06 | ≤0.04 | ≤0.25 |

### 3.3 粒度

再生碳化钨粉需通过孔径为 150 μm 的筛网，筛上粉末重量不超过 5%。

### 3.4 外观质量

再生碳化钨粉为灰黑色粉末，应洁净、干燥、均匀、不得有结块，无目视可见的杂质。

## 4 试验方法

4.1 产品的总碳含量测定按 GB/T 5124.1 的规定执行。
4.2 产品的游离碳含量测定按 GB/T 5124.2 的规定执行。
4.3 产品的 Co 含量测定按 GB/T 5124.3 的规定执行。
4.4 产品的 Ni 含量测定按 GB/T 4324.8 的规定执行。
4.5 产品的 Fe 含量测定按 GB/T 4324.6 的规定执行。
4.6 产品的 Ti 含量测定按 GB/T 5124.4 的规定执行。
4.7 产品的 Si 含量测定按 GB/T 4324.12 规定执行。
4.8 产品的氯化残渣含量测定按 GB/T 4324.29 的规定执行。
4.9 产品的 O 含量测定按 GB/T 4324.25 的规定执行。
4.10 产品的粒度测定按 GB/T 1480 的规定执行。
4.11 产品的外观质量用目视检查。

## 5 检验规则

### 5.1 检查和验收

5.1.1 产品应由供方进行检验，保证其质量符合本标准及合同(或订货单)的规定，并填写质量证明书。
5.1.2 需方应对收到的产品按本标准及合同(或订货单)的规定进行检验，如检验结果与本标准及合同(或订货单)不符时，应在收到产品之日起一个月内向供方提出，由供需双方协商解决。如需仲裁，仲裁取样在需方由供需双方共同进行。

### 5.2 组批

产品应成批提交验收，每批应由同一牌号的产品组成，每批重不大于 3 t。

### 5.3 检验项目取样

产品的检验项目取样应符合表 2 的规定。

表 2

| 检验项目 | 取样规定 | 要求的章条号 | 试验方法的章条号 |
| --- | --- | --- | --- |
| 化学成分 | 逐批，按 GB/T 5314 的规定进行 | 3.2 | 4.1～4.9 |
| 粒度 | | 3.3 | 4.10 |
| 外观质量 | | 3.4 | 4.11 |

### 5.4 检验结果的判定

5.4.1 产品的化学成分检验结果不合格时，应对不合格的项目取双倍数量的试样进行重复检验，如仍有一个检验结果不合格时，判该批不合格。

5.4.2 产品的粒度检验结果不合格，判该批不合格。

5.4.3 产品的外观质量检验不合格，判该批不合格。

## 6 标志、包装、运输、贮存和质量证明书

### 6.1 标志

经检验合格的产品外包装上应打印如下标志（或贴标签）：

a) 供方名称；

b) 产品名称和牌号；

c) 批号；

d) 净重；

e) 本标准编号。

### 6.2 包装

产品采用聚乙烯塑料袋包装，每袋净重 50 kg；置于塑料包装桶或铁通中加盖密封，也可按合同（或订货单）的规定进行包装。

### 6.3 运输

运输时防止产品受雨、受潮，运输车辆应清洁。在搬运过程中不得滚动、倒置及剧烈碰撞，并防止产品的密封包装损坏。

### 6.4 贮存

产品应存放于干燥、通风、无酸碱气氛之处，以防氧化。贮存期不超过半年。

### 6.5 质量证明书

每批产品应附有质量证明书，其上注明：

a) 供方名称、地址、电话、传真；

b) 产品名称、牌号；

c) 批号、净重；

d) 各项分析检验结果和质量检验部门印记；

e) 检验日期；

f) 出厂日期；

g） 本标准编号。

## 7 合同（或订货单）内容

本标准所列产品的合同（或订货单）包括下列内容：

a） 产品名称；

b） 牌号；

c） 数量；

d） 本标准编号；

e） 其他。

ICS 77.150.99
H 64

# 中华人民共和国国家标准

GB/T 26056—2010

# 真空热压铍材

## Vacuum hot press beryllium material

2011-01-10 发布 2011-10-01 实施

中华人民共和国国家质量监督检验检疫总局
中国国家标准化管理委员会 发布

# 前　言

本标准由全国有色金属标准化技术委员会(SAC/TC 243)归口。

本标准起草单位:西北稀有金属材料研究院。

本标准主要起草人:董群伟、王战宏、李众、王新成。

# 真空热压铍材

## 1 范围

本标准规定了真空热压铍材的要求、试验方法、检验规则及标志、包装、贮存、运输、质量证明书、合同(或订货单)等内容。

本标准适用于真空热压成型制造的铍材产品。

## 2 规范性引用文件

下列文件对于本文件的应用是必不可少的。凡是注日期的引用文件,仅所注日期的版本适用于本文件。凡是不注日期的引用文件,其最新版本(包括所有的修改单)适用于本文件。

GB/T 228 金属材料 室温拉伸试验方法

GB/T 3850 致密烧结金属材料与硬质合金密度测定方法

GB/T 6394 金属平均晶粒度测定方法

GJB 1550 铍粉、铍材 X 射线照相检验方法

GJB 2513A 铍化学分析方法

## 3 要求

### 3.1 牌号

产品牌号为 F80-01。

### 3.2 化学成分

产品的化学成分应符合表 1 的规定。

表 1

| 牌号 | 化学成分/% | | | | | | |
|---|---|---|---|---|---|---|---|
| | Be | 杂质元素含量 | | | | | |
| | | BeO | Al | C | Fe | Mg | Si |
| F80-01 | ≥99.00 | <1.00 | ≤0.06 | ≤0.10 | ≤0.08 | ≤0.06 | ≤0.06 |
| 注:铍含量为 100%减去表中杂质元素实测数据总和的余量。 | | | | | | | |

### 3.3 力学性能

产品的室温力学性能应符合表 2 的规定。

表 2

| 牌号 | 抗拉强度 $R_m$/MPa | 规定非比例延伸强度 $R_{P0.2}$/MPa | 断后伸长率 $A_{25\ mm}$/% |
|---|---|---|---|
| F80-01 | ≥350 | ≥220 | ≥2.0 |

### 3.4 密度

产品的密度≥1.84 g/cm³。

### 3.5 晶粒尺寸

产品的平均晶粒尺寸≤20 μm，最大晶粒尺寸≤80 μm。

### 3.6 尺寸和外观质量

产品的尺寸和外观质量应符合双方签订的订货合同要求。

### 3.7 内部质量

产品应进行 X 射线照相检验。在 1.4%～2.0%的照相灵敏度条件下，内部质量应满足下列要求：

a) 产品内部不应有裂纹；

b) 任一夹杂影像的最大尺寸不大于 0.8 mm，平均尺寸(最大尺寸和最小尺寸的算术平均值)不大于 0.4 mm。

c) 产品夹杂物在底片上投影面积之和小于 5 mm²。

## 4 试验方法

4.1 化学成分的仲裁分析方法按 GJB 2513A 的规定进行。

4.2 力学性能的检验按 GB/T 228 的规定进行，拉伸试验试样如图 1 所示。

4.3 密度的检验按 GB/T 3850 的规定进行。

4.4 平均晶粒尺寸的检测按 GB/T 6394 的规定进行。

4.5 最大晶粒尺寸的检测。

4.5.1 检测方法

将样品放大 200 倍，逐个视场观察，目视挑选出最大晶粒，测量该晶粒最长轴 $a$，然后测量垂直于该轴方向的最大尺寸 $b$。如目视无法挑选出最大晶粒，则分别测量目视挑选出的几个较大晶粒的最长轴 $a$，选出具有最大值 $a$ 的晶粒，然后再测量垂直于该晶粒长轴方向的最大尺寸 $b$。

4.5.2 标记

将样品的最大晶粒尺寸标记为：$a \times b$。

4.5.3 最大晶粒尺寸的确定

将样品检测结果中 $a$ 和 $b$ 的最大值作为最大晶粒尺寸。

4.6 尺寸的检验用相应精度的量具进行测量。

4.7 外观质量的检验用目视检查。

4.8 内部质量的检验按 GJB 1550 的规定进行。

单位为毫米

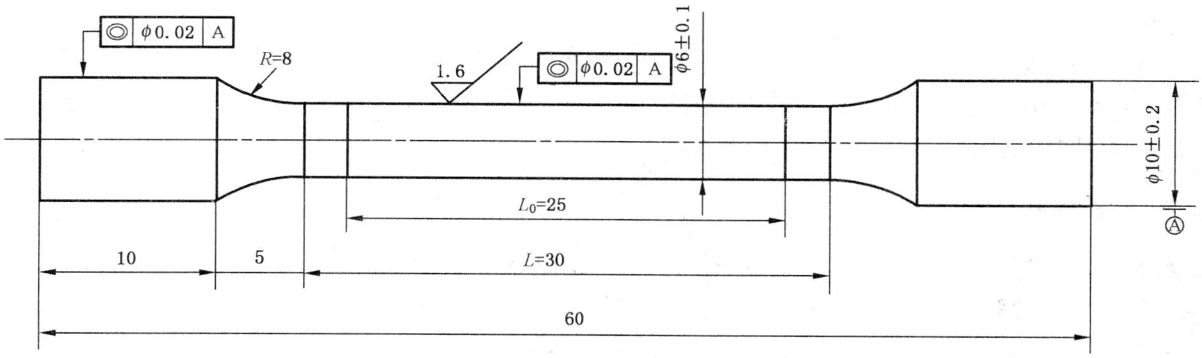


**图 1　拉伸试验试样**

## 5　检验规则

### 5.1　检查和验收

5.1.1　产品应由供方进行检验，保证产品质量符合本标准及合同(或订货单)的规定，并填写质量证明书。

5.1.2　需方应对收到的产品按本标准的规定进行检验。如检验结果与本标准及合同(或订货单)的规定不符时，应在收到产品之日起30日内，以书面形式向供方提出，由供需双方协商解决。如需仲裁，仲裁取样在需方由供需双方共同进行。

### 5.2　组批

产品应成批提交验收，每批应由同一炉次、同一牌号、同一生产工艺的产品组成。

### 5.3　产品的检验项目和取样规定

5.3.1　产品的检验项目和取样应符合表3的规定。

**表 3**

| 检验项目 | 取样规定 | 要求的章条号 | 检查或试验方法章条号 |
| --- | --- | --- | --- |
| 化学成分 | 5.3.2 | 3.2 | 4.1 |
| 力学性能 | 5.3.3 | 3.3 | 4.2 |
| 平均晶粒尺寸 | 5.3.4 | 3.5 | 4.4 |
| 最大晶粒尺寸 | 5.3.4 | 3.5 | 4.5 |
| 密度 | 逐件 | 3.4 | 4.3 |
| 尺寸 | 逐件 | 3.6 | 4.6 |
| 外观质量 | 逐件 | 3.6 | 4.7 |
| 内部质量 | 逐件 | 3.7 | 4.8 |

5.3.2　化学成分的取样规定：在产品的两端面或周面上，去除表皮2 mm后，取3个样。使用金属铍制

研钵研磨样品，使样品颗粒尺寸≤1.65 mm。

5.3.3 力学性能的取样规定：在产品（或坯料）上，取3个$\phi$11 mm±0.5 mm、长度大于61 mm的圆棒，将试样加工成图1的尺寸。

5.3.4 平均晶粒尺寸和最大晶粒尺寸的取样规定：在产品（或坯料）上，取3个$\phi$10 mm±0.5 mm、长8 mm～10 mm的圆棒。先用水磨砂纸将圆棒一端预磨平，再用金刚石粗抛光。用尼龙绸、天鹅绒或其他纤维将粗抛光面精抛至镜面，且无磨制缺陷。

## 5.4 检验结果判定

5.4.1 化学成分检验结果与本标准规定不符时，应在同一产品上依据取样规则另取双倍试样对不合格项目进行重复检验，如仍有一个试样的检验结果不合格时，判该批产品不合格。

5.4.2 力学性能试验结果中有两个试样检测结果与本标准规定不符时，另取双倍试样进行重复检验，重复检验仍有一个试样不合格时，判该批产品不合格。

5.4.3 晶粒尺寸检验结果，如三个试样中有一个试样的平均晶粒尺寸与本标准规定不符时，判该批产品不合格；如三个试样中有两个试样的最大晶粒尺寸与本标准规定不符时，应在同一产品上依据取样规则另取双倍试样对不合格项目进行重复检验，如仍有一个试样的检验结果不合格时，判该批产品不合格。

5.4.4 密度检验结果与本标准规定不符时，判该件不合格。

5.4.5 尺寸检验结果与本标准规定不符时，判该件不合格。

5.4.6 外观质量检验结果与本标准规定不符时，判该件不合格。

5.4.7 内部质量检验结果与本标准规定不符时，判该件不合格。

# 6 标志、包装、贮存、运输和质量证明书

## 6.1 标志

6.1.1 每批产品应附有产品合格证。

6.1.2 在每个产品包装箱上应注明“防潮”和“小心轻放”字样或标志，并标明以下内容：

a) 供方名称；

b) 产品名称及牌号；

c) 生产批号或产品批号；

d) 产品数量；

e) 产品净重；

f) 出厂日期。

## 6.2 包装、贮存、运输

6.2.1 将清洗干净的产品装入防潮袋中，外面用海绵进行包裹，装入硬质包装箱内，间隙用海绵等软物填充。

6.2.2 产品应存放在清洁、干燥、通风、防潮、防雨和无酸碱等腐蚀性气氛的环境中。

6.2.3 产品在包装和运输过程中应避免剧烈震动、机械碰撞、受潮及腐蚀物质的浸蚀。

## 6.3 质量证明书

每批产品应附有产品质量证明书，其上注明：

a) 供方名称；

b) 产品名称；

c） 牌号；

d） 批号或生产日期；

e） 重量或件数；

f） 本标准编号；

g） 各项分析检验结果和供方质检部门检印；

h） 检验日期。

## 7 合同（或订货单）内容

订购本标准所列产品的合同（或订货单）内应包括下列内容：

a） 产品名称；

b） 牌号；

c） 尺寸；

d） 件数；

e） 本标准编号；

f） 其他。

ICS 77.150.50
H 64

# 中华人民共和国国家标准

GB/T 26057—2010

# 钛及钛合金焊接管

**Titanium and titanium alloy welded tube**

2011-01-10 发布 2011-10-01 实施

中华人民共和国国家质量监督检验检疫总局
中国国家标准化管理委员会 发布

# 前　　言

本标准由全国有色金属标准化技术委员会(SAC/TC 243)归口。

本标准起草单位:宝钛集团有限公司、西安宝钛美特法力诺焊管有限公司。

本标准主要起草人:李长江、羊玉兰、黄永光、刘铁群、李农、权亚平、颜苏、张江峰。

# 钛及钛合金焊接管

## 1 范围

本标准规定了钛及钛合金焊接管的要求、试验方法、检验规则、标志、包装、运输、贮存、质量证明书及合同(或订货单)内容。

本标准适用于焊接法生产的钛及钛合金管,适用于一般工业用途。

## 2 规范性引用文件

下列文件对于本文件的应用是必不可少的。凡是注日期的引用文件,仅所注日期的版本适用于本文件。凡是不注日期的引用文件,其最新版本(包括所有的修改单)适用于本文件。

GB/T 228 金属材料 室温拉伸试验方法

GB/T 241 金属管 液压试验方法

GB/T 246 金属管 压扁试验方法

GB/T 3620.1 钛及钛合金牌号和化学成分

GB/T 3620.2 钛及钛合金加工产品化学成分允许偏差

GB/T 4698(所有部分) 海绵钛、钛及钛合金化学分析方法

GB/T 8180 钛及钛合金加工产品的包装、标志、运输和贮存

GB/T 12969.1 钛及钛合金管材超声波探伤方法

YS/T 658 焊管用钛带

## 3 要求

### 3.1 产品分类

钛及钛合金焊接管的牌号、状态和规格应符合表1的规定。

表1 管材牌号、状态和规格

| 牌号 | 状态 | 外径/mm | 壁厚/mm | | | | | | | |
|---|---|---|---|---|---|---|---|---|---|---|
| | | | 0.5 | 0.6 | 0.7 | 0.8 | 1.0 | 1.25 | 1.65 | 2.1 |
| TA1、TA2、TA3、TA8、TA8-1、TA9、TA9-1、TA10 | M(退火态) | 10～15 | ○ | ○ | ○ | — | — | — | — | — |
| | | >15～27 | ○ | ○ | ○ | ○ | ○ | ○ | ○ | — |
| | | >27～32 | ○ | ○ | ○ | ○ | ○ | ○ | ○ | ○ |
| | | >32～38 | — | — | ○ | ○ | ○ | ○ | ○ | ○ |

注:“○”表示可按本标准生产的规格。

### 3.2 材料

焊管用钛带应符合 YS/T 658 的规定。

### 3.3 化学成分

产品的化学成分应符合GB/T 3620.1的规定。需方复验时化学成分允许偏差应符合GB/T 3620.2的规定。

### 3.4 力学性能

管材在供应状态下的室温力学性能应符合表2的规定。

**表 2 室温力学性能**

| 合金牌号 | 状态 | 室温力学性能 | | |
|---|---|---|---|---|
| | | 抗拉强度 $R_m$/MPa | 规定非比例延伸强度 $R_{p0.2}$/MPa | 断后伸长率 $A_{50\ mm}$/% |
| TA1 | M（退火态） | ≥240 | 140～310 | ≥24 |
| TA2 | | ≥400 | 275～450 | ≥20 |
| TA3 | | ≥500 | 380～550 | ≥18 |
| TA8 | | ≥400 | 275～450 | ≥20 |
| TA8-1 | | ≥240 | 140～310 | ≥24 |
| TA9 | | ≥400 | 275～450 | ≥20 |
| TA9-1 | | ≥240 | 140～310 | ≥24 |
| TA10 | | ≥483 | ≥345 | ≥18 |

### 3.5 工艺性能

#### 3.5.1 压扁试验

3.5.1.1 管材应进行压扁试验。压至规定的压板间距 $H$ 时，管材表面不应出现裂纹。$H$ 按式(1)计算：

$$H=\frac{(1+e)t}{e+t/D} \qquad \cdots\cdots(1)$$

式中：

$H$——压板间距，单位为毫米(mm)；

$t$——管材名义壁厚，单位为毫米(mm)；

$D$——管材名义外径，单位为毫米(mm)。

$e$——常数，当管材直径小于等于25.4 mm时，$e$ 取0.04，当管材直径大于25.4 mm时，$e$ 取0.06。

3.5.1.2 对于 $D/t<10$ 的管材进行压扁试验时，在管材内表面相当于“6点钟”和“12点钟”的位置产生的裂纹不作为拒收的依据。

3.5.1.3 压扁方向及焊缝位置见图1。

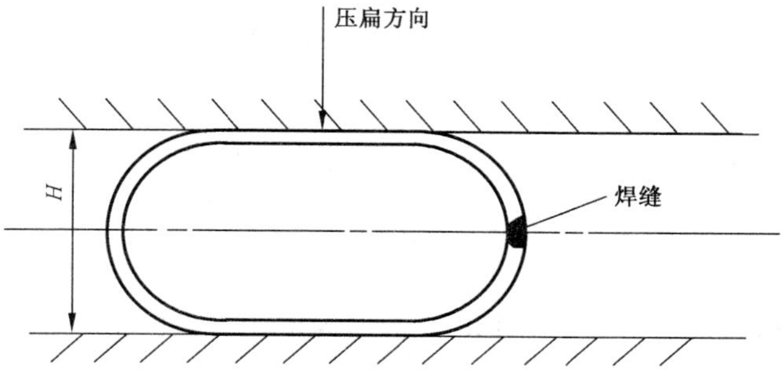


图 1

3.5.2 气(液)压试验

3.5.2.1 管材应进行气压试验。需方要求并在合同(或订货单)中注明时,管材也可进行液压试验替代气压试验。

3.5.2.2 气压试验时,管材内部气压试验的压力为 0.7 MPa,保持 5 s,管材应不发生泄漏。

3.5.2.3 液压试验时,需方选定的试验压力应在合同(或订货单)中注明。合同(或订货单)中未注明时,试验压力按公式(2)计算:

$$P = \frac{0.85St}{D/2 - 0.4t} \qquad \cdots\cdots\cdots(2)$$

式中:

$P$——试验压力,单位为兆帕(MPa);

$S$——允许应力,取相应规定非比例延伸强度最小值的 50%,单位为兆帕(MPa);

$D$——管材名义外径,单位为毫米(mm);

$t$——管材名义壁厚,单位为毫米(mm)。

液压试验的最大压力不大于 17.2 MPa,试验时压力保持不少于 5 s,管材应不发生畸变或泄漏。

3.6 尺寸及允许偏差

3.6.1 管材外径和壁厚的允许偏差应符合表 3 的规定。管材的圆度不应超出外径允许偏差,管材的壁厚允许偏差不适用于焊缝处,焊缝处的壁厚增厚允许偏差为$^{+0.79}_{0}$ mm。

表 3 外径及壁厚的允许偏差

| 外径允许偏差/mm | 壁厚允许偏差 |
|---|---|
| ±0.30 | 名义壁厚的±10% |

3.6.2 管材的长度范围为 500 mm~15 000 mm,超出规定的长度时,可协商供货。

3.6.3 管材的定尺或倍尺长度应在其不定尺长度范围内。定尺长度不大于 6 000 mm 时,允许偏差为$^{+6}_{0}$ mm,定尺长度大于 6 000 mm 时,允许偏差为$^{+10}_{0}$ mm。倍尺长度还应计入管材的切口量,每一切口量为 5 mm。

3.6.4 管材两端应切平整,不应有毛刺,切斜应符合表 4 的规定。

表 4 切斜

单位为毫米

| 外 径 | 切斜,不大于 |
|---|---|
| >10～30 | 2 |
| >30～38 | 3 |

3.6.5 管材任意 3 m 长度上的弯曲度应不大于 6.35 mm。

### 3.7 超声波检验

管材应进行超声波检验,并符合 GB/T 12969.1 的规定。

### 3.8 外观质量

3.8.1 管材内、外表面应洁净,无裂纹、折叠、起皮、针孔等目视可见的缺陷,焊缝处应填充充分,过渡圆滑。

3.8.2 管材表面的局部缺陷允许清除,但清除后不得使外径和壁厚超出允许的偏差。

3.8.3 管材表面允许有不超出外径和壁厚允许偏差的划伤、凹坑、凸点和矫直痕迹。允许管材酸洗后存在不同的颜色。

## 4 试验方法

### 4.1 化学成分分析方法

管材的化学成分分析按 GB/T 4698 的规定进行。

### 4.2 力学性能检验方法

4.2.1 管材室温拉伸试验方法按 GB/T 228 的规定进行。

4.2.2 对于外径不大于 30 mm 的管材采用 GB/T 228 中的 S8 试样;对于外径大于 30 mm 的管材采用 S4 试样。S4 试样的制备应使焊缝处于试样的中间位置。

### 4.3 工艺性能检验方法

4.3.1 管材的压扁试验按 GB/T 246 的规定进行。

4.3.2 管材的气压试验按供需双方认可的方法进行。

4.3.3 管材的液压试验按 GB/T 241 的规定进行。

### 4.4 尺寸及允许偏差测量方法

管材的尺寸及允许偏差用相应精度的量具测量。

### 4.5 超声波检验方法

管材超声波检验按 GB/T 12969.1 的规定进行。

### 4.6 外观质量检验方法

管材的外观质量用目视检验。

## 5 检验规则

### 5.1 检查和验收

5.1.1 产品应由供方进行检查，保证产品质量符合本标准及合同(或订货单)的规定，并填写质量证明书。

5.1.2 需方收到的产品，可按本标准的规定进行验收，如检验结果与本标准及合同(或订货单)的规定不符时，应在收到产品之日起三个月内向供方提出，由供需双方协商解决。如需仲裁，仲裁取样由供需双方共同进行。

### 5.2 组批

产品应成批提交验收，每批应由同一牌号、同一规格、同一制造方法、同一状态和同一热处理炉经过相同参数热处理生产的产品组成。

### 5.3 检验项目及取样规定

每批产品均应进行化学成分、力学性能、工艺性能、尺寸及允许偏差、超声波和外观质量检验。合同(或订货单)中注明的检验项目也应进行检验。产品的检验项目及取样规定见表5。

**表5 产品的检验项目及取样规定**

| 检验项目 | 取样规定 | 要求的章条号 | 试验方法章条号 |
|---|---|---|---|
| 化学成分 | 氢含量在成品管材上取样，其他化学成分供方以钛带的分析结果报出；需方可在成品管材上取样分析 | 3.3 | 4.1 |
| 力学性能 | 每批任取两根管材，每根各取一个试样 | 3.4 | 4.2 |
| 压扁试验 | 每批任取两根管材，每根各取一个试样 | 3.5.1 | 4.3.1 |
| 气(液)压试验 | 逐根 | 3.5.2 | 4.3.2<br>4.3.3 |
| 尺寸及允许偏差 | 逐根 | 3.6 | 4.4 |
| 超声波检验 | 逐根 | 3.7 | 4.5 |
| 外观质量 | 逐根 | 3.8 | 4.6 |

### 5.4 检验结果的判定

5.4.1 化学成分不合格时，判整批不合格。

5.4.2 室温力学性能检验、压扁试验中，如有一个试样检验结果不合格时，则从该批取双倍试样对不合格项目进行重复试验，如重复试验结果仍有一个试样不合格时，则判该批产品不合格，但允许供方逐根对不合格项目进行检验，合格者重新组批交货。

5.4.3 气(液)压试验、管材的尺寸和尺寸允许偏差、超声波检验及外观质量不合格时，判单根不合格。

## 6 标志、包装、运输、贮存及质量证明书

### 6.1 标志

在检验合格的管材和包装箱上应作如下内容标志：

a) 产品牌号；
b) 产品名称；
c) 规格；
d) 供应状态；
e) 批号；
f) 本标准编号。

### 6.2 包装、运输和贮存

产品的包装、运输和贮存应符合 GB/T 8180 的相关规定。

### 6.3 质量证明书

每批管材应附有质量证明书，其上注明：
a) 供方名称；
b) 产品名称；
c) 产品牌号、规格和状态；
d) 批号、批重和根数；
e) 各项分析检验结果及供方质检部门的检印；
f) 本标准编号；
g) 包装日期。

## 7 合同(或订货单)内容

订购本标准所列材料的合同(或订货单)应包括下列内容：
a) 产品名称；
b) 牌号；
c) 状态；
d) 尺寸规格；
e) 重量或根数；
f) 本标准编号；
g) 其他。

ICS 77.150.50
H 64

# 中华人民共和国国家标准

GB/T 26058—2010

# 钛及钛合金挤压管

## Extruded tube of titanium and titanium alloys

2011-01-10 发布

2011-10-01 实施

中华人民共和国国家质量监督检验检疫总局
中国国家标准化管理委员会 发布

# 前　言

本标准由全国有色金属标准化技术委员会(SAC/TC 243)归口。

本标准起草单位:宝钛集团有限公司、宝鸡钛业股份有限公司。

本标准主要起草人:黄永光、李宝霞、王永梅、李渭清、李农、李小纲、张江峰。

# 钛及钛合金挤压管

## 1 范围

本标准规定了钛及钛合金挤压管的要求、试验方法、检验规则和标志、包装、运输、贮存、质量证明书及合同(或订货单)内容等。

本标准适用于各种用途的以挤压法生产的钛及钛合金无缝管。

## 2 规范性引用文件

下列文件对于本文件的应用是必不可少的。凡是注日期的引用文件,仅所注日期的版本适用于本文件。凡是不注日期的引用文件,其最新版本(包括所有的修改单)适用于本文件。

GB/T 228 金属材料 室温拉伸试验方法

GB/T 3620.1 钛及钛合金牌号和化学成分

GB/T 3620.2 钛及钛合金加工产品化学成分允许偏差

GB/T 4698(所有部分) 海绵钛、钛及钛合金化学分析方法

GB/T 8180 钛及钛合金加工产品的包装、标志、运输和贮存

## 3 要求

### 3.1 产品分类

#### 3.1.1 产品的牌号、状态和规格

钛及钛合金挤压管的牌号、供应状态、规格以及规定外径和壁厚时的最大长度应符合表 1 和表 2 的规定。

**表 1 管材的牌号、状态和规格**

| 牌号 | 供应状态 | 规定外径和壁厚时的允许最大长度/m | | | | | | | | | | | | | | |
|---|---|---|---|---|---|---|---|---|---|---|---|---|---|---|---|---|
| | | 外径/mm | 壁厚/mm | | | | | | | | | | | | | |
| | | | 4 | 5 | 6 | 7 | 8 | 9 | 10 | 12 | 15 | 18 | 20 | 22 | 25 | 28 | 30 |
| TA1<br>TA2<br>TA3<br>TA4<br>TA8<br>TA8-1<br>TA9<br>TA9-1<br>TA10<br>TA18 | 热挤压状态(R) | 25、26 | 3.0 | 2.5 | — | — | — | — | — | — | — | — | — | — | — | — | — |
| | | 28 | 2.5 | 2.5 | 2.5 | — | — | — | — | — | — | — | — | — | — | — | — |
| | | 30 | 3.0 | 2.5 | 2.0 | 2.0 | — | — | — | — | — | — | — | — | — | — | — |
| | | 32 | 3.0 | 2.5 | 2.0 | 1.5 | 1.5 | — | — | — | — | — | — | — | — | — | — |
| | | 34 | 2.5 | 2.0 | 1.5 | 1.2 | 1.0 | — | — | — | — | — | — | — | — | — | — |
| | | 35 | 2.5 | 2.0 | 1.5 | 1.2 | 1.0 | — | — | — | — | — | — | — | — | — | — |
| | | 38 | 2.0 | 2.0 | 1.5 | 1.2 | 1.0 | — | — | — | — | — | — | — | — | — | — |
| | | 40 | 2.0 | 2.0 | 1.5 | 1.5 | 1.2 | — | — | — | — | — | — | — | — | — | — |
| | | 42 | 2.0 | 1.8 | 1.5 | 1.2 | 1.2 | — | — | — | — | — | — | — | — | — | — |
| | | 45 | 1.5 | 1.5 | 1.2 | 1.2 | 1.0 | — | — | — | — | — | — | — | — | — | — |
| | | 48 | 1.5 | 1.5 | 1.2 | 1.2 | 1.0 | — | — | — | — | — | — | — | — | — | — |
| | | 50 | — | 1.5 | 1.2 | 1.2 | 1.0 | — | — | — | — | — | — | — | — | — | — |

表 1（续）

| 牌号 | 供应状态 | 规定外径和壁厚时的允许最大长度/m | | | | | | | | | | | | | | | |
|---|---|---|---|---|---|---|---|---|---|---|---|---|---|---|---|---|---|
| | | 外径/mm | 壁厚/mm | | | | | | | | | | | | | | |
| | | | 4 | 5 | 6 | 7 | 8 | 9 | 10 | 12 | 15 | 18 | 20 | 22 | 25 | 28 | 30 |
| TA1<br>TA2<br>TA3<br>TA4<br>TA8<br>TA8-1<br>TA9<br>TA9-1<br>TA10<br>TA18 | 热挤压状态(R) | 53 | — | 1.5 | 1.2 | 1.2 | 1.0 | — | — | — | — | — | — | — | — | — | — |
| | | 55 | — | 1.5 | 1.2 | 1.2 | 1.0 | — | — | — | — | — | — | — | — | — | — |
| | | 60 | — | — | — | — | 11 | 10 | — | — | — | — | — | — | — | — | — |
| | | 63 | — | — | — | — | 10 | 9 | — | — | — | — | — | — | — | — | — |
| | | 65 | — | — | — | — | 9 | 8 | — | — | — | — | — | — | — | — | — |
| | | 70 | — | — | 10.0 | 9.0 | 8.0 | 7.0 | 6.5 | 6.0 | — | — | — | — | — | — | — |
| | | 75 | — | — | 10.0 | 9.0 | 8.0 | 7.0 | 6.0 | 5.5 | — | — | — | — | — | — | — |
| | | 80 | — | — | 8.0 | 7.0 | 6.5 | 6.0 | 5.5 | 5.0 | 4.5 | — | — | — | — | — | — |
| | | 85 | — | — | 8.0 | 7.0 | 6.5 | 6.0 | 5.5 | 5.0 | 4.5 | — | — | — | — | — | — |
| | | 90 | — | — | 8.0 | 7.0 | 6.0 | 5.5 | 5.0 | 4.5 | 4.5 | 4.5 | 4.0 | — | — | — | — |
| | | 95 | — | — | 7.0 | 6.0 | 5.5 | 5.0 | 4.5 | 5.5 | 5.0 | 4.5 | 4.0 | — | — | — | — |
| | | 100 | — | — | 6.0 | 5.5 | 5.0 | 4.5 | 5.5 | 5.0 | 4.5 | 4.0 | 3.5 | 3.0 | 2.5 | — | — |
| | | 105 | — | — | — | 5.0 | 4.5 | 4.0 | 5.0 | 4.5 | 4.0 | 3.5 | 3.0 | 2.5 | 2.0 | — | — |
| | | 110 | — | — | — | 5.0 | 4.5 | 4.0 | 5.0 | 4.5 | 4.0 | 3.5 | 3.0 | 2.5 | 2.0 | — | — |
| | | 115 | — | — | — | 5.0 | 4.5 | 4.0 | 5.0 | 4.5 | 4.0 | 3.5 | 3.0 | 2.5 | 2.0 | 1.5 | 1.2 |
| | | 120 | — | — | — | 6.0 | 5.5 | 5.0 | 4.5 | 4.0 | 3.5 | 3.0 | 2.5 | 2.0 | 1.5 | 1.5 | 1.2 |
| | | 130 | — | — | — | 5.5 | 5.0 | 4.5 | 4.0 | 3.5 | 3.0 | 2.5 | 2.0 | 1.5 | 1.5 | 1.2 | 1.0 |
| | | 140 | — | — | — | 5.0 | 4.5 | 4.0 | 3.5 | 3.0 | 2.5 | 2.0 | 1.5 | 3.5 | 3.0 | 2.5 | 2.0 |
| | | 150 | — | — | — | — | — | — | — | 3.5 | 3.5 | 3.5 | 3.0 | 2.5 | 2.5 | 2.0 | 1.5 |
| | | 160 | — | — | — | — | — | — | — | 3.5 | 3.5 | 3.5 | 3.0 | 2.5 | 2.0 | 1.5 | 1.5 |
| | | 170 | — | — | — | — | — | — | — | 3.5 | 3.0 | 2.5 | 2.5 | 2.0 | 1.8 | 1.5 | 1.2 |
| | | 180 | — | — | — | — | — | — | — | 3.5 | 3.0 | 2.5 | 2.5 | 2.0 | 1.8 | 1.5 | 1.2 |
| | | 190 | — | — | — | — | — | — | — | 3.0 | 2.5 | 2.5 | 2.0 | 1.8 | 1.5 | 1.2 | 1.0 |
| | | 200 | — | — | — | — | — | — | — | — | 2.5 | 2.0 | 2.0 | 1.8 | 1.5 | 1.2 | 1.0 |
| | | 210 | — | — | — | — | — | — | — | — | — | — | 2.0 | 1.8 | 1.5 | 1.2 | 1.0 |
| 注 1：管材的最小长度为 500 mm。<br>注 2：需方要求时，经协商可提供其他规格的管材。 | | | | | | | | | | | | | | | | | |

### 3.1.2 标记示例

产品标记按产品名称、牌号、生产方式、状态、规格(外径×壁厚×长度)和标准编号的顺序表示。

用 TA2 挤压生产的外径为 30 mm、壁厚为 5 mm、长度为 2 000 mm 的热挤压无缝管，标记为：

管 TA2 J R $\phi$30×5×2 000　GB/T 26058—2010

**表 2 挤压管材的牌号、状态和规格**

| 牌号 | 供应状态 | 规定外径和壁厚时的允许最大长度/m | | | | | | | | |
|---|---|---|---|---|---|---|---|---|---|---|
| | | 外径/mm | 壁厚/mm | | | | | | | |
| | | | 12 | 15 | 18 | 20 | 22 | 25 | 28 | 30 |
| TC1<br>TC4 | 热挤压状态(R) | 90 | | 4.5 | 4.5 | 4.0 | — | — | — | — |
| | | 95 | | 5.0 | 4.5 | 4.0 | — | — | — | — |
| | | 100 | | 4.5 | 4.0 | 3.5 | 3.0 | 2.5 | — | — |
| | | 105 | | 4.0 | 3.5 | 3.0 | 2.5 | 2.0 | — | — |
| | | 110 | 4.5 | 4.0 | 3.5 | 3.0 | 2.5 | 2.0 | — | — |
| | | 115 | | | | 3.0 | 2.5 | 2.0 | 1.5 | 1.2 |
| | | 120 | | | | 2.5 | 2.0 | 1.5 | 1.5 | 1.2 |
| | | 130 | | 3.0 | 2.5 | 2.0 | 1.5 | 1.5 | 1.2 | 1.0 |
| | | 140 | 3.0 | 2.5 | 2.0 | 1.5 | 3.5 | 3.0 | 2.5 | 2.0 |
| | | 150 | 3.5 | 3.5 | 3.5 | 3.0 | 2.5 | 2.5 | 2.0 | 1.5 |
| | | 160 | 3.5 | 3.5 | 3.5 | 3.0 | 2.5 | 2.0 | 1.5 | 1.5 |
| | | 170 | | | | | | | 1.5 | 1.2 |
| | | 180 | — | — | — | 2.5 | 2.0 | 1.8 | 1.5 | 1.2 |
| | | 190 | — | 2.5 | 2.5 | 2.0 | 1.8 | 1.5 | 1.2 | 1.0 |
| | | 200 | — | 2.5 | 2.0 | 2.0 | 1.8 | 1.5 | 1.2 | 1.0 |
| | | 210 | — | — | — | — | — | — | — | 1.0 |
| 注 1：管材的最小长度为 500 mm。<br>注 2：需方要求时，经协商可提供其他规格的管材。 | | | | | | | | | | |

## 3.2 化学成分

产品的化学成分应符合 GB/T 3620.1 中相关牌号的规定。需方复验时化学成分的允许偏差应符合 GB/T 3620.2 的规定。

## 3.3 力学性能

管材在供应状态下的室温力学性能应符合表 3 的规定。当需方要求并在合同(或订货单)中注明时，其他牌号的力学性能报实测值或由供需双方协商确定。

**表 3 室温力学性能**

| 合金牌号 | 状态 | 室温力学性能 | |
|---|---|---|---|
| | | 抗拉强度 $R_m$/MPa | 断后伸长率 $A$/% |
| TA1 | 热挤压 R | ≥240 | ≥24 |
| TA2 | | ≥400 | ≥20 |
| TA3 | | ≥450 | ≥18 |
| TA9 | | ≥400 | ≥20 |
| TA10 | | ≥485 | ≥18 |

### 3.4 尺寸及允许偏差

3.4.1 管材外径的允许偏差应符合表4的规定。

表4 外径允许偏差

单位为毫米

| 外 径 | 25～70 | >70～100 | >100～120 | >120～150 | >150～170 | >170～200 | >200～210 |
|---|---|---|---|---|---|---|---|
| 允许偏差 | ±1.0 | ±1.2 | ±1.5 | ±2.0 | ±2.5 | ±3.0 | ±3.5 |

3.4.2 管材壁厚的允许偏差应符合表5的规定。

表5 壁厚允许偏差

单位为毫米

| 壁 厚 | 4、5、6 | 7、8、9、10 | 12、15、18、20 | 22、25、28、30 |
|---|---|---|---|---|
| 允许偏差 | +1.5<br>−1.0 | +2.0<br>−1.0 | +2.5<br>−1.5 | +3.0<br>−2.0 |

3.4.3 管材的定尺和倍尺长度应在其不定尺长度范围内。外径不大于100 mm的管材长度允许偏差为$^{+15}_{0}$ mm；外径大于100 mm的管材长度允许偏差为$^{+20}_{0}$ mm。倍尺长度还应计入管材切断时的切口量，每一切口量为5 mm。

3.4.4 管材两端应锯切平齐，切斜应符合表6的规定。

表6 切斜

单位为毫米

| 外径 | 切斜，不大于 |
|---|---|
| 25～50 | 3 |
| >50～100 | 4 |
| >100～210 | 5 |

3.4.5 管材应平直，外径不大于180 mm管材的弯曲度应不大于6 mm/m，外径大于180 mm管材的弯曲度由供需双方协商确定。

### 3.5 外观质量

3.5.1 管材内、外表面允许有轻微的、不超过其壁厚允许偏差之半（合金管材为不超过壁厚允许偏差）的划伤、凹坑、凸点、麻点等缺陷。

3.5.2 管材内、外表面应清洁，不允许有裂纹、折迭、夹杂等缺陷。允许清理局部缺陷，清理深度不得超过其壁厚允许偏差之半(合金管材为不超过壁厚允许偏差)。

3.5.3 管材经酸洗后允许存在不同颜色。

## 4 检验方法

### 4.1 化学成分分析方法

管材的化学成分分析方法按GB/T 4698的规定进行。

### 4.2 力学性能检验方法

室温力学性能试验按GB/T 228的规定进行。对壁厚4 mm～<6 mm的管材采用S1或S2试样，对壁厚6 mm～<8 mm的管材采用R8试样，壁厚不小于8 mm的管材采用R7试样。

### 4.3 尺寸及允许偏差测量方法

管材的尺寸及允许偏差用相应精度的量具进行测量。

### 4.4 外观质量检验方法

管材的外观质量用目视及相应精度的量具进行检查。

## 5 检验规则

### 5.1 检查和验收

5.1.1 产品由供方进行检验，保证产品质量符合本标准和合同(或订货单)的规定，并填写质量证明书。

5.1.2 需方应对收到的产品按本标准的规定进行验收，如检验结果与本标准的规定不符时，应在收到产品之日起三个月内向供方提出，由供需双方协商解决。

### 5.2 组批

产品应成批提交检验，每批应由同一牌号、同一熔炼炉号、同一规格、同一生产方法和同一状态的产品组成。

### 5.3 检验项目及取样规定

管材的检验项目及取样规定见表7。

**表7 检验项目及取样规定**

| 检验项目 | 取样规定 | 要求的章条号 | 试验方法章条号 |
|---|---|---|---|
| 化学成分 | 供方可以原铸锭的分析结果报出（氢在成品上任取一个试样），需方可在成品管材上取样分析。 | 3.2 | 4.1 |
| 力学性能 | 每批任取两根管材，每根各取一个试样。 | 3.3 | 4.2 |
| 尺寸及允许偏差 | 逐根 | 3.4 | 4.3 |
| 外观质量 | 逐根 | 3.5 | 4.4 |

### 5.4 检验结果的判定

5.4.1 化学成分不合格，判该批产品不合格。

5.4.2 在室温力学性能检验中，如有一个试样结果不合格时，则从该批产品中另取双倍试样对不合格项目进行重复检验，如重复检验仍有一个试样结果不合格，则判该批产品不合格。但允许供方逐根对不合格项目进行检验，合格者重新组批交货。

5.4.3 尺寸及允许偏差、外观质量不合格时，判单根不合格。

## 6 包装、标志、运输和贮存及质量证明书

### 6.1 标志

在检验合格的管材和包装箱上应作如下标记：

a) 产品牌号；

b) 熔炼炉号或批号；

c) 状态；

d) 本标准编号。

### 6.2 包装、运输和贮存

管材的包装、运输和贮存应符合 GB/T 8180 的相关规定。

### 6.3 质量证明书

每批管材应附有质量证明书，其上注明：

a) 供方名称；

b) 产品名称；

c) 产品牌号、规格、状态；

d) 熔炼炉号、批号；

e) 产品的净重和件数；

f) 各项分析检验结果和质量检验部门印记；

g) 本标准编号；

h) 包装日期。

## 7 合同(或订货单)内容

订购本标准所列材料的合同(或订货单)中应写明下列内容:

a) 产品名称;
b) 产品牌号;
c) 供应状态;
d) 产品规格;
e) 重量/支数;
f) 本标准编号;
g) 其他。

ICS 77.150.50
H 64

# 中华人民共和国国家标准

GB/T 26059—2010

# 钛及钛合金网板

**Titanium and titanium alloy halftone**

2011-01-10 发布 2011-10-01 实施

中华人民共和国国家质量监督检验检疫总局
中国国家标准化管理委员会 发布

# 前　言

本标准由中国有色金属工业协会提出。

本标准由全国有色金属标准化技术委员会(SAC/TC 243)归口。

本标准起草单位:宝钛集团有限公司、宝鸡钛业股份有限公司。

本标准主要起草人:黄永光、庞洪、王永梅、王红武、王韦棋、张江峰。

# 钛及钛合金网板

## 1 范围

本标准规定了钛及钛合金网板的要求、试验方法、检验规则和标志、包装、运输、贮存及合同(或订货单)内容等。

本标准适用于各种用途的、以板材冷冲成形的钛及钛合金网板。

## 2 规范性引用文件

下列文件对于本文件的应用是必不可少的。凡是注日期的引用文件,仅注日期的版本适用于本文件。凡是不注日期的引用文件,其最新版本(包括所有的修改单)适用于本文件。

GB/T 3620.1 钛及钛合金牌号和化学成分

GB/T 3620.2 钛及钛合金加工产品化学成分允许偏差

GB/T 4698(所有部分) 海绵钛、钛及钛合金化学分析方法

GB/T 6394 金属平均晶粒度测定法

GB/T 8180 钛及钛合金加工产品的包装、标志、运输和贮存

## 3 要求

### 3.1 产品分类

#### 3.1.1 牌号、状态、规格

产品的牌号、状态和规格应符合表1的规定。

表 1

| 牌号 | 供应状态 | 板厚 $d$/mm | 网面规格/mm | | 网眼规格/mm | | |
|---|---|---|---|---|---|---|---|
| | | | 网面宽 $B$ | 网面长 $L$ | 长节距 $TB$ | 短节距 $TL$ | 丝梗宽 $b$ |
| TA1、TA2、TA3、TA8、TA8-1、TA9、TA9-1、TA10、TC1 | 冷冲状态(Y)<br>退火状态(M)<br>冷平退火状态(ZM) | 0.5～1.5 | 400～1 200 | ≤2 000 | 4 | 3.5 | 0.5 |
| | | | | | 6.1 | 3.7 | 0.8 |
| | | | | | 8 | 4.5 | 1.5 |
| | | | | | 10 | 4.5 | 1.5 |
| | | | | | 10 | 5 | 1.5 |
| | | | | | 10.3 | 6 | 1.5 |
| | | | | | 12.5 | 4.5、5.0、5.5、6.0、6.5 | 1.7 |
| | | | | | 12.5 | 5.6 | 1.8 |
| | | | | | 13 | 5.5 | 1.5 |

表 1（续）

| 牌号 | 供应状态 | 板厚 $d$/mm | 网面规格/mm |  | 网眼规格/mm |  |  |
|---|---|---|---|---|---|---|---|
|  |  |  | 网面宽 $B$ | 网面长 $L$ | 长节距 $TB$ | 短节距 $TL$ | 丝梗宽 $b$ |
| TA1、TA2、TA3、 TA8、TA8-1、TA9、TA9-1、TA10、TC1 | 冷冲状态(Y)<br>退火状态(M)<br>冷平退火状态(ZM) | 0.5～1.5 | 400～1 200 | ≤2 000 | 13 | 5.8 | 1.9 |
|  |  |  |  |  | 20 | 7 | 1.7 |
|  |  | 0.8～1.5 | 400～1 200 | ≤2 000 | 40 | 14 | 1.7 |

**注 1**：产品供应状态应在合同中注明，未注明时按冷冲状态供货。

**注 2**：需方要求时，经协商可供应其他规格及牌号的网板。

### 3.1.2 产品的形状

产品的形状如图 1 所示。

单位为毫米

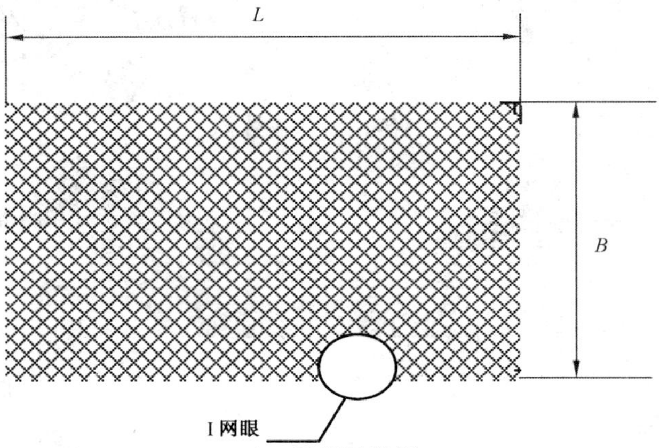


a） 网板示意图

**图 1 网板及网眼示意图**

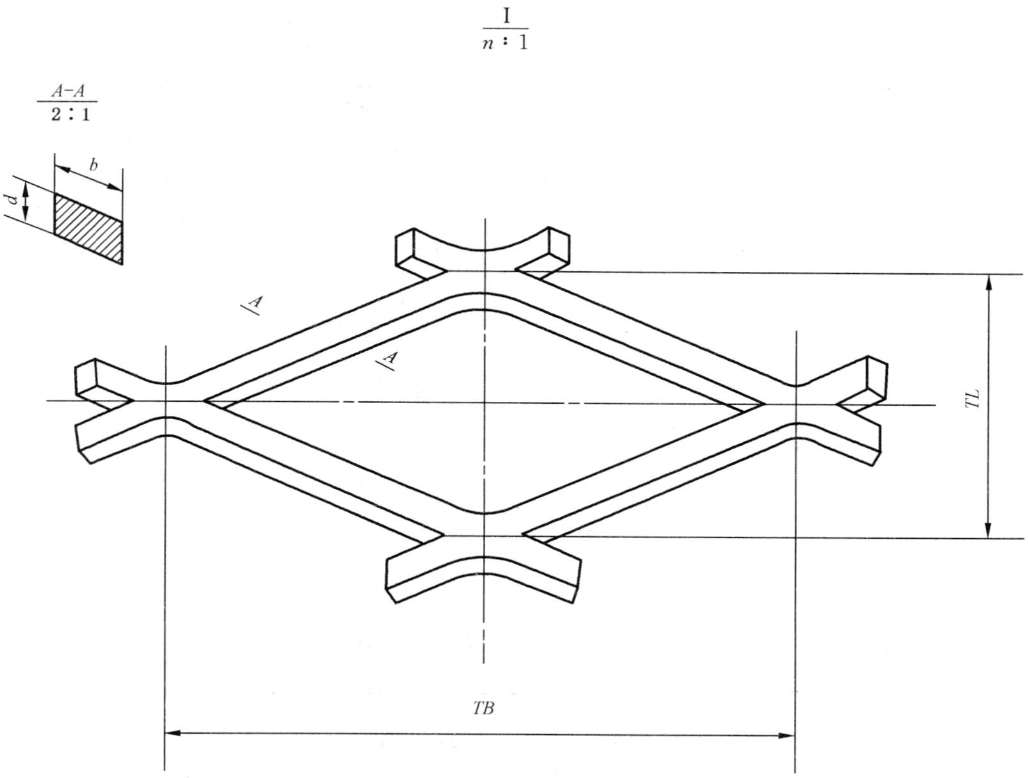


b） 网眼示意图

**图 1（续）**

### 3.1.3 标记示例

产品标记按产品名称、牌号、状态、规格和标准编号的顺序表示。标记示例如下：

用 TA1 制造的、冷平退火状态、板厚为 1.0 mm、网面宽度为 1 000 mm、网面长度为 2 000 mm、网眼为 12.5×4.5×1.7 mm 的网板标记为：

网板　TA1　ZM　1.0×1 000×2 000—12.5×4.5×1.7　GB/T 26059—2010

## 3.2 化学成分

网板的化学成分应符合 GB/T 3620.1 中相关牌号的规定。需方复验时，化学成分的允许偏差应符合 GB/T 3620.2 的规定。

## 3.3 尺寸及允许偏差

3.3.1 网板的尺寸及允许偏差应符合表 2 规定，网眼的尺寸允许偏差应符合表 3 的规定。

**表 2**　　　　单位为毫米

<table>
<tr><th>板 厚</th><th>厚度允许偏差</th><th>网面宽度</th><th>宽度允许偏差</th><th>网面长度</th><th>长度允许偏差</th></tr>
<tr><td>0.5</td><td>±0.05</td><td rowspan="4">400～1 200</td><td rowspan="4">$^{+15}_{0}$</td><td rowspan="4">≤2 000</td><td rowspan="4">$^{+20}_{0}$</td></tr>
<tr><td>>0.5～0.8</td><td>±0.07</td></tr>
<tr><td>>0.8～1.1</td><td>±0.09</td></tr>
<tr><td>>1.1～1.5</td><td>±0.11</td></tr>
</table>

表 3

单位为毫米

| 长节距($TB$) | $TB$ 允许偏差 | 短节距($TL$) | $TL$ 允许偏差 | 丝梗宽($b$) | $b$ 允许偏差 |
|---|---|---|---|---|---|
| 4 | ±0.10 | 3.5 | ±0.20 | 0.5 | ±0.20 |
| 6.1 | ±0.15 | 3.7 | ±0.20 | 0.8 | ±0.10 |
| 8 | ±0.15 | 4.5 | ±0.20 | 1.5 | ±0.10 |
| 10 | ±0.15 | 4.5 | ±0.20 | 1.5 | ±0.15 |
| 10 | ±0.15 | 5 | ±0.20 | 1.52 | ±0.15 |
| 10.3 | ±0.15 | 6 | ±0.20 | 1.5 | ±0.15 |
| 12.5 | ±0.15 | 4.5～6.5 | ±0.20 | 1.7 | ±0.20 |
| 12.5 | ±0.15 | 5.6 | ±0.20 | 1.8 | ±0.20 |
| 13 | ±0.15 | 5.5 | ±0.20 | 1.5 | ±0.20 |
| 13 | ±0.15 | 5.8 | ±0.20 | 1.9 | ±0.20 |
| 20 | ±0.20 | 7 | ±0.20 | 1.7 | ±0.20 |
| 40 | ±0.20 | 14 | ±0.20 | 1.7 | ±0.20 |

3.3.2 网板应切齐，各角应切成直角，切斜应不超过网面宽度和长度的允许偏差。

3.3.3 冷冲状态及其退火状态网板的不平度应不大于 50 mm/m，各角离平台的距离应不大于50 mm；冷平退火状态网板的不平度应不大于 20 mm/m，各角离平台的距离应不大于 20 mm。网板不允许有明显的局部硬弯。

### 3.4 外观质量

3.4.1 网板不允许有丝梗断裂和分层现象。

3.4.2 网板应经过碱、酸洗处理，表面应光亮，不允许有氧化皮，但允许存在轻微的发暗和局部水迹。

3.4.3 网板表面不允许有裂纹、起皮、压折、金属与非金属夹杂物等宏观缺陷及过酸、碱洗的痕迹。

### 3.5 显微组织

当需方要求并在合同(或订货单)中注明时，网板可按批提供晶粒度的实测值(包括金相照片)。

## 4 试验方法

4.1 网板的化学成分分析按 GB/T 4698 的规定进行。

4.2 网板的尺寸及允许偏差用相应精度的量具进行测量。

4.3 网板的外观质量用目视检查。

4.4 网板的显微组织检验按 GB/T 6394 的规定进行。

## 5 检验规则

### 5.1 检查和验收

5.1.1 产品应由供方部门检验，保证产品质量符合本标准及合同(或订货单)的规定，并填写质量证明书。

5.1.2　需方应对收到的产品按本标准的规定进行检验，如检验结果与本标准及合同(或订货单)的规定不符时，应在收到产品之日起三个月内向供方提出，由供需双方协商解决。

## 5.2　组批

产品应成批提交检验，每批应由同一牌号、同一熔炼炉号、同一规格、同一状态和同一热处理炉(批)的产品组成。

## 5.3　检验项目及取样

产品检验项目及取样应符合表4的规定。

表4

| 检验项目 | 取样规定 | 要求的章条号 | 试验方法章条号 |
|---|---|---|---|
| 化学成分 | 每批任取一份试样进行H含量分析，其他成分供方可以原铸锭的分析结果报出，需方可在产品上取样分析。 | 3.2 | 4.1 |
| 尺寸及允许偏差 | 逐张。板厚的测量在冲网前进行。 | 3.3 | 4.2 |
| 外观质量 | 逐张。 | 3.4 | 4.3 |
| 显微组织 | 每批任取2张，每张网板选一个网孔，分别在丝梗、丝结各取一个试样(横截面)。 | 3.5 | 4.4 |

## 5.4　检验结果的判定

5.4.1　化学成分不合格时，判该批产品不合格。

5.4.2　尺寸及允许偏差和外观质量不合格时，判该张板材不合格。

# 6　标志、包装、运输、贮存及质量证明书

## 6.1　产品标志

在检验合格的产品上应有如下内容的标签：

a)　牌号；

b)　规格；

c)　供应状态；

d)　批号。

## 6.2　包装、运输和贮存

产品的包装、包装标志、运输、贮存应符合GB/T 8180的规定。

## 6.3　质量证明书

每批产品应附有质量证明书，注明：

a)　供方名称；

b)　产品名称；

c)　产品牌号、规格和状态；

d)　熔炼炉号、批号、批重和件数；

e)　所规定的各项分析检验结果及质量检验部门印记；

f） 本标准编号；

g） 包装日期。

## 7 合同（或订货单）要求

订购本标准所列产品的合同（或订货单）应包括下列内容：

a） 产品名称；

b） 产品牌号、规格和状态；

c） 重量或张数；

d） 本标准编号；

e） 其他。

ICS 77.120
H 64

# 中华人民共和国国家标准

GB/T 26060—2010

# 钛及钛合金铸锭

**Titanium and titanium alloy ingots**

2011-01-10 发布 2011-10-01 实施

中华人民共和国国家质量监督检验检疫总局
中国国家标准化管理委员会 发布

# 前　言

本标准中的附录A是资料性附录。

本标准由中国有色金属工业协会提出。

本标准由全国有色金属标准化技术委员会归口。

本标准由宝钛集团有限公司、宝鸡钛业股份有限公司负责起草。

本标准主要起草人：冯军宁、陈峰、国斌、乔璐、李献军、黄永光。

# 钛及钛合金铸锭

## 1 范围

本标准规定了钛及钛合金铸锭的要求、试验方法、检验规则、标志、包装、运输、贮存、质量证明书及合同(或订货单)内容等。

本标准适用于真空自耗电弧炉(VAR)、电子束冷床炉(EBCHM)生产的钛及钛合金圆型铸锭和矩形扁锭。

## 2 规范性引用文件

下列文件中的条款通过本标准的引用而成为本标准的条款。凡是注日期的引用文件,其随后所有的修改单(不包括勘误的内容)或修订版均不适用于本标准,然而,鼓励根据本标准达成协议的各方研究是否可使用这些文件的最新版本。凡是不注日期的引用文件,其最新版本适用于本标准。

GB/T 3620.1 钛及钛合金牌号和化学成分

GB/T 3620.2 钛及钛合金加工产品化学成分允许偏差

GB/T 4698(所有部分) 海绵钛、钛及钛合金化学分析方法

GB/T 23605 钛合金β转变温度测定方法

## 3 要求

### 3.1 铸锭的生产方式及熔次

铸锭的生产方式及熔次见表1。

表1

| 牌 号 | 生产方式 | 熔 次 |
|---|---|---|
| GB/T 3620.1中所有牌号 | VAR,EBCHM+VAR | 不少于两次 |
| | EBCHM | 一次 |

### 3.2 化学成分

#### 3.2.1 牌号及化学成分

钛及钛合金铸锭的牌号和化学成分应符合GB/T 3620.1的规定。

#### 3.2.2 化学成分允许偏差

需方从铸锭上取样进行化学成分复验分析时,其成分允许偏差应符合GB/T 3620.2的规定。

### 3.3 外形尺寸及允许偏差

3.3.1 铸锭的直径(厚度或宽度)允许偏差应符合表2的规定。

表2

单位为毫米

| 直径(厚度或宽度) | ≤350 | >350~550 | >550~720 | >720~820 | >820~1 040 | >1 040 |
|---|---|---|---|---|---|---|
| 允许偏差 | +5<br>−30 | +5<br>−40 | +5<br>−60 | +5<br>−70 | +5<br>−80 | +5<br>−100 |

3.3.2 同一铸锭的最大直径(厚度或宽度)与最小直径(厚度或宽度)的差值应不大于其直径(厚度或宽度)允许偏差之半。

3.3.3 铸锭的长度及其允许偏差由供需双方协商确定，并在合同中注明。

3.3.4 铸锭头、尾两端棱角(扁锭应包括侧棱)应进行倒角处理，倒角半径应不小于20 mm。

3.3.5 铸锭切斜应不大于30 mm。

**3.4 β转变温度**

当需方要求并在合同中注明时，钛合金铸锭应进行β转变温度的测定，报实测值。

**3.5 超声波检验**

当需方要求并在合同中注明时，铸锭应进行超声波检验以确定缩孔距铸锭头部距离，并以对铸锭表面无破坏的方式醒目、牢固的标出缩孔位置。超声波检验不作为判定依据。

**3.6 表面状况**

铸锭表面粗糙度 $Ra$ 应不大于12.7 μm。

**3.7 外观质量**

铸锭应以机加工表面交付，经机加工后的铸锭表面应光滑、平整。

3.7.1 铸锭侧表面不允许残留冷隔、夹层、疏松等缺陷，不允许有机加工台坎。允许有少量的气孔存在，但气孔的深度和直径不大于5 mm。允许采用刨铣或打磨的方法清除局部污染、裂纹、气孔等缺陷，清理后应保证铸锭允许的最小尺寸，且清理部位应圆滑过渡，无台坎和棱角，清理部位的深宽比不大于1∶10，清理深度不大于10 mm。

3.7.2 铸锭头、尾部端面应平整，不允许有机加工台坎、火割、飞溅物、熔瘤等痕迹存在，不允许有开放性缩孔存在。

**3.8 铸锭冒口处理**

当需方要求并在合同中注明时，铸锭应去除冒口。

## 4 试验方法

4.1 化学成分分析按GB/T 4698进行。

4.2 外形尺寸及允许偏差采用相应精度的量具进行测量。

4.3 β转变温度按GB/T 23605进行。

4.4 超声波检验按供需双方认可的方法进行。

4.5 表面状况用对比试块进行。

4.6 外观质量采用目视检查，必要时用相应精度的量具测量。

## 5 检验规则

**5.1 检查和验收**

5.1.1 铸锭应由供方质量检验部门进行检验，并保证产品质量符合本标准及合同(或订货单)的规定。

5.1.2 需方应对收到的产品应进行复验，如复验结果与本标准及合同(或订货单)的规定不符时，应在收到产品之日起三个月内向供方提出，由供需双方协商解决。

**5.2 组批**

产品应成批提交验收，每批应由同一牌号的单锭组成。

**5.3 检验项目**

每个铸锭均应进行化学成分、外形尺寸、表面状况和外观质量的检验。需方要求并在合同中注明时，还应进行超声波检验、β转变温度的检验。合同中注明的其他检验项目也应进行检验。

**5.4 取样位置及取样数量**

5.4.1 铸锭的取样应符合表3的规定。

表 3

| 检验项目 | 取样规定 | 要求的章条号 | 试验方法的章条号 |
|---|---|---|---|
| 化学成分 | 见 5.4.2 条 | 3.2 | 4.1 |
| 外形尺寸及允许偏差 | 逐锭 | 3.3 | 4.2 |
| β转变温度 | 逐锭，头部或尾部取一份 | 3.4 | 4.3 |
| 超声波检验 | 逐锭 | 3.5 | 4.4 |
| 表面状况 | 逐锭 | 3.6 | 4.5 |
| 外观质量 | 逐锭 | 3.7 | 4.6 |

5.4.2 纯钛铸锭和直径不大于 350 mm 的钛合金圆锭，从每个铸锭侧面头部一点取样进行化学成分分析；直径大于 350 mm 的钛合金圆锭和合金扁锭，从每个铸锭侧面头、尾两点取样进行化学成分分析。取样位置应在距两端 200 mm～300 mm 的范围内进行。在每个取样部位先去除铸造表面 5 mm～7 mm 后，采用车削或钻取的方式取样。

### 5.5 检验结果的判定

5.5.1 化学成分检验不合格，允许从原取样部位附近加倍取样对该不合格项进行重复试验。若仍有试样的结果不合格，判该锭不合格。

5.5.2 外形尺寸及允许偏差检验不合格，判该锭不合格。

5.5.3 表面状况检验不合格，判该锭不合格。

5.5.4 外观质量检验不合格，判该锭不合格。

## 6 标志、包装、运输、贮存

### 6.1 标志

每个铸锭及外包装上应用标记液、钢印或其他方式，在铸锭头部和侧面(靠近头部端)清晰、牢固的标明供方名称、标识、牌号、规格以及熔炼炉号等内容。

### 6.2 包装、运输、贮存

6.2.1 铸锭可按下列包装方式中的任意一种进行包装。

a) 裸装；

b) 用麻布(袋)包裹；

c) 用木托或钢托支承包装，包装时应保证铸锭与地面留有足够的距离，以便装卸(木托包装见附录 A，钢托包装可参照木托包装进行)；

d) 合同中规定的其他包装方式。

6.2.2 铸锭运输和贮存时，需防止滚动、剧烈碰撞和活性化学物质的腐蚀。

### 6.3 质量证明书

每个铸锭均应附有质量证明书，其上注明：

a) 供方名称；

b) 产品名称；

c) 产品牌号、规格和重量(净重和毛重)；

d) 生产方式和熔次；

e) 熔炼炉号；

f) 各项分析检验结果及检验部门印记；

g) 本标准编号；

h) 包装日期。

## 7 合同(或订货单)内容

订购本标准所列材料的合同(或订货单)应包含下列内容:

a) 产品名称;

b) 产品牌号;

c) 产品规格;

d) 重量和件数;

e) 生产方式和熔次;

f) 本标准编号;

g) 其他。

## 附　录　A
## （资料性附录）
## 木托支承包装方法

**A.1**　铸锭用木托架支承包装时，应用钢筋（或钢带）和螺栓紧固件固定在托架上，如图 A.1 所示。

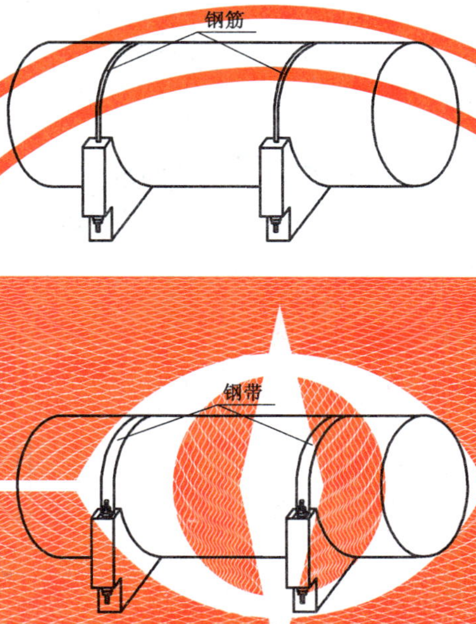


**图 A.1　铸锭包装示意图**

**A.2**　用螺栓紧固时，应采用双螺母或弹簧垫圈等方式，以防松动。

**A.3**　包装用材料应符合表 A.1 的规定。

**表 A.1**

| 名　　称 | 技术要求 | 数　　量 |
|---|---|---|
| 木托架 | 见图 A.2 | 2 个 |
| 钢筋螺栓 | 见图 A.3 | 2 个 |
| 大垫圈 | 粗制方形垫圈，边长 60 mm | 4 个 |
| 小垫圈 | 粗制垫圈，外径 38 mm | 4 个 |
| 螺母 | 粗制六角螺母 | 4 个或 8 个 |
| 弹簧垫圈 | 普通弹簧垫圈 | 4 个或 8 个 |
| 注：螺母与弹簧垫圈数量，取决于所采用的预防松动的方式。 | | |

**A.4**　木托架的尺寸、形状见图 A.2。不得使用腐朽、虫蛀的木材制作木托架。木托架的开孔部位不得劈裂。

单位为毫米

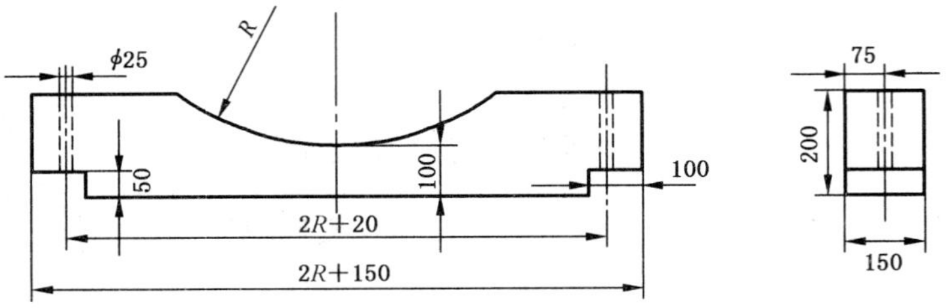


图 A.2 木托架尺寸、形状

A.5 钢筋螺栓的形状和尺寸见图 A.3,其中 $R$ 为铸锭名义直径之半,钢筋不得有严重的锈蚀。钢筋直径不小于 20 mm。

单位为毫米

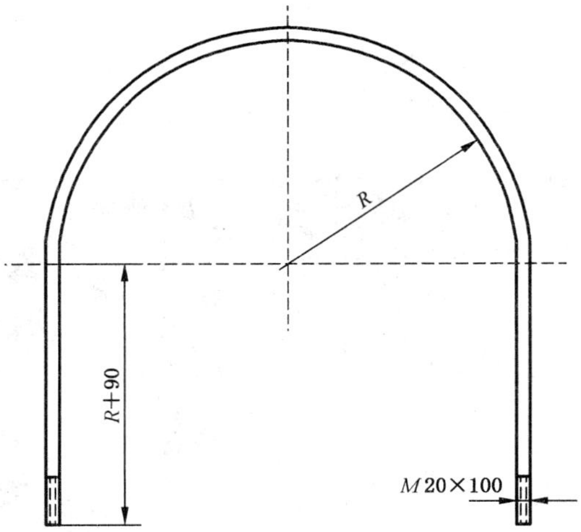


图 A.3 钢筋螺栓

ICS 77.160
H 71

# 中华人民共和国国家标准

GB/T 26061—2010

# 钽铌复合碳化物

## Tantalum-niobium composite carbides

2011-01-10 发布　　2011-10-01 实施

中华人民共和国国家质量监督检验检疫总局
中国国家标准化管理委员会　发布

# 前　言

本标准由中国有色金属工业协会提出。

本标准由全国有色金属标准化技术委员会(SAC/TC 243)归口。

本标准起草单位:宁夏东方钽业股份有限公司、九江有色金属冶炼厂。

本标准主要起草人:白掌军、唐德胜、霍红凤、刘振远。

# 钽铌复合碳化物

## 1 范围

本标准规定了钽铌复合碳化物的要求、试验方法、检验规则、标志、包装、运输、贮存、质量证明书和合同(或订货单)内容。

本标准适用于五氧化二钽(或钽粉)、五氧化二铌碳热还原法制得的钽铌复合碳化物。该产品用于生产硬质合金。

## 2 规范性引用文件

下列文件对于本文件的应用是必不可少的。凡是注日期的引用文件,仅所注日期的版本适用于本文件。凡是不注日期的引用文件,其最新版本(包括所有的修改单)适用于本文件。

GB/T 3249 难熔金属及化合物粉末粒度的测定方法 费氏法

GB/T 5314 粉末冶金用粉末的取样方法

GB/T 15076(所有部分) 钽铌化学分析方法

GB/T 20508—2006 碳化钽粉

## 3 要求

### 3.1 产品分类

3.1.1 产品按化学成分中的钽铌含量不同分为11个牌号。

3.1.2 产品按费氏平均粒径分为三种级别:A、B、C。

### 3.2 化学成分

产品的化学成分应符合表1的规定,氧含量应符合表2的规定。

表 1

| 牌号 | 化学成分/% | | | | | | | | | | | |
|---|---|---|---|---|---|---|---|---|---|---|---|---|
| | 主含量 | | | 杂质含量,不大于 | | | | | | | | |
| | Ta | 总碳 | Nb | 游离碳 | Fe | Si | Al | Ti | Ca | K | Na | N |
| FTNC90/10 | 84.4 ±1.5 | 6.7 ±0.2 | 9.0 ±1.5 | | | | | | | | | |
| FTNC85/15 | 79.6 ±1.5 | 6.9 ±0.2 | 13.3 ±1.5 | | | | | | | | | |
| FTNC80/20 | 75.0 ±1.5 | 7.2 ±0.2 | 17.8 ±1.5 | 0.15 | 0.10 | 0.01 | 0.005 | 0.01 | 0.005 | 0.005 | 0.005 | 0.02 |
| FTNC75/25 | 70.4 ±1.5 | 7.4 ±0.2 | 22.0 ±1.5 | | | | | | | | | |
| FTNC70/30 | 65.9 ±1.5 | 7.7 ±0.2 | 26.5 ±1.5 | | | | | | | | | |

表 1（续）

| 牌号 | 化学成分/% | | | | | | | | | | | |
|---|---|---|---|---|---|---|---|---|---|---|---|---|
| | 主含量 | | | 杂质含量，不大于 | | | | | | | | |
| | Ta | 总碳 | Nb | 游离碳 | Fe | Si | Al | Ti | Ca | K | Na | N |
| FTNC65/35 | 60.9±1.5 | 8.0±0.2 | 31.1±1.5 | 0.15 | 0.10 | 0.01 | 0.005 | 0.01 | 0.005 | 0.005 | 0.005 | 0.02 |
| FTNC60/40 | 56.8±1.5 | 8.2±0.2 | 35.5±1.5 | | | | | | | | | |
| FTNC50/50 | 46.8±1.5 | 8.7±0.2 | 44.3±1.5 | | | | | | | | | |
| FTNC40/60 | 37.5±1.5 | 9.2±0.2 | 53.5±1.5 | | | | | | | | | |
| FTNC30/70 | 28.0±1.5 | 9.7±0.2 | 62.5±1.5 | | | | | | | | | |
| FTNC20/80 | 18.5±1.5 | 10.2±0.2 | 71.0±1.5 | | | | | | | | | |
| 注：其他牌号及其化学成分可由供需双方协商并在合同中注明。 | | | | | | | | | | | | |

### 3.3 费氏平均粒径

产品的费氏平均粒径应符合表 2 的规定。

表 2

| 级别 | 费氏平均粒径/μm | 氧含量/% |
|---|---|---|
| A | ≤1.0 | ≤0.30 |
| B | >1.0～1.5 | ≤0.25 |
| C | >1.5～3.0 | ≤0.20 |
| 注：其他级别及其要求可由供需双方协商并在合同中注明。 | | |

### 3.4 外观质量

产品呈褐色，无目视可见的夹杂物。

## 4 试验方法

### 4.1 化学成分

4.1.1 产品化学成分中总碳量的仲裁分析方法按 GB/T 20508—2006 中附录 A 的规定进行。

4.1.2 产品化学成分中游离碳量的仲裁分析方法按 GB/T 20508—2006 中附录 B 的规定进行。

4.1.3 产品化学成分中 Ta、Nb 的仲裁分析方法按供需双方认可的方法进行。

4.1.4 产品化学成分中其他杂质含量的仲裁分析方法按 GB/T 15076 的规定进行。

### 4.2 费氏平均粒径

产品的费氏平均粒径按 GB/T 3249 的规定进行测定。

### 4.3 外观质量

产品的外观质量用目视检查。

## 5 检验规则

### 5.1 检查和验收

5.1.1 产品应由供方进行检验，保证产品质量符合本标准及合同（或订货单）的规定，并填写质量证明书。

5.1.2 需方可对收到的产品按本标准及合同（或订货单）的规定进行检验，如检验结果与本标准及合同（或订货单）的规定不符时，应在收到产品之日起 30 d 内向供方提出，由供需双方协商解决。如需仲裁，仲裁取样在需方，由供需双方共同进行。

### 5.2 组批

产品应成批提交验收，每批应由同一牌号、同一级别的合批粉组成，每批重量由供需双方协商确定。

### 5.3 检验项目

每批产品应进行化学成分、费氏平均粒径和外观质量的检验。

### 5.4 取样

产品取样应符合表 3 的规定。

表 3

| 检验项目 | 取样与制样方法 | 要求的章节号 | 试验方法的章条号 |
|---|---|---|---|
| 化学成分 | 按 GB/T 5314 规定进行 | 3.2 | 4.1 |
| 费氏平均粒径 | 按 GB/T 5314 规定进行 | 3.3 | 4.2 |
| 外观质量 | 每批按不小于袋（瓶）数的 20%进行抽检 | 3.4 | 4.3 |

### 5.5 检验结果判定

化学成分、费氏平均粒径或外观质量的分析结果与本标准规定不符时，按批判不合格。

## 6 标志、包装、运输、贮存和质量证明书

### 6.1 标志

6.1.1 每袋（瓶）产品应附标签，标明产品名称、牌号、批号、净重和包装日期。

6.1.2 产品应包装成箱，每箱应注明：

a) 供方名称；
b) 产品名称和牌号、级别；
c) 批号。

### 6.2 包装、运输、贮存

6.2.1 产品用袋或双层盖塑料瓶包装。
6.2.2 产品运输时必须用防雨运输工具。
6.2.3 产品应存放于干燥、通风和无酸碱气氛之处，严防氧化。产品贮存时间不宜超过一年。

### 6.3 质量证明书

每批产品应附有质量证明书，其上注明：
a) 供方名称、地址；
b) 产品名称和牌号、级别；
c) 批号；
d) 净重和件数；
e) 分析检验结果和供方质检部门检印；
f) 本标准编号；
g) 检验日期。

## 7 合同(或订货单)内容

订购本标准所列产品的合同(或订货单)内应包括下列内容：
a) 产品名称；
b) 牌号、级别；
c) 重量；
d) 本标准编号；
e) 其他。

ICS 77.150.99
H 63

# 中华人民共和国国家标准

GB/T 26062—2010

# 铌及铌锆合金丝

# Niobium and niobium-zirconium alloy wire

2011-01-10 发布

2011-10-01 实施

中华人民共和国国家质量监督检验检疫总局
中国国家标准化管理委员会 发布

# 前　言

本标准的力学性能指标参照了 ASTM B 392—2003《铌及铌合金条、棒和线》标准，尺寸偏差严于 ASTM B 392—2003 标准。

本标准由全国有色金属标准化技术委员会(SAC/TC 243)归口。

本标准起草单位：宁夏东方钽业股份有限公司。

本标准主要起草人：李积贤、赵红运、朱宝辉、赵洪章、霍红凤。

# 铌及铌锆合金丝

## 1 范围

本标准规定了铌及铌锆合金丝的要求、试验方法、检验规则、标志、包装、运输、贮存、质量证明书和合同(或订货单)内容。

本标准适用于冷拉方法生产的铌及铌锆合金圆形丝材。

## 2 规范性引用文件

下列文件对于本文件的应用是必不可少的。凡是注日期的引用文件,仅注日期的版本适用于本文件。凡是不注日期的引用文件,其最新版本(包括所有的修改单)适用于本文件。

GB/T 228—2002 金属材料室温拉伸试验方法

GB/T 15076(所有部分) 钽铌化学分析方法

YS/T 656 铌及铌合金加工产品牌号和化学成分

## 3 要求

### 3.1 产品分类

#### 3.1.1 牌号、状态、规格

丝材的牌号、状态和规格应符合表1的规定。

表 1

| 牌号 | 供应状态 | 直径(D)/mm | 单根重量/kg,不小于 |
|---|---|---|---|
| Nb1<br>Nb2<br>NbZr1<br>NbZr2 | 硬态(Y)<br>半硬态(Y2)<br>退火态(M) | 0.20～0.40 | 0.3 |
| | | >0.40～1.0 | 0.6 |
| | | >1.0～3.0 | — |

#### 3.1.2 标记示例

按照本标准生产的铌及铌锆合金丝材标记示例如下:

**示例1**:用Nb1制造的、退火态、直径1.0 mm的铌丝标记为:

丝 Nb1M $\phi$1.0 GB/T 26062—2010

**示例2**:用NbZr1制造的、硬态、直径1.0 mm的铌锆合金丝标记为:

丝 NbZr1Y $\phi$1.0 GB/T 26062—2010

### 3.2 化学成分

3.2.1 丝材的化学成分应符合YS/T 656的规定。

3.2.2 当需方要求并在合同中注明时，成品丝材间隙元素(O、C、H、N)含量应符合表2的规定。

表2

%

| 牌　号 | 间隙元素含量，不大于 | | | |
|---|---|---|---|---|
| | O | C | H | N |
| Nb1 | 0.025 | 0.01 | 0.001 5 | 0.01 |
| Nb2 | 0.04 | 0.015 | 0.001 5 | 0.01 |
| NbZr1 | 0.025 | 0.01 | 0.001 5 | 0.01 |
| NbZr2 | 0.04 | 0.015 | 0.001 5 | 0.01 |

### 3.3 尺寸及允许偏差

丝材的尺寸及允许偏差应符合表3的规定。

表3

单位为毫米

| 直　径 | 允　许　偏　差 | 圆　度 |
|---|---|---|
| 0.2～0.5 | ±0.007 | 0.005 |
| >0.5～1.0 | ±0.01 | 0.01 |
| >1.0～1.5 | ±0.02 | 0.02 |
| >1.5～3.0 | ±0.03 | 0.03 |

### 3.4 力学性能

3.4.1 直径不小于0.5 mm的退火态铌及铌锆合金丝材的室温力学性能应符合表4的规定。

表4

| 牌　号 | 直径/mm | 抗拉强度 $R_m$/(N/mm²) | 断后伸长率 $A$/% |
|---|---|---|---|
| Nb1、Nb2 | 0.5～3.0 | ≥125 | ≥20 |
| NbZr1、NbZr2 | | ≥195 | ≥15 |

3.4.2 硬态丝材、半硬态丝材和直径小于0.5 mm的退火态丝材的室温力学性能，需方要求并在合同中注明时，由供需双方协商确定。

### 3.5 外观质量

3.5.1 丝材表面应光滑、清洁，无油污、裂纹和毛刺，无乱绕、打结、交叉等现象，无连续的凹坑和划痕。

3.5.2 丝材表面允许有深度不超过直径允许偏差之半的沟纹、凹坑、擦伤和划痕。允许供方对丝材表面的局部缺陷进行修磨，修磨部位应圆滑过度，修磨后应保证最小尺寸允许偏差。

## 4 试验方法

### 4.1 化学成分分析方法

丝材的化学成分分析方法按GB/T 15076的规定进行。

### 4.2 尺寸及允许偏差检验方法

丝材的尺寸及允许偏差用相应精度的量具测量。

### 4.3 力学性能试验方法

丝材的室温力学性能试验方法按照 GB/T 228 的规定进行。

拉伸试样应符合 GB/T 228—2002 附录 C 的规定，其形状尺寸和试样编号，按下列规定选用：

a) 直径不大于 1.5 mm 的，按 R10 要求制备。

b) 直径大于 1.5 mm 的，按 R9 要求制备。

### 4.4 外观质量检验方法

丝材外观质量用目视和相应精度的量具检验。必要时，在放大 25 倍下进行观察。

## 5 检验规则

### 5.1 检查和验收

5.1.1 丝材应由供方进行检验，保证产品质量符合本标准及合同(或订货单)的规定，并填写质量证明书。

5.1.2 需方应对收到的产品按本标准及合同(或订货单)的规定进行检验，如检验结果与本标准及合同(或订货单)的规定不符时，应在收到产品之日起三个月内向供方提出，由供需双方协商解决。

### 5.2 组批

丝材应成批提交验收，每批应由同一牌号、同一熔炼炉号、同一状态和尺寸、同一周期生产的丝材组成。

### 5.3 检验项目

每批丝材均应进行化学成分、尺寸及允许偏差、力学性能和外观质量的检验。

### 5.4 取样

取样应符合表 5 的规定。

表 5

| 检验项目 | 取样规定 | 要求的章节号 | 试验方法的章条号 |
| --- | --- | --- | --- |
| 化学成分 | 供方可在原铸锭上取样，需方在成品丝材上取样，每批取一份试样 | 3.2 | 4.1 |
| 尺寸及允许偏差 | 逐根 | 3.3 | 4.2 |
| 力学性能 | 每批任取 2 根丝材，每根各取 1 个试样 | 3.4 | 4.3 |
| 外观质量 | 逐根 | 3.5 | 4.4 |

### 5.5 检验结果判定

5.5.1 化学成分分析结果不合格时，允许取双倍试样对不合格项目进行重复试验。若仍有分析结果不合格，则判整批不合格。

5.5.2 力学性能不合格时，应从该批产品(包括原检验不合格的那件产品)中另取双倍数量的试样进行重复试验，重复试验结果仍有不合格项目，则判该批产品不合格，但允许供方逐件检验，合格者交货。

5.5.3 丝材的尺寸及允许偏差、外观质量不合格时，判单根不合格。

## 6 标志、包装、运输、贮存和质量证明书

### 6.1 标志

6.1.1 产品应有检查标志，在每个包装箱上应有标签或标牌，注明：

a) 供方名称；

b) 产品牌号、状态和规格；

c) 产品批号和净重。

6.1.2 箱外注明“防潮”、“轻放”等字样或标志。

### 6.2 包装、运输、贮存

6.2.1 丝材应用箱包装，箱内应衬有防潮纸或塑料薄膜，丝材之间应用纸或塑料薄膜隔开。为防止丝材在箱内窜动，箱内间隙部分用软物塞紧。

6.2.2 当需方要求并在合同中注明时，直径小于或等于 1.0 mm 的丝材绕在塑料线盘上，每盘线由一根丝绕成。缠绕均匀、无扭结、弯折和交叉。外用非油包装纸缠紧，并用聚乙烯塑料袋装好，装入硬纸盒，置入纸箱中。

6.2.3 丝材在运输和贮存时，应防止碰撞、受潮和活性化学试剂的腐蚀。

6.2.4 若需方需要特殊包装，应在合同中注明。

### 6.3 质量证明书

每批丝材应附有质量证明书，其上注明：

a) 供方名称；

b) 产品名称；

c) 产品牌号、规格和状态；

d) 产品批号、批重或件数；

e) 各项分析检验结果和质量检验部门印记；

f) 本标准编号；

g) 包装日期。

## 7 合同(或订货单)内容

订购本标准所列材料的合同(或订货单)内应包括下列内容：

a) 产品名称；

b) 材料牌号；

c) 状态；

d）尺寸；

e）重量；

f）本标准编号；

g）其他。

ICS 77.150
H 64

GB

# 中华人民共和国国家标准

GB/T 26063—2010

# 铍铝合金

## Beryllium aluminum alloy

2011-01-10 发布

2011-10-01 实施

中华人民共和国国家质量监督检验检疫总局
中国国家标准化管理委员会
发布

# 前　　言

本标准为首次制定。

本标准由中国有色金属工业协会提出。

本标准由全国有色金属标准化技术委员会归口。

本标准起草单位:西北稀有金属材料研究院。

本标准主要起草人:董群伟、王战宏、李众、买学峰、赵玉林。

# 铍 铝 合 金

## 1 范围

本标准规定了铍铝合金的要求、试验方法、检验规则及标志、包装、运输、贮存及质量证明书与合同(或订货单)内容。

本标准适用于由粉末冶金工艺或由真空熔铸工艺生产的铍含量在60%～69%的铍铝合金产品。

## 2 规范性引用文件

下列文件中的条款通过本标准的引用而成为本标准的条款。凡是注日期的引用文件，其随后所有的修改单(不包括勘误的内容)或修订版均不适用于本标准，然而，鼓励根据本标准达成协议的各方研究是否可使用这些文件的最新版本。凡是不注日期的引用文件，其最新版本适用于本标准。

GB/T 228 金属材料 室温拉伸试验方法

GB/T 3850 致密烧结金属材料与硬质合金密度测定方法

GJB 1550 铍粉、铍材 X 射线照相检验方法

## 3 要求

### 3.1 牌号

产品的牌号、制造方法、供应状态见表1。

表 1

| 牌号 | 制造方法 | 供应状态 |
|---|---|---|
| BeAl-F | 粉末冶金 | 压制态 |
| BeAl-Z | 真空铸造 | 铸造态 |

### 3.2 化学成分

产品的化学成分应符合表2的要求。

表 2

| 牌号 | 化学成分/% | | | | | | | |
|---|---|---|---|---|---|---|---|---|
| | Be | Al | 杂质元素含量，不大于 | | | | | |
| | | | Si | Fe | O | C | Mg | 杂质总量 |
| BeAl-F | 60.00～65.00 | 余量 | — | 0.20 | 1.50 | 0.15 | 0.06 | 2.50 |
| BeAl-Z | 60.00～69.00 | 余量 | 0.30 | 0.20 | 0.20 | 0.20 | 0.06 | 2.50 |
| 注：杂质总量指除 Be、Al 外，Si、Fe、O、C、Mg 等元素的总和。 | | | | | | | | |

### 3.3 力学性能

产品的室温力学性能应满足表3的要求。

表 3

| 牌号 | 抗拉强度 $R_m$/MPa | 规定非比例延伸强度 $R_{p0.2}$/MPa | 断后伸长率 $A_{25mm}$/% |
|---|---|---|---|
| BeAl-F | ≥270 | ≥160 | ≥2 |
| BeAl-Z | ≥160 | ≥80 | ≥2 |

3.4 **密度**

产品的密度为(2.1±0.1)g/cm³。

3.5 **外形、尺寸和外观质量**

产品的外形、尺寸和外观质量应符合双方签订的订货合同。

3.6 **内部质量**

产品应进行X射线检验。在2.0%～3.0%的照相灵敏度条件下，内部缺陷应符合双方签订的订货合同。

## 4 试验方法

4.1 化学成分的仲裁分析方法由供需双方协商解决。

4.2 力学性能的检验按GB/T 228的规定进行，拉伸试验试样如图1所示。

4.3 密度的检验按GB/T 3850的规定进行。

4.4 尺寸的检验用相应精度的量具进行检查。

4.5 外形和外观质量用目视检查。

4.6 内部质量的检验按GJB 1550的规定进行。

单位为毫米

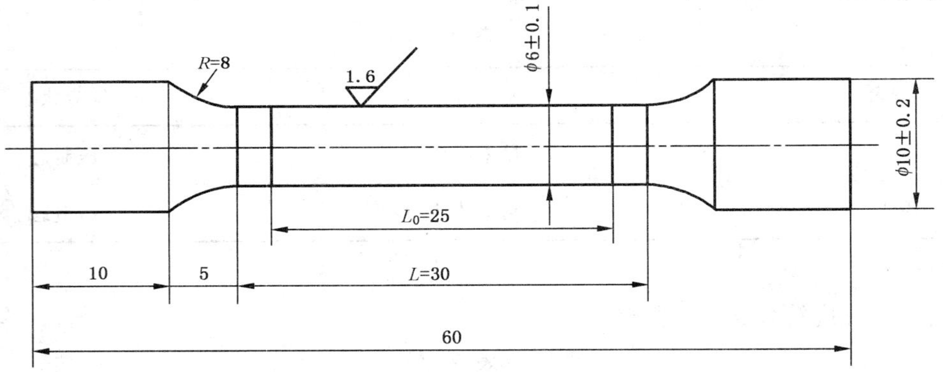


图 1

## 5 检验规则

5.1 **检查和验收**

5.1.1 产品应由供方质量检验部门进行检验，保证产品质量符合本标准(或订货单)的规定，并填写质量证明书。

5.1.2 需方应对收到的产品按本标准的规定进行检验，如检验结果与本标准及合同(或订货单)的规定不符时，应在收到产品之日起(1个月)内，以书面形式向供方提出，由供需双方协商解决。如需仲裁，仲裁取样在需方由供需双方共同进行。

5.2 **组批**

产品应成批提交验收，每批应由同一牌号、同一生产工艺的产品组成。

5.3 检验项目

每批产品均应进行化学成分、力学性能、密度、尺寸、外形和外观质量、内部质量的检验。

5.4 取样和制样

5.4.1 产品的取样和制样应符合表4的规定。

表 4

| 检验项目 | 取样规定 | 要求的章条号 | 检查或试验方法章条号 |
|---|---|---|---|
| 化学成分 | 5.4.2 | 3.2 | 4.1 |
| 力学性能 | 5.4.3 | 3.3 | 4.2 |
| 密度 | 逐件 | 3.4 | 4.3 |
| 尺寸和外形 | 逐件 | 3.5 | 4.4 |
| 外观质量 | 逐件 | 3.5 | 4.5 |
| 内部质量 | 逐件 | 3.6 | 4.6 |

5.4.2 化学成分的取样规定。

5.4.2.1 仲裁取样数量：每批产品取样3个。

5.4.2.2 仲裁取样方法：

a) 取样位置：产品交叉对角线的中心点及交叉线的任意两端点。

b) 取样方法：采用钻孔法，产品去掉表皮2 mm后，取样100 g。

5.4.2.3 试样的制备：使用玛瑙石研钵，将试样研磨至100目。

5.4.3 力学性能的取样规定。

5.4.3.1 仲裁取样数量：每批产品取样3个。

5.4.3.2 仲裁取样方法：

a) 取样位置：产品交叉对角线的中心点及交叉线的任意两端点。

b) 取样方法：使用锯切法，将试样切割成$\phi$11 mm、长61 mm的圆棒。

5.4.3.3 试样的制备：使用线切割及数控车床，将试样加工成图1的尺寸。

5.5 检验结果的判定

5.5.1 化学成分检验结果与本标准规定不符时，应在同一产品上依据取样规则另取双倍试样对不合格项目进行重复检验，如仍有一个试样的检验结果不合格时，判该批产品不合格。

5.5.2 当力学性能试验结果中有两个试样检测结果与本标准规定不符时，另取双倍试样进行重复检验。重复试验结果全部合格，则判该批产品合格。若重复检验结果仍有试样不合格，则判该批产品不合格。

5.5.3 密度检验结果与本标准规定不符时，判该件不合格。

5.5.4 外形、尺寸和外观质量检验结果与本标准规定不符时，判该件不合格。

5.5.5 内部质量检验与本标准规定不符时，判该件不合格。

## 6 包装、标志、运输、贮存及质量证明书

6.1 标志

6.1.1 每批产品应附有产品合格证。

6.1.2 每个产品包装箱上应注明“防潮”和“小心轻放”字样或标志，并标明以下内容：

a) 供方名称；

b) 产品名称及牌号；

c) 生产批号或产品批号；

d） 产品数量；

e） 产品净重；

f） 出厂日期。

### 6.2 包装、运输、贮存

6.2.1 应在产品订货合同中标明产品包装的具体要求。

6.2.2 产品在包装和运输过程中应防止机械碰撞或金属锤击，操作人员必须戴防护手套和口罩。

6.2.3 产品应存放于干燥和无酸、碱气氛之处。如与水接触时，则应及时进行干燥处理。

### 6.3 质量证明书

每批产品应附有质量证明书，其上注明：

a） 供方名称；

b） 产品名称；

c） 牌号；

d） 外形、尺寸、外观质量要求；

e） 批号或生产日期；

f） 件数；

g） 本标准编号；

h） 各项分析结果和供方质检部门检印。

## 7 合同（或订货单）内容

本标准所列材料的合同（或订货单）内应包括下列内容：

a） 产品名称；

b） 牌号；

c） 外形、尺寸、外观质量要求；

d） 化学成分检测方法；

e） 件数；

f） 本标准编号；

g） 其他需要协商或增加本标准以外要求的内容。

ICS 77.150.99
H 64

# 中华人民共和国国家标准

GB/T 26064—2010

# 锂　圆　片

**Lithium wafers**

2011-01-10 发布　　2011-10-01 实施

中华人民共和国国家质量监督检验检疫总局
中国国家标准化管理委员会　发布

# 前　言

本标准由全国有色金属标准化技术委员会(SAC/TC 243)归口。

本标准起草单位:北京有色金属研究总院、中核建中核燃料元件有限公司、天津中能锂业有限公司。

本标准主要起草人:贾玉兰、童仲坤、陈强、张江峰、何平。

# 锂 圆 片

## 1 范围

本标准规定了锂圆片的要求、试验方法、检验规则、标志、包装、运输、贮存及质量证明书与合同(或订货单)内容。

本标准适用于以电池级金属锂为原料,经挤压、冲制制得的供锂-锰及其他锂系列扣式电池用的锂圆片。

## 2 规范性引用文件

下列文件对于本文件的应用是必不可少的。凡是注日期的引用文件,仅所注日期的版本适用于本文件。凡是不注日期的引用文件,其最新版本(包括所有的修改单)适用于本文件。

GB 190 危险货物包装标志

GB/T 191 包装储运图示标志

GB/T 325.1 包装容器 钢桶 第1部分:通用技术要求

GB/T 4369—2007 锂

GB/T 6388 运输、包装、收发货标志

GB/T 10785 开顶金属圆罐规格系列

GB/T 20931(所有部分) 锂化学分析方法

## 3 要求

### 3.1 产品牌号

锂圆片的牌号为GB/T 4369—2007中的Li-3。

### 3.2 化学成分

锂圆片的化学成分应符合表1的规定。需方如对化学成分有特殊要求,可由供需双方协商。

**表1 锂圆片的化学成分** %

| 牌号 | Li 不小于 | 杂质元素(质量分数) 不大于 | | | | | | | | | |
|---|---|---|---|---|---|---|---|---|---|---|---|
| | | K | Na | Ca | Fe | Si | Al | Ni | Cu | $Cl^-$ | N |
| Li—3 | 99.90 | 0.005 | 0.020 | 0.020 | 0.005 | 0.004 | 0.005 | 0.003 | 0.004 | 0.006 | 0.020 |
| 注:锂含量为100%减去表中杂质实测值总和。 | | | | | | | | | | | |

## 3.3 尺寸及允许偏差

锂圆片的尺寸及允许偏差值应符合表 2 的规定。

表 2 锂圆片的规格及允许偏差

单位为毫米

| 直径 | 直径允许偏差 | 厚度 | 厚度允许偏差 |
| --- | --- | --- | --- |
| 4～16 | ±0.02 | 0.20～0.30 | ±0.01 |
| | | >0.30～0.60 | ±0.02 |
| >16～21 | ±0.02 | 0.30～0.50 | ±0.02 |
| | | >0.50～1.00 | ±0.03 |
| | | >1.0～2.00 | ±0.04 |

注 1：根据需方要求，可供单向偏差规格产品，其偏差值为表中所列相应数值的 2 倍。

注 2：对锂圆片的尺寸有特殊规定或要求时，可由供需双方协商。

## 3.4 外观质量

3.4.1 锂圆片表面应光洁，无毛刺。

3.4.2 锂圆片表面不允许有油斑或其他夹杂物，不允许有孔洞和缺角，边部无皱褶。

3.4.3 锂圆片表面允许有轻微的挤压条纹或加工辊印。

# 4 试验方法

4.1 锂圆片的化学成分仲裁分析方法按 GB/T 20931 的规定进行。

4.2 锂圆片的尺寸采用相应精度的量具进行测量。

4.3 锂圆片的外观采用目视检验法。

# 5 检验规则

## 5.1 检查和验收

5.1.1 产品应由供方进行检验，保证产品质量符合本标准及合同（或订货单）的规定，并填写质量证明书。

5.1.2 需方应对收到的产品按本标准的规定进行检验。检验结果与本标准及合同（或订货单）的规定不符时，应在收到产品之日起 15 天内以书面形式向供方提出，由供需双方协商解决。

## 5.2 组批

产品应成批提交验收，每批应由同批锂锭在同一加工条件下加工的锂圆片组成，每批重量应不大于 100 kg。

## 5.3 检验项目

产品应进行化学成分、尺寸及偏差、外观质量的检验。锂圆片的化学成分允许供方以制得相应锂圆片的锂锭的化学成分分析结果报出。

### 5.4 取样和制样

5.4.1 产品的取样应符合表3的规定。

**表3 检验项目和取样规定**

| 检验项目 | 取样规定 | 要求的章条号 | 试验方法章条号 |
| --- | --- | --- | --- |
| 化学成分 | 5.4.2 | 3.2 | 4.1 |
| 外形尺寸 | 每批抽取一罐(袋),任取3～5片 | 3.3 | 4.2 |
| 外观质量 | 每批抽取一罐(袋),任取3～5片 | 3.4 | 4.3 |

5.4.2 化学成分的仲裁取样和制样应符合以下规定：

5.4.2.1 如用自产锂锭加工锂圆片,浇注每一炉精锂锭时,同时浇注一个 $\phi$100 mm×120 mm 的样锭,清除表皮,沿锭的横截面切成锂片,放入盛有除去水、气的石蜡油的磨口取样瓶中,也可装入干燥的铝塑复合袋中密封待检。

5.4.2.2 如用外购锂锭加工锂圆片,可从购得的商品锂锭中随机抽取一个锂锭,将锂锭等高分成三份,取中间截面部分去除表皮后切成小块,放入盛有除去水、气的石蜡油的磨口取样瓶中,也可放入干燥的铝塑复合袋中密封待检。

5.4.2.3 仲裁取样按如下规定进行:从该批产品中任取三罐(袋),每罐(袋)各取150 g锂圆片,在干燥(相对湿度≤2%)或氩气环境中,放在清洁、干燥的不锈钢坩埚中熔化,用不锈钢棒搅拌,除去浮渣后,铸出检验所需锂锭,按5.4.2.2规定切去表皮剪成小块作为待检试样。

### 5.5 检验结果的判定

5.5.1 化学成分不合格时,判该批产品不合格。

5.5.2 尺寸和外观质量不合格时,另取双倍试样进行重复试验,若仍有不合格项时,判该批产品不合格。

## 6 标志、包装、运输、贮存及质量证明书

### 6.1 标志

6.1.1 产品外包装上应标明:GB 190中"遇湿易燃物品"标志、GB/T 191中"怕湿"标志和GB/T 6388中"化工"标志。

6.1.2 产品外包装上每箱或每钢桶应附有标签或标牌,注明：

a) 供方名称、商标;

b) 产品名称;

c) 产品牌号;

d) 产品规格;

e) 产品毛重;

f) 产品净重；

g) 包装日期；

h) 产品批号。

6.1.3 产品内包装中，每罐（袋）产品应附有标签或标牌，注明：

a) 供方名称；

b) 产品牌号；

c) 产品规格；

d) 产品净重；

e) 产品批号；

f) 生产日期。

### 6.2 包装

6.2.1 内包装采用 GB/T 10785 中规定的开顶金属圆罐系列中之“9”字头各种规格圆罐或采用铝塑复合袋充干燥氩气密封。

6.2.2 外包装采用 5 层以上瓦楞硬纸箱包装，箱内用软物塞紧以防蹿动。

6.2.3 外包装若采用钢桶包装，钢桶应符合 GB/T 325.1 的要求，桶内用软物塞紧。

### 6.3 运输和贮存

6.3.1 锂圆片产品属于遇湿易燃物品。运输过程中应防火、防潮，严禁倒置，不得剧烈碰撞、挤压，搬运钢桶时不得桶身着地滚动。

6.3.2 产品应存放于清洁、干燥、无腐蚀气氛处，禁止存放在站台及露天场所，不得重叠堆放。

6.3.3 贮存保质期为六个月。

### 6.4 质量证明书

每批产品应附有质量证明书，注明：

a) 供方名称、地址、电话、传真；

b) 产品名称；

c) 产品牌号；

d) 产品规格；

e) 批号；

f) 批重、件数；

g) 各项分析检验结果及质量检验部门印记；

h) 本标准编号；

i) 生产许可证编号；

j) 出厂日期（或包装日期）。

## 7 合同（或订货单）内容

合同（或订货单）应包括以下内容：

a） 产品名称；

b） 产品牌号；

c） 规格；

d） 重量；

e） 本标准编号；

f） 其他。

ICS 29.045
H 80

# 中华人民共和国国家标准

GB/T 26065—2010

# 硅单晶抛光试验片规范

## Specification for polished test silicon wafers

2011-01-10 发布 2011-10-01 实施

中华人民共和国国家质量监督检验检疫总局
中国国家标准化管理委员会 发布

# 前　言

本标准由全国半导体设备和材料标准化技术委员会材料分技术委员会(SAC/TC 203/SC 2)归口。

本标准起草单位:宁波立立电子股份有限公司、杭州海纳半导体有限公司。

本标准主要起草人：宫龙飞、何良恩、许峰、黄笑容、刘培东、王飞尧。

# 硅单晶抛光试验片规范

## 1 范围

1.1 本标准规定了半导体器件制备中用作检验和工艺控制的硅单晶试验片的技术要求。

1.2 本标准涵盖尺寸规格、结晶取向及表面缺陷等特性要求。本标准涉及了 50.8 mm～300 mm 所有标准直径的硅抛光试验片技术要求。

1.3 对于更高要求的硅单晶抛光片规格，如：颗粒测试硅片、光刻分辨率试验用硅片以及金属离子监控片等，参见 SEMI 24《硅单晶优质抛光片规范》。

## 2 规范性引用文件

下列文件对于本文件的应用是必不可少的。凡是注日期的引用文件，仅注日期的版本适用于本文件。凡是不注日期的引用文件，其最新版本(包括所有的修改单)适用于本文件。

GB/T 1550 非本征半导体材料导电类型测试方法
GB/T 1554 硅晶体完整性化学择优腐蚀检验方法
GB/T 1555 半导体单晶晶向测定方法
GB/T 1557 硅晶体中间隙氧含量的红外吸收测量方法
GB/T 2828.1 计数抽样检验程序 第 1 部分：按接收质量限(AQL)检索的逐批检验抽样计划
GB/T 4058 硅抛光片氧化诱生缺陷的检验方法
GB/T 6616 半导体硅片电阻率及硅薄膜薄层电阻测试方法 非接触涡流法
GB/T 6618 硅片厚度和总厚度变化测试方法
GB/T 6619 硅片弯曲度测试方法
GB/T 6620 硅片翘曲度非接触式测试方法
GB/T 6621 硅片表面平整度测试方法
GB/T 6624 硅抛光片表面质量目测检验方法
GB/T 11073 硅片径向电阻率变化的测量方法
GB/T 12964 硅单晶抛光片
GB/T 13387 硅及其他电子材料晶片参考面长度测量方法
GB/T 13388 硅片参考面结晶学取向 X 射线测试方法
GB/T 14140 硅片直径测量方法
GB/T 14264 半导体材料术语
YS/T 26 硅片边缘轮廓检验方法
SEMI 24 硅单晶优质抛光片规范
ASTM F1526 表面金属含量测量

## 3 术语和定义

GB/T 14264 中界定的术语和定义适用于本文件。

## 4 要求

### 4.1 产品分类

根据硅片直径大小将硅单晶抛光试验片划分为:小直径硅片和大直径硅片。其中,小直径硅片分A、B、C三个级别;大直径硅片分机械试验片和工艺试验片。另外,本标准还定义了线宽为0.18 μm或0.13 μm的200 mm和300 mm硅试验片规范,具体分类如表1所示。

表1 硅单晶抛光试验片分类

| 项目 | 小直径硅片 | 大直径硅片 | | |
|---|---|---|---|---|
| 直径范围/mm | ≤125 | ≥150 | | |
| 产品类别 | A级、B级、C级 | 机械试验片 | 工艺试验片 | 0.18 μm或0.13 μm线宽的200 mm和300 mm硅试验片 |

### 4.2 小直径硅抛光试验片规格

A级、B级和C级硅抛光试验片必须包含表2中列出的各项规格项目,表3为小直径硅单晶抛光试验片详细规范要求。

表2 小直径硅单晶抛光片分类及必须包含规格项目列表

| 等级 | 生长方法 | 直径 | 晶向 | 厚度 | 取向基准 | 边缘轮廓 | 表面沾污 | 表面缺陷 | 导电类型 | 掺杂剂 | 电阻率 |
|---|---|---|---|---|---|---|---|---|---|---|---|
| A级 | √ | √ | √ | √ | √ | √ | √ | √ | √ | √ | √ |
| B级 | √ | √ | √ | √ | √ | √ | √ | √ | — | — | — |
| C级 | √ | √ | √ | √ | √ | √ | — | — | — | — | — |
| 注:"√"表示硅单晶抛光试验片中必须包含的规格项目,"—"表示该试验片可以不包含的规格项目。 | | | | | | | | | | | |

表3 小直径硅单晶抛光试验片规范

| 项目 | | 技术要求 | | |
|---|---|---|---|---|
| | | A级 | B级 | C级 |
| 1.0 | 一般特性 | | | |
| 1.1 | 生长方法 | 用户规定 | 用户规定 | 用户规定 |
| 1.2 | 晶向 | 用户规定 | 用户规定 | 用户规定 |
| 1.3 | 导电类型 | 用户规定 | 不规定 | 不规定 |
| 1.4 | 掺杂剂 | 用户规定 | 不规定 | 不规定 |
| 1.5 | FQA、边缘去除距离 | 不规定 | 不规定 | 不规定 |
| 2.0 | 电学特性 | | | |
| 2.1 | 电阻率 | 用户规定 | 用户规定 | 用户规定 |
| 2.2 | 径向电阻率变化(RRG) | 可选 | 可选 | 可选 |

表 3（续）

| 项目 | | 技术要求 | | |
|---|---|---|---|---|
| | | A 级 | B 级 | C 级 |
| 2.3 | 电阻率条纹 | 不规定 | 不规定 | 不规定 |
| 2.4 | 少子寿命 | 不规定 | 不规定 | 不规定 |
| 3.0 | 化学特性 | | | |
| 3.1 | 氧含量 | 不规定 | 不规定 | 不规定 |
| 3.2 | 径向氧含量变化 | 不规定 | 不规定 | 不规定 |
| 3.3 | 碳浓度 | 不规定 | 不规定 | 不规定 |
| 4.0 | 结构特性 | | | |
| 4.1 | 位错蚀坑密度 | 无位错蚀坑 | 可选 | 不规定 |
| 4.2 | 滑移线 | 无滑移线 | 可选 | 不规定 |
| 4.3 | 系属结构 | 无系属结构 | 可选 | 不规定 |
| 4.4 | 孪晶 | 无孪晶 | 可选 | 不规定 |
| 4.5 | 漩涡 | 无漩涡 | 可选 | 不规定 |
| 4.6 | 浅蚀坑 | 无浅蚀坑 | 可选 | 不规定 |
| 4.7 | OISF | 可选 | 可选 | 不规定 |
| 4.8 | 氧沉淀 | 不规定 | 不规定 | 不规定 |
| 5.0 | 硅片制备特性 | | | |
| 5.1 | 硅片 ID 标志 | 可选 | 可选 | 不规定 |
| 5.2 | 正面薄膜 | 可选 | 可选 | 不规定 |
| 5.3 | 洁净区 | 可选 | 可选 | 不规定 |
| 5.4 | 非本征吸除 | 可选 | 可选 | 不规定 |
| 5.5 | 背封 | 可选 | 可选 | 不规定 |
| 5.6 | 退火 | 可选 | 可选 | 不规定 |
| 6.0 | 机械特性 | | | |
| 6.1 | 直径偏差/mm | | | |
| | 50.8 mm | ±0.38 | ±0.51 | ±0.76 |
| | 76.2 mm | ±0.51 | ±0.64 | ±1.27 |
| | 100 mm | ±0.20 | ±0.50 | ±1.00 |
| | 125 mm | ±0.20 | ±0.50 | ±1.00 |
| 6.2 | 主参考面尺寸/mm | | | |
| | 50.8 mm（平边长度） | 12.70～19.05 | 12.70～19.05 | 12.70～19.05 |
| | 76.2 mm(平边长度) | 19.05～25.40 | 19.05～25.40 | 19.05～25.40 |
| | 100 mm(平边长度) | 30～35 | 28～37 | 28～37 |
| | 125 mm(平边长度) | 40～45 | 38～47 | 38～47 |

表 3（续）

| 项目 | | 技术要求 | | |
|---|---|---|---|---|
| | | A 级 | B 级 | C 级 |
| 6.3 | 主参考面方向 | {110}±2° | {110}±2° | {110}±2° |
| 6.4 | 副参考面长度 | 不规定 | 不规定 | 不规定 |
| 6.5 | 副参考面位置 | 不规定 | 不规定 | 不规定 |
| 6.6 | 边缘轮廓 | GB/T 12964 | GB/T 12964 | 可选 |
| 6.7 | 厚度/μm | | | |
| | 50.8 mm | 241.3～317.5 | 228.6～330.2 | 203.2～330.2 |
| | 76.2 mm | 342.9～419.1 | 330.2～431.8 | 304.8～457.2 |
| | 100 mm(SEMI M1.5) | 505～545 | 500～550 | 475～575 |
| | 100 mm(SEMI M1.6) | 605～645 | 600～650 | 575～675 |
| | 125 mm | 605～645 | 600～650 | 575～675 |
| 6.8 | 厚度变化(TTV) | 不规定 | 不规定 | 不规定 |
| 6.9 | 晶向 | 用户规定 | 可选 | 不规定 |
| 6.10 | 弯曲度(Bow) | 不规定 | 不规定 | 不规定 |
| 6.11 | 翘曲度(Warp) | 不规定 | 不规定 | 不规定 |
| 6.12 | 峰-谷差 | 不规定 | 不规定 | 不规定 |
| 6.13 | 总平整度 | 不规定 | 不规定 | 不规定 |
| 6.14 | 局部平整度 | 不规定 | 不规定 | 不规定 |
| 7.0 | 正面化学性质 | | | |
| 7.1 | 表面金属沾污 | | | |
| | 钠(Na) | 可选 | 不规定 | 不规定 |
| | 铝(Al) | 可选 | 不规定 | 不规定 |
| | 铬(Cr) | 可选 | 不规定 | 不规定 |
| | 铁(Fe) | 可选 | 不规定 | 不规定 |
| | 镍(Ni) | 可选 | 不规定 | 不规定 |
| | 铜(Cu) | 可选 | 不规定 | 不规定 |
| | 锌(Zn) | 可选 | 不规定 | 不规定 |
| | 钙(Ca) | 可选 | 不规定 | 不规定 |
| 8.0 | 正表面目检特性 | | | |
| 8.1 | 划伤 | 不规定 | 不规定 | 不规定 |
| | 总长度 | <$R$/5 | <$R$/2 | 不规定 |
| 8.2 | 蚀坑 | 无蚀坑 | 无蚀坑 | 不规定 |
| 8.3 | 雾 | 无雾 | 无雾 | 不规定 |

表 3（续）

| 项目 | | 技术要求 A 级 | 技术要求 B 级 | 技术要求 C 级 |
|---|---|---|---|---|
| 8.4 | 局部光散射体(边缘 4 mm 除外)个数/片 | | | |
| | 50.8 mm | ≤3 | ≤7 | 不规定 |
| | 76.2 mm | ≤7 | ≤18 | 不规定 |
| | 100 mm | ≤15 | ≤35 | 不规定 |
| | 125 mm | ≤20 | ≤55 | 不规定 |
| 8.5 | 沾污/区域 | 无区域沾污 | 无区域沾污 | 不规定 |
| 8.6 | 崩边 | 无崩边 | 无崩边 | 不规定 |
| 8.7 | 边缘裂纹 | 无边缘裂纹 | 无边缘裂纹 | 不规定 |
| 8.8 | 裂纹、鸦爪 | 无裂纹、鸦爪 | 无裂纹、鸦爪 | 不规定 |
| 8.9 | 火山口(弹坑状)缺陷 | 无火山口缺陷 | 无火山口缺陷 | 不规定 |
| 8.10 | 凹坑 | 无凹坑 | 无凹坑 | 不规定 |
| 8.11 | 沟槽 | 无沟槽 | 无沟槽 | 不规定 |
| 8.12 | 小丘 | 无小丘 | 无小丘 | 不规定 |
| 8.13 | 桔皮 | 无桔皮 | 无桔皮 | 不规定 |
| 8.14 | 刀痕 | 无刀痕 | 无刀痕 | 不规定 |
| 8.15 | 杂质条纹 | 无杂质条纹 | 无杂质条纹 | 不规定 |
| 8.16 | 沾污 | 无沾污 | 无沾污 | 不规定 |
| 9.0 | 背面特性 | | | |
| 9.1 | 崩边 | 无崩边 | 无崩边 | 不规定 |
| 9.2 | 裂纹、鸦爪 | 无裂纹、鸦爪 | 无裂纹、鸦爪 | 不规定 |
| 9.3 | 沾污 | 无沾污 | 无沾污 | 不规定 |
| 9.4 | 刀痕 | 无刀痕 | 无刀痕 | 不规定 |
| 9.5 | 沾污 | 无沾污 | 无沾污 | 不规定 |
| 9.6 | 粗糙度 | 不规定 | 不规定 | 不规定 |
| 9.7 | 光亮度 | 不规定 | 不规定 | 不规定 |

**注 1**：用户规定，是指该项目的规范要求必须由用户给出。
**注 2**：不规定，是指在本标准中不对该项目做出强制性定义，如果客户对该项目有要求，则由客户给出规范。
**注 3**：可选，是指对于相应级别的试验片，该项目可供用户选择，并由用户给出相关规范要求。

## 4.3 大直径硅抛光试验片规格

### 4.3.1 机械试验片和工艺试验片规范

机械试验片和工艺试验片必须包含表 4 中所列举的规格项目。表 5 为大直径硅单晶抛光试验片详细规范要求。

表 4　大直径硅抛光片分类及必须包含规格项目

| 项目 | 生长方法 | 直径 | 晶向 | 厚度 | 取向基准 | 边缘轮廓 | 表面沾污 | 表面缺陷 | 导电类型 | 掺杂剂 | 电阻率 |
|---|---|---|---|---|---|---|---|---|---|---|---|
| 机械试验片 | √ | √ | √ | √ | √ | √ | — | — | — | — | — |
| 工艺试验片 | √ | √ | √ | √ | √ | √ | √ | √ | √ | √ | √ |
| 注：“√”表示硅单晶抛光试验片中必须包含的规格项目，“—”表示该试验片可以不包含的规格项目。 | | | | | | | | | | | |

表 5　大直径硅单晶抛光试验片规范

| 项　目 | | 技术要求 | |
|---|---|---|---|
| | | 分类 | |
| | | 工艺试验片 | 机械试验片 |
| 1.0 | 一般特性 | | |
| 1.1 | 生长方法 | CZ 或 MCZ | CZ 或 MCZ |
| 1.2 | 晶向 | 用户规定 | 不规定 |
| 1.3 | 导电类型 | p 或 n | 不规定 |
| 1.4 | 掺杂剂 | B 或 P | 不规定 |
| 1.5 | FQA、边缘去除距离/mm | 3 | 3 |
| 2.0 | 电学特性 | | |
| 2.1 | 电阻率/(Ω·cm) | ＞1 | 不规定 |
| 2.2 | 径向电阻率变化(RRG) | 不规定 | 不规定 |
| 2.3 | 电阻率条纹 | 不规定 | 不规定 |
| 2.4 | 少子寿命 | 不规定 | 不规定 |
| 3.0 | 化学特性 | | |
| 3.1 | 氧含量 | 不规定 | 不规定 |
| 3.2 | 径向氧含量变化 | 不规定 | 不规定 |
| 3.3 | 碳浓度 | 不规定 | 不规定 |
| 4.0 | 结构特性 | | |
| 4.1 | 位错蚀坑密度/(个/$cm^2$) | ＜500 | 不规定 |
| 4.2 | 滑移线 | 无滑移线 | 不规定 |
| 4.3 | 系属结构 | 无系属结构 | 不规定 |
| 4.4 | 孪晶 | 无孪晶 | 不规定 |
| 4.5 | 漩涡 | 不规定 | 不规定 |
| 4.6 | 浅蚀坑 | 不规定 | 不规定 |
| 4.7 | OISF | 不规定 | 不规定 |
| 4.8 | 氧沉淀 | 不规定 | 不规定 |

表 5（续）

| 项目 | | 技术要求 分类 工艺试验片 | 机械试验片 |
| --- | --- | --- | --- |
| 5.0 | 硅片制备特性 | | |
| 5.1 | 硅片 ID 标志 | 可选 | 可选 |
| 5.2 | 正面薄膜 | 不规定 | 不规定 |
| 5.3 | 洁净区 | 不规定 | 不规定 |
| 5.4 | 非本征吸除 | 不规定 | 不规定 |
| 5.5 | 背封 | 不规定 | 不规定 |
| 5.6 | 退火 | 不规定 | 不规定 |
| 6.0 | 机械特性 | | |
| 6.1 | 直径偏差/mm | | |
| | 150 mm | ±0.2 | ±0.2 |
| | 200 mm | ±0.2 | ±0.2 |
| | 300 mm | ±0.2 | ±0.2 |
| 6.2 | 主参考面尺寸(或切口深度)/mm | | |
| | 150 mm(平边长度) | 57.5±2.5 | 57.5±2.5 |
| | 200 mm(切口深度) | 1.00～1.25 | 1.00～1.25 |
| | 200 mm(主参考面直径) | 195.5±0.2 | 195.5±0.2 |
| | 300 mm(切口深度) | 1.00～1.25 | 1.00～1.25 |
| 6.3 | 主参考面/切口取向 | {110}±1° | {110}±1° |
| 6.4 | 副参考面长度/mm | | |
| | 150 mm | 37.5±2.5 | |
| | 200 mm、300 mm | 无副参考面 | |
| 6.5 | 副参考面位置(150 mm) | | |
| | P 型<111>硅片 | 无副参考面 | |
| | N 型<111>硅片 | 与主参考面顺时针成 45°±5° | |
| | P 型<100>硅片 | 与主参考面顺时针成 90°±5° | |
| | N 型<100>硅片 | 与主参考面顺时针成 135°±5° | |
| 6.6 | 边缘轮廓 | GB/T 12964 | |
| 6.7 | 厚度/μm | | |
| | 150 mm | 675±20 | 675±20 |
| | 200 mm(缺口或者平边) | 725±20 | 725±20 |
| | 300 mm | 775±20 | 775±20 |
| 6.8 | 厚度变化(TTV) | 不规定 | 不规定 |

表 5（续）

| 项目 | | 技术要求 | |
| --- | --- | --- | --- |
| | | 分类 | |
| | | 工艺试验片 | 机械试验片 |
| 6.9 | 晶向（直径＜200 mm） | 不规定 | 不规定 |
| | 晶向（300 mm） | 不规定 | 不规定 |
| 6.10 | 弯曲度（Bow） | 不规定 | 不规定 |
| 6.11 | 翘曲度（Warp） | 不规定 | 不规定 |
| 6.12 | 峰-谷差 | 不规定 | 不规定 |
| 6.13 | 总平整度 | 不规定 | 不规定 |
| 6.14 | 局部平整度 | 不规定 | 不规定 |
| 7.0 | 正面化学性质 | | |
| 7.1 | 表面金属沾污 | —[a] | 不规定 |
| 8.0 | 正表面目检特性 | | |
| 8.1a | 划伤（宏观） 总长度 | 无宏观划伤 | 不规定 |
| 8.1b | 划伤（微观） 总长度 | ＜0.1×直径 | 不规定 |
| 8.2 | 蚀坑 | 无蚀坑 | 不规定 |
| 8.3 | 雾 | 无雾 | 不规定 |
| 8.4 | 局部光散射体<br>（边缘 3 mm 去除） | —[b] | 不规定 |
| | 150 mm | ＜35 颗/每片（@＞0.20 μm） | 不规定 |
| | 200 mm | ＜60 颗/每片（@＞0.20 μm） | 不规定 |
| | 300 mm | ＜135 颗/每片（@＞0.20 μm） | 不规定 |
| 8.5 | 沾污/区域 | 无区域沾污 | 不规定 |
| 8.6 | 崩边 | 无崩边 | 不规定 |
| 8.7 | 边缘裂纹 | 无边缘裂纹 | 不规定 |
| 8.8 | 裂纹、鸦爪 | 无裂纹、鸦爪 | 不规定 |
| 8.9 | 火山口（弹坑状）缺陷 | 无火山口缺陷 | 不规定 |
| 8.10 | 凹坑 | 无凹坑 | 不规定 |
| 8.11 | 沟槽 | 无沟槽 | 不规定 |
| 8.12 | 小丘 | 无小丘 | 不规定 |
| 8.13 | 桔皮 | 无桔皮 | 不规定 |
| 8.14 | 刀痕 | 无刀痕 | 不规定 |
| 9.0 | 背面特性 | | |
| 9.1 | 崩边 | 无崩边 | 不规定 |
| 9.2 | 粗糙度 | 不规定 | 不规定 |

表 5（续）

| 项目 | | 技术要求 | |
|---|---|---|---|
| | | 分类 | |
| | | 工艺试验片 | 机械试验片 |
| 9.3 | 亮度（光泽度） | | |
| | 150 mm/200 mm | 不规定 | 不规定 |
| | 300 mm | ≥80% | ≥80% |
| 9.4 | 局部光散射体 | 不规定 | 不规定 |
| 9.5 | 划伤（宏观） | <1/4 直径 | 不规定 |
| 9.6 | 划伤（微观） | 不规定 | 不规定 |
| 10.0 | 其他特性 | | |
| 10.1 | 150 mm/200 mm | 不规定 | 不规定 |
| | 300 mm | 抛光 | 不规定 |

注 1：用户规定，是指该项目的规范要求必须由用户给出。

注 2：不规定，是指在本标准中不对该项目做出强制性定义，如果客户对该项目有要求，则由客户给出规范。

注 3：可选，是指对于相应级别的试验片，该项目可供用户选择，并由用户给出相关规范要求。

[a] 根据硅片供应商的正片的清洗流程来清洗试验硅片，可以控制表面金属沾污到一定的程度。因此，对于测试片表面的金属沾污参数，并不需进行筛选。表面金属指标有特殊要求的硅片请参考 SEMI 24 硅单晶优质抛光片规范。

[b] 根据硅片供应商的正片的清洗流程来清洗试验硅片，可以控制局部光散射体（LLS）到一定的程度。因此，对于测试片表面的 LLS 参数，并不需进行筛选。表面 LLS 参数指标有特殊要求的硅片请参考 SEMI 24 硅单晶优质抛光片规范。

4.3.2 设计线宽为 0.18 μm 或 0.13 μm 的 200 mm 和 300 mm 硅单晶抛光试验片规范见表 6。

**表 6 设计线宽为 0.18 μm 或 0.13 μm 的 200 mm 和 300 mm 硅单晶抛光试验片规范**

| 项目 | | p 型试验片 |
|---|---|---|
| 1.0 | 一般特性 | |
| 1.1 | 生长方法 | CZ 或 MCZ |
| 1.2 | 晶向 | <100> |
| 1.3 | 导电类型 | p |
| 1.4 | 掺杂剂 | 硼 |
| 1.5 | 边缘去除距离/mm | 3 |
| 2.0 | 电学特性 | |
| 2.1 | 电阻率/（Ω·cm） | 0.5～50 |
| 2.2 | 径向电阻率变化（RRG） | 不规定 |
| 2.3 | 电阻率条纹 | 不规定 |
| 2.4 | 少子寿命 | 不规定 |

表 6（续）

| 项　　目 | | p 型试验片 |
|---|---|---|
| 3.0 | 化学特性 | |
| 3.1 | 氧含量 | 不规定 |
| 3.2 | 径向氧含量变化 | 不规定 |
| 3.3 | 碳浓度 | 不规定 |
| 4.0 | 结构特性 | |
| 4.1 | 位错蚀坑密度 | 不规定 |
| 4.2 | 滑移线 | 无滑移线 |
| 4.3 | 系属结构 | 无系属结构 |
| 4.4 | 孪晶 | 无孪晶 |
| 4.5 | 漩涡 | 不规定 |
| 4.6 | 浅蚀坑 | 不规定 |
| 4.7 | OISF | 不规定 |
| 4.8 | 氧沉淀 | 不规定 |
| 5.0 | 硅片制备特性 | |
| 5.1 | 硅片 ID 标志<br>200 mm<br>300 mm | 用户规定 |
| 5.2 | 正面薄膜 | 不规定 |
| 5.3 | 洁净区 | 不规定 |
| 5.4 | 非本征吸除 | 不规定 |
| 5.5 | 背封 | 不规定 |
| 5.6 | 退火 | 用户规定 |
| 6.0 | 机械特性 | |
| 6.1 | 直径/μm | |
| | 200 mm | 200±0.2 |
| | 300 mm | 300±0.2 |
| 6.2 | 主参考面尺寸/μm | |
| | 200 mm(主参考面直径) | 195.5±0.2 |
| | 300 mm | 无平边参考面 |
| 6.3 | 切口深度(mm)/切口取向 | 1.00～1.25 /{110}±1° |
| 6.4 | 边缘轮廓 | GB/T 12964 |
| 6.5 | 厚度偏差/μm | 标称厚度±25 |
| 6.6 | 厚度变化(TTV) | 不规定 |
| 6.7 | 晶向 | <100>±1 deg |
| 6.8 | 弯曲度(Bow) | 不规定 |

表 6（续）

| 项目 | | p 型试验片 |
|---|---|---|
| 6.9 | 翘曲度(Warp) | 不规定 |
| 6.10 | 峰-谷差 | 不规定 |
| 6.11 | 总平整度 | 不规定 |
| 6.12 | 局部平整度 | 不规定 |
| 7.0 | 正面化学性质 | |
| 7.1 | 表面金属沾污 | —[a] |
| 8.0 | 正表面目外观性 | |
| 8.1A | 划伤(宏观)累计长度 | 无宏观划伤 |
| 8.1B | 划伤(微观)累计长度 | <0.10×直径 |
| 8.2 | 蚀坑 | 无蚀坑 |
| 8.3 | 雾 | 无雾 |
| 8.4 | 局部光散射体 | —[b] |
| 8.5 | 沾污/区域 | 无区域沾污 |
| 8.6 | 崩边 | 无崩边 |
| 8.7 | 边缘裂纹 | 无边缘裂纹 |
| 8.8 | 裂纹、鸦爪 | 无裂纹、鸦爪 |
| 8.9 | 火山口(弹坑状)缺陷 | 无火山口缺陷 |
| 8.10 | 凹坑 | 无凹坑 |
| 8.11 | 沟槽 | 无沟槽 |
| 8.12 | 小丘 | 无小丘 |
| 8.13 | 桔皮 | 无桔皮 |
| 8.14 | 刀痕 | 无刀痕 |
| 8.15 | 杂质条纹 | 无杂质条纹 |
| 8.16 | 沾污 | 无沾污 |
| 9.0 | 背面特性 | |
| 9.1 | 崩边 | 无崩边 |
| 9.2 | 裂纹、鸦爪 | 无裂纹、鸦爪 |
| 9.3 | 沾污 | 无沾污 |
| 9.4 | 刀痕 | 无刀痕 |
| 9.5 | 沾污 | 无沾污 |
| 9.6 | 粗糙度 | 不规定 |
| 9.7 | 光亮度<br>200 mm<br>300 mm | 不规定 |
| 9.8 | 划伤(宏观)总长度 | 不规定 |

表 6（续）

<table>
<tr><th colspan="2">项　　目</th><th>p 型试验片</th></tr>
<tr><td>9.9</td><td>划伤(微观)总长度</td><td>不规定</td></tr>
<tr><td>9.10</td><td>局部光散射体</td><td>不规定</td></tr>
<tr><td>10.0</td><td>边缘条件</td><td>用户规定</td></tr>
<tr><td colspan="3">注 1：用户规定，是指该项目的规范要求必须由用户给出。<br>注 2：不规定，是指在本标准中不对该项目做出强制性定义，如果客户对该项目有要求，则由客户给出规范。<br>注 3：可选，是指对于相应级别的试验片，该项目可供用户选择，并由用户给出相关规范要求。</td></tr>
<tr><td colspan="3">[a] 根据硅片供应商的正片的清洗流程来清洗试验硅片，可以控制表面金属沾污到一定的程度。因此，对于测试片表面的金属沾污参数，并不需进行筛选。表面金属指标有特殊要求的硅片请参考 SEMI 24 硅单晶优质抛光片规范。<br>[b] 根据硅片供应商的正片的清洗流程来清洗试验硅片，可以控制 LLS 到一定的程度。因此，对于测试片表面的 LLS 参数，并不需进行筛选。表面 LLS 参数指标有特殊要求的硅片请参考 SEMI 24 硅单晶优质抛光片规范。</td></tr>
</table>

## 5 测试方法

5.1 导电类型测量按照 GB/T 1550 进行。

5.2 电阻率测量按照 GB/T 6616 进行。

5.3 径向电阻率变化测量按照 GB/T 11073 进行。

5.4 晶向的测量按照 GB/T 1555 进行。

5.5 参考面长度的测量按照 GB/T 13387 进行。

5.6 主参考面晶向按照 GB/T 13388 进行。

5.7 晶体完整性检验按照 GB/T 1554 进行。

5.8 抛光片表面氧化诱生层错按照 GB/T 4058 进行。

5.9 直径测量按照 GB/T 14140 进行。

5.10 间隙氧含量的测量按照 GB/T 1557 进行。

5.11 厚度和总厚度变化的测量按照 GB/T 6618 进行。

5.12 翘曲度测量按照 GB/T 6620 进行。

5.13 弯曲度测量按照 GB/T 6619 进行。

5.14 平整度测量按照 GB/T 6621 进行。

5.15 表面质量检验按照 GB/T 6624 进行。

5.16 边缘轮廓的测量按照 YS/T 26 进行。

5.17 局部光散射测量按照 GB/T 19921 进行。

5.18 表面金属含量测量按照 ASTM F1526 进行。

## 6 检验规则

### 6.1 检查和验收

6.1.1 产品应由供方技术(质量)监督部门进行检验，保证产品质量符合本标准的规定，并填写产品质量保证书。

6.1.2 需方可对收到的产品按本标准的规定进行检验，若检验结果与本标准(或订货合同)的规定不符时，应在收到产品之日起三个月内向供方提出，由供需双方协商解决。

### 6.2 组批

硅单晶抛光试验片以批的形式提交验收，每批应由同一牌号相同规格的抛光片组成。

### 6.3 检验项目

6.3.1 每批抛光片抽检检测项目包括：厚度、电阻率、表面特性、晶向、参考面长度及位置、总厚度变化、翘曲度、弯曲度、直径、导电类型等。

6.3.2 其他项目如需检验，由供需双方协商确定。

### 6.4 抽检方法及检验结果的判定

6.4.1 每批产品如属非破坏性测试项目，检测按 GB/T 2828.1 的一般抽样方案进行，合格质量水平(AQL)值由供需双方协商决定。

6.4.2 如属破坏性测试项目，检测按 GB/T 2828.1 特殊检查抽样方案进行，合格质量水平(AQL)值由供需双方协商决定。

## 7 包装、标志、运输和贮存

7.1 按照合同或订单中需求方的要求，材料的生产厂或者供货方在发货时，应提供本规范生产和检验的材料的合格证书及其检测报告。

7.2 硅单晶抛光试验片应在超净室内装入专用的抛光片包装盒，外用洁净的塑料袋和铝箔袋双层包装密封。每个抛光片盒上应贴有产品标签。标签内容至少应包括：产品名称、规格、片数、批号及日期。片盒装入一定规格的外包装箱，采取防震、防潮措施。

7.3 按本标准提供的硅片，应在每个包装箱或者其他容器以及每个片盒的外面贴上相应的标签。

7.4 包装箱外侧应有“小心轻放”、“防潮”、“易碎”等标识，并标明：

a) 需方名称，地点；

b) 产品名称、规格；

c) 产品件数及重量；

d) 供方名称。

7.5 运输、贮存

7.5.1 产品在运输过程中应轻装轻卸，勿压勿挤，并采取防震、防潮措施。

7.5.2 产品应贮存在清洁、干燥的环境中。

7.6 需求方对合格证书、包装、贮存等有特殊要求时，应由供需双方商定。

7.7 质量保证书

每批产品应附有产品质量保证书，注明：

a) 供方名称；

b) 产品名称，规格；

c) 产品批号；

d) 产品数量；

e) 各检验项检验结果；

f) 出厂日期。

## 8 订货单内容

本标准所列材料的订货单应包括下列内容：

a） 本标准编号；

b） 产品名称；

c） 产品批号；

d） 数量；

e） 生长方法；

f） 直径；

g） 晶向；

h） 厚度；

i） 取向基准；

j） 表面特性；

k） 导电类型；

l） 掺杂剂；

m） 电阻率；

n） 其他。

ICS 29.045
H 80

# 中华人民共和国国家标准

GB/T 26066—2010

# 硅晶片上浅腐蚀坑检测的测试方法

## Practice for shallow etch pit detection on silicon

2011-01-10 发布

2011-10-01 实施

中华人民共和国国家质量监督检验检疫总局
中国国家标准化管理委员会
发布

# 前　言

本标准由全国半导体设备和材料标准化技术委员会材料分技术委员会(SAC/TC 203/SC 2)归口。

本标准起草单位:洛阳单晶硅有限责任公司。

本标准主要起草人:田素霞、张静雯、王文卫、周涛。

# 硅晶片上浅腐蚀坑检测的测试方法

## 1 范围

本标准规定了用热氧化和化学择优腐蚀技术检验抛光片或外延片表面因沾污造成的浅腐蚀坑的检测方法。

本标准适用于检测〈111〉或〈100〉晶向的 p 型或 n 型抛光片或外延片，电阻率大于 0.001 Ω·cm。

## 2 规范性引用文件

下列文件对于本文件的应用是必不可少的。凡是注日期的引用文件，仅注日期的版本适用于本文件。凡是不注日期的引用文件，其最新版本(包括所有的修改单)适用于本文件。

GB/T 14264 半导体材料术语

## 3 术语和定义

GB/T 14264 界定的术语和定义适用于本文件。

## 4 方法提要

抛光片或外延片的某些缺陷经过热氧化和择优腐蚀后通过显微镜观察显示出浅腐蚀坑，并用图表确定和记录腐蚀坑的程度。

## 5 意义和用途

5.1 高密度腐蚀坑(>$10^4$ 个/$cm^2$)表明硅晶片上有金属沾污，其对半导体器件加工过程是有害的。

5.2 本测试方法的目的是用于来料验收和过程控制。

## 6 干扰因素

6.1 腐蚀过程中产生的气泡和腐蚀前不适当的清洗表面会影响观测结果。

6.2 腐蚀液使用量不够会影响观测效果。

6.3 择优腐蚀过程中严重的硅片沾污可阻止 p 型硅(<0.2Ω·cm)浅腐蚀坑的形成或使其模糊。

6.4 氧化环境沾污严重会增加浅腐蚀坑的密度。

## 7 仪器设备

7.1 高强度窄束光源：照度大于 16 klx(1 500 fc)的钨灯丝，距光源 100 mm 位置光束直径 20 mm～40 mm。

7.2 氢氟酸防护装备：氟塑料、聚乙烯或聚丙烯烧杯、量筒、镊子、眼罩、围裙、手套和防护套袖。

7.3 硅片托架：可固定硅片的防氢氟酸托架。腐蚀多片硅片的时候用。

7.4 光学显微镜：目镜和物镜组合使用可放大200倍~1 000倍。

载物台测微器：0.002 mm的刻度或更细，用于估量腐蚀坑的深度。

7.5 酸橱：通风橱，用于处理酸和酸气。

7.6 干燥机：用于干燥硅片。

## 8 试剂和材料

### 8.1 试剂纯度

8.1.1 氢氟酸：浓度49%±0.25%，优级纯。

8.1.2 高纯氮：纯度不低于99.99%。

8.1.3 高纯氧：纯度不低于99.99%。

8.1.4 三氧化铬：纯度不低于98.0%。

8.1.5 纯水：电阻率10 MΩ·cm(25 ℃)以上 。

### 8.2 腐蚀液配制

8.2.1 铬酸腐蚀液：将75 g三氧化铬置于1 L玻璃瓶中加水稀释至1 L，制成0.075 g/mL溶液。该溶液在干净的玻璃瓶、氟塑料瓶、聚乙烯瓶或聚丙烯瓶中贮存最长6个月。

8.2.2 对于电阻率高于0.2 Ω·cm的n型或p型试样：腐蚀液为2体积氢氟酸(8.1.1)、1体积铬酸腐蚀液的(8.2.1)混合液。

8.2.3 对于电阻率低于0.2 Ω·cm的n型或p型试样：腐蚀液为2体积氢氟酸(8.1.1)、1体积铬酸腐蚀液(8.2.1)和1.5体积纯水的混合液。

## 9 取样原则

9.1 选取的硅片代表供需双方商定的待检批次。

9.2 必要时供需双方在腐蚀前应建立相互接受的硅片清洗程序。

## 10 试样制备

10.1 用干净的非金属传送工具或自动传送器运输硅片，避免划伤或沾污表面。

10.2 根据表1列出的程序氧化硅抛光片，外延片是否要做氧化由供需双方商定，若不做氧化直接进行10.9以后的操作。

10.3 预热炉子至进炉温度。

10.4 将样片放入硅舟，要小心避免卡伤、划伤或沾污硅片。

10.5 按照表1的步骤1将石英舟推进恒温区，石英舟应在恒温区的中心。

10.6 按照表1的工艺条件和标准氧化、拉出。

10.7 硅片和石英附件从氧化炉里取出时温度非常高，在拿取前要充分冷却。

10.8 用传送工具或自动传送器将冷却到室温的硅片从石英舟传送到硅片托架上。

10.9 用氢氟酸浸泡2 min去掉氧化层，然后用纯水冲洗并干燥，最好用旋转干燥机甩干。

10.10 根据硅片的电阻率(见8.2.2和8.2.3)选择适当的腐蚀液，腐蚀液至少要全部浸没硅片，腐蚀2 min。如果缺陷腐蚀坑太小难以识别，延长腐蚀时间但不超过5 min。

表 1 浅腐蚀坑氧化程序

| 步骤 | | 工艺条件 | 标准 |
|---|---|---|---|
| 1 | 推进 | 环境 | 1%$O_2$,99%$N_2$ |
| | | 温度 | 950 ℃ |
| | | 推速 | 60 cm/min |
| 2 | 氧化 | 环境 | 1%$O_2$,99%$N_2$ |
| | | 温度 | 950 ℃ |
| | | 时间 | 7 min |
| 3 | 拉出 | 环境 | 1%$O_2$,99%$N_2$ |
| | | 温度 | 950 ℃ |
| | | 拉速 | 60 cm/min |

10.11 将腐蚀后的硅片连同托架快速传送至水浴器中冲洗。

10.12 干燥硅片,最好用旋转干燥机甩干。

## 11 浅腐蚀坑观测及测量

11.1 在高强度窄束光源(7.1)下观察硅片,如果观察到雾时,在至少放大 200 倍下观测,确定雾是否由于浅腐蚀坑形成的。若观察不到浅腐蚀坑,记录硅片没有浅腐蚀坑。

11.2 按照表 2 确定硅片表面的雾水平。

表 2 雾水平分级

| 水平 | 占硅片面积/% |
|---|---|
| A | 0～5 |
| B | >5～25 |
| C | >25～75 |
| D | >75～100 |

11.3 评估浅腐蚀坑的密度

11.3.1 放大 200 倍～1 000 倍观察硅片,区分腐蚀衍生物和浅腐蚀坑。

11.3.2 将硅片放在显微镜载物台上。

11.3.3 定位硅片观察腐蚀区域,选择的观察区域包括高密度的雾。

11.3.4 调节放大倍数,在视野内可看到≤100 个浅腐蚀坑,记录浅腐蚀坑的个数,如果在最大放大倍数下在视野内看到多于 100 个浅腐蚀坑,记录浅腐蚀坑密度太高无法计数。

11.3.5 用载物台测微器测量视场直径到大约 1 mm,计算视场面积,单位为平方厘米($cm^2$)。

11.3.6 数并记录视场内浅腐蚀坑的数目,能确定并能单个区分的腐蚀坑作为一个缺陷计数,聚集或重叠的缺陷不计。

11.3.7 用腐蚀坑数目除以视野面积,计算浅腐蚀坑密度,单位为(个/$cm^2$)。

11.3.8 如果在多个位置计数,用浅腐蚀坑密度的和除以计数位置的数目,计算硅片的平均浅腐蚀坑密度，单位为（个/$cm^2$）。

## 12 精度和偏差

12.1 精度：本方法只用于由浅腐蚀坑产生的雾覆盖区域和浅腐蚀坑密度的定性评估，方法的实验室间数据不能用于得出方法的重复性和再现性。

12.2 偏差：没有评价这种非强制性方法偏差的标准。

## 13 报告

13.1 报告包括以下信息：

a） 测试日期，操作者；

b） 硅片批号；

c） 测试硅片的标志（包括硅片名称、型号、晶向、直径、生长方法和背表面条件）；

d） 每片测试硅片的雾的水平；

e） 用图表表示高密度浅腐蚀坑的位置和分布。若评估浅腐蚀坑密度，表示计数位置。

13.2 如果在一片或多片硅片上评估浅腐蚀坑的密度，也要报告每片测试硅片的信息：

a） 测试中使用的放大倍数；

b） 浅腐蚀坑的平均密度；

c） 如果在多个位置计数，浅腐蚀坑的最大和最小密度。

ICS 29.045
H 17

GB

# 中华人民共和国国家标准

GB/T 26067—2010

# 硅片切口尺寸测试方法

## Standard test method for dimensions of notches on silicon wafers

2011-01-10 发布　　2011-10-01 实施

中华人民共和国国家质量监督检验检疫总局
中国国家标准化管理委员会　发布

# 前　　言

本标准由全国半导体设备和材料标准化技术委员会材料分技术委员会(SAC/TC 203/SC 2)归口。

本标准起草单位:有研半导体材料股份有限公司、万向硅峰电子股份有限公司。

本标准主要起草人:杜娟、孙燕、卢立延、楼春兰。

# 硅片切口尺寸测试方法

## 1 范围

1.1 本标准定性的提供了判定硅片基准切口是否满足标准限度要求的非破坏性测试方法。本方法的测试原理同样适用于其他切口尺寸的测量。

1.2 本标准中物体平面尺寸为0.1 mm时,通过20倍的放大后会在投影屏上形成2.0 mm的影像,通过50倍放大后会产生5.0 mm的投影。本方法可以发现切口轮廓上的最小尺寸细节。

1.3 本标准不提供切口顶端的曲率半径的测试。

## 2 规范性引用文件

下列文件对于本文件的应用是必不可少的。凡是注日期的引用文件,仅注日期的版本适用于本文件。凡是不注日期的引用文件,其最新版本(包括所有的修改单)适用于本文件。

GB/T 2828.1 计数抽样检验程序 第1部分:按接收质量限(AQL)检索的逐批检验抽样计划

GB/T 14264 半导体材料术语

## 3 术语和定义

GB/T 14264 界定的术语和定义适用于本文件。

## 4 方法概述

4.1 本方法是利用一系列轮廓模板在显示屏上的投影与载物台上的待测硅片的切口投影相比较,从而得到待测硅片的切口是否满足规定要求。

4.2 使硅片切口边缘的投影与定位硅片位置的定位销投影相切。此时,切口底部的投影应位于或者低于切口和深度模板的一条已设定基准线,并且硅片边缘的投影位于或高于轮廓板上的另外一条基准线。

4.3 重新定位硅片,使硅片的边缘和轮廓模板中“硅片外围线”重合,此时切口底部的投影应在轮廓模板上切口最深线和切口最浅线之间。

4.4 切口边缘的投影与切口角度轮廓模板上一系列切口角度相比较,其中选择轮廓模板中与切口边缘吻合最好的那个角的角度值作为切口的角度。

4.5 还可以使用边缘轮廓仪对于切口形状进行精确测量,具体参见附录A。

## 5 干扰因素

5.1 切口边缘处任何其他材料的沾污或者粗糙通过光路会产生扭曲的投影图像,导致检测出错误的切口尺寸。

5.2 切口位置相对于硅片中心点的校准是得到准确切口参数的重要环节。

5.3 磨削工具的磨损以及过程变差可能导致切口边缘不直,使切口顶点的半径不唯一。在这种情况下,要特别关注定位切口投影图像在轮廓模板上的正确位置。

5.4 按照特定晶向滚磨硅片边缘形成的切口是对硅片正确定位的方法。因此切口临界尺寸的精度直接影响定位精度。

## 6 设备

6.1 光学投影仪:放大倍数20倍和50倍,可以显示5 mm×5 mm区域放大20倍或者2 mm×2 mm区域放大50倍投影图像的显示屏。

6.2 支架:用于固定待测试的硅片。支架确保硅片的表面与投影屏垂直,并且硅片可以以中心点为轴旋转。沿硅片直径的水平或垂直运动必须通过切口所在区域。

6.3 轮廓模板:测试硅片时需要两个模板。

6.3.1 对于切口的定义包括切口形状和切口深度两部分,模板标有切口定义尺寸限度的线段:

1) 切口底部和硅片边缘相对于定位点中心的位置;

2) 切口底部相对于硅片边缘的位置。

不同直径的待测试片需要两个单独的模板。切口形状和深度模板例子见图1。

单位为毫米

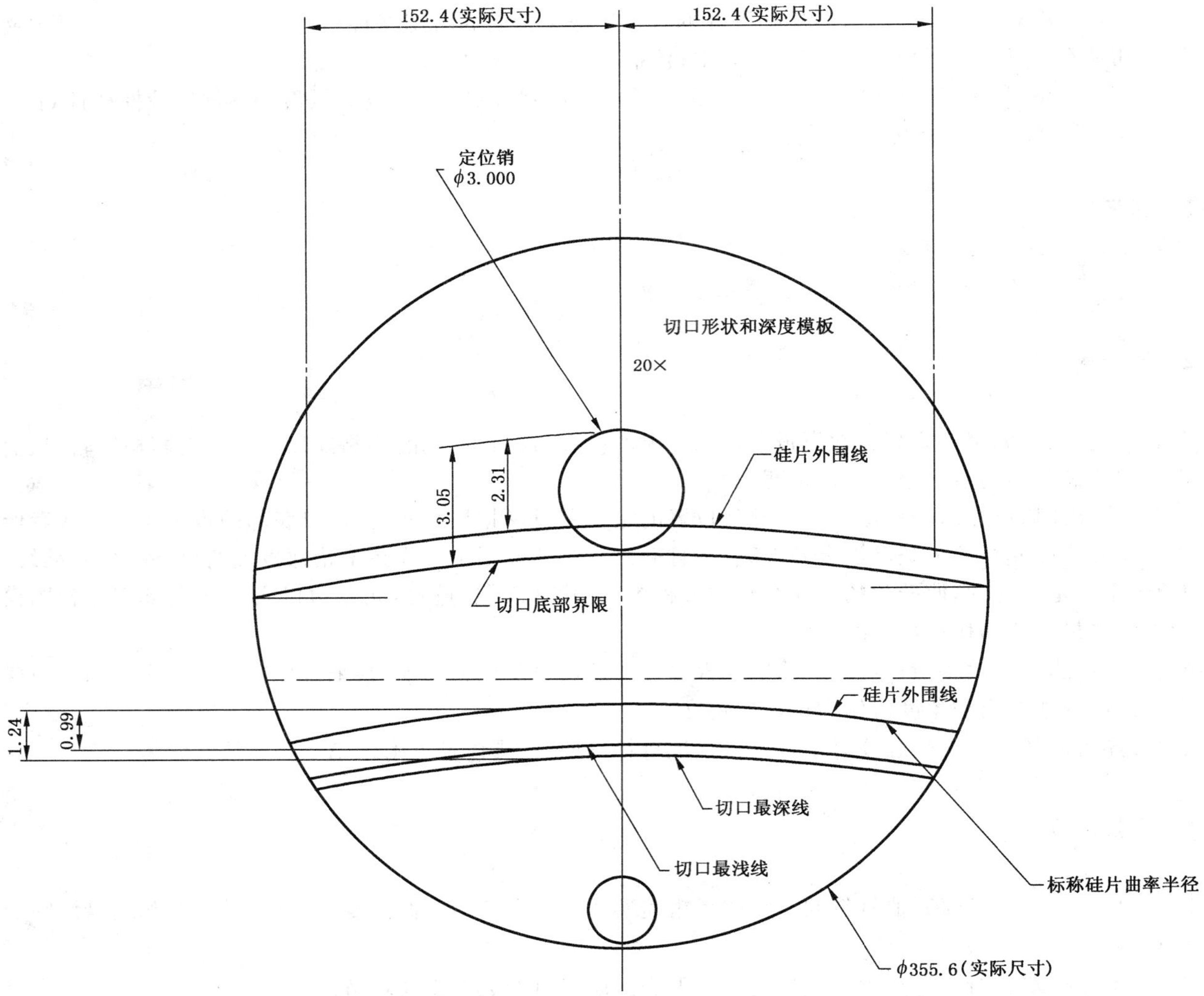


注:使用时逆时针转动90°。

图1 切口形状和深度模版

6.3.2　测量切口角度的模板的角度范围从88°～96°，分刻度为1°。
6.3.3　建立模板的方法见第8章。
6.4　校准板或精度棒：带有刻度，尺寸与切口的深度大致相同。用于精确建立设备的放大倍数。
6.5　尺子：长度为150 mm，分刻度小于等于0.5 mm。

## 7　放大倍数的确定

调整光学投影仪至理想的放大倍数。使用已知精确尺寸的校准板或精度棒，按照生产厂商的说明书确定物像放大倍数，用三位有效数字表示。

## 8　轮廓模板准备

8.1　用放大倍数与每一个选定的轮廓模板尺寸相乘。
8.2　准备一个透明材料的模板，其尺寸与8.1要求的尺寸相同 。投影图像的精度应高于±0.5 mm。
8.3　如图1，在切口形状和深度模板上标注水平和垂直轴。

## 9　抽样

按照GB/T 2828.1的规定进行，检查水平由供需双方协商确定。需方对抽样有特殊要求时由供需双方协商解决。

## 10　测量步骤

10.1　将放大倍数设定为20倍。
10.2　将支架固定在载物台上，确保切口在9点的位置。支架在载物台上垂直和水平方向的运动分别平行和垂直于通过切口的直径。
10.3　将切口形状和深度模板放在投影仪屏幕上。调整水平线和垂直线，使固定销的轮廓在9点位置。
10.4　将第一个待测样品放在支架上，正面向上。
10.5　通过平面横向移动（水平）及定位旋转来调整支架，使模板上固定销的边缘与切口边缘的投影相切。
10.6　确保切口底部的投影图像重合或者低于“切口底部界限”。如果切口底部的投影图像落在该界限的上面，该硅片的切口不合格。
10.7　确保硅片边缘的投影与“硅片外围线”重合或在其下面。如果硅片边缘的投影图像落在硅片外围线的上面，该硅片的切口不合格。
10.8　将支架向右延平面横向移动，直至硅片边缘的投影图像与标记为“硅片外围线”重合。
10.9　确保切口底部落在“切口最深线”和“切口最浅线”之间。若切口底部的投影图像落在两条线之外，该硅片的切口不合格。
10.10　重复10.4～10.9，测量余下所有样品。
10.11　移开切口形状和深度模板，使用切口角度模板。
10.12　将放大倍数调到50倍。
10.13　将第一个待测样品放在支架上，正表面向上。
10.14　将支架平面横向移动并旋转，使得硅片切口边缘投影图像与切口角度轮廓模板中的每一个角度比较。轮廓模板中与切口投影图像角度吻合最好的那个角的角度，定义为切口的角度。如果切口的角度小于 89°或大于 95°，硅片的切口不合格。

10.15 重复 10.4 对其余样品进行测试。

## 11 报告

报告应包含以下信息：

a) 测试日期；

b) 操作人姓名；

c) 批号或者材料的其他标识；

d) 每批的硅片数量；

e) 已测试的硅片数量；

f) 不合格的硅片数量。

## 12 精密度和偏差

12.1 本方法没有进行多个实验室评估。因此不推荐用于商业谈判，也不推荐用于仲裁。

12.2 物体平面尺寸为 0.1 mm 的物体通过 20 倍的放大后会在投影屏上形成 2.0 mm 的影像，通过 50 倍放大后会产生 5.0 mm 的投影。

# 附 录 A
## （资料性附录）
## 硅片切口形状的精确测量

**A.1** 除上述方法外，还可以使用边缘轮廓仪对于切口形状进行精确测量。其方法原理是使用激光投影的方法对于硅片边缘的投影进行测量，得到边缘的形状和几何尺寸。这种方法不仅可以测量硅片的切口形状、尺寸，还可对硅片参考面形状、尺寸及硅片的直径进行测量。

**A.2** 图 A.1 为标准切口图，图 A.2 为边缘轮廓仪对于切口的测量。

单位为毫米

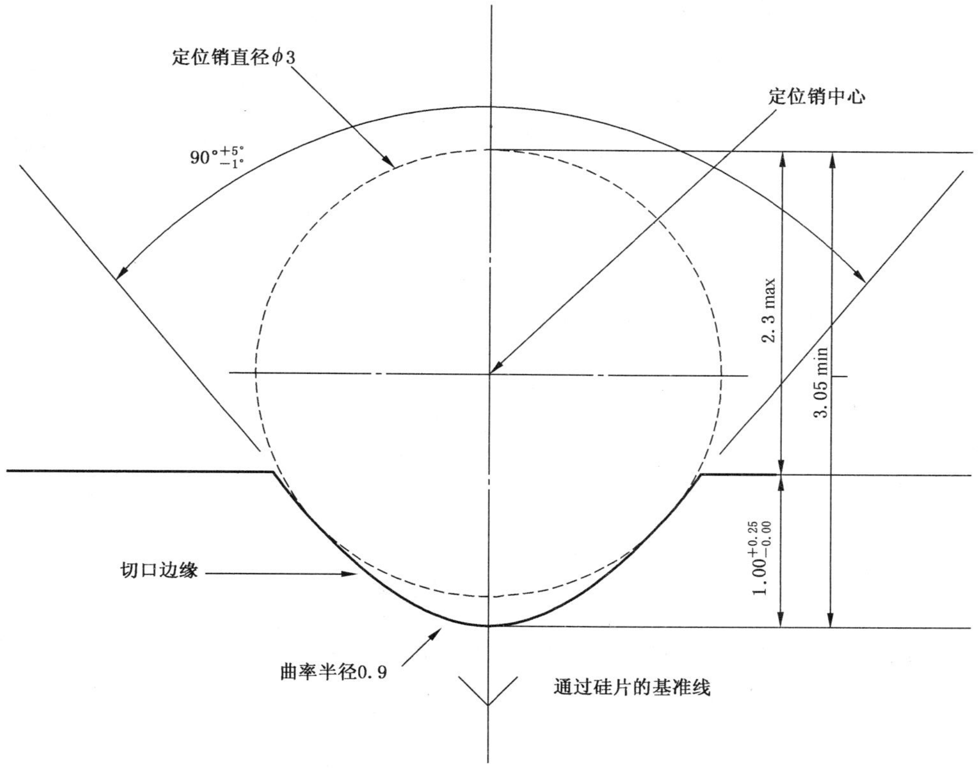


**图 A.1 硅片切口**

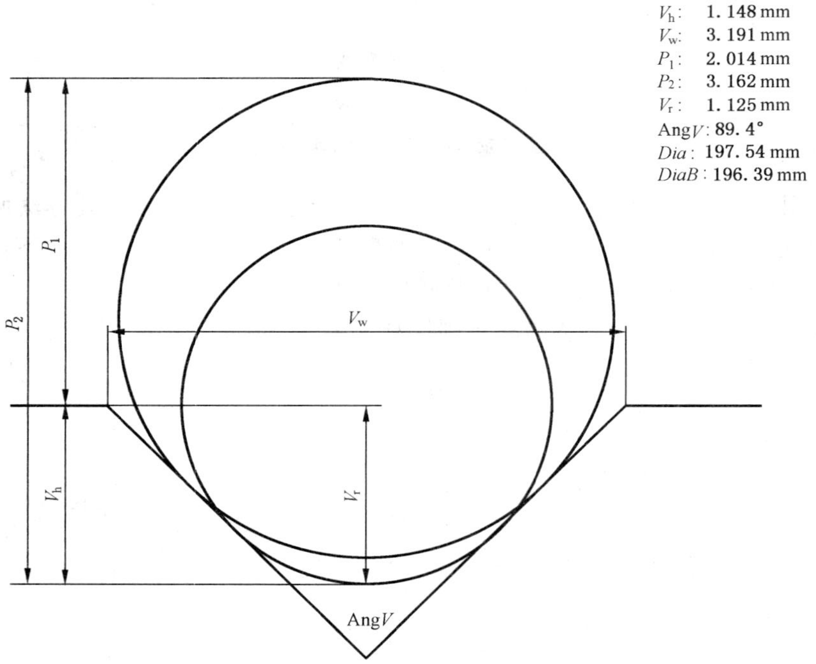


AngV——切口角度；

$V_h$——切口深度；

$V_w$——切口宽度；

$V_r$——切口曲率半径；

$P_1=P_2-V_h$；

$P_2$——定位销顶端到切口底端的距离；

*Dia*——硅片直径；

*DiaB*——直径。

**图 A.2　切口轮廓图**

**A.3**　由于以激光投影方法为原理制造的边缘轮廓仪价格相对较高，而且目前对于切口尺寸的测试多为定性测量，不必要精确测试结果，因此，本标准仍存在广泛的适用性。

ICS 29.045
H 80

# 中华人民共和国国家标准

GB/T 26068—2010

# 硅片载流子复合寿命的无接触微波反射光电导衰减测试方法

## Test method for carrier recombination lifetime in silicon wafers by non-contact measurement of photoconductivity decay by microwave reflectance

2011-01-10 发布 2011-10-01 实施

中华人民共和国国家质量监督检验检疫总局
中国国家标准化管理委员会 发布

# 前　言

本标准由全国半导体设备和材料标准化委员会材料分技术委员会(SAC/TC 203/SC 2)归口。

本标准起草单位:有研半导体材料股份有限公司 、瑟米莱伯贸易(上海)有限公司、中国计量科学研究院、万向硅峰电子有限公司、广州昆德科技有限公司、洛阳单晶硅有限责任公司。

本标准主要起草人:曹孜、孙燕、黄黎、高英、石宇、楼春兰、王世进、张静雯。

# 硅片载流子复合寿命的无接触微波反射光电导衰减测试方法

## 1 范围

1.1 本方法适用于测量均匀掺杂、经过抛光处理的n型或p型硅片的载流子复合寿命。本方法是非破坏性、无接触测量。在电导率检测系统的灵敏度足够的条件下，本方法也可应用于测试切割或者经过研磨、腐蚀硅片的载流子复合寿命。

1.2 被测硅片的室温电阻率下限由检测系统灵敏度的极限确定，通常在0.05 Ω·cm～1 Ω·cm之间。

注：本检测方法适用于测量0.25 μs到>1 ms范围内的载流子复合寿命。最短可测寿命值取决于光源的关断特性及衰减信号测定器的采样频率，最长可测值取决于试样的几何条件以及样片表面的钝化程度。配以适当的钝化工艺，如热氧化或浸入适当的溶液中，对于GB/T 12964《硅单晶抛光片》中规定厚度的抛光片，长到数十毫秒的寿命值也可被测定。

1.3 分析工艺过程、检查沾污源以及对测量数据进行解释以判别杂质中心的形成机理和本质不在本方法范围内。本方法仅在非常有限的条件下，例如通过比对某特定工艺前后载流子复合寿命测试值，可以识别引入沾污的工序，识别某些个别的杂质种类。

## 2 规范性引用文件

下列文件对于本文件的应用是必不可少的。凡是注日期的引用文件，仅注日期的版本适用于本文件。凡是不注日期的引用文件，其最新版本(包括所有的修改单)适用于本文件。

GB/T 1550 非本征半导体材料导电类型测试方法

GB/T 1552 硅、锗单晶电阻率测定 直排四探针测量方法

GB/T 1553—2009 硅和锗体内少数载流子寿命测定 光电导衰减法

GB/T 6616 半导体硅片电阻率及硅薄膜薄层电阻测定 非接触涡流法

GB/T 6618 硅片厚度和总厚度变化测试方法

GB/T 11446.1 电子级水

GB/T 13389 掺硼、掺磷硅单晶电阻率与掺杂浓度换算规则

GB/T 14264 半导体材料术语

YS/T 679—2008 非本征半导体少数载流子扩散长度的稳态表面光电压测试方法

SEMI MF978 瞬态电容技术测量半导体深能级的测试方法

SEMI MF1388 金属-氧化物-硅(MOS)电容的电容-时间关系测量硅材料产生寿命和产生速率的测试方法

SEMI MF1530 自动无接触扫描测量硅片平整度、厚度和厚度变化的测试方法

## 3 术语和定义

GB/T 14264界定的以及下列术语和定义适用于本文件。

3.1

**注入水平 injection level**

在非本征半导体晶体或晶片内，由光子或其他手段产生的过剩载流子浓度与多数载流子的平衡浓

度之比。

3.2

**复合寿命　recombination lifetime**

在应用于小浓度复合中心的 S-R-H 模型中，假定过剩载流子浓度与多数载流子浓度相比很小（低注入），能级不太靠近能带边缘的复合中心的复合寿命为少数载流子俘获时间常数。当注入载流子浓度大大超过多数载流子浓度（高注入）时，复合寿命是少数和多数载流子俘获时间常数之和（见附录 A）。

3.3

**表面复合速率　surface recombination velocity**

指非平衡少数载流子在半导体晶体或晶片表面处复合速度的量度。

3.4

**体复合寿命　bulk recombination lifetime**

$\tau_b$

体复合寿命即为少数载流子寿命。

3.5

**基本模式寿命　primary mode lifetime**

$\tau_1$

通常将衰减曲线上满足指数衰减的部分的时间常数作为基本模式的复合寿命，受体和表面性质的影响。

3.6

**1/e 寿命　1/e lifetime**

$\tau_e$

将反射功率衰减到峰值的 1/e 的时刻 $t_1$ 和过剩载流子被光脉冲注入到样品的时刻 $t_0$ 之间的间隔计算为 1/e 寿命。其与注入比和激光透入深度有关，并强烈地受到表面条件的影响，因为在刚注入之后，过剩载流子的分布在表面附近。另一方面，在衰减曲线的初始阶段，由于信噪比好以及数据分析简单，$\tau_e$的测量是快速易行的。

注：根据光激发水平，按本方法测定的载流子复合寿命可能是少数载流子寿命（低注入水平）或少数载流子和多数载流子的混合寿命（中、高注入水平）。在中、高注入水平下，若假定硅片中只含有单一复合中心，则根据 Shockley-Read-Hall 模型（应用于小浓度复合中心的情况）进行分析，可以得出在某些情况下，少数载流子寿命和多数载流子寿命是可以区分的。

## 4　检测方法概述

4.1　本方法通过微波反射信号监测由于光脉冲激发样片产生过剩载流子引起的电导率的衰减，从而测定过剩载流子的复合情况。即用特定功率密度（注入水平）且能量略大于禁带宽度的短脉冲光（宽度不大于 200 ns，上升沿和下降沿时间不大于≤25 ns）使硅片瞬间局部产生过剩的电子-空穴对。光脉冲终止后，光电导的衰减通过微波反射方法监控，载流子复合寿命按以下步骤确定：

——样片表面经过处理，在可以忽略表面复合对光电导衰减影响的条件下，有望获得体复合寿命。载流子复合寿命是由符合电导率指数衰减部分的时间常数确定的。

——基准模式寿命由衰减曲线指数部分的衰减时间常数决定。

——1/e 寿命由激光脉冲注入到过剩载流子浓度减小为 1/e 时的时间间隔决定。

4.2　使用窄束光源在硅片表面不同区域可重复测量以获得载流子复合寿命的分布图。

4.3　为了获得复合中心更详细的信息，可以对特定参数如注入水平（光源强度）或温度，在不同数值下，进行重复测试。

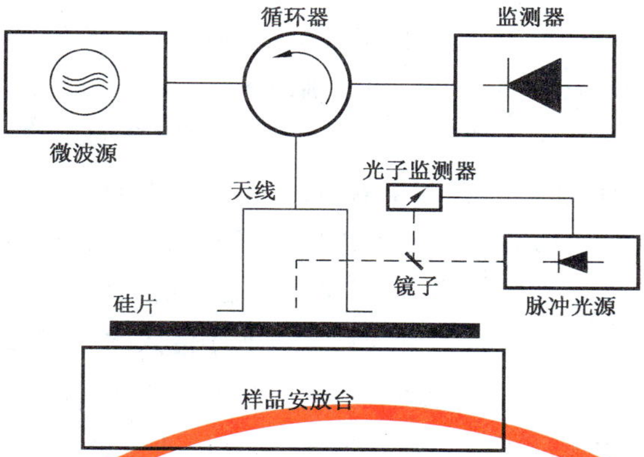


图 1 脉冲光和微波系统方框图

## 5 干扰因素

5.1 载流子的寿命在某种情况下，比如载流子的扩散长度大于硅片厚度的 0.1 倍时，为了获得体复合寿命，应通过热氧化或者通过把样片浸入适当的电解液来消除样片表面复合所产生的影响(见 8.4)。

使用电解液的处理方法，应确保获得稳定的表面以保证测试结果的可靠性。

采用热氧化的方法，特别是高氧含量的硅片，氧化时氧化物沉淀可能在样片体内形成。这类沉淀物的存在会改变样片的复合特性，使得该样片不再适合采用本方法来测量。

在某些情况下，外吸杂硅片用本方法测量可能得出错误的载流子复合寿命值。对这类硅片的测试结果是否有效，需要经过彻底检查。

5.2 本方法不适于检测非常薄的硅膜的载流子复合特性。如果样片的厚度接近或小于入射辐射的吸收系数的倒数时，衰减曲线可能会由于额外载流子产生过程的空间相关性而扭曲。

5.3 在硅片表面垂直方向上载流子复合特性的变化可导致体复合寿命测试的不正确。导致这种变化的原因可能是：

1) 存在平行于表面的 p-n 结或高-低($p^-p^+$ 或 $n^-n^+$)结；

2) 有不同复合特性的区域存在(例如片子有氧沉淀和一个没有这种沉淀的表面洁净区)。

5.4 硅中杂质的复合特性和温度密切相关。如果需要对比检测结果(比如，在一个工艺过程之前和之后，或在供需方之间)，检测应在相同温度下进行。

5.5 不同的杂质中心有不同的复合特征。因此，如果在硅片中存在不止一种类型的复合中心，衰减可能是两个或多个时间常数的作用所组成。由这样衰减曲线得出的复合寿命不能代表任何单一的复合中心。

5.6 杂质中心的复合特性依赖于掺杂剂的类型和浓度，以及杂质中心能级在禁带中的位置(见附录 D.2)。

5.7 光注入高次模的衰减会影响衰减曲线的形状，特别是在其早期阶段[1]。在高次模消失之后进行测量可将此效应减至最小(在衰减信号最大值的 50%以下开始)。

5.8 通过本方法得到的数据进行分析测量，进而辨别杂质中心的形成机理和本质仅在非常有限的条件下对个别杂质适用，单从载流子复合寿命的测量中可得到的此方面的某些信息在附录中讨论。“注入水平谱”[2]的利用在附录 B 中讨论，低注入水平下测定的载流子复合寿命温度关系[3]的利用在附录 C 中讨论。通过对复合寿命进行测量，从而识别样片中的杂质中心及浓度，通常使用更可靠的 SEMI MF978 深能级瞬态谱(DLTS)方法，或者在沾污类型已知时，利用其他电容或电流瞬态谱技术[4]。

5.9　影响载流子复合寿命的金属杂质可在各道工艺中被引入到样片中，特别是那些涉及高温处理的过程。分析工艺过程以检查沾污源(见1.3)不在本方法范围内。虽然本方法通常是非选择性的，但在非常有限的条件下，某些个别的杂质种类是可以被识别出来的(见4.3，参见附录B和附录C)。

5.10　在测试载流子复合寿命时，理想情况下，若能消除表面复合的影响，得到的将是体复合寿命($\tau_b$)。但通常完全抑制表面复合是很困难的。在大多数情况下，寿命测量都是在未做过表面钝化或表面钝化是否完善未被证实的情况下进行的。此外，注入比也对寿命测量值有影响。在小注入时，寿命值不受注入比的影响，体复合寿命即为少数载流子寿命，但是为了提高信噪比(S/N)常采用高水平的注入。因此本方法也包含"非理想"情况下(表面复合不可忽略或者非小注入水平时)载流子复合寿命的测试：

当表面复合可忽略以及注入水平足够低时，上述三种寿命相等($\tau_b=\tau_1=\tau_e$)。在表面复合可忽略的情况下，即使在激光辐照后的注入水平较高，$\tau_b$与$\tau_1$也相等。

5.11　因为复合中心的浓度在样片中的分布一般是不均匀的，所以在测试复合寿命时须对样片进行多点测试，所测点的密度及在样片上的位置须征得测试有关各方的同意。

5.12　大尺寸样块的载流子复合寿命可由GB/T 1553—2009中的方法A和方法B进行测试。这些测试方法，都是基于光电导衰减(PCD)测试法，需要在样片表面制备电接触。另外，若样片所有表面都具有很快的复合速率，测试寿命的上限由样片的尺寸决定。GB/T 1553—2009中的方法B规定，在低注入情况下进行测试，才能确保测试的是少数载流子寿命。少数载流子寿命也可由按照YS/T 679—2008中的方法A或方法B即表面光电压(SPV)法测试得到的载流子扩散长度推算得到。在低注入情况下进行测试，SPV法和PCD法在一定条件下将得到相同的少数载流子寿命[5]。首先，必须没有载流子陷阱产生。其次，必须采用正确的吸收系数和少数载流子迁移率用来进行SPV测试分析。第三，在进行PCD测试时，须消除表面复合的影响(如在本方法中)，或者做出适当的评估(如在测试方法GB/T 1553—2009中)。产生寿命是半导体材料的另一个瞬态特性，其通常比复合寿命要大几个数量级。虽然SEMI MF 1388包含硅片产生寿命的测试方法，但在高于室温(≥70 ℃)条件下使用相同的MOS电容结构，通过其电容-时间的测试推导出复合寿命[6]。

## 6　设备

### 6.1　脉冲光源

波长在0.9 μm～1.1 μm之间的激光二极管。标称脉冲宽度≤200 ns，上升沿和下降沿≤25 ns(见4.1)，脉冲光源的上升沿、下降沿和信号调节器的采样时间(参照6.5)应小于等于待测寿命最小值的0.1倍。光源输出功率建议可调，在脉冲作用期间使样片表面产生的光强介于$2.5\times10^{10}\sim2.5\times10^{15}$之间。

### 6.2　光子探测器

采用适当的方法，如在光路上放置一个成45°角的半透镜和一个硅光子探测器，提供反馈控制使激光功率维持在符合规定注入标准的恒定的水平上。

### 6.3　微波采样系统

包括一个标称工作频率为10 GHz±0.5 GHz的微波源及一个测量反射功率的设备，如循环器、天线及探测器(见图1)。探测系统的灵敏度应尽可能大，以便测量低注入水平下的光电导衰减。

### 6.4　样片台

将样片固定(用真空吸牢)在脉冲光源之下所需的位置。样片可装一个加热器以便在室温之上一个小小的温度范围内控制其温度。该样片台可由计算机控制的马达驱动，提供$x$-$y$或者$r$-$\theta$方式的动作，以实现在整个样片表面的扫描功能。另外可配置自动装片及传输装置，以便于顺序测量一组样片。

6.5 衰减信号分析系统

适当的信号调节器和显示单元(有合适的时间扫描和信号灵敏度的真实或虚拟的示波器)。信号调节器带宽要求≥40 MHz，或最小采样时间≤25 ns。显示单元应具有精度和线性都优于3%的连续刻度的时间基准。系统应能独立确定使用者选定的衰减信号部分的时间常数。

6.6 计算机系统

虽然测量可以手动进行，但还是推荐采用匹配的计算机系统控制样片的装载、样片台动作、脉冲和探测器的操作、衰减信号分析、数据统计分析、数据记录、存储以及打印和绘制结果。

注：手动数据采集和分析的详细操作将在第9章测量步骤中介绍。强烈推荐采用具备数据存储和显示功能的电脑控制系统进行设备设置、数据采集和分析。在这种情况下，所采用的测试步骤和算法需与本节内容等效。

6.7 如需要样片表面腐蚀和钝化，可采用下列设施：

6.7.1 化学钝化设施：具备有防酸水槽的通风橱，能够在室温下盛放氢氟酸等液体化学试剂的烧杯或其他容器，及适用于所用化学试剂的防护用品。

6.7.2 氧化设施：可在950 ℃～1 050 ℃温度下进行高质量干氧氧化的清洁炉子，及相关的硅片清洗、干燥和传输设备。

6.8 样片容器：在某些情况下，需要将样片浸在钝化液中进行测量(见8.4.2)，这时需要一个平的、化学性质不活泼的、光学透明的容器来盛放样片和钝化液。

## 7 试剂

7.1 对所有规格的化学试剂，应考虑其纯度不会造成对硅片的沾污；使用后不会使测试精度下降。

7.2 水的纯度应符合GB/T 11446.1的要求。

7.3 推荐的常用化学品的标称规格如下所示：

7.3.1 无水乙醇($CH_3CH_2OH$)：≥99.9%。

7.3.2 碘($I_2$)：>99.8%。

7.3.3 氢氟酸(HF)：49.00±0.25% 。

7.3.4 硝酸($HNO_3$)：70.0%～71.0%。

7.4 碘-乙醇钝化溶液：碘含量为0.02 mol/L～0.2 mol/L。

注：其他的钝化溶液符合下述条件也可使用，1)能够将表面复合速率降低到不再干扰体复合寿命的程度(见8.3)；2)可以得到稳定的表面(见4.1)。

7.5 化学抛光腐蚀溶液：95 mL $HNO_3$ 中混合5 mL的HF。

7.6 腐蚀去除样片表面氧化层的稀HF溶液：将4 mL HF与96 mL水混合，得到100 mL 2%的HF溶液。

## 8 取样及样片制备

8.1 如果采用抽样检测，取样过程、抽样频率及组批规定应征得测试有关各方的认可。

8.2 待测样片的制备过程取决于其表面状态及对体复合寿命 $\tau_b$ 的预期值。

8.3 如果 $\tau_b$ 不大于表面复合寿命的1/10，则无需对待测样片进行制备。

表面复合寿命由两项构成：载流子扩散到样片表面所引起扩散项 $\tau_{diff}$ 和表面复合引起的复合项 $\tau_{sr}$；因此，表面复合寿命可通过近似关系式(1)计算[7]：

$$\tau_s = \tau_{diff} + \tau_{sr} = \frac{L^2}{\pi^2 D} + \frac{L}{2S} \qquad \cdots\cdots (1)$$

式中：

$D$ ——少数载流子扩散系数，单位为平方厘米每秒($cm^2/s$)；

$L$ ——样片厚度，单位为厘米(cm)；

$S$ ——表面复合速率，单位为厘米每秒(cm/s)，假设样片的两个表面的复合速率相等。

不同厚度样片的电子(空穴)的表面复合寿命与表面复合速率的函数关系[8]如图 2 所示。

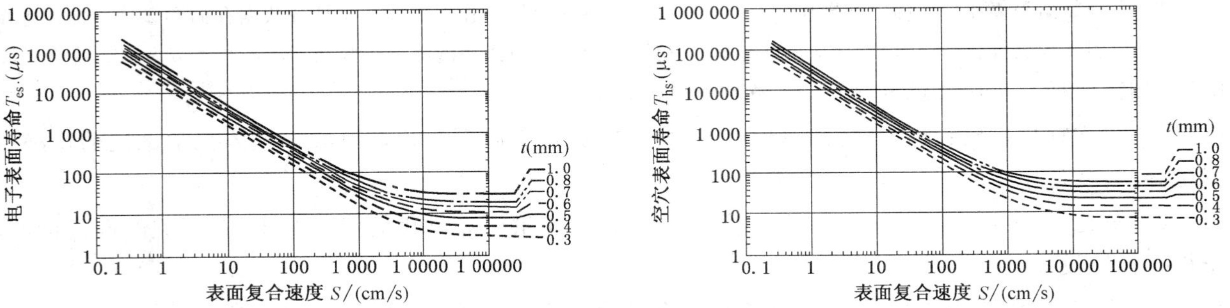


a) 电子表面复合寿命($D_n$ = 33.5 $cm^2/s$)　　b) 空穴表面复合寿命($D_p$ = 12.4 $cm^2/s$)

注：如果 $S$ 非常大($>10^4$ cm/s)，非平衡载流子到达表面之后便立即被复合，那么表面复合寿命主要为 $\tau_{diff}$。良好抛光面的表面复合速率约为 $10^4$ cm/s，而研磨面的表面复合速率更大(约为 $10^7$ cm/s，为载流子的饱和速率)在这种情况下，标准厚度硅片的最大可测体寿命(测试精度 10%)，对 p 型硅片大约为 1 μs，对 n 型硅片大约为 2μs。尽管对准确测量体复合寿命有诸多限制，但在满足一定条件下，高达 0.5 ms～1 ms 的未钝化抛光片的体复合寿命的相对变化仍然可以被测定。这些条件包括：1) 整个样片扩散系数和表面复合速率是均匀的；2) 微波探测系统要足够灵敏，能够分辨少子寿命 1% 的变化。在相同条件下，对于体寿命高达 100μs 的研磨片也能进行相对测量。在这种情况下，为了得到足够均匀的表面复合速率，需要将样片放入化学腐蚀抛光液(见 7.5)中处理 1 min。

**图 2　扩散系数一定时，不同厚度样片的电子(空穴)的表面复合寿命与表面复合速率的函数关系**

8.4　可精确测量的最大体复合寿命约为表面寿命的 1/10，如果要测体复合寿命大于 $0.1\tau_s$ 的样片，则样片表面应使用下列方法之一进行钝化处理，以满足 $0.1\tau_s > \tau_b$ 的条件。

8.4.1　氧化：在具有高质量(干氧)热氧化膜($D_{it} < 10^{10}/cm^2\ eV$)的样片(厚度≥0.5 mm)上，可测量高至 1 ms 左右的体复合寿命。要确保在氧化期间氧化条件不会形成明显数量的氧化物沉淀(见 5.1)。在检测 1 ms～10 ms 之间的寿命时，应先用稀 HF(见 7.6)剥离掉氧化物，并在 15 分钟内进行测量。

注：长有热氧化层或通过化学溶液钝化的抛光面的复合速率将大大降低。例如：长有高质量氧化层硅片的表面复合速率可低至 1.5 cm/s～2.5 cm/s，而通过氢氟酸去除氧化层之后表面复合速率能低至 0.25 cm/s[9]。参考文献[9]也略述了确定表面复合速率的测试方法。碘-乙醇钝化液浸泡(见 7.4)已表明可将无氧化层的抛光面的表面复合速率降至 10 cm/s 以下。在参考文献[10]中介绍了多种界面态密度($D_{it}$)测量技术，但是这些技术都还未标准化。

8.4.2　钝化：在厚度不小于 0.5 mm 的裸抛光片上要测量高至 1 ms 的体复合寿命，首先将样片置于碘-乙醇钝化液(见 7.4)或其他可选择的钝化溶液中做预处理。然后将样片封存在小塑料袋或其他含有足够钝化溶液的容器中，使得在测量进行时，有一层钝化液薄膜覆盖在样片表面。在样片进行测试前，要确保所采用的钝化技术能获得稳定、可重复的测量结果。

8.4.2.1　如果样片表面被氧化过，先用稀 HF 腐蚀掉氧化物后再用碘-乙醇或一种可选的钝化液进行钝化。腐蚀时间依据氧化层厚度而定，从薄氧化层(<5 nm)的大约 30 s 到厚氧化层(～200 nm)的大约

10 min 左右。

8.4.2.2 在进行测试之前，采用确保获得稳定、可重复测量结果的钝化技术是关键。

8.4.3 因为复合中心的浓度在样片中的分布一般是不均匀的，所以在测试复合寿命时须对样片进行多点测试，所测点的密度及在样片上的位置应经过测试有关各方的协商确定。

## 9 测试步骤

9.1 依据 GB/T 1550 测定导电类型，依据 GB/T 6618 或 SEMI MF1530 测定硅片中心点厚度，依据 GB/T 1552 或 GB/T 6616 测定中心点电阻率。依据 GB/T 13389 将电阻率换算成多数载流子浓度（$n_{maj}$，载流子数/$cm^3$）。记录这些数据和样片的标称直径及正、背面的状态（抛光、腐蚀、研磨、切割等）。

9.2 记录室温。如果样片台具有温控系统，则记录样片台表面温度。

9.3 将样片置于样片台上，使脉冲光能照射到待测的区域。

9.4 打开脉冲激光光源开关（见 6.1）。

9.5 调节光强 $\Phi_I$，使注入水平 $\eta$ 达到所需值。

注：如未规定注入水平，最好将其设为小于 1。如果注入比可精确测量并记录，则可采用较高的注入比。较高的注入比通常会有较好的信噪比。如果设备不能自动调节注入比，可按照附录 A 对其进行设定。

9.6 打开微波源电源，在显示设备上观察光电导衰减，调整时间及电压值的显示范围以便能观察到所需的衰减信号部分。

9.7 确认所选范围内的衰减信号符合指数衰减模式，通过将一条指数曲线拟合到电压 $V$ 与时间 $t$ 的函数曲线上，或在手动数据采集时，将一条直线拟合到 $\ln V$ 与 $t$ 的函数曲线上，从而测定时间常数。

9.8 从记录下的衰减曲线即光注入后，微波反射功率的变化曲线可算出寿命（见图 3），该曲线即是光注入后反射微波功率 $V$ 的变化。

注：测量一次衰减曲线可能就可以得到寿命值，但如果信噪比不太高，建议进行重复测量并取平均。

9.8.1 体复合寿命（$\tau_b$）：如果表面已按 8.4.2 的方法进行了减小表面复合速率处理，从衰减曲线的指数部分计算时间常数。在没有相反的迹象时，利用峰值电压 $V_0$ 的 45%～5%范围内的衰减信号。计算方法与基本模式寿命的情况相同，见 9.8.3。

9.8.2 $1/e$ 寿命（$\tau_e$）：将 $t_1$ 和 $t_0$ 之间的间隔计算为 $1/e$ 寿命，其中 $t_0$ 为过剩载流子被光脉冲注入到样品的时刻，$t_1$ 为反射功率衰减到峰值的 $1/e$ 的时刻（见图 3）。

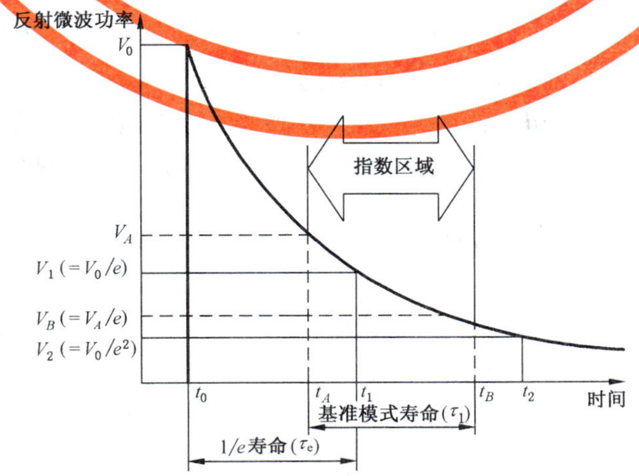


图 3 反射微波功率衰减曲线和复合寿命关系

9.8.3 基本模式寿命($\tau_1$):通常可将衰减曲线上满足指数衰减的部分的时间常数作为基本模式的复合寿命,如果反射功率在 $t=t_A$ 时为 $V_A$,在 $t=t_B$ 时指数性地衰减到 $V_B=V_A/e$,则 $\tau_1=t_B-t_A$。另外,记 $t_1$ 为反射功率衰减到峰值 $1/e$ 的时刻,$t_2$ 为反射功率衰减到峰值 $1/e^2$ 的时刻,如果从 $t_1$ 到 $t_2$ 的这段时间内衰减曲线与指数曲线的偏离并不大,则可以将($t_1-t_2$)视为 $\tau_1$(见图 3)。

9.9 记录测量复合寿命所选取的计算方法和数值。

9.10 如有需要,移动样片位置,重复 9.6~9.8 的操作,以获得该样片复合寿命的分布图,注明所测点的间距、模型及分布区域的半径。

9.11 如有需要,在不同温度下,在相同位置重复 9.2 和 9.6~9.8 的步骤,或不同注入水平下,在同一位置重复 9.5~9.8 的测量。

## 10 报告

10.1 试验报告应包括下列内容:

a) 测试的日期和地点;

b) 仪器的型号和序号,如为计算机控制,报告软件版本;

c) 确定时间常数的衰减曲线部分;

d) 如 9.5 所确定的注入水平 $\eta$;

e) 所用表面钝化工艺;

f) 载流子复合寿命,单位 μs。要求说明所测寿命是 $\tau_1$ 或 $\tau_e$;

g) 如果在几个不同的注入水平下进行测试,报告每个 $\eta$ 或 $\Phi_1$ 值时的寿命。

10.2 如果需要,报告样片的细节包括识别标记、中心点电阻率、中心点厚度、导电类型、表面状态(正面和背面)以及标称直径。

10.3 如果对样片的寿命作图,除了载流子复合寿命密度图外还应报告以下信息:

a) 测试点间距和测试点分布;

b) 分布图区域的半径。

10.4 如果在特定或多个温度下进行测试,报告每次测试的温度。

## 11 精密度和偏差

11.1 由有经验的操作员严格操作进行测量时,单台设备的重复性测量,标准偏差达到 10%以内的占 60%;标准偏差小于 30%的占 96%。具体相关精密度参见附录 E。

11.2 测试选用了 102 mm~152 mm 直拉单晶(100)p 型或 n 型硅抛光片,寿命 0.2 μs~17 μs,总共 13 个片子,分别进行了三次巡回试验。有 5 个厂家参与了测试,测试的标准偏差小于 31%的占 61.5%。

11.3 由于没有资料提供公认的载流子复合寿命参考值,所以没有本方法偏差的资料可以提供。

# 附 录 A
## （规范性附录）
## 注入水平的修正

A.1 如果样品被氧化，且氧化层厚度未知，采用测试各方都接受的方法进行测量或估计，并记录厚度。通过图 A.1 虚线确定并记录入射光穿过氧化层被样品吸收的比率。

注：计算时假定入射光波长 $\lambda$ 为 905 nm，硅的折射率取 3.610，$SiO_2$ 的折射率取 1.462。最大吸收发生在氧化层厚度 $d=(2n+1)\lambda/4$，最小吸收发生在 $d=n\lambda/2$，$n=0,1,2,\cdots\cdots$。当入射光波长 $\lambda_1$ 不等于 905 nm，要用氧化层有效厚度 $d_0=905d_1/\lambda$ 来使用这些曲线求相对强度，其中 $d_1$ 为氧化层实际厚度。

A.2 调整光源强度，使脉冲作用期间样品吸收的光强 $\Phi$ 等于 $\eta\times n_{maj}$。其中 $\eta$ 是所需的注入水平，$n_{maj}$ 是 9.1 求出的多数载流子浓度（见 9.1）。光强 $\Phi$ 由式（A.1）给出：

$$\Phi=\frac{f\cdot\int_0^{t_p}\Phi_1\,dt}{L}=\frac{f\cdot\Phi_1}{L} \qquad \cdots\cdots\cdots\cdots(A.1)$$

式中：

$f$ ——从图 3 求出的吸收部分的比率（见 9.5）；

$\Phi_1$——入射光强，单位为光子数每平方厘米每秒[光子/($cm^2\cdot s$)]；

$t_p$ ——光脉冲长度，单位为秒(s)；

$L$ ——样片厚度，单位为厘米(cm)。

如：$\Phi_1$ 设定为 $5\times10^{13}\times(1\pm20\%)$ 光子/$cm^2$，对 1 mm 厚的硅片，相当于 $\Phi_1$ 为 $10^{14}$ 光子/$cm^2$ 数量级。

以电阻率 10 Ω·cm 的硅片为例，多数载流子浓度约为 $10^{15}/cm^3$，因此 $\eta$ 变成 0.1 数量级。在测量电阻率低于 1 Ω·cm 的硅片时也可采用较高的 $\Phi_1$ 值。

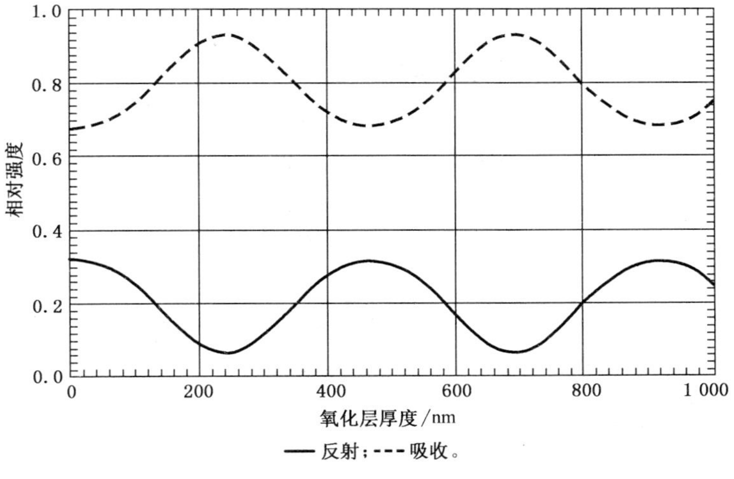


图 A.1

如图 A.1 所示，覆盖有 0～1 μm 厚的二氧化硅($SiO_2$)层的硅片上，入射光的反射部分（实线）或吸收部分（虚线）的比率。

# 附 录 B
（资料性附录）
## 注入水平的相关探讨

**B.1** 载流子复合寿命与少数载流子寿命通常是相关的。如果寿命是在低注入水平时测定的，即 $\eta$（过剩光生载流子浓度与平衡多数载流子浓度之比）远小于 1，同时其他某些条件也满足（见附录 C 和附录 D），则这种相关性是正确的。当 $\eta \ll 1$ 时，低注入（小信号）载流子复合寿命值与 $\eta$ 的数值无关。但在本方法中，要在低注入范围内进行测量，常常是不可能也不方便的。在这种情况下测得的复合寿命是注入水平的函数。

**B.2** 半导体中载流子通过缺陷中心复合的基本模型，由 Hall[11] 及由 Shockley 和 Read[12] 各自独立推出。此模型由 Blakemore[13] 进行了详尽的讨论。在 Shockley-Read-Hall（S-R-H）模型中，假定：(1)半导体的掺杂水平不太高，没有使半导体产生简并；(2)缺陷中心浓度与多数载流子浓度相比很小。

**B.3** 读者参阅 Blakemore 的文章，可获得比本文更完全的论述，包括 S-R-H 载流子寿命表达式（公式 B.1）的推导及费米能级对小信号复合寿命影响的讨论。此外，Blakemore 还讨论了当缺陷中心浓度相对于多数载流子浓度并不小[14]，及存在载流子陷阱[15]的情况引起的复杂性。

**B.4** 对于本方法要测量的样品，构成 S-R-H 模型基础的两个假定通常是合适的。在这两个假定下，过剩电子的浓度（$n_e$）与过剩空穴的浓度（$n_P$）相等，并且通过位于禁带中能级为 $\varepsilon_T$ 的缺陷中心复合的电子寿命（$\tau_n$）与空穴寿命（$\tau_p$）相等。以 $\mu$s 为的载流子寿命可表示如式(B.1)：

$$\tau = \tau_n = \tau_p = \frac{\tau_{n0}(p_0 + p_1 + n_e) + \tau_{p0}(n_0 + n_1 + n_e)}{(n_0 + p_0 + n_e)} \qquad \text{( B.1 )}$$

式中：

$\tau_{n0}$——为被填充的缺陷中心俘获电子的时间常数，单位为微秒（$\mu$s）；

$\tau_{p0}$——已被填充的缺陷中心俘获空穴的时间常数，单位为微秒（$\mu$s）；

$n_0$——非简并半导体中电子的平衡浓度，单位为电子数每立方厘米（electrons/$cm^3$）；

$p_0$——非简并半导体中空穴的平衡浓度，单位为电子数每立方厘米（electrons/$cm^3$）；

$n_1$——费米能级 $\varepsilon_F = \varepsilon_T$ 时，非简并半导体中电子的浓度，单位为电子数每立方厘米（电子/$cm^3$）；

$p_1$——费米能级 $\varepsilon_F = \varepsilon_T$ 时，非简并半导体中空穴的浓度，单位为电子数每立方厘米（电子/$cm^3$）。

**B.5** 在低注入范围内，$n_e$ 可以忽略，公式(B.1)简化为小信号复合寿命 $\tau_0$，见式(B.2)。

$$\tau_0 = \tau_{n0}\frac{(p_0 + p_1)}{(p_0 + n_0)} + \tau_{p0}\frac{(n_0 + n_1)}{(n_0 + p_0)} \qquad \text{( B.2 )}$$

另一方面，在高注入范围内，$n_e$ 是主要项，复合寿命变成：

$$\tau_\infty = \tau_{n0} + \tau_{p0} \qquad \text{( B.3 )}$$

中等注入时，复合寿命可由 $\tau_0$ 和 $\tau_\infty$ 联合表示：

$$\tau = \frac{(n_0 + p_0)\tau_0 + n_e\tau_\infty}{(n_0 + p_0 + n_e)} = \frac{\tau_0 + \eta\tau_\infty}{1 + \eta} \qquad \text{( B.4 )}$$

因此，当以 $\tau(1+\eta)$ 对 $\eta$ 作图时，可得一直线。这条直线的零截距为 $\tau_0$，其斜率为 $\tau_\infty$。此函数的直线性可用以验证 S-R-H 模型的正确性以及检查试验样品中多种缺陷中心的存在。

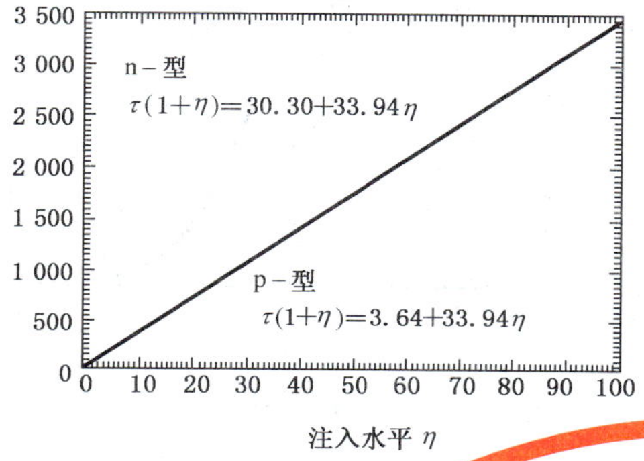


a）元素铁

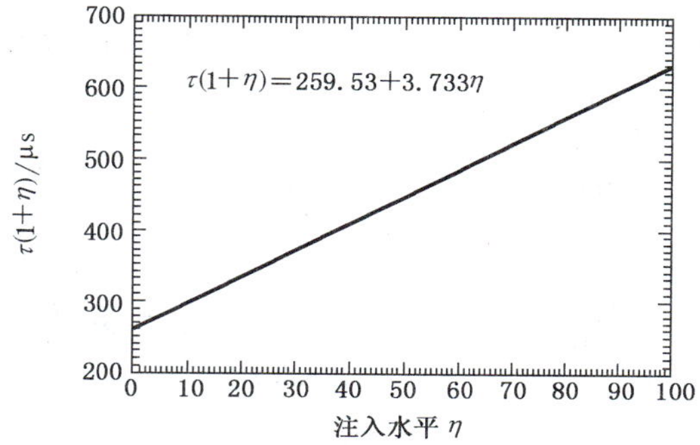


b）铁硼对

**图 B.1　由复合寿命与注入水平的拟合曲线导出 $\tau_0$ 和 $\tau_\infty$**

**B.6**　n 型和 p 型硅中通过元素铁缺陷中心以及 p 型硅中通过铁硼对的复合的线性如图 B.1 所示。计算时所用的参数列于表 B.1。在各种情况下都假定铁全部为缺陷态。注意，对于 p 型硅中的元素铁，$\tau_0=\tau_{n0}$，对于铁硼对，$\tau_0\gg\tau_{n0}$；对于 n 型硅中的元素铁，$\tau_0=\tau_{p0}$。

**表 B.1**

| 参　　数 | 元素铁(Fe) | 铁硼对(Fe-B) |
|---|---|---|
| 温度/K | 300 | 300 |
| 硼浓度($p_0$)/cm$^{-3}$ | $1\times10^{15}$ | $1\times10^{15}$ |
| $n_0$/cm$^{-3}$ | $1.16\times10^{16}$ | $1.16\times10^{16}$ |
| 铁浓度/(原子数/cm$^3$) | $5\times10^{11}$ | $5\times10^{11}$ |
| 缺陷能级/eV(相对于价带顶) | 0.400 | 0.100 |
| $\tau_{n0}$/μs | 3.64 | 0.400 |
| $\tau_{p0}$/μs | 30.3 | 3.33 |
| $n_1$/cm$^{-3}$ | $1.96\times10^{7}$ | 179 |
| $p_1$/cm$^{-3}$ | $5.91\times10^{12}$ | $6.48\times10^{17}$ |

**B.7**　参考文献[2]提出在特定掺杂条件下，根据作为杂质中心浓度函数的注入水平谱，在 $\tau_0$ 和 $\tau_\infty$ 之间的关系，可对杂质进行辨识。基于如下事实：(1)对样品进行适当处理后，可确保所有铁基本上处于元素态或配对态[16]；(2)对于这两种状态，注入水平的关系有着显著的不同(见图 B.2)。所以，此方法分析 p 型硅中的铁元素特别有效。

**B.8**　然后需要指出的是，如果同时存在多种沾污，且其浓度相近，则测得的 $\tau_0$ 和 $\tau_\infty$ 之比表示的是这些沾污的某种平均结果，因为此技术并不像深能级瞬态谱或其他频谱技术那样，在空间电荷层，通过缺陷中心的填充和释放，来确定特定的杂质。

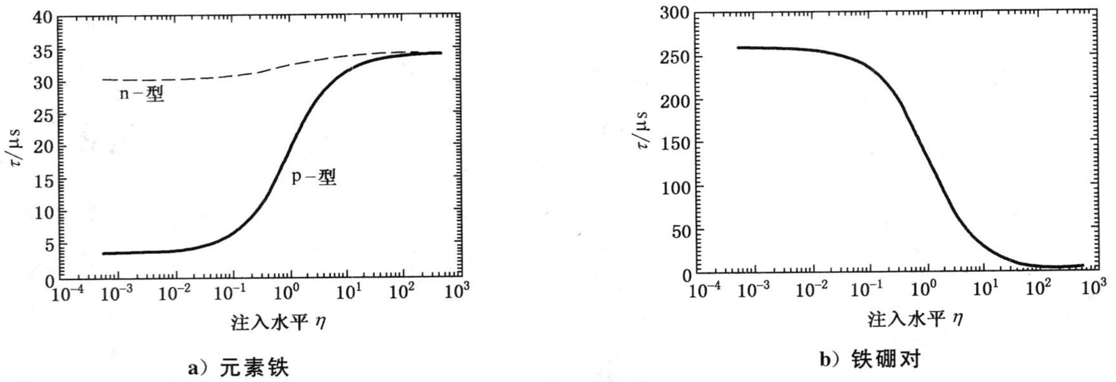


**图 B.2　复合寿命与注入水平的函数关系曲线**

# 附 录 C
## （资料性附录）
## 载流子复合寿命与温度的关系

**C.1** 参考文献[3]建议，可根据低注入条件下载流子复合寿命对温度的依赖性，来辨识硅中的金属杂质，但是这种方法只在低注入情况而且非常严格的条件下才成立。

**C.2** 在低注入时，S-R-H 载流子复合寿命由公式(B.2)给出。在非简并半导体内，载流子浓度 $n_0$、$p_0$、$n_1$ 及 $p_1$ 都是温度的指数函数。在平衡状态下，电子($n_0$)和空穴($p_0$)浓度可分别见式(C.1)：

$$n_0 = N_C \exp\left(\frac{\varepsilon_F - \varepsilon_C}{kT}\right), p_0 = N_V \exp\left(\frac{\varepsilon_C - \varepsilon_F}{kT}\right) \quad \cdots\cdots\cdots\cdots (C.1)$$

式中：

$N_C$ ——导带态密度，单位为每立方厘米($cm^{-3}$)；

$N_V$ ——价带态密度，单位为每立方厘米($cm^{-3}$)；

$\varepsilon_F$ ——费米能级或平衡电化学势，单位为电子伏(eV)；

$\varepsilon_C$ ——导带底，单位为电子伏(eV)；

$\varepsilon_V$ ——价带顶，单位为电子伏(eV)；

$k$ ——波尔茨曼常数，为 $8.617\ 3\times10^{-5}$ eV/K；

$T$ ——温度，单位为开尔文(K)。

类似地，当费米能级位于缺陷中心能级 $\varepsilon_T$ 时，电子浓度($n_1$)和空穴浓度($p_1$)可分别表示为式(C.2)和式(C.3)：

$$n_1 = N_C \exp\left(\frac{\varepsilon_F - \varepsilon_C}{kT}\right) = n_0 \exp\left(\frac{\varepsilon_V - \varepsilon_F}{kT}\right) \quad \cdots\cdots\cdots\cdots (C.2)$$

$$p_1 = N_V \exp\left(\frac{\varepsilon_V - \varepsilon_F}{kT}\right) = p_C \exp\left(\frac{\varepsilon_F - \varepsilon_V}{kT}\right) \quad \cdots\cdots\cdots\cdots (C.3)$$

**C.3** 从公式(B.2)可知，低注入(小信号)载流子复合寿命 $\tau_0$ 可由电子($\tau_{n0}$)和空穴($\tau_{p0}$)俘获时间常数，表示为四项和的形式，见式(C.4)：

$$\tau_0 = \frac{\tau_{n0}p_0}{p_0+n_0} + \frac{\tau_{n0}p_1}{p_0+n_0} + \frac{\tau_{p0}n_0}{p_0+n_0}\ \frac{\tau_{p0}n_1}{p_0+n_0} \quad \cdots\cdots\cdots\cdots (C.4)$$

在冻结区和本征区之间的温度区域内，多数载流子浓度等于净掺杂浓度，式(C.4)中各项分母为常数。另外，如果假定俘获时间常数不依赖于温度，则在缺陷中心被部分填满(即，含 $p_1$ 或 $n_1$ 的项在小信号复合寿命起支配作用)的温度范围内，根据 $\ln\tau_0$ 与 $1/T$ 关系曲线的斜率，可得缺陷中心能级 $\varepsilon_T$。尽管该假设通常并不是非常正确，但俘获时间常数随温度的变化通常比载流子浓度随温度的指数变化要小很多的。

**C.4** 对 n 型和 p 型硅中存在元素铁，及 p 型硅中存在铁硼对，这三种情况进行讨论，可印证以上考虑。在每种情况下铁浓度都假定为 $5\times10^{13}$ 个原子/$cm^3$，掺杂浓度假定为 $5\times10^{15}$ 个原子/$cm^3$。对 p 型硅，这种掺杂浓度相当于电阻率 $\rho\approx(10\sim15)\Omega\cdot cm$；对 n 型硅，它相当于电阻率 $\rho\approx(3\sim5)\Omega\cdot cm$。考虑的温度范围从 250～1 000，在此范围内可假定掺杂原子完全电离。元素铁是施主中心，它位于如表 B.1 所示的禁带下半部分远高于价带顶的位置上。铁硼对也是施主中心，但它离价带顶要近得多。于是，在这两种情况下，$p_1 \gg n_1$，其差别在铁硼对的情况下更大。

p 型硅中存在的元素铁的情况(见图 C.1)：在室温以下，$p_0 \gg p_1 \gg n_1 \gg n_0$，于是 $\tau_0 = \tau_{n0}$。在约 150°和 200°之间，$p_1 > p_0 > n_0$，$p_1$ 项为最大的单项。但由于 $p_1$ 和 $p_0$ 差别不大，所以 $\tau_0$ 曲线的斜率也不是很接

近 $p_1$ 项的斜率，所以元素铁中心的能级不能从曲线上精确获得。在更高的温度，$n_0$变得可与 $p_0$相比较（接近本征条件），载流子复合寿命下降，公式中没有一个单项占主导，曲线斜率没有物理意义。

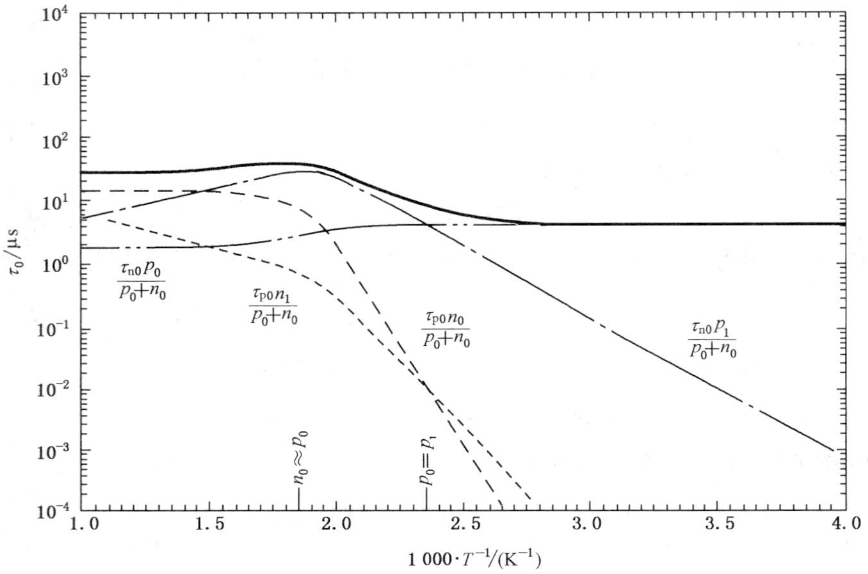


**图 C.1 p 型硅中，存在铁元素的情况，低注入复合寿命（实线）与温度倒数的函数关系曲线**

n 型硅中存在元素铁的情况（见图 C.2）：在约 100°以下，$n_0 \gg p_1 \gg n_1 \gg p_0$，于是 $\tau_0 = \tau_{p0}$。在约 200°和 225°之间，$p_1 > n_0 > p_0$，$p_1$项又是最大的单项。这时，$p_1$项和 $p_1$项之间的差别更小，$\tau_0$曲线的斜率不受任单项支配，所以元素铁中心的能级不能从曲线上精确获得。在更高的温度，$p_0$变得可与 $n_0$相比较（接近本征条件），载流子复合寿命下降，但对于近本征的 p 型材料，公式中没有一个单项起主导，所以曲线斜率没有物理意义。

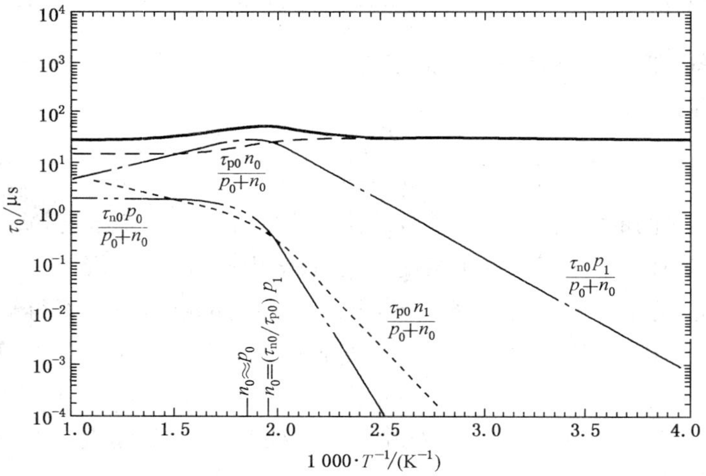


**图 C.2 n 型硅中，存在铁元素的情况下，低注入复合寿命（实线）与温度倒数的函数关系曲线**

p 型（掺硼）硅中存在铁硼对的情况（见图 C.3）：此时，$p_1 \gg p_0 \gg n_0 \gg n_1$，所以从远低于室温到 225℃左右，$p_1$项在低注入复合寿命公式中占主导。由于 $p_0 = N_{\text{boron}}$，$\tau_0 \approx \tau_{n0}\left(\frac{p_1}{N_{\text{boron}}}\right)$，所以从 $\ln\tau_0$ 与 $1/T$ 关系曲线的负斜率可获得铁硼对的激活能 $\Delta\varepsilon = \varepsilon_{\text{FE-B}} - \varepsilon_{\text{V}}$。在更高的温度，材料变成近本征的，分母增大，导致 $\tau_0$减小。

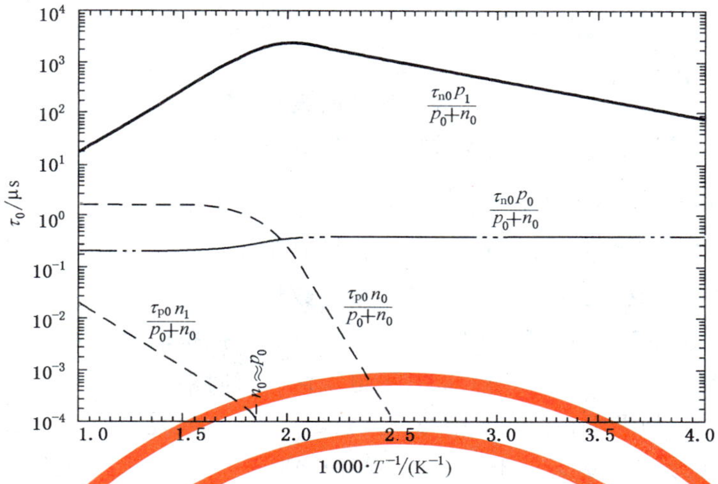


**图 C.3　p型硅中，存在铁硼对的情况下，低注入复合寿命(实线)与温度倒数的函数关系曲线**

C.5　上述例证说明，在有限的条件下，从测量得到的载流子复合寿命与稍高于室温的关系中获得的激活能是可以与接近禁带中心的缺陷中心的能级相联系的，这正是大多数元素金属杂质的情况。

# 附 录 D
（资料性附录）
# 少数载流子复合寿命

**D.1** 过剩电子空穴对在缺陷中心的复合是一个两步过程。它包含以下两种情况：(a)空的缺陷中心俘获一个电子，接着再俘获一个空穴；或(b)已经被填满的缺陷中心俘获一个空穴，接着再俘获一个电子。因此，复合时间取决于空的或者已经被填满的缺陷中心数目以及俘获时间常数。

**D.2** 正如 Blakemore 在参考文献[17]中所述，缺陷中心的占据率取决于费米能级所处的位置。如果所有的缺陷中心都是空的，电子复合时间就取决于电子俘获时间常数 $\tau_{n0}$。这种情况发生在费米能级远低于缺陷中心能级之时。如果所有的缺陷中心都是被填满的，空穴复合时间就取决于空穴俘获时间常数 $\tau_{p0}$。这种情况发生在费米能级远高于缺陷中心能级之时。另外，费米能级的位置主要取决于掺杂浓度，因此对于不同电阻率的硅片，其缺陷中心的占据率一般不同。

**D.3** 存在两类等效的情况：缺陷中心与费米能级位于禁带中心的同侧或异侧。如，缺陷中心处于 p 型半导体禁带下半部与缺陷中心处于 n 型半导体禁带上半部的情况是相同的，仅需将电子和空穴所扮演的角色互换一下。类似的，缺陷中心处于 p 型半导体禁带上半部与缺陷中心处于 n 型半导体禁带下半部的情况也相同。

**D.4** 例如，在室温(300 K)时，考虑如下三种情况：n 型或 p 型硅中存在元素铁及 p 型硅中存在铁硼，且在三种情况下，都假定铁浓度都为 $5\times10^{11}$ 个原子/$cm^3$。需要注意的是，对于电阻率很低的硅片，S-R-H 模型所要求的非简并条件可能得不到满足。

**D.4.1** p 型硅中的元素铁(见图 D.1)：在所有实际电阻率的情况下，费米能级在元素铁的靠近禁带中心能级以下数个 KT 的位置上，而元素铁中心能级靠近禁带中部。因此，缺陷中心为空，这种极限过程为：首先过剩的少数载流子电子被俘获，然后大量存在的空穴立即与之复合。所以，小信号载流子复合寿命等于电子(少数载流子)俘获时间常数：$\tau_0=\tau_{n0}$。

**D.4.2** n 型硅中的元素铁(见图 D.2)：这种情况下，对于所有电阻率，费米能级都远高于缺陷中心能级，所有的缺陷中心都被填满，空穴俘获取决于空穴俘获时间常数 $\tau_{p0}$。因为费米能级接近存在大量电子的导带底，所以一旦有空穴被俘获，缺陷中心马上又会被填满。因此，空穴的俘获同样为极限过程，小信号载流子复合寿命等于空穴(少数载流子)俘获时间常数：$\tau_0=\tau_{p0}$。

**D.4.3** n 型硅(掺硼)中的铁硼对(见图 D.3)：缺陷中心非常接近价带顶。除电阻率特别低的硅片外，费米能级都在缺陷中心能级之上，因此有些缺陷中心是被填满的，在这种情况下，作为少数载流子的电子，其俘获仍然是极限过程。但是仅有一小部分缺陷中心能俘获电子，小信号复合寿命将大于电子俘获时间常数。定量地，因为 $n_0\ll p_0$，小信号载流子复合寿命由 $\tau_0=\tau_{n0}\left(\frac{p_1}{p_0}\right)$ 给出。

**D.4.4** 第四种可能的情况是缺陷中心非常接近 n 型材料价带顶。虽然在 n 型材料中不存在铁硼对，但是对于缺陷中心能级接近价带顶的缺陷中心的情况，除重掺之外的所有材料，$\tau_{n0}p_1\gg\tau_{p0}n_0$，所以小信号寿命受此项支配，少数载流子的性质不会影响复合过程。

**D.5** 因此，对于深能级缺陷中心，低注入(小信号)载流子复合寿命等于少数载流子俘获时间常数(或少数载流子寿命)，而对于能级靠近能带边缘的缺陷中心，小信号载流子复合寿命通常比少数载流子俘获时间常数大得多。

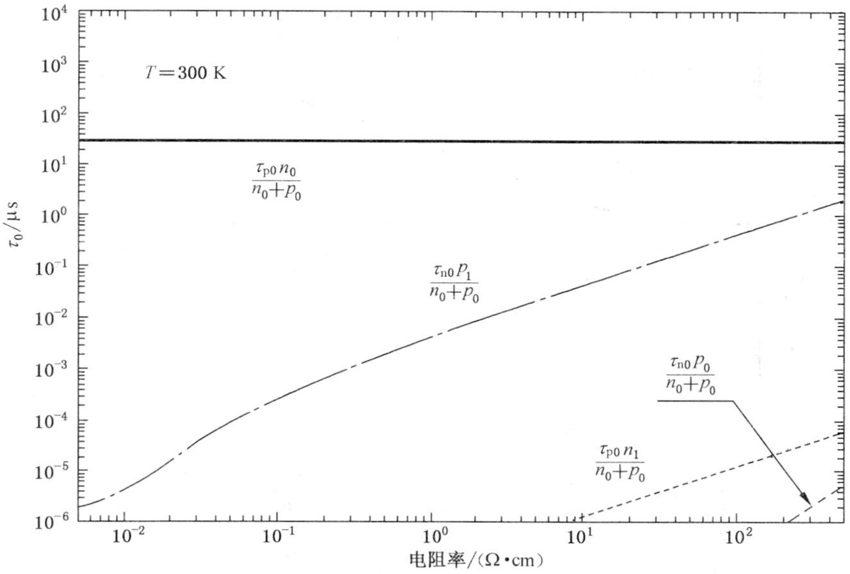


图 D.1　室温下 p 型硅中，存在铁元素的情况，低注入复合寿命（实线）与电阻率的函数关系曲线

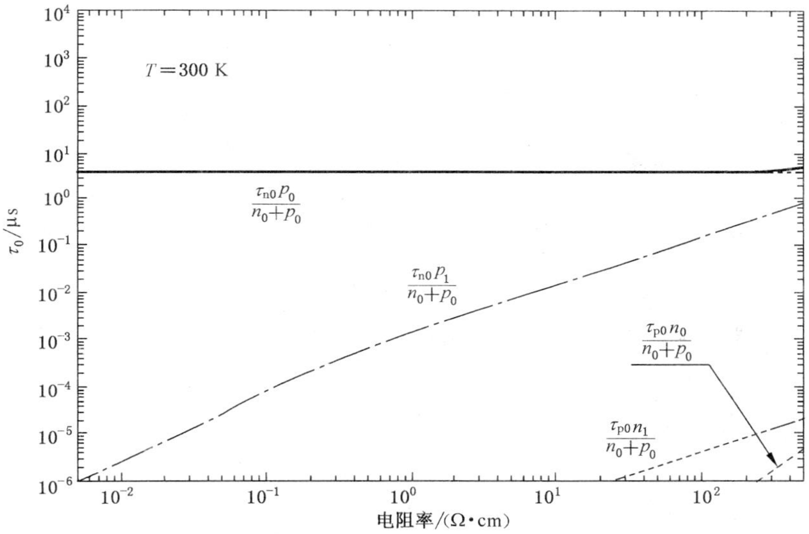


图 D.2　室温下 n 型硅中，存在铁元素的情况，低注入复合寿命（实线）与电阻率的函数关系曲线

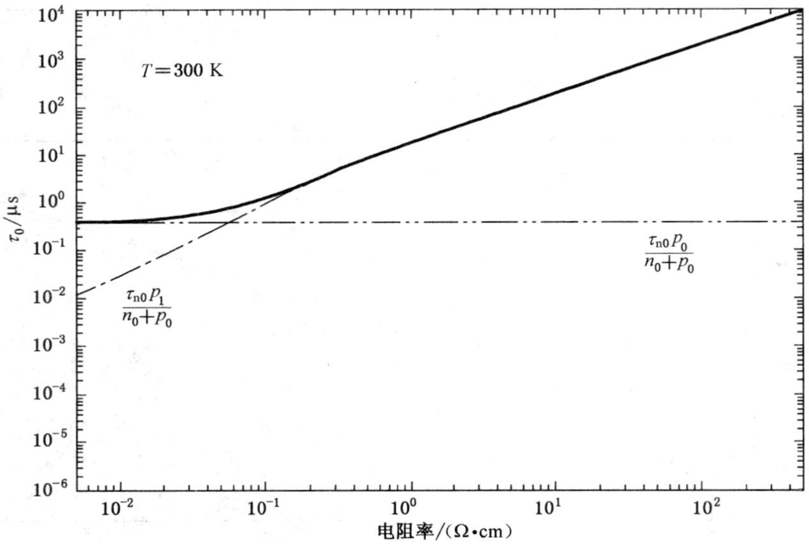


**图 D.3　室温下 p 型硅中,存在铁硼对的情况,低注入复合寿命(实线)与电阻率的函数关系曲线**

# 附　录　E
（资料性附录）
# 测试方法目的和精密度

## E.1　目的

**E.1.1**　如果半导体中载流子浓度不太高，载流子复合寿命由能级位于禁带中的杂质中心决定。很多金属杂质在硅中形成这样的复合中心。在大多数情况下，这些杂质在很低的浓度（$\approx 10^{10} \sim 10^{13}$ 个原子/$cm^3$）下即可使复合寿命降低，对器件和电路起有害的作用。在某些情况下，例如甚高速双极开关器件和大功率器件，复合特性必须谨慎地控制以达到所需的器件性能。

**E.1.2**　本方法包含多种类型硅片载流子复合寿命的测试步骤。由于测试时在硅片上没有制作电接触点，在测试后，如果片子的清洁度保持良好，可以对其进行后续的工艺操作。

**E.1.3**　本方法适用于研究开发、工艺控制、以及材料的验收。但由本方法获得的结果与表面钝化程度有关。当本法用于材料的规格和验收时，供方和需方须对测试中的表面处理达成共识。

## E.2　精密度

SEMI MF1535 中关于精密度：为建立 JEIDA 53（现今的 JEITA EM3502），1996 年 5 月至 1996 年 11 月围绕本方法进行的巡回试验。测试选用了直径 150 mm 的直拉单晶(100)p 型和 n 型的热氧化片，电阻率 3(Ω·cm) 至 47(Ω·cm) 分为两档，寿命 2 μs 至 1 500 μs 分为三档，总共 12 种片子。有 19 个组织（17 家公司和 2 所大学）参与了测试。在 $5\times10^{13}$ 个光子/$cm^2$ 的注入光强条件下，每个片子误差的标准偏差中心值为 9.6%($\tau_1$)9.4%($\tau_e$)。

# 参 考 文 献

[1] Blakemore,J. S. ,Semiconductor Statistics,(Dover Publications,New York,1987) §10. 4.

[2] Ferenczi,G. ,Pavelka,T. ,and Tüttô,P. ,"Injection Level Spectroscopy: A Novel Non-Contact Contamination Analysis Technique in Silicon," Jap. J. Appl. Phys. 30,3630-3633(1991).

[3] Kirino, Y. , Buczkowski, A. , Radzimski, Z. J. , Rozgonyi, G. A. , and Shimura, F. , "Noncontact Energy Level Analysis of Metallic Impurities in Silicon Crystals," Appl. Phys. Lett. 57,2832-2834(1990).

[4] Schultz,M. ,ed,in Semiconductors: Impurities and Defects in Group IV Elements and Ⅲ-V Compounds,Landolt-Börnstein,New Series Ⅲ/22b,(Springer Verlag,Heidelberg,1989) §4. 2. 3. 1.

[5] Saritas,M. ,and McKell,H. D. ,"Comparison of Minority-Carrier Diffusion Length Measurements in Silicon by the Photoconductive Decay and Surface Photovoltage Methods," J. Appl. Phys. 63,4562-4567(1988).

[6] Schroder,D. K. ,Whitfield,J. D. ,and Varker,C. J. ,"Recombination Lifetime Using the Pulsed MOS Capacitor," IEEE Trans. Electron Devices ED-31,462-467(1984).

[7] Horányi,T. S. ,Pavelka,T. ,and Tüttô,P. ,"In Situ Bulk Lifetime Measurement on Silicon with Chemically Passivated Surface," Applied Surface Science,63,306-311(1993).

[8] For these estimates,the diffusion coefficients were assumed to be constant at the following limiting values: $D_n = 33.5\ cm^2/s$ and $D_p = 12.4\ cm^2/s$. These values are somewhat smaller than the limiting values given in the 1993 edition of DIN 50440,Part 1.

[9] Yablonovitch,E. ,Allara,D. L. ,Chang,C. C. ,Gmitter,T. ,and Bright,T. B. ,"Unusually Low Surface-Recombination Velocity on Silicon and Germanium Surfaces," Phys. Rev. Lett. 57,249-252(1986).

[10] See:Schroder,D. K. ,Semiconductor material and Device Characterization (John Wiley & Sons,New York,1990) pp. 267-286.

[11] Hall,R. N. ,"Electron-Hole Recombination in Germanium," Phys. Rev. 87,387(1952).

[12] Shockley,W. ,and Read,W. T. ,"Statistics of the Recombination of Holes and Electrons", Phys. Rev. 87,835-842(1952).

[13] Blakemore,J. S. ,op. cit. , §8. 3.

[14] Blakemore,J. S. ,op. cit. , §§8. 4 and 8. 5.

[15] Blakemore,J. S. ,op. cit. , §8. 2.

[16] Zoth,G. ,and Bergholz,W. ,"A Fast,Preparation-Free Method to Defect Iron in Silicon", J. Appl. Phys. 67,6764-6771(1990).

ICS 29.045
H 80

# 中华人民共和国国家标准

GB/T 26069—2010

# 硅退火片规范

## Specification for silicon annealed wafers

2011-01-10 发布　　2011-10-01 实施

中华人民共和国国家质量监督检验检疫总局
中国国家标准化管理委员会　发布

# 前　言

本标准由全国半导体设备和材料标准化技术委员会材料分技术委员会(SAC/TC 203/SC 2)负责归口。

本标准起草单位:万向硅峰电子股份有限公司、有研半导体材料股份公司、宁波立立电子股份有限公司和杭州海纳半导体有限公司共同负责起草。

本标准主要起草人:楼春兰、孙燕、朱兴萍、宫龙飞、王飞尧、黄笑容、方强、汪成生、程国庆。

# 硅退火片规范

## 1 范围

本标准规定了半导体器件和集成电路制造用硅退火抛光片的要求、试验方法、检验规则等。

本标准适用于线宽 180 nm、130 nm 和 90 nm 工艺退火硅片。

## 2 规范性引用文件

下列文件对于本文件的应用是必不可少的。凡是注日期的引用文件，仅注日期的版本适用于本文件。凡是不注日期的引用文件，其最新版本(包括所有的修改单)适用于本文件。

GB/T 1550 非本征半导体材料导电类型测试方法

GB/T 1554 硅晶体完整性化学择优腐蚀检验方法

GB/T 1555 半导体单晶晶向测定方法

GB/T 1557 硅晶体中间隙氧含量的红外吸收测量方法

GB/T 2828.1 计数抽样检验程序 第1部分：按接收质量限(AQL)检索的逐批检验抽样计划

GB/T 4058 硅抛光片氧化诱生缺陷的检验方法

GB/T 6616 半导体硅片电阻率及硅薄膜薄层电阻测定 非接触涡流法

GB/T 6618 硅片厚度和总厚度变化测试方法

GB/T 6620 硅片翘曲度非接触式测试方法

GB/T 6621 硅抛光片表面平整度测试方法

GB/T 6624 硅抛光片表面质量目测检验方法

GB/T 11073 硅片径向电阻率变化的测量方法

GB/T 13387 硅及其他电子材料晶片参考面长度测量方法

GB/T 13388 硅片参考面结晶学取向 X 射线测试方法

GB/T 14140 硅片直径测量方法

GB/T 14144 硅晶体中间隙氧含量径向变化测量方法

GB/T 14264 半导体材料术语

GB/T 19921 硅抛光片表面颗粒测试方法

GB/T 24578 硅片表面金属沾污的全反射 X 光荧光光谱测试方法

YS/T 26 硅片边缘轮廓检验方法

## 3 术语和定义

GB/T 14264 中界定的术语和定义适用于本文件。

## 4 要求

### 4.1 产品分类

本标准将硅退火抛光片按线宽分为 180 nm、线宽 130 nm 和线宽 90 nm 三类。

## 4.2 硅退火片的技术要求

硅退火片的技术要求具体见表1所示。

表 1

| 项目 | | 180 nm | 130 nm | 90 nm |
|---|---|---|---|---|
| 退火前硅片状态(抛光硅片) | | | | |
| 1.0 | 基本特性 | | | |
| 1.1 | 生长方式 | CZ/MCZ | | |
| 1.2 | 晶向 | <100> | | |
| 1.3 | 型号 | p型 | | |
| 1.4 | 掺杂剂 | 硼 | | |
| 1.5 | 边缘去除 | 3 mm | 3 mm | 2 mm |
| 1.6 | 其他掺杂剂 | 氮或者碳由供需双方商定 | | |
| 1.7 | 表面晶向偏差 | 0.00°±1.00° | | |
| 2.0 | 电学特性 | | | |
| 2.1 | 电阻率(中心点) | 供需双方商定 | | |
| 2.2 | 径向电阻率变化 | ≤20% | | |
| 3.0 | 化学特性 | | | |
| 3.1 | 氧含量/校正因子 | 供需双方商定 | | |
| 3.2 | 径向氧含量变化 | ±10%(边缘10 mm) | | |
| 3.3 | 碳含量 | ≤0.5 ppma | | |
| 4.0 | 结构特性 | | | |
| 4.1 | 系属结构 | 无 | | |
| 4.2 | 孪晶界 | 无 | | |
| 4.3 | 旋涡 | 无 | | |
| 5.0 | 预备硅片状态 | | | |
| 5.1 | 硅片标识 | 供需双方商定 | | |
| 5.2 | 前表面薄膜 | 不规定 | | |
| 5.3 | 表面吸杂 | 不规定 | | |
| 5.4 | 背封 | 不规定 | | |
| 6.0 | 几何尺寸 | | | |
| 6.1 | 直径 | 200 mm±0.2 mm | 300 mm±0.2 mm | 300 mm±0.2 mm |
| 6.2 | 边缘抛光 | 供需双方商定 | | |
| 6.3 | 厚度 | 725 μm±20 μm<br>(切口或参考面) | 775 μm±20 μm | 775 μm±20 μm |
| 6.4 | 总厚度变化(TTV) | ≤10 μm | | |

表 1（续）

| 项　　目 | | 180 nm | 130 nm | 90 nm |
|---|---|---|---|---|
| 7.0 | 背表面特性 | | | |
| 7.1 | 崩边 | 无 | | |
| 7.2 | 亮度(光泽度) | 不规定 | 0.80(正面光泽度的 80%) | 0.80(正面光泽度的 80%) |
| 7.3 | 划伤(宏观)总长度 | ≤0.25×直径 | | |
| 8.0 | 退火条件 | | | |
| 8.1 | 退火环境 | 氢,氩或其他(供需双方商定) | 氢,氩或其他(供需双方商定) | 氢,氩或其他(供需双方商定) |
| 退火后硅片的状态 | | | | |
| 9.0 | 退火后硅片的状态 | | | |
| 9.1 | 边缘表面条件 | 腐蚀或者抛光(供需双方商定) | | |
| 10.0 | 退火后硅片的几何尺寸 | | | |
| 10.1 | 翘曲度 | ≤75 μm | ≤100 μm | ≤100 μm |
| 10.2 | 平整度 | SFQR≤180 nm | SFQR≤130 nm | SFQR≤90 nm |
| 11.0 | 退火后硅片正表面的化学物质(表面金属含量) | | | |
| 11.1 | 钠 | $\leq 1.3\times10^{10}$ $cm^{-2}$ | $\leq 1.3\times10^{10}$ $cm^{-2}$ | $\leq 1\times10^{10}$ $cm^{-2}$ |
| 11.2 | 铝 | $\leq 1\times10^{11}$ $cm^{-2}$ | $\leq 1\times10^{11}$ $cm^{-2}$ | $\leq 1\times10^{10}$ $cm^{-2}$ |
| 11.3 | 钾 | $\leq 1.3\times10^{10}$ $cm^{-2}$ | $\leq 1.3\times10^{10}$ $cm^{-2}$ | $\leq 1\times10^{10}$ $cm^{-2}$ |
| 11.4 | 铬 | $\leq 1.3\times10^{10}$ $cm^{-2}$ | $\leq 1.3\times10^{10}$ $cm^{-2}$ | $\leq 1\times10^{10}$ $cm^{-2}$ |
| 11.5 | 铁 | $\leq 1.3\times10^{10}$ $cm^{-2}$ | $\leq 1.3\times10^{10}$ $cm^{-2}$ | $\leq 1\times10^{10}$ $cm^{-2}$ |
| 11.6 | 镍 | $\leq 1.3\times10^{10}$ $cm^{-2}$ | $\leq 1.3\times10^{10}$ $cm^{-2}$ | $\leq 1\times10^{10}$ $cm^{-2}$ |
| 11.7 | 铜 | $\leq 1.3\times10^{10}$ $cm^{-2}$ | $\leq 1.3\times10^{10}$ $cm^{-2}$ | $\leq 1\times10^{10}$ $cm^{-2}$ |
| 11.8 | 锌 | $\leq 1\times10^{11}$ $cm^{-2}$ | $\leq 1\times10^{11}$ $cm^{-2}$ | $\leq 1\times10^{10}$ $cm^{-2}$ |
| 11.9 | 钙 | $\leq 1.3\times10^{10}$ $cm^{-2}$ | $\leq 1.3\times10^{10}$ $cm^{-2}$ | $\leq 1\times10^{10}$ $cm^{-2}$ |
| 12.0 | 退火后硅片正面的检查项目 | | | |
| 12.1 | 滑移 | 供需双方商定 | | |
| 12.2 | 氧化层错 | 供需双方商定 | | |
| 12.3 | 划伤(宏观) | 无 | | |
| 12.4 | 划伤(微观)总长度 | ≤0.25×直径 | | |
| 12.5 | 雾 | 强光灯下无雾 | | |
| 12.6 | 总的局部光散射(整体 LLS)/$cm^{-2}$ | ≤0.382@≥120 nm LSE | ≤0.270@≥90 nm LSE | ≤0.270@≥90 nm LSE |
| 12.7 | 局部光散射(仅是 COP)/$cm^2$ | 供需双方商定 | | |
| 12.8 | 其他正表面缺陷 | 供需双方商定 | | |
| 13.0 | 退火后硅片背面的检查 | | | |
| 13.1 | 沾污/面积 | 供需双方商定 | | |

表 1（续）

| 项　　目 | | 180 nm | 130 nm | 90 nm |
|---|---|---|---|---|
| 13.2 | 其他背面缺陷 | 供需双方商定 | | |
| 14.0 | 退火后硅片的其他特性 | | | |
| 14.1 | 铁含量 | 供需双方商定 | | |
| 14.2 | 体微缺陷(BMD)刻蚀带深度 | 供需双方商定 | | |
| 14.3 | 体微缺陷(BMD)密度 | 供需双方商定 | | |
| 14.4 | 其他特性 | 供需双方商定 | | |
| 注：不规定，是指在本标准中不对该项目做出要求，如果客户对该项目有要求，则由客户给出规范。 | | | | |

## 5　测试方法

5.1　导电类型测量按照 GB/T 1550 进行。
5.2　电阻率测量按照 GB/T 6616 进行。
5.3　径向电阻率变化测量按照 GB/T 11073 进行。
5.4　晶向的测量按照 GB/T 1555 进行。
5.5　参考面长度的测量按照 GB/T 13387 进行。
5.6　主参考面晶向按照 GB/T 13388 进行。
5.7　晶体完整性检验按照 GB/T 1554 进行。
5.8　抛光片表面氧化诱生层错按照 GB/T 4058 进行。
5.9　直径测量按照 GB/T 14140 进行。
5.10　间隙氧含量的测量按照 GB/T 1557 进行，间隙氧含量径向变化按 GB/T 14144 的规定进行。
5.11　厚度和总厚度变化的测量按照 GB/T 6618 进行。
5.12　翘曲度测量按照 GB/T 6620 进行。
5.13　平整度测量按照 GB/T 6621 进行。
5.14　表面质量检验按照 GB/T 6624 进行。
5.15　边缘轮廓的测量按照 YS/T 26 进行。
5.16　局部光散射测量按照 GB/T 19921 进行。
5.17　表面金属含量测量按照 GB/T 24578 进行。

## 6　检验规则

### 6.1　检查和验收

6.1.1　产品应由供方技术（质量）监督部门进行检验，保证产品质量符合本标准的规定，并填写产品质量保证书。

6.1.2　需方可对收到的产品按本标准的规定进行检验，若检验结果与本标准（或订货单）的规定不符时，应在收到产品之日起三个月内向供方提出，或由供需双方协商解决。

### 6.2　组批

硅退火片以批的形式提交验收，每批应由同一牌号相同规格的硅退火片组成。

### 6.3 检验项目

6.3.1 每批硅退火片全检项目为厚度、电阻率、表面质量。

6.3.2 其他项目如需检验，由供需双方协商确定。

### 6.4 抽检方法

6.4.1 每批产品如属非破坏性测试项目，检测按 GB/T 2828.1 的一般抽样方案进行，合格质量水平(AQL)值由供需双方协商决定。

6.4.2 如属破坏性测试项目，检测按 GB/T 2828.1 特殊检查抽样方案进行，合格质量水平(AQL)值白供需双方协商决定。

## 7 包装、标志、运输和贮存

7.1 按照合同或订单中需方的要求，材料的生产厂或者供方在发货时，应提供本规范生产和检验的材料的合格证书及其检测报告。

7.2 硅退火片应在超净室内装入专用的硅退火片包装盒，外用洁净的塑料袋和铝箔袋双层包装密封。每个退火片盒上应贴有产品标签。标签内容至少应包括：产品名称、规格、片数、批号及日期。片盒装入一定规格的外包装箱，采取防震、防潮措施。

7.3 按本规范提供的硅片，应在每个包装箱或者其他容器以及每个片盒的外面贴上相应的标签。

7.4 包装箱外侧应有“小心轻放”、“防潮”、“易碎”等标识，并标明：

a) 需方名称，地点；

b) 产品名称，牌号；

c) 产品件数及重量；

d) 供方名称。

### 7.5 运输、贮存

7.5.1 产品在运输过程中应轻装轻卸，勿压勿挤，并采取防震、防潮措施。

7.5.2 产品应贮存在清洁、干燥的环境中。

7.6 需求方对合格证书、包装、贮存等有特殊要求时，应由供需双方商定。

## 8 订货单内容

本标准所列材料的订货单应包括下列内容：

a) 本标准编号；

b) 产品名称；

c) 产品批号；

d) 数量；

e) 生长方法；

f) 直径；

g) 晶向；

h) 厚度；

i) 取向基准；

j) 导电类型；

k) 掺杂剂；

l） 电阻率和径向电阻率变化；

m）氧碳含量；

n） 金属含量；

o） 背封；

p） 吸杂；

q） 氧化层错；

r） 其他。

ICS 77.040.99
H 17

# 中华人民共和国国家标准

GB/T 26070—2010

# 化合物半导体抛光晶片亚表面损伤的反射差分谱测试方法

**Characterization of subsurface damage in polished compound semiconductor wafers by reflectance difference spectroscopy method**

2011-01-10 发布　　2011-10-01 实施

中华人民共和国国家质量监督检验检疫总局
中国国家标准化管理委员会　发布

# 前　　言

本标准由全国半导体设备和材料标准化技术委员会材料分技术委员会(SAC/TC 203/SC 2)归口。

本标准由中国科学院半导体研究所负责起草。

本标准主要起草人:陈涌海、赵有文、提刘旺、王元立。

# 化合物半导体抛光晶片亚表面损伤的反射差分谱测试方法

## 1 范围

1.1 本标准规定了Ⅲ-Ⅴ族化合物半导体单晶抛光片亚表面损伤的测试方法。

1.2 本标准适用于GaAs、InP(GaP、GaSb可参照进行)等化合物半导体单晶抛光片亚表面损伤的测量。

## 2 定义

### 2.1 术语和定义

下列术语和定义适用于本文件。

2.1.1

**亚表面损伤 subsurface damage**

半导体晶体经切、磨、抛等工艺加工后,在距离抛光片表面亚微米左右范围内,晶体的部分完整性会受到破坏,存在一个很薄(厚度通常为几十到上百纳米)的损伤层,其中存在大量的位错、晶格畸变等缺陷。这个损伤层称为亚表面损伤层。

2.1.2

**弹光效应 photoelastic effect**

当介质中存在弹性应力或应变时,介质的介电系数或折射率会发生改变。介电系数或折射率的改变与施加的应变和应力密切相关。各向异性的应力或应变会导致介电函数或折射率出现各向异性,导致晶体材料出现光学各向异性(双折射,二向色性)。

2.1.3

**光学各向异性 optical anisotropy**

当材料的光学性质随光的传播方向和偏振状态而发生变化时,就称这种材料具有光学各向异性。

2.1.4

**线偏振光 linearly polarized light**

振动电矢量总是在一个固定平面内的光称为线偏振光。

2.1.5

**反射差分谱 reflectance difference spectroscopy,RDS**

测量近垂直入射条件下,两束正交偏振入射光反射系数的相对差异随波长的变化,就是反射差分谱。

### 2.2 符号

下列符号适用于本文件。

2.2.1

$\Delta r/r$

被测晶体材料在两个各向异性光学主轴方向反射系数的相对差异,即反射差分信号。

2.2.2

$R$

被测晶体材料的反射率。

2.2.3

PEM

光弹性调制器(photoelastic modulator,PEM)

2.2.4

$\omega$

光弹性调制器的调制频率。

2.2.5

Re( )

代表括号里宗量的实部。

2.2.6

Im( )

代表括号里宗量的虚部。

2.2.7

$J_n$

$n$ 阶的贝塞尔函数。

2.2.8

$\delta$

表征亚表面损伤程度的量,它正比于亚表面损伤的深度和与亚表面损伤密度相关量的乘积。

2.2.9

$\varepsilon_s$

被测晶体材料的介电常数。

2.2.10

$n$

被测晶体材料的折射率。

## 3 方法提要

RDS 测试方法是通过测量两束正交偏振的入射光的反射系数的相对差异来确定亚表面损伤层的损伤程度。其测试过程和原理是:RDS 测试系统的光源首先通过一个起偏器,经过起偏器后得到的垂直方向上的线偏振光可以在[110]和[1$\bar{1}$0]方向上分成大小相等的两个分量;如果样品在这两个方向上的反射系数是相等的,那么,反射后的两个分量重新合成的线偏振光仍旧是垂直的;这样,经过 PEM 和检偏器被探测器探测到的光强信号中将没有 PEM 的调制信号。如果样品在这[110]和[1$\bar{1}$0]方向上的反射系数是不相等的,那么,反射后的线偏光将不再是垂直的,结果探测器测得的光强信号中必然包含有 PEM 的调制信号。这个调制信号反映了[110]和[1$\bar{1}$0]方向上的反射系数的差别。表面亚损伤产生的光学各向异性可以通过反射系数的各向异性表示,具体说来,就是样品表面内两个垂直方向反射系数的相对差异:$\Delta r/r=2(r_x-r_y)/(r_x+r_y)$。探测器探测到的光强信号将由式(1)决定:

$$R[1+2\mathrm{Re}(\Delta r/r)J_2(\phi)\cos(2\omega t)+2\mathrm{Im}(\Delta r/r)J_1(\phi)\sin(\omega t)] \quad \cdots\cdots\cdots\cdots(1)$$

式中:

$R$——材料的反射率;

$\omega$——PEM 的调制频率;

Re( )、Im( )——分别代表括号里宗量的实部和虚部;

$J_n$——$n$ 阶的贝塞尔函数。

由式(1)可见,探测器中信号包含了三部分信号:直流部分反映的是样品的反射率;一倍频($\omega$)信号正比于 $\Delta r/r$ 虚部;二倍频($2\omega$)信号正比于 $\Delta r/r$ 实部。采用锁相放大技术,很容易将倍频信号从直流信号中提取出来，再对前边的贝塞尔函数系数进行修正，就可以测量出被测试样片表面上相互垂直的两个各向异性光学主轴方向的反射系数的相对差异($\Delta r/r$)。信号($\Delta r/r$)送入微机处理后，由打印机输出测试谱图。

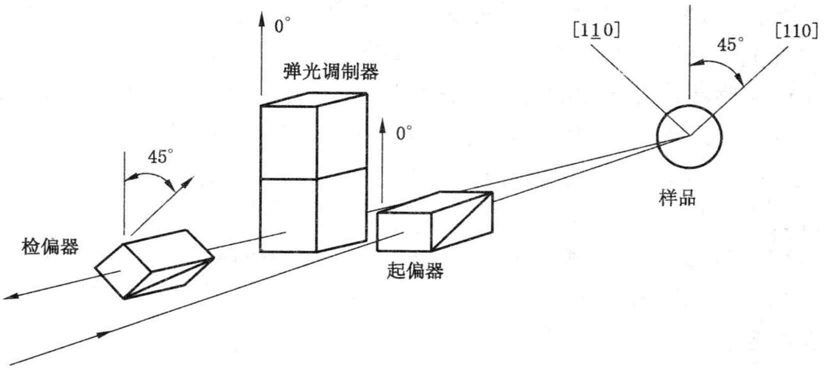


注：PEM 主轴与样品的入射平面(水平面)垂直，即和垂直方向成 0°角。对于具有(001)面的样品，各向异性的光学主轴一般为[110]和[1$\bar{1}$0]两个方向。要求 PEM 主轴方向与这两个光学主轴成 45°夹角。

**图 1　RDS 测试原理图**

## 4　一般要求

### 4.1　测试系统构成及系统设备要求

半导体抛光晶片亚表面损伤的偏振反射差分谱测试系统由光源、起偏器和检偏器、PEM 及其控制器、斩波器、样品架、单色仪、探测器、锁相放大器以及数据采集处理系统等组成。

光源采用 250W 钨灯(主要用在可见光到近红外波段)。起偏器和检偏器采用的是方解石格兰型偏光棱镜。PEM(参考仪器：Hinds 公司 PEM-90™)工作频率为 50 kHz。样品反射光通过偏振片(检偏器)后，经过一个焦距为 10 cm 的凸透镜收集到一根光纤，然后进入单色仪(参考仪器：卓立汉光 BP300 型)分光，最后进到探测器中(根据测量的波长范围，探测器宜采用光电倍增管或硅二极管)。探测器探测到的光强信号包含：直流、一倍频和二倍频三个分量，如式(1)所示。用 1 台斩波器提取直流分量，斩波的频率应远小于 PEM 的工作频率(50 kHz)。用 1 台锁相放大器来提取二倍频信号。一倍频信号可根据二倍频信号计算出来，且其不包含新的光谱信息，可不测量。数据采集处理系统由微机和专用数据处理程序软件组成。

### 4.2　环境要求

#### 4.2.1　测量的标准大气条件

a)　环境温度：23 ℃±5 ℃；

b)　相对温度：≤90％；

c)　大气压：86 kPa～106 kPa。

#### 4.2.2　测量环境条件

实验室应为万级超净室，无振动、电磁干扰和腐蚀性气体。

#### 4.2.3　试样要求

测试样片应为抛光晶片，晶片表面洁净。

## 5　测试程序

### 5.1　测试系统准备

正式测试前，检查确定测试系统各仪器处于良好状态。确定测试系统在无测试样片时，系统的测试光谱信号输出为平直线，没有光谱结构。

5.2 **测试步骤**

a) 打开光源，检查是否正常工作；

b) 依次接通斩波器、锁相放大器、PEM、探测器电路电源，检查是否正常工作；

c) 取相应尺寸的样品架装好样品(使入射光的偏振面与测试晶片的表面平行，与晶片表面[110]、$[1\bar{1}0]$方向各成45度夹角)，固定在方位角可调的样品架上，调整光路，首先使得直流信号达到最大，以保证光路达到最优状态，然后，调整检偏器、补偿器的角度，以及锁相放大器的参数，使二倍频的反射差分背景信号处于较小的数值，然后开始测试过程；

d) 采用计算机编程控制的测试系统将自动测量被测晶片反射差分信号 $\Delta r/r$ 随波长的变化，存储数据，并打印出反射差分谱图；

e) 测试过程出现问题即可同时按 Ctrl 和 Break 键，即可中断测试；

f) 测试完全结束后关闭所有仪器电源。

## 6 分析结果的计算与表述

示例 1：GaAs 样品号 98-35

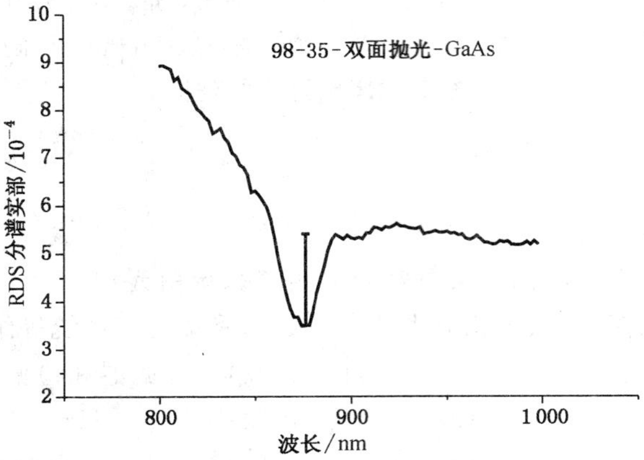


图 2

自测试光谱图查到该 GaAs 样品在带边附近($\lambda$=870 nm±50 nm)RDS 实部信号($2\omega$)的最大强度差值为 $5.38\times10^{-4}\sim3.5\times10^{-4}=1.88\times10^{-4}$，利用公式 $\delta=\dfrac{\lambda(\varepsilon_s-1)\mathrm{Re}\{\Delta r/r\}}{8\pi n}$ 以及 GaAs 材料的介电常数 $\varepsilon_s=13$，折射率 $n=3.6$，计算得出该 GaAs 样片的 $\delta$ 值约为 0.021 7 nm。

示例 2：InP 样品号 103-2-13

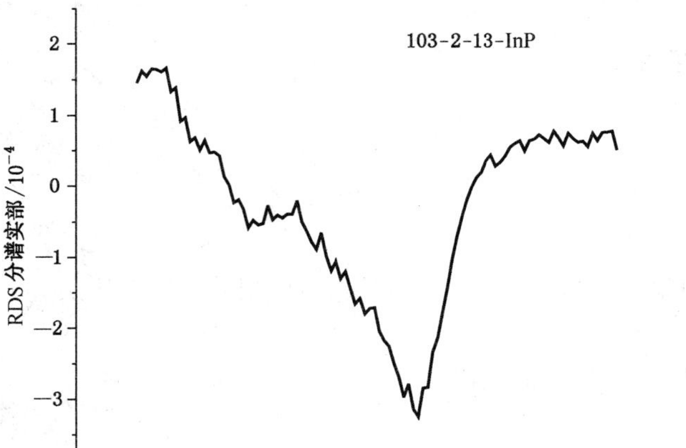


图 3

自测试光谱图查该 InP 样品在带边附近($\lambda$=920 nm±50 nm)RDS 实部信号(2$\omega$)的最大强度差值为$0.3\times10^{-4}-(-3.29)\times10^{-4}=3.59\times10^{-4}$,利用公式 $\delta=\frac{\lambda(\varepsilon_s-1)\mathrm{Re}\{\Delta r/r\}}{8\pi n}$ 以及 InP 材料的介电常数 $\varepsilon_s=12$,折射率 $n=3.5$,计算得出该 InP 样片的 $\delta$ 值约为 0.041 3 nm。

## 7 测试方法系统提示

本方法的测试系统测量深度:≤1 000 nm;光谱测量范围:700 nm~1 000 nm;波长精度:2 nm;测试系统测量 $\Delta r/r$ 的精度:$3\times10^{-5}$;测试系统测量 RDS 谱图的时间:10 min。

## 8 精密度

本方法的精密度是由起草单位和验证单位在同样条件下,用(RDS)测试系统上对 GaAs 和 InP 的各两个标准样片进行重复性试验,并根据标准偏差公式 $s=\sqrt{\sum(X_n-X_i)^2/(n-1)}$ 和重复性试验数据计算得出标准偏差和相对偏差。相对偏差不大于 5%(参见附录 A)。

## 9 质量保证和控制

应用控制样片,在每次测试前校核本方法的有效性,当过程失控时,应找出原因,纠正错误后,重新进行校核。

## 10 测试报告

测试报告应包括如下内容:

a) 样品来源、规格及编号;

b) 所用测量系统编号及选用参数;

c) 测试单位及测试操作人印章或签字;

d) 标样 RDS 的谱图及测量值;

e) 被测样品 RDS 的谱图及测量值;

f) 测试日期。

# 附　录　A
（资料性附录）
化合物半导体单晶抛光片亚表面损伤测试方法的重复性试验

## A.1　GaAs 样片重复性测试谱图及测量值和计算值

A.1.1　1# GaAs 样片的 3 次重复性测试谱图及测量值和计算值见表 A.1。

表 A.1

| 测量次数 | 测试谱图 | 测量值和计算值 |
|---|---|---|
| 1 | 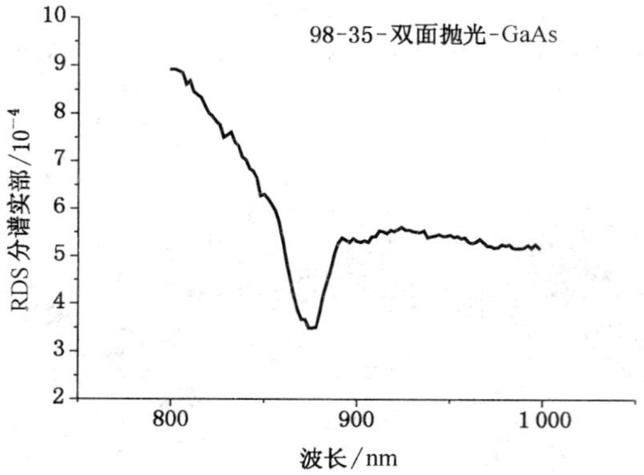 | RDS=1.88×$10^{-4}$<br>$\delta$=0.021 7 nm |
| 2 | 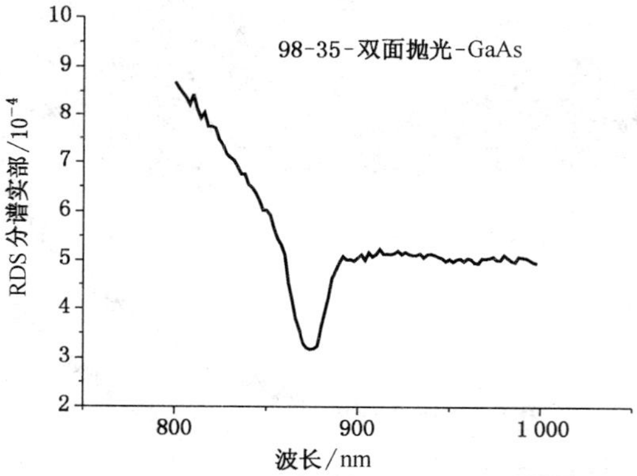 | RDS=1.87×$10^{-4}$<br>$\delta$=0.021 6 nm |
| 3 | 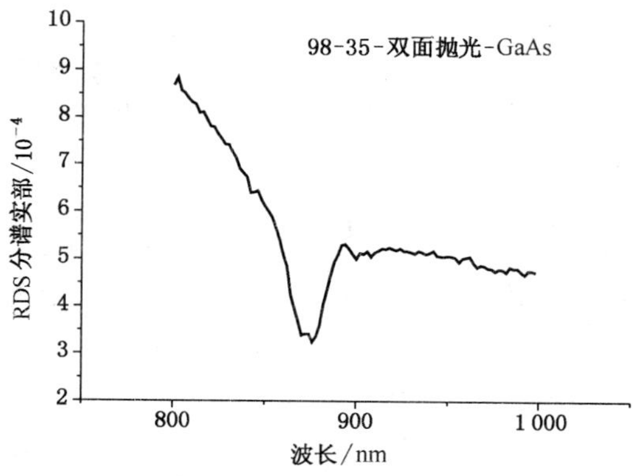 | RDS=1.92×$10^{-4}$<br>$\delta$=0.022 2 nm |

A.1.2　2# GaAs 样片的 3 次重复性测试谱图及测量值和计算值见表 A.2。

表 A.2

| 测量次数 | 测试谱图 | 测量值和计算值 |
|---|---|---|
| 1 | 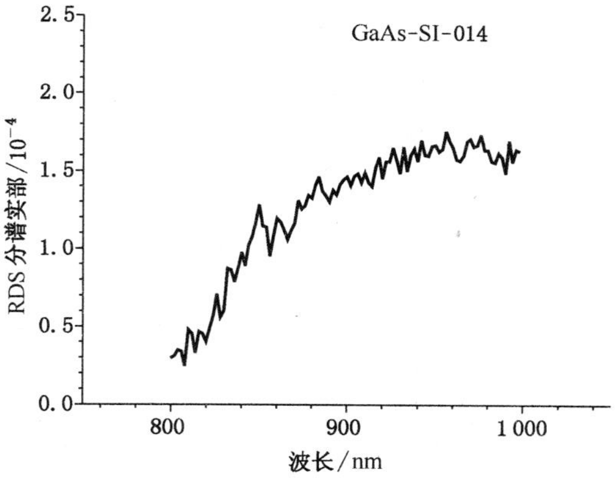 | RDS<0.15×$10^{-4}$<br>$\delta$<0.001 7 nm<br>由图可以看出，在带边（$\lambda$=870 nm）附近，此样品的 RDS 基本为平坦曲线（谱图结构已小到淹没在噪声信号中），表明其各向异性差异很小，差分比值可以认为是零，因而亚表面损伤层厚度为零，这与方法验证方提供的开盒即用抛光晶片的质量标准是一致的 |
| 2 | 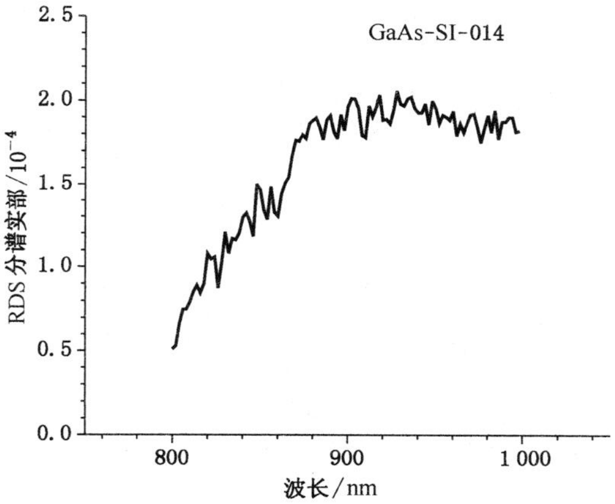 | RDS<0.15×$10^{-4}$<br>$\delta$<0.001 7 nm<br>由图可以看出，在带边（$\lambda$=870 nm）附近，此样品的 RDS 基本为平坦曲线（谱图结构已小到淹没在噪声信号中），表明其各向异性差异很小，差分比值可以认为是零，因而亚表面损伤层厚度为零，这与方法验证方提供的开盒即用抛光晶片的质量标准是一致的 |
| 3 | 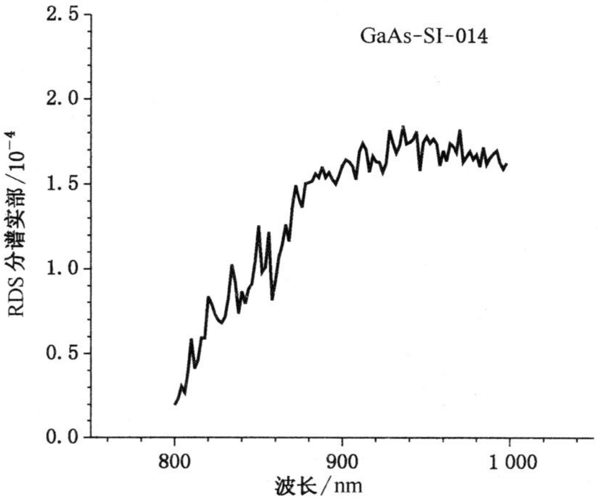 | RDS<0.15×$10^{-4}$<br>$\delta$<0.001 7 nm<br>由图可以看出，在带边（$\lambda$=870 nm）附近，此样品的 RDS 基本为平坦曲线（谱图结构已小到淹没在噪声信号中），表明其各向异性差异很小，差分比值可以认为是零，因而亚表面损伤层厚度为零，这与方法验证方提供的开盒即用抛光晶片的质量标准是一致的 |

## A.2 InP 样片重复性测试谱图及测量值

A.2.1 1# InP 样片的 3 次重复性测试谱图及测量值和计算值见表 A.3。

表 A.3

| 测量次数 | 测 试 谱 图 | 测量值和计算值 |
|---|---|---|
| 1 | 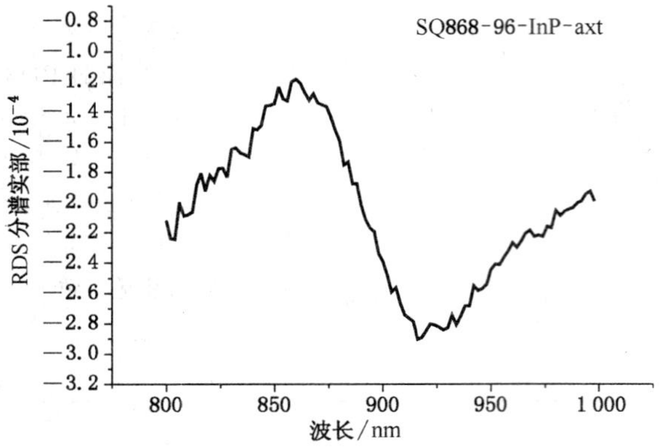 | RDS=1.68×$10^{-4}$<br>$\delta$=0.019 3 nm |
| 2 | 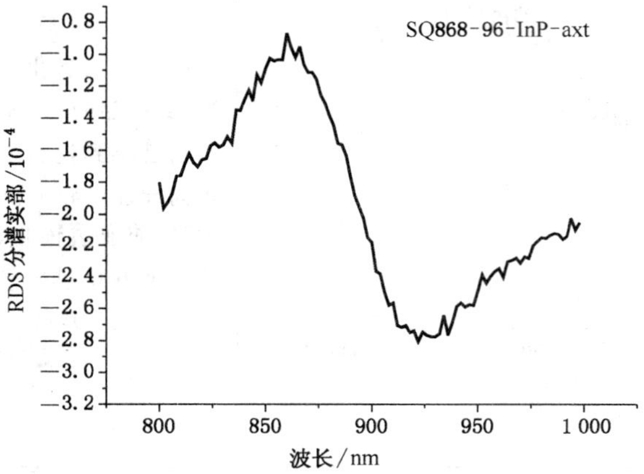 | RDS=1.80×$10^{-4}$<br>$\delta$=0.020 7 nm |
| 3 | 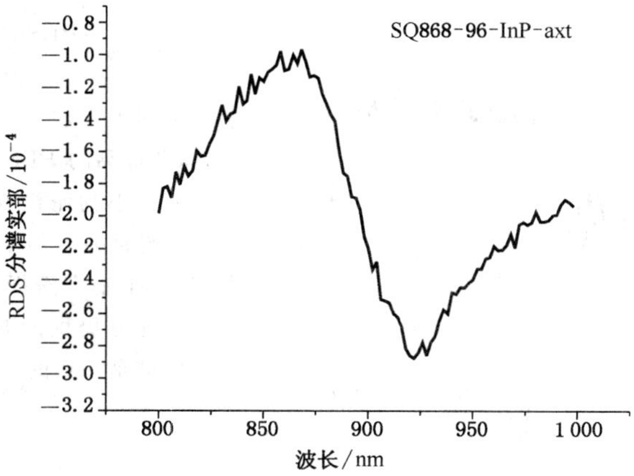 | RDS=1.80×$10^{-4}$<br>$\delta$=0.020 7 nm |

A.2.2　2＃InP 样片的 3 次重复性测试谱图及测量值和计算值见表 A.4。

**表 A.4**

| 测量次数 | 测试谱图 | 测量值和计算值 |
|---|---|---|
| 1 | 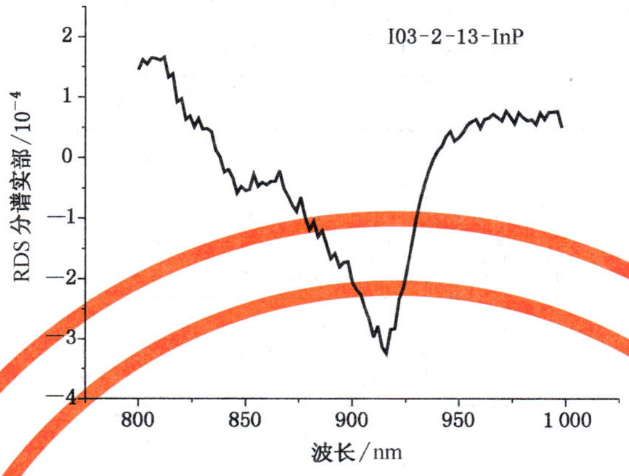  | RDS=3.59×$10^{-4}$<br>$\delta$=0.041 3 nm |
| 2 | 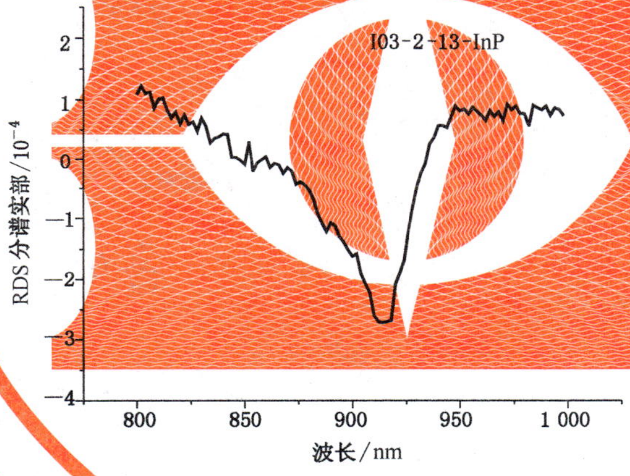  | RDS=3.54×$10^{-4}$<br>$\delta$=0.040 7 nm |
| 3 | 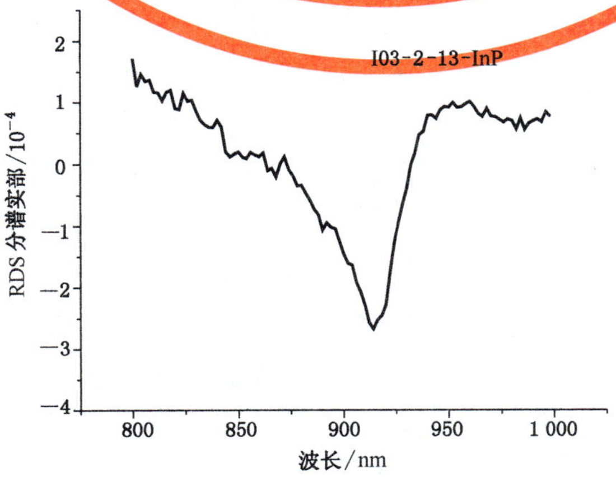  | RDS=3.53×$10^{-4}$<br>$\delta$=0.040 6 nm |

## A.3 精密度(标准偏差和相对偏差)

本方法的精密度是由起草单位和验证单位在同样条件下,用(RDS)测试系统上对 GaAs 和 InP 的各两个标准样片进行 3 次重复性试验,并根据标准偏差公式 $s=\sqrt{\sum(X_n-X_i)^2/(n-1)}$ 和重复性试验数据计算得出标准偏差和相对偏差。各样片的测试计算数据和标准偏差值和相对偏差值见表 A.5。

**表 A.5**

| GaAs 样品号 | 第 1 次测量 $\delta$ | 第 2 次测量 $\delta$ | 第 3 次测量 $\delta$ | 标准偏差 $s$ | 相对偏差 |
|---|---|---|---|---|---|
| GaAs 1# | 0.021 7 nm | 0.021 6 nm | 0.022 2 nm | $3.24\times10^{-4}$ nm | 1.5% |
| GaAs 2# | 0.001 7 nm | 0.001 7 nm | 0.001 7 nm | 0 | 0% |
| InP 样品号 | 第 1 次测量 $\delta$ | 第 2 次测量 $\delta$ | 第 3 次测量 $\delta$ | 标准偏差 $s$ | 相对偏差 |
| InP 1# | 0.019 3 nm | 0.020 7 nm | 0.020 7 nm | $8.09\times10^{-4}$ nm | 4% |
| InP 2# | 0.041 3 nm | 0.040 7 nm | 0.040 6 nm | $3.81\times10^{-4}$ nm | 1% |

ICS 29.045
H 80

# 中华人民共和国国家标准

GB/T 26071—2010

# 太阳能电池用硅单晶切割片

## Mono-crystalline silicon as cut slices for photovoltaic solar cells

2011-01-10 发布

2011-10-01 实施

中华人民共和国国家质量监督检验检疫总局
中国国家标准化管理委员会 发布

# 前　言

本标准由全国半导体设备和材料标准化技术委员会材料分技术委员会(SAC/TC 203/SC 2)归口。

本标准起草单位:万向硅峰电子股份有限公司、上海九晶电子材料股份有限公司、西安隆基硅材料股份有限公司、洛阳鸿泰半导体有限公司、无锡尚德太阳能电力有限公司、江西赛维 LDK 太阳能有限公司、杭州海纳半导体有限公司。

本标准主要起草人:楼春兰、郑辉、蒋建国、张群社、孙世龙、黄笑容、王飞尧、段育红、朱兴萍、方强、汪贵发、余俊军、袁文强、金虹。

# 太阳能电池用硅单晶切割片

## 1 范围

本标准规定了太阳能电池用硅单晶切割片(简称硅片)的技术要求、试验方法、检验规则和标志、包装、运输、贮存及质量证明书与订货单内容。

本标准适用于直拉法(CZ/MCZ)制备的地面太阳能电池用硅单晶切割片。

## 2 规范性引用文件

下列文件对于本文件的应用是必不可少的。凡是注日期的引用文件,仅注日期的版本适用于本文件。凡是不注日期的引用文件,其最新版本(包括所有的修改单)适用于本文件。

GB/T 1550 非本征半导体材料导电类型测试方法

GB/T 1552 硅、锗单晶电阻率测定 直排四探针法

GB/T 1555 半导体单晶晶向测定方法

GB/T 2828.1 计数抽样检验程序 第1部分:按接收质量限(AQL)检索的逐批检验抽样计划

GB/T 6616 半导体硅片电阻率及硅薄膜薄层电阻测定 非接触涡流法

GB/T 6618 硅片厚度和总厚度变化测试方法

GB/T 6620 硅片翘曲度非接触式测试方法

GB/T 11073 硅片径向电阻率变化的测量方法

GB/T 14140 硅片直径测量方法

GB/T 14264 半导体材料术语

GB/T 25076 太阳电池用硅单晶

GB/T 26068 硅片载流子复合寿命的无接触微波反射光电导衰减测试方法

## 3 术语

GB/T 14264 界定的以及下列术语和定义适用于本文件。

### 3.1

**线痕 saw marks**

在线切割过程中产生于硅片表面的切割痕迹。

## 4 要求

### 4.1 产品分类

硅片按导电类型分为 p 型、n 型两种类型;按外形可分为准方形和圆形两种。

### 4.2 规格

准方形硅片按其边长分为 125 mm×125 mm、156 mm×156 mm,或由供需双方商定规格。

圆形硅片按直径或对角线长度尺寸分为 $\phi$150 mm、$\phi$156 mm、$\phi$165 mm 和 $\phi$200 mm。

### 4.3 技术参数

#### 4.3.1 硅片厚度及允许偏差

硅片厚度、厚度偏差等几何尺寸参数应符合表1的规定，如用户有特殊要求时，由供需双方商定。

表1 硅片厚度、厚度偏差和几何参数

单位为微米

| 硅片厚度及允许偏差 | 总厚度变化<br>TTV | 弯曲度<br>bow | 翘曲度<br>Warp |
|---|---|---|---|
| 160±15 | ≤30 | ≤50 | ≤75 |
| 180±20 | | | |
| 200±20 | | | |
| 220±20 | | | |
| 240±20 | | | |

#### 4.3.2 直径及允许偏差

准方形硅片的直径及其允许偏差应符合图1和表2的要求。圆形硅片直径和允许偏差应符合表3规定。需方有特殊要求时，由供需双方协商解决。

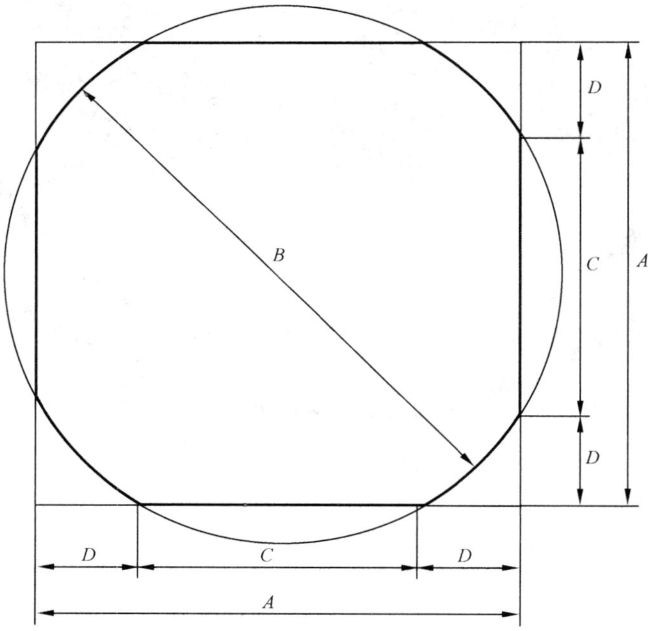


图1 太阳能用准正方形硅单晶切割片尺寸

**表 2 太阳能用准方形硅片几何尺寸**

单位为毫米

| 标称尺寸 | 尺寸 | | | | | | | |
|---|---|---|---|---|---|---|---|---|
| | *A* | | *B* | | *C* | | *D* | |
| | 最大 | 最小 | 最大 | 最小 | 最大 | 最小 | 最大 | 最小 |
| 125×125 Ⅰ | 125.5 | 124.5 | 150.5 | 149.5 | 84.6 | 81.2 | 22.1 | 20.0 |
| 125×125 Ⅱ | 125.5 | 124.5 | 156.5 | 155.5 | 94.8 | 91.8 | 16.8 | 14.8 |
| 125×125 Ⅲ | 125.5 | 124.5 | 165.5 | 164.5 | 109.0 | 106.4 | 9.6 | 7.7 |
| 156×156 | 156.5 | 155.5 | 200.5 | 199.5 | 126.6 | 123.7 | 16.4 | 14.5 |
| **注**：*A*、*B*、*C*、*D* 所标尺寸在图 1 中标出。 | | | | | | | | |

**表 3 圆形硅片直径及允许偏差**

单位为毫米

| 类别 | 直径范围 | 直径允许偏差 |
|---|---|---|
| 标称直径 | 150 | ±0.5 |
| | 156 | ±0.5 |
| | 165 | ±0.5 |
| | 200 | ±0.5 |

### 4.3.3 电性能参数

4.3.3.1 硅片的导电类型、掺杂剂、少数载流子寿命和晶体完整性应符合 GB/T 25076 的规定。

4.3.3.2 太阳能用硅片电阻率范围和径向电阻率变化等电性能参数还应符合表 4 的规定。

**表 4 太阳能用硅片的电学性能参数**

| 导电类型 | 晶向 | 电阻率范围 (Ω·cm) | 径向电阻率变化/ % | 少数载流子寿命/ μs |
|---|---|---|---|---|
| *p* | ＜100＞ | 0.5～6 | ≤15 | ≥10 |
| *n* | ＜100＞ | 0.5～20 | ≤20 | ≥60 |

4.3.3.3 电学性能参数如有特殊要求，由供需双方商定。

### 4.3.4 晶向偏离

4.3.4.1 准方形和圆形硅片晶向偏离度不大于 3°。

4.3.4.2 准方形硅片四个边缘晶向为＜100＞±2°；准方形硅片相邻两边的垂直度为 90°±0.3°。

### 4.3.5 表面质量

硅片表面质量应符合表 5 的要求。

表 5　硅片外观及表面质量

| 项　　目 | 缺陷限度 |
|---|---|
| 线痕深度 | ≤20 μm |
| 裂纹/鸦爪 | 无 |
| 硅片边缘 | 每片不超过 2 个，宽最大到 0.5 mm，深 0.5 mm |
| 崩边/缺口 | |
| 孔洞 | 无 |
| 色差 | 无明显色差 |

## 5　试验方法

5.1　硅片的导电类型测量按 GB/T 1550 进行。
5.2　硅片的电阻率测量按 GB/T 1552 或 GB/T 6616 进行。
5.3　硅片的径向电阻率变化测量按 GB/T 11073 进行。
5.4　硅片的晶向及晶向偏离度测量按 GB/T 1555 进行。
5.5　硅片的少数载流子寿命测量按 GB/T 26068 进行。
5.6　硅片的直径测量按 GB/T 14140 进行。
5.7　硅片的外型尺寸检验用游标卡尺或相应精度的量具进行。
5.8　硅片的表面质量在 430 lx～650 lx 光强度的荧光灯或乳白灯下进行。
5.9　硅片厚度及总厚度变化按 GB/T 6618 的规定进行。
5.10　硅片翘曲度按 GB/T 6620 的规定进行。

## 6　检验规则

### 6.1　检查和验收

6.1.1　产品应由供方技术(质量)监督部门进行检验，保证产品质量符合本标准的规定，并填写产品质量保证书。
6.1.2　需方可对收到的产品按订货单进行检验，若检验结果与本标准(或订货单)的规定不符时，应在收到产品之日起三个月内向供方提出，由供需双方协商解决。

### 6.2　组批

每批应由相同尺寸和相同电阻率范围硅片组成。

### 6.3　检验项目

硅片检验的项目有：导电类型、晶向及晶向偏离、电阻率范围、径向电阻率变化、晶体完整性、少数载流子寿命、氧含量、碳含量、表面质量、外形和几何尺寸，其中晶体完整性、少数载流子寿命和氧、碳含量由供方提供单晶棒的检测数据。

### 6.4　抽样及检验结果的判定

硅片抽样按 GB/T 2828.1 正常检查一次抽样方案进行，具体的抽样项目、检查水平和合格质量水平见表 6 所示，或由供需双方商定。

**表 6 检测项目、检查水平和合格质量水平**

| 序号 | 检验项目 | | 检查水平 | 合格质量水平(AQL) |
|---|---|---|---|---|
| 1 | 电阻率范围 | | Ⅱ | 1.0 |
| 2 | 径向电阻率变化 | | Ⅱ | 1.0 |
| 3 | 晶向偏离 | | Ⅱ | 1.0 |
| 4 | 厚度偏差 | | Ⅱ | 1.0 |
| 5 | 总厚度变化 | | Ⅱ | 1.0 |
| 6 | 翘曲度 | | Ⅱ | 1.0 |
| 7 | 直径及直径偏差 | | Ⅱ | 1.0 |
| 8 | 导电类型 | | S-2 | 0.01 |
| 9 | 晶向 | | S-2 | 0.01 |
| 10 | 硅片外观及表面质量 | 线痕深度 | Ⅱ | 1.0 |
| | | 裂纹/鸦爪 | Ⅱ | 1.0 |
| | | 硅片边缘 | Ⅱ | 2.5 |
| | | 崩边/缺口 | Ⅱ | 1.0 |
| | | 孔洞 | Ⅱ | 1.0 |
| | | 表面质量 | Ⅱ | 1.5 |
| | | 累计 | — | 2.5 |

## 7 标志、包装、运输、贮存

### 7.1 标志、包装

7.1.1 产品用聚苯烯(泡沫)等具有防震动、防碰撞的包装盒叠片包装，然后将包装盒装入包装箱，并在包装盒、箱内填满具有减震作用的填充物，防止晶片和包装盒松动。特殊的包装要求由供需双方商定。

7.1.2 包装箱外应标有“小心轻放”、“防腐”、“防潮”字样或标志，并注明：

a) 需方名称、地点；

b) 产品名称；

c) 产品毛重、净重；

d) 产品件数；

e) 供方名称。

### 7.2 运输、贮存

7.2.1 产品在运输过程中应轻装轻卸，严禁抛掷，且应采取防震、防潮措施。

7.2.2 产品应贮存在清洁、干燥环境中。

### 7.3 质量保证书

每批产品应附有产品质量保证书，注明：

a) 供方名称；
b) 产品名称、规格；
c) 产品批号；
d) 产品片数；
e) 各项检验结果及检验部门印记；
f) 本标准编号；
g) 出厂日期。

## 8 订货单内容

订购本标准所列产品的订货单应包括下列内容：

a) 外形和尺寸；
b) 型号；
c) 数量；
d) 本标准编号；
e) 其他。

ICS 29.045
H 82

# 中华人民共和国国家标准

GB/T 26072—2010

# 太阳能电池用锗单晶

## Germanium single crystal for solar cell

2011-01-10 发布　　2011-10-01 实施

中华人民共和国国家质量监督检验检疫总局
中国国家标准化管理委员会　发布

# 前　言

本标准由全国半导体设备和材料标准化技术委员会材料分技术委员会(SAC/TC 203/SC 2)归口。

本标准由云南临沧鑫圆锗业股份有限公司负责起草。

本标准由南京中锗科技股份有限公司、云南中科鑫圆晶体材料有限公司、北京国晶辉红外光学科技有限公司、厦门乾照光电有限公司参加起草。

本标准主要起草人：惠峰、普世坤、包文东、郑洪、张莉萍、孙小华、苏小平、王向武。

# 太阳能电池用锗单晶

## 1 范围

本标准规定了太阳能电池用锗单晶棒的术语、产品分类、技术要求、试验方法、检验规则及标志、包装、运输、贮存、质量证明书和订货单内容。

本标准适用于垂直梯度凝固法(VGF)和直拉法(CZ)制备的太阳能电池用锗单晶滚圆棒。

## 2 规范性引用文件

下列文件对于本文件的应用是必不可少的。凡是注日期的引用文件,仅注日期的版本适用于本文件。凡是不注日期的引用文件,其最新版本(包括所有的修改单)适用于本文件。

GB/T 1550 非本征半导体材料导电类型测试方法

GB/T 1555 半导体单晶晶向测定方法

GB/T 4326 非本征半导体单晶 霍尔迁移率和霍尔系数测量方法

GB/T 5252 锗单晶位错腐蚀坑密度测量方法

GB/T 14264 半导体材料术语

GB/T 14844 半导体材料牌号表示方法

GB/T 26074 锗单晶电阻率直流四探针测量方法

## 3 术语

GB/T 14264 界定的术语和定义适用于本文件。

## 4 要求

### 4.1 分类

锗单晶棒按导电类型分为 n 型和 p 型两种类型。

### 4.2 牌号

锗单晶棒的牌号表示按 GB/T 14844 的规定。

### 4.3 外形尺寸

锗单晶棒的外形尺寸应符合表 1 的规定,如客户对外形尺寸有特殊要求,供需双方另行商定。

表 1

单位为毫米

| 直径 | $\phi$76.2 | $\phi$100 |
|---|---|---|
| 直径及偏差 | 76.2±0.2 | 100±0.2 |
| 长 度 | ≥50 | ≥50 |

### 4.4 电学性能

锗单晶棒的电学性能应符合表 2 规定。

表 2

| 导电类型 | 掺杂元素 | 电阻率范围/(Ω·cm) | 载流子浓度/$cm^{-3}$ |
|---|---|---|---|
| p | 镓、铟 | ≤0.05 | $\geqslant 1\times10^{17}$ |
| n | 锑、砷 | ≤0.05 | $\geqslant 1\times10^{17}$ |

### 4.5 晶向及偏离度

锗单晶棒的晶向取向为:<100>向<111>偏 $\alpha\pm0.5°$;<100>向<110>偏 $\beta\pm0.5°$。

### 4.6 外观质量

锗单晶棒滚圆后的棒体表面及棒的两个截面上不允许存在超过 2 $mm^2$ 的崩痕或崩边,棒体表面无星形结构、六角网络、孔洞和裂纹。

### 4.7 位错密度和分布要求

#### 4.7.1 位错密度

不同规格的锗单晶按位错密度分为两个级别,用 A 级、B 级表示,单晶棒的位错密度应符合表 3 的规定。

表 3

| 级别 | A 级 | B 级 |
|---|---|---|
| 位错密度/(个/$cm^2$) | <500 | 500～3 000 |

#### 4.7.2 分布要求

在单晶棒尾部检测样片直径 2 mm 的边缘内不允许出现超过 1 mm 长的位错排或面积超过 0.5 $mm^2$ 的位错团。如在晶棒尾部检测样片直径 2 mm 的边缘外出现上述位错排或位错团,则不允许位错排或位错团是向晶棒轴心方向延伸的。

## 5 试验方法

### 5.1 导电类型检测

按照 GB/T 1550 或者 GB/T 4326 规定的测量方法进行测量。

### 5.2 外形尺寸检测

用精度为 0.02 mm 的游标卡尺进行测量。

### 5.3 外观质量

用目视法进行观察和测量。

### 5.4 电阻率检测

按照 GB/T 4326 或者 GB/T 26074 规定的测量方法进行测量。

### 5.5 载流子浓度检测

按照 GB/T 4326 规定的测量方法进行测量。

### 5.6 单晶晶向及晶向偏离度检测

按照 GB/T 1555 规定的测量方法进行测量。

### 5.7 位错密度检测

按照 GB/T 5252 规定的测量方法进行测量。

## 6 检验规则

### 6.1 检验和验收

6.1.1 产品应由供方技术(质量)监督部门进行检验,保证产品质量符合本标准(或订货合同)的规定,并填写产品质量证明书。

6.1.2 需方可对收到的产品按本标准的规定进行检验,若检验结果与本标准(或订货合同)的规定不符时,应在收到产品之日起三个月内向供方提出,由供需双方协商解决。

### 6.2 组批

每根锗单晶棒作为一个组批。

### 6.3 检验项目及取样

首先对每个组批进行导电类型、外形尺寸及外观质量的检验,然后在合格的每根单晶棒的头尾部各切一片(晶片)进行电阻率、载流子浓度、晶向及晶向偏离度的检验,从尾部切一片进行位错密度和分布的检验,检验项目、取样及判定依据见表 4。

**表 4**

| 序号 | 检验项目 | 取样规定 | 要求条款号 | 试验方法规定 |
|---|---|---|---|---|
| 1 | 导电类型 | 1 根<br>(单晶棒) | 4.1 | 5.1 |
| 2 | 外形尺寸 | | 4.3 | 5.2 |
| 3 | 外观 | | 4.6 | 5.3 |
| 4 | 电阻率 | 2 片<br>(由 1 根单晶棒头和尾部所切的单晶片) | 4.4 | 5.4 |
| 5 | 载流子浓度 | | 4.4 | 5.5 |
| 6 | 晶向及晶向偏离度 | | 4.5 | 5.6 |
| 7 | 位错类型和分布 | 1 片<br>(由 1 根单晶棒尾部所切的单晶片) | 4.7 | 5.7 |

### 6.4 检验结果的判定

若以上检验项目中有任何一项检验不合格，则判定该批产品不合格。

## 7 标志、包装、运输和贮存

### 7.1 包装、标志

7.1.1 锗单晶棒用聚苯烯（泡沫）逐棒包装，然后将经过包装的晶棒装入包装箱内，并装满填充物，防止晶棒松动。

7.1.2 包装箱外侧应有“小心轻放”、“防潮”、“易碎”、“防腐”等标识，并标明：

a) 供方名称、商标；

b) 产品名称、牌号；

c) 产品批号、单晶根数及重量（毛重/净重）。

### 7.2 运输、贮存

7.2.1 产品在运输过程中应轻装轻卸，勿压勿挤，并采取防震防潮措施。

7.2.2 产品应贮存在清洁、干燥的环境中。

7.2.3 每批产品应有质量证明书，写明：

a) 供方名称、地址、电话、传真；

b) 产品名称及规格、牌号；

c) 产品批号；

d) 产品净重及单晶根数；

e) 各项参数检验结果和检验部门的印记；

f) 本标准编号；

g) 出厂日期。

## 8 订货单内容

本标准所列锗单晶棒的订货单内容应包括下列内容：

a) 产品名称；

b) 牌号；

c) 锭形、尺寸、杂质含量等特殊要求；

d) 净重和件数；

e) 本标准编号。

ICS 71.040.40
G 86

# 中华人民共和国国家标准

GB/T 26073—2010

# 有毒与可燃性气体检测系统安全评价导则

Safety guideline for the evaluation of toxic and flammable gas detection systems

2011-01-10 发布

2011-10-01 实施

中华人民共和国国家质量监督检验检疫总局
中国国家标准化管理委员会
发布

# 前　言

本标准由全国半导体设备和材料标准化技术委员会(SAC/TC 203)提出。

本标准由全国半导体设备和材料标准化技术委员会气体分技术委员会(SAC/TC 203/SC 1)归口。

本标准起草单位:西南化工研究设计院、上海计量测试研究院。

本标准主要起草人:陈鹰、周鹏云。

# 有毒与可燃性气体检测系统安全评价导则

## 1 范围

本标准规定了用于安全监测的固定式气体检测系统评价的术语和定义、项目和内容以及气体检测技术。

本标准适用于有毒和易燃气体检测系统的安全评价。本标准不适用于消防及安全守则的规定。

## 2 术语和定义

下列术语和定义适用于本标准。

2.1

**老化 conditioning**

将气体传感器暴露于被测气体以更快地稳定其性能的必要步骤。

2.2

**故障安全继电器 fail-safe relay**

断电时，自动防故障装置自动回归安全操作条件的报警继电器。

2.3

**过滤延迟 filter lag**

由于化学、机械或电子滤波器引起的传感器检出时间的滞后。

2.4

**锁定 latching**

报警继电器在报警条件解除后不会自动复位，警报必须通过人工解除。

2.5

**中毒 poisoning**

被测气体以外的其他气体暂时或永久地使传感器无法工作。

2.6

**量程漂移 span drift**

传感器或气体检测系统运行一段时间后发生校准点或量程的偏离。

2.7

**替代气体 surrogate gas**

能够模拟被测气体与传感器的相互作用，用于传感器的校准，以避免或减少高毒性或腐蚀性气体的使用。

2.8

**零点漂移 zero drift**

在正常工作条件下和规定的时间间隔内，零点示值的漂移量。

## 3 评价的项目和内容

### 3.1 精确度

检测系统规定的精确度是多少。该精确度在哪个时间段(该检测系统应进行的校准之前)内有效。

### 3.2 报警

是否有故障报警。每一检测点有几种报警水平。检测点可设置的报警范围是多少。报警器是否可以进行调节。在何种情况下会启动报警器。报警器是单个检测点专用还是一组检测点共用。

### 3.3 校准

3.3.1 是否有校准要求。多久校准一次,如何完成。校准可在距离检测点较远的地段完成还是必须在现场完成。校准需要使用哪些仪器。是否可使用替代气体。是否可由一个人单独完成。校准的准确度是否会受到湿度的影响。

3.3.2 在系统启动多长时间后可以对气体检测系统进行校准。

### 3.4 认证

气体检测系统是否具有必要的认证证书。

### 3.5 通讯

气体检测系统可给出何种连续通讯,支持何种通讯协议。通讯是单向还是双向。

### 3.6 老化要求

检测系统是否需要定期老化。

### 3.7 成本

设备及安装的初期成本。系统的使用成本。扩大系统检测能力的新增成本。

### 3.8 数据存储

气体检测系统是否带有数据存储系统。

### 3.9 诊断

系统包括哪些诊断功能。系统内部的电器或机械故障是否能被检出。检出故障后是否会启动报警。诊断结果是否通过模拟和/或数字输出进行通讯。气体检测系统是否对故障建档。自动防故障装置是否能够发现故障。系统是否会提醒用户需要进行校准。是否对通讯输出进行监控。

### 3.10 显示

气体检测系统可提供何种本地显示。显示器位于何处。能否以工程单位显示气体含量水平并以信号灯指示警报。其他诊断和控制功能启动时是否能显示。结果是否易于远程读取。

### 3.11 漂移

气体检测系统在30天、60天、90天以及180天内的零点漂移和量程漂移各是多少。系统是否对漂移进行补偿。

3.12 环境条件

气体检测系统的正常运行以及耗材储存的温度和相对湿度要求是多少。环境变化,如湿度快速瞬变或温度变化是否会使气体检测系统读数迅速升高或漂移到报警条件。

3.13 设备故障

气体检测系统是否能够报告单点故障。何种故障模式会同时限制气体检测及故障报告。

3.14 系统扩展

气体检测系统能否进一步扩展以容纳新增检测点。将其整合入用户系统(硬件、安装、程序等)的难度如何。

3.15 多点巡回采样系统

3.15.1 采样距离

气体检测系统的最大采样距离。采样管线内壁吸附引起的测定误差。

3.15.2 采样周期

如进行多点采样,对同一检测点进行一次测量的时间间隔。

3.15.3 样品污染

多点采样时,应如何避免管路系统被污染和相互反应。

3.16 过滤延时

气体检测系统是否使用了任何可能减缓响应的机械、化学或电子过滤器。预计延迟时间是多少。

3.17 安装和布线

系统能否以主干线(总线、环形、星形)的构造布线。是否有特殊的要求以确保不出现接地回路故障。

3.18 隔离

气体检测系统是否有特殊的电气隔离或接地要求。

3.19 检测限值

3.19.1 报警下限

为气体检测系统设定的、使其不会因传感器的漂移或信噪比而启动报警的最低报警水平。

3.19.2 检测下限

对于每一种气体传感器能检测到的最低含量值。

3.19.3 检测上限

气体检测系统能可靠测量的最高气体含量值。

**3.20 线性**

在气体检测系统全量程上结果输出的线性情况。

**3.21 维修间隔**

制造商建议的维修频率。维修涉及的方面。哪些部件可能需要维修或定期更换。

**3.22 其他公用设施**

除供电之外，系统运行还需要的公用设施。如压缩空气、氢气、氧气等。

**3.23 输出**

气体检测系统是否有模拟输出、数字输出或继电器输出。每个系统有多少输出装置。

**3.24 物理规格**

气体检测系统的尺寸规格。

**3.25 中毒**

气体检测系统是否容易受到会降低系统性能或使其被污染或不能运行的气体或蒸气的影响。

**3.26 定位效应**

为使气体检测系统实现最优化运行，是否对传感器、检测器或采样点有特定方位的要求。

**3.27 断电**

系统断电时气体检测系统会出现什么情况。供电恢复后，系统完全运行的滞后时间是多少。

**3.28 电力要求**

系统对电力(交流、直流、电压和电流)的要求。气体检测系统对总功率的要求。

**3.29 恢复时间**

气体检测系统一旦接触高浓度被测气体之后需要多少时间才能恢复到原定被测气体浓度值的百分之十。

**3.30 重复性**

气体检测系统反复测定相同浓度气体时测量所得结果的一致性。

**3.31 寿命**

气体检测系统，包括主机、检测传感器以及消耗品的预期寿命。

**3.32 耗材**

系统是否含有消耗品。每隔多久对其进行更换。耗材更换是否可由用户进行，还是必须由制造厂人员前来服务。

**3.33 分辨能力**

系统对气体浓度变化的分辨能力如何。用户能否对分辨能力进行选择。

### 3.34 响应时间

引入被测气体后，气体检测系统需要多长时间才能达到被测气体浓度值的90%。

### 3.35 电波/电磁干扰

气体检测系统是否符合抗电波/电磁干扰的要求。

### 3.36 自检

气体检测系统是否带有自检程序。自检是如何完成的。自检的时间间隔是多少。操作人员能否实行自检。

### 3.37 传感器更换

更换传感器时是否需要进行额外的调节或编程作业。传感器正式运行前是否有一个准备期。传感器只能现场校准还是也可以在工厂校准。

### 3.38 传感器规格

是否对于每一种必须监测的气体都有特定的传感器。是否存在使气体检测系统错误报警或掩盖真实警报的干扰。

### 3.39 服务与支持

系统制造商在设备安装后提供服务和支持的能力如何。制造商是否有24小时无休假服务计划。

### 3.40 零部件供货

制造商零部件供货情况如何。急用零部件是否总是能够取得。

### 3.41 特殊处理注意事项

零部件需要特殊的处理、存储、使用或处置的注意事项。

### 3.42 储存和保存期限

耗材的储存要求。这些耗材是否有保存期限。

### 3.43 系统检查

气体检测系统是否有连续性的或间歇性的系统检查设施。时间间隔是多少。

### 3.44 系统的通用性

气体检测系统是否是通用的，能否使用户仅更换传感元件以变更待测气体的种类。需要进行多少调整改造工作。这些工作可由用户在现场完成还是必须将检测系统返回制造厂完成。

### 3.45 警醒要求

传感器是否需要定期进行警醒，以确认传感器是否正常运行。警醒的时间间隔是多少。

### 3.46 稳定时间

系统安装或传感器更换后，气体检测系统的传感器在通电后需要多长时间才能达到稳定。

3.47　**质量保证**

气体检测系统的质量保证期。

## 4　气体检测技术

4.1　声学法(仅用于氢气测量)

压电晶体发送并接收脉冲式超声波。声波穿过两个气体试管,其中一个装满试样气体,另一个装满标准气体。对返回的脉冲计数、进行标准温度折算并进行比较。通过数学计算,得到氢气的含量或爆炸下限。

4.2　接触法

接触式气体传感器通过比较惠斯登电桥的电阻变化对可燃气体进行测量。传感器包含两个电阻元件,其中一个电阻元件接触到气体后电阻会增加,而另一个则保持恒定电阻。气体检测系统给出与气体爆炸下限成正比的电流输出。

4.3　电化学法

电化学气体传感器用于测量有毒气体。传感器与特定的有毒气体接触时会发生反应,反应产生的电流与气体含量成正比。

4.4　FTIR 法

傅立叶变换红外气体检测系统采用分光光度技术对气体进行检测和测量,将红外光通过气体样品,分析由此产生的吸收光谱以确定其成分,输出的电流与气体含量成正比。

4.5　红外法

红外气体检测系统测量气体对单色光的吸收,给出与气体含量成正比的电流输出。每种气体有其特定的吸收波长。

4.6　离子检测法

离子检测法用于检测硅烷等气体燃烧所产生的二氧化硅微粒。进入电离检测器的二氧化硅微粒会给出信号,该信号经过校准可给出被测气体的含量。

4.7　分子发射分光光度法

样品气体进入氢火焰反应室,激发产生特征光谱,经光学过滤器并在光电倍增内被转换为电子信号,以得到气体含量。

4.8　纸带法

通过化学浸渍的纸带的颜色变化对有毒气体进行检测。纸带与待测气体接触时会改变颜色,经光电转换得出气体含量。

4.9　固态法

固体传感器由金属氧化物(通常为氧化锡)材料制成,其电阻在有毒气体存在时会发生变化,测量电阻变化得到气体含量。薄膜半导体传感器将被测气体吸附到半导体上引起电子转移,测量电阻的变化得到气体含量。

4.10　应按照本标准第 3 章的规定对新技术进行评价。

ICS 77.040.99
H 17

# 中华人民共和国国家标准

GB/T 26074—2010

# 锗单晶电阻率直流四探针测量方法

Germanium monocrystal—Measurement of resistivity-DC linear four-point probe

2011-01-10 发布　　2011-10-01 实施

中华人民共和国国家质量监督检验检疫总局
中国国家标准化管理委员会　发布

# 前言

本标准由全国半导体设备和材料标准化技术委员会材料分技术委员会(SAC/TC 203/SC 2)归口。

本标准由南京中锗科技股份有限公司负责起草。

本标准参加起草单位:北京国晶辉红外光学科技有限公司、云南临沧鑫圆锗业股份有限公司。

本标准主要起草人:张莉萍、焦欣文、王学武、普世坤。

# 锗单晶电阻率直流四探针测量方法

## 1 范围

本标准规定了用直流四探针法测量锗单晶电阻率的方法。

本标准适用于测量试样厚度和从试样边缘与任一探针端点的最近距离二者均大于探针间距的4倍锗单晶的电阻率以及测量直径大于探针间距的10倍、厚度小于探针间距4倍锗单晶圆片(简称圆片)的电阻率。测量范围为$1\times10^{-3}\ \Omega\cdot cm\sim1\times10^{2}\ \Omega\cdot cm$。

## 2 方法原理

测量原理见图1。排列成一直线的四探针垂直压在半无穷大的试样平坦表面上。外探针1、4间通电流$I$(A),内探针2、3间电压$U$(V)。在满足一定条件下,四探针附近试样电阻率$\rho$,可用公式(1)及公式(2)计算:

$$\rho=2\pi l\frac{U}{I} \qquad \cdots\cdots(1)$$

$$l=\left(\frac{1}{l_1}+\frac{1}{l_3}-\frac{1}{l_1+l_2}-\frac{1}{l_2+l_3}\right)^{-1} \qquad \cdots\cdots(2)$$

式中:

$l$——探针系数;

$l_1$——探针1、2间的距离,单位为厘米(cm);

$l_2$——探针2、3间的距离,单位为厘米(cm);

$l_3$——探针3、4间的距离,单位为厘米(cm)。

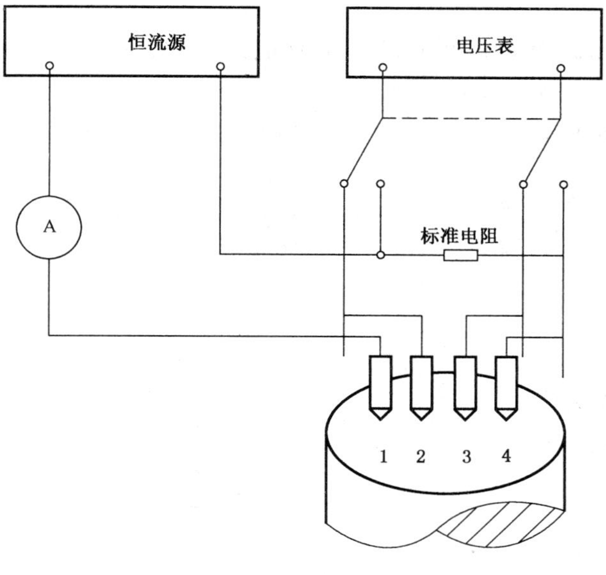


图1 四探针法示意图

## 3 设备和仪器

### 3.1 电磁屏蔽间

为了消除邻近高频发生器在测量电路中可能引入的寄生电流，电阻率测量必须在电磁屏蔽间内进行。

### 3.2 恒温恒湿设备

保证电阻率测试间内的温度能稳定在仲裁温度 23 ℃±0.5 ℃内，相对湿度<70%。

### 3.3 温度计

测量锗单晶表面温度，精度±0.1 ℃内。

### 3.4 四探针电阻率测试仪

#### 3.4.1 恒流电源

能提供 $10^{-1}$ A～$10^{-5}$ A 的直流电流，测量时其值已知且稳定在±0.5%以内。

#### 3.4.2 数字电压表

能测量 $10^{-5}$ V～1 V 的电压，误差小于±0.5%。仪表的输入阻抗应大于试样体电阻加试样与探针间的接触电阻的三个数量级以上。

#### 3.4.3 探针装置

探针头用工具钢、碳化钨等材料制成。直径 0.5mm 或 0.8mm 左右。探针针尖压痕的线度必须小于 100 μm。探针间距用测量显微镜(刻度 0.01 mm)测定。探针间的机械游移率$\frac{\Delta l}{l}<0.3\%$($\Delta l$ 为探针间距的最大机械游移量，$l$ 为探针间距)。探针间的绝缘电阻大于 $10^3$ MΩ。

#### 3.4.4 探针架

要求提供 5 N～16 N(总力)，且能保证探针与试样接触的位置重复在探针间距的±0.5%以内。

## 4 测量步骤

### 4.1 测量环境

试样置于温度 23 ℃±0.5 ℃，相对湿度小于或等于 70%的测试间里。

### 4.2 试样制备

试样待测面用 W28#的金刚砂研磨上下表面，保证无机械损伤，无玷污物。

### 4.3 根据单晶直径的不同，可采用下列两种测量部位：

4.3.1 当单晶 $\phi$<100 mm 时，单晶端面电阻率的测量部位如图 2 所示。

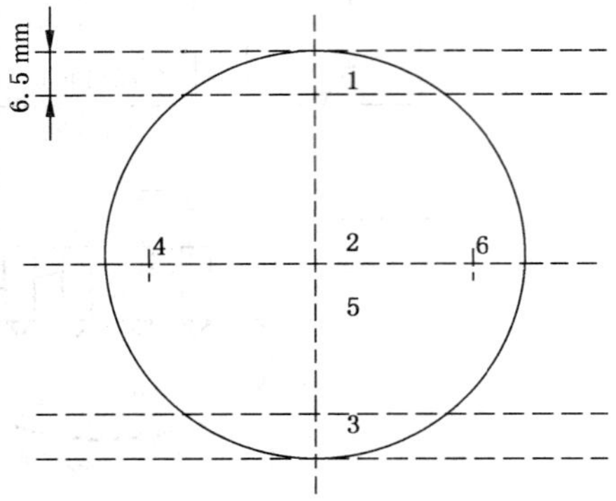


图 2 单晶端面电阻率的测量位置(1～6)

4.3.2 当单晶 $\phi \geqslant 100$ mm 时，单晶端面电阻率的测量部位如图 3 所示。

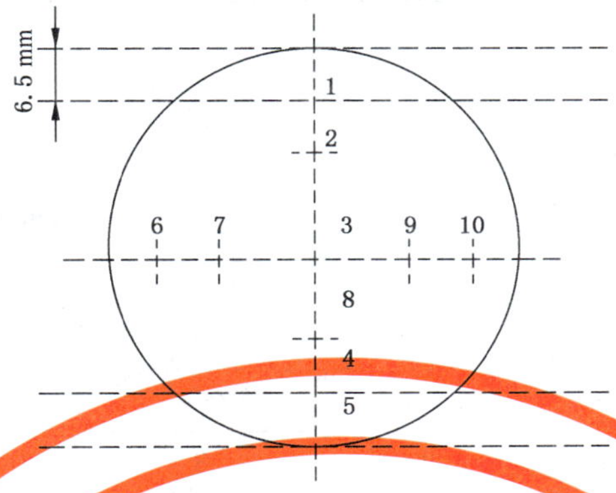


图 3 单晶端面电阻率测量位置(1～10)

4.4 测量

待试样达到规定温度(23±0.5 ℃)时，把探针垂直压在试样表面平坦的单一型号区域上，调节电流到规定值。电流大小应满足弱场条件：小于 1 A/cm。试样电流按表 1 选取。取正、反电流方向的电压平均值，根据样品的长度用不同的公式计算，见表 1。

表 1 不同电阻率试样电流选择表

| 电阻率范围/(Ω·cm) | <0.01 | 0.01～1 | 1～30 | 30～100 |
|---|---|---|---|---|
| 电流/mA | <100 | <10 | <1 | <0.1 |
| 推荐的圆片电流值/mA | 100 | 2.5 | 0.25 | 0.025 |

## 5 测量结果的计算

5.1 试样的厚度大于 4 倍探针间距单晶断面电阻率按公式(1)计算。

5.2 单晶径向电阻率变化的计算：

5.2.1 当单晶 $\phi<100$ mm 时，单晶径向电阻率不均匀变化 $E$，按公式(3)计算。

$$E=[(\rho_a-\rho_c)/\rho_c]\times 100\% \qquad \cdots\cdots\cdots(3)$$

式中：

$\rho_a$——距边缘 6 mm 处测量的电阻率平均值，单位为欧厘米(Ω·cm)；

$\rho_c$——中心点测得两次电阻率平均值，单位为欧厘米(Ω·cm)。

5.2.2 当单晶 $\phi \geqslant 100$ mm 时，单晶径向电阻率最大百分变化 $E$，按公式(4)计算。

$$E=[(\rho_M-\rho_m)/\rho_m]\times 100\% \qquad \cdots\cdots\cdots(4)$$

式中：

$\rho_M$——测量的最大电阻率，单位为欧厘米(Ω·cm)；

$\rho_m$——测量的最小电阻率，单位为欧厘米(Ω·cm)。

5.3 如果试样为圆片，计算几何修正因子 $F$。

5.3.1 计算试样厚度 $W$ 与平均探针间距 $S$ 的比值，用线性内插法从表 2 中查出修正因子 $F(W/S)$。

表 2　厚度修正系数 $F(W/S)$ 为圆片厚度 $W$ 与探针间距 $S$ 之比的函数

| W/S | F(W/S) | W/S | F(W/S) | W/S | F(W/S) | W/S | F(W/S) |
|---|---|---|---|---|---|---|---|
| 0.1 | 1.002 7 | 0.64 | 0.988 5 | 0.91 | 0.943 8 | 2.8 | 0.477 |
| 0.2 | 1.000 7 | 0.65 | 0.987 5 | 0.92 | 0.941 4 | 2.9 | 0.462 |
| 0.3 | 1.000 3 | 0.66 | 0.986 5 | 0.93 | 0.939 1 | 3.0 | 0.448 |
| 0.4 | 0.999 3 | 0.67 | 0.985 3 | 0.94 | 0.936 7 | 3.1 | 0.435 |
| 0.41 | 0.999 2 | 0.68 | 0.984 2 | 0.95 | 0.934 3 | 3.2 | 0.422 |
| 0.42 | 0.999 0 | 0.69 | 0.983 0 | 0.96 | 0.931 8 | 3.3 | 0.411 |
| 0.43 | 0.998 9 | 0.70 | 0.981 8 | 0.97 | 0.929 3 | 3.4 | 0.399 |
| 0.44 | 0.998 7 | 0.71 | 0.980 4 | 0.98 | 0.926 3 | 3.5 | 0.388 |
| 0.45 | 0.998 6 | 0.72 | 0.979 1 | 0.99 | 0.924 2 | 3.6 | 0.378 |
| 0.46 | 0.998 4 | 0.73 | 0.977 7 | 1.0 | 0.921 | 3.7 | 0.369 |
| 0.47 | 0.998 1 | 0.74 | 0.976 2 | 1.1 | 0.894 | 3.8 | 0.359 |
| 0.48 | 0.997 8 | 0.75 | 0.974 7 | 1.2 | 0.864 | 3.9 | 0.350 |
| 0.49 | 0.997 6 | 0.76 | 0.973 1 | 1.3 | 0.834 | 4.0 | 0.342 |
| 0.50 | 0.997 5 | 0.77 | 0.971 5 | 1.4 | 0.803 | | |
| 0.51 | 0.997 1 | 0.78 | 0.969 9 | 1.5 | 0.772 | | |
| 0.52 | 0.996 7 | 0.79 | 0.968 1 | 1.6 | 0.742 | | |
| 0.53 | 0.996 2 | 0.80 | 0.966 4 | 1.7 | 0.713 | | |
| 0.54 | 0.992 8 | 0.81 | 0.964 5 | 1.8 | 0.685 | | |
| 0.55 | 0.995 3 | 0.82 | 0.962 7 | 1.9 | 0.659 | | |
| 0.56 | 0.994 7 | 0.83 | 0.960 8 | 2.0 | 0.634 | | |
| 0.57 | 0.994 1 | 0.84 | 0.958 8 | 2.1 | 0.601 | | |
| 0.58 | 0.993 4 | 0.85 | 0.956 6 | 2.2 | 0.587 | | |
| 0.59 | 0.992 7 | 0.86 | 0.954 7 | 2.3 | 0.566 | | |
| 0.60 | 0.992 0 | 0.87 | 0.952 6 | 2.4 | 0.546 | | |
| 0.61 | 0.991 2 | 0.88 | 0.950 5 | 2.5 | 0.528 | | |
| 0.62 | 0.990 3 | 0.89 | 0.948 3 | 2.6 | 0.510 | | |
| 0.63 | 0.989 4 | 0.90 | 0.946 0 | 2.7 | 0.493 | | |

5.3.2　计算平均探针间距 $\overline{S}$ 与试样直径 $D$ 的比值，查出修正因子 $F_2$

当 $2.5 \leqslant \frac{W}{S} < 4$ 时，$F_2$ 取 4.532。

当 $1 < \frac{W}{S} < 2.5$ 时，用线性内插法从表 3 中查出 $F_2$。

表 3　修正系数 $F_2$ 为探针间距 $S$ 与圆片直径 $D$ 之比的函数

| $S/D$ | $F_2$ | $S/D$ | $F_2$ | $S/D$ | $F_2$ |
|---|---|---|---|---|---|
| 0 | 4.532 | 0.035 | 4.485 | 0.070 | 4.348 |
| 0.005 | 4.531 | 0.040 | 4.470 | 0.075 | 4.322 |
| 0.010 | 4.528 | 0.045 | 4.454 | 0.080 | 4.294 |
| 0.015 | 4.524 | 0.050 | 4.436 | 0.085 | 4.265 |
| 0.020 | 4.517 | 0.055 | 4.417 | 0.090 | 4.235 |
| 0.025 | 4.508 | 0.060 | 4.395 | 0.095 | 4.204 |
| 0.030 | 4.497 | 0.065 | 4.372 | 0.100 | 4.171 |

5.3.3　计算几何修正因子 $F$

$$F = F(W/S) \times W \times F_2 \times F_{sp} \qquad \cdots\cdots (5)$$

式中：

$F_{sp}$——探针间距修正因子；

$W$——试样厚度，单位为厘米(cm)。

注：当 $W/S>1$，$D>16S$ 时，$F$ 的有效精度在 2%以内。

## 6　精密度

6.1　本标准测量锗单晶电阻率的重复性优于±10%。

6.2　本标准测量锗单晶电阻率的再现性优于±10%。

## 7　试验报告

试验报告应包括如下内容：

a)　测量设备说明；

b)　试样的编号及说明；

c)　测量方法；

d)　测量电流；

e)　探针间距和探针压力；

f)　试样室温电阻率；

g)　试样电阻率标准偏差；

h)　本标准编号；

i)　测试者；

j)　测试日期。

ICS 77.140.60
H 44

# 中华人民共和国国家标准

GB/T 26075—2010

# 抽油杆用圆钢

## Steel bars for sucker rods

2011-01-10 发布　　　　2011-10-01 实施

中华人民共和国国家质量监督检验检疫总局
中国国家标准化管理委员会　发布

# 前　言

本标准按照GB/T 1.1—2009给出的规则起草。

本标准附录A、附录B为资料性附录。

本标准由中国钢铁工业协会提出。

本标准由全国钢标准化技术委员会(SAC/TC 183)归口。

本标准主要起草单位:西宁特殊钢股份有限公司、唐山钢铁股份公司、首钢总公司、冶金工业信息标准研究院、北京市恒利伟业科贸有限公司、中国石油勘探开发研究院采油采气装备研究所。

本标准主要起草人:王磊英、熊化冰、邓翠青、吴则中、刘宝石、张伟、易敏、李立长、孙庆利、孙晓玲。

# 抽油杆用圆钢

## 1 范围

本标准规定了抽油杆用圆钢的订货内容、尺寸、外形、重量及允许偏差、技术要求、试验方法、检验规则、包装、标志和质量证明书等。

本标准适用于公称直径不大于 70 mm 的抽油杆用圆钢(以下简称圆钢)。

## 2 规范性引用文件

下列文件对于本文件的应用是必不可少的。凡是注日期的引用文件,仅注日期的版本适用于本文件。凡是不注日期的引用文件,其最新版本(包括所有的修改单)适用于本文件。

GB/T 222 钢的成品化学成分允许偏差

GB/T 223.3 钢铁及合金化学分析方法 二安替吡啉甲烷磷钼酸重量法测定磷量

GB/T 223.4 钢铁及合金 锰含量的测定 电位滴定或可视滴定法

GB/T 223.5 钢铁及合金化学分析方法 还原型硅钼酸盐光度法测定酸溶硅含量

GB/T 223.8 钢铁及合金化学分析方法 氟化钠分离-EDTA 滴定法测定铝含量

GB/T 223.9 钢铁及合金 铝含量的测定 铬天青 S 分光光度法

GB/T 223.11 钢铁及合金 铬含量的测定 可视滴定或电位滴定法

GB/T 223.12 钢铁及合金化学分析方法 碳酸钠分离-二苯碳酰二肼光度法测定铬量

GB/T 223.14 钢铁及合金化学分析方法 钽试剂萃取光度法测定钒量

GB/T 223.16 钢铁及合金化学分析方法 变色酸光度法测定钛量

GB/T 223.17 钢铁及合金化学分析方法 二安替吡啉甲烷光度法测定钛量

GB/T 223.18 钢铁及合金化学分析方法 硫代硫酸钠分离-碘量法测定铜量

GB/T 223.19 钢铁及合金化学分析方法 新亚铜灵-三氯甲烷萃取光度法测定铜量

GB/T 223.23 钢铁及合金 镍含量的测定 丁二酮肟分光光度法

GB/T 223.25 钢铁及合金化学分析方法 丁二酮肟重量法测定镍量

GB/T 223.26 钢铁及合金 钼含量的测定 硫氰酸盐分光光度法

GB/T 223.28 钢铁及合金化学分析方法 α-安息香肟重量法测定钼量

GB/T 223.43 钢铁及合金 钨含量的测定 重量法和分光光度法

GB/T 223.58 钢铁及合金化学分析方法 亚砷酸钠-亚硝酸钠滴定法测定锰量

GB/T 223.59 钢铁及合金化学分析方法 锑磷钼蓝光度法测定磷量

GB/T 223.60 钢铁及合金化学分析方法 高氯酸脱水重量法测定硅含量

GB/T 223.61 钢铁及合金化学分析方法 磷钼酸铵容量法测定磷量

GB/T 223.62 钢铁及合金化学分析方法 乙酸丁酯萃取光度法测定磷量

GB/T 223.63 钢铁及合金化学分析方法 高碘酸钠(钾)光度法测定锰量

GB/T 223.64 钢铁及合金 锰含量的测定 火焰原子吸收光谱法

GB/T 223.67 钢铁及合金 硫含量的测定 次甲基蓝分光光度法

GB/T 223.68 钢铁及合金化学分析方法 管式炉内燃烧后碘酸钾滴定法测定硫含量

GB/T 223.69 钢铁及合金 碳含量的测定 管式炉内燃烧后气体容量法

GB/T 223.71　钢铁及合金化学分析方法　管式炉内燃烧后重量法测定碳含量

GB/T 223.72　钢铁及合金　硫含量的测定　重量法

GB/T 223.74　钢铁及合金化学分析方法　非化合碳含量的测定

GB/T 223.75　钢铁及合金　硼含量的测定　甲醇蒸馏-姜黄素光度法

GB/T 223.76　钢铁及合金化学分析方法　火焰原子吸收光谱法测定钒量

GB/T 223.78　钢铁及合金化学分析方法　姜黄素直接光度法测定硼含量

GB/T 224　钢的脱碳层深度测定法(GB/T 224—2008,ISO 3887:2003,MOD)

GB/T 226　钢的低倍组织及缺陷酸蚀检验法

GB/T 228.1　金属材料　拉伸试验　第1部分:室温试验方法(GB/T 228.1—2010,ISO 6892-1:2009,MOD)

GB/T 229—2007　金属材料　夏比摆锤冲击试验方法(ISO 148-1:2006,Metallic materials—Charpy pendulum impact test—Part 1:test method,MOD)

GB/T 702—2008　热轧钢棒尺寸、外形、重量及允许偏差(ISO 1035-1:1980,ISO 1035-2:1980,ISO 1035-3:1980,ISO 1035-4:1980,MOD)

GB/T 905—1994　冷拉圆钢、方钢、六角钢尺寸、外形、重量及允许偏差

GB/T 1979　结构钢低倍组织缺陷评级图

GB/T 2101　型钢验收、包装、标志及质量证明书的一般规定

GB/T 2975　钢及钢产品　力学性能试验取样位置及试样制备(GB/T 2975—1998,eqv ISO 377:1997)

GB/T 4336　碳素钢和中低合金钢　火花源原子发射光谱分析方法(常规法)

GB/T 6394　金属平均晶粒度测定方法

GB/T 10561—2005　钢中非金属夹杂物含量的测定　标准评级图显微检验法(ISO 4967:1998,IDT)

GB/T 11260　圆钢涡流探伤方法

GB/T 13298　金属显微组织检验方法

GB/T 13299　钢的显微组织评定方法

GB/T 17505　钢及钢产品交货一般技术要求(GB/T 17505—1998,eqv ISO 404:1992)

GB/T 20066　钢和铁　化学成分测定用试样的取样和制样方法(GB/T 20066—2006,ISO 14284:1996,IDT)

GB/T 20123　钢铁　总碳硫含量的测定　高频感应炉燃烧后红外线吸收法(常规方法)

YB/T 081　冶金技术标准的数值修约与检测数值的判定原则

YB/T 5293　金属材料　顶锻试验方法

SY/T 5029—2006　抽油杆

## 3　订货内容

按本标准订货的合同或订单应包括下列内容:

a)　本标准号;

b)　产品名称;

c)　牌号;

d)　尺寸与外形;

e)　定尺长度;

f)　重量(或数量);

g) 交货状态；

h) 特殊要求(如有要求，按 5.9)。

## 4 尺寸、外形、重量及允许偏差

### 4.1 直径、不圆度及允许偏差

4.1.1 热轧圆钢的公称直径、不圆度及其允许偏差应符合表 1 的规定。公称直径允许偏差，B 组要求为合同默认要求，A 组要求需在合同中注明。

表 1

<table>
<tr><th rowspan="2">公称直径/mm</th><th colspan="2">公称直径允许偏差/mm</th><th rowspan="2">不圆度<br>不大于/mm</th></tr>
<tr><th>A</th><th>B</th></tr>
<tr><td>16</td><td>+0.16<br>−0.38</td><td rowspan="2">+0.40<br>−0.10</td><td>0.27</td></tr>
<tr><td>19</td><td>+0.35<br>−0.26</td><td>0.30</td></tr>
<tr><td>22</td><td>+0.53<br>−0.08</td><td rowspan="3">+0.50<br>−0.10</td><td>0.31</td></tr>
<tr><td>25</td><td>+0.73<br>+0.04</td><td>0.34</td></tr>
<tr><td>28</td><td>+0.93<br>+0.17</td><td>0.38</td></tr>
<tr><td>32</td><td>+0.15<br>−0.76</td><td>+0.60<br>−0.20</td><td>0.45</td></tr>
<tr><td>其他规格</td><td colspan="2">执行 GB/T 702—2008 中的 2 组允许偏差相关要求</td><td>不大于其直径公差的 50%</td></tr>
</table>

4.1.2 冷拉圆钢的直径及其允许偏差应符合 GB/T 905—1994 中 h12 精度级别。

4.1.3 经供需双方协商，可提供特殊规格及允许偏差的圆钢。

### 4.2 长度及允许偏差

4.2.1 圆钢一般按定尺长度交货，具体长度数值应在合同中注明；定尺交货长度允许偏差为 0～+50 mm。

4.2.2 经供需双方协商并在合同中注明，可供应短尺长度的圆钢。

### 4.3 外形

4.3.1 圆钢的弯曲度不大于 3 mm/m。

4.3.2 圆钢的端头不应有影响使用的飞边、切斜和压扁。

### 4.4 重量

圆钢一般按实际重量交货。

## 5 技术要求

### 5.1 钢的牌号及化学成分

5.1.1 钢的牌号及化学成分(熔炼分析)应符合表 2 的规定。

表 2

| 序号 | 参[a]考级别 | 牌号 | 化学成分（质量分数）/% | | | | | | | | | | | |
|---|---|---|---|---|---|---|---|---|---|---|---|---|---|---|
| | | | C | Si | Mn | Cr | Ni | Mo | V | Ti | B | Nb | Cu | P、S |
| 1 | C | 45 | 0.42～0.50 | 0.17～0.37 | 0.50～0.80 | ≤0.25 | ≤0.30 | — | — | — | — | — | ≤0.20 | ≤0.025 |
| 2 | C | 35Mn2A | 0.32～0.39 | 0.17～0.37 | 1.40～1.80 | ≤0.35 | ≤0.30 | ≤0.10 | — | — | — | — | ≤0.20 | ≤0.025 |
| 3 | D | 25MnVA | 0.21～0.30 | 0.17～0.37 | 1.30～1.70 | ≤0.35 | ≤0.30 | ≤0.10 | 0.05～0.15 | — | — | — | ≤0.20 | ≤0.025 |
| 4 | D | 25CrMnVA | 0.21～0.30 | 0.17～0.37 | 0.80～1.10 | 0.80～1.10 | ≤0.30 | ≤0.10 | 0.04～0.08 | — | — | — | ≤0.20 | ≤0.025 |
| 5 | D | 20CrMoA | 0.17～0.24 | 0.17～0.37 | 0.40～0.70 | 0.80～1.10 | ≤0.30 | 0.15～0.25 | — | — | — | — | ≤0.20 | ≤0.025 |
| 6 | D | 25CrMoA | 0.21～0.30 | 0.17～0.37 | 0.40～0.70 | 0.80～1.10 | ≤0.30 | 0.15～0.25 | — | — | — | — | ≤0.20 | ≤0.025 |
| 7 | D | 30CrMoA | 0.26～0.33 | 0.17～0.37 | 0.40～0.70 | 0.80～1.10 | ≤0.30 | 0.15～0.25 | — | — | — | — | ≤0.20 | ≤0.025 |
| 8 | D | 35CrMoA | 0.32～0.40 | 0.17～0.37 | 0.40～0.70 | 0.80～1.10 | ≤0.30 | 0.15～0.25 | — | — | — | — | ≤0.20 | ≤0.025 |
| 9 | D | 42CrMoA | 0.38～0.45 | 0.17～0.37 | 0.50～0.80 | 0.90～1.20 | ≤0.30 | 0.15～0.25 | — | — | — | — | ≤0.20 | ≤0.025 |
| 10 | K | 20Ni2MoA | 0.18～0.23 | 0.17～0.37 | 0.70～0.90 | ≤0.35 | 1.65～2.00 | 0.20～0.30 | — | — | — | — | ≤0.20 | ≤0.025 |
| 11 | D | 40CrMnMoA | 0.37～0.45 | 0.17～0.37 | 0.90～1.20 | 0.90～1.20 | ≤0.30 | 0.20～0.30 | — | — | — | — | ≤0.20 | ≤0.025 |
| 12 | D | 40CrMnMoVA | 0.38～0.45 | 0.15～0.35 | 0.70～1.10 | 0.80～1.10 | ≤0.45 | 0.15～0.25 | 0.03～0.07 | — | — | — | ≤0.20 | ≤0.025 |
| 13 | KD | 20Cr2MoNiA | 0.18～0.23 | 0.15～0.30 | 0.40～0.60 | 1.80～2.00 | 0.15～0.25 | 0.15～0.25 | — | — | — | — | ≤0.20 | ≤0.025 |
| 14 | KD | 20NiCrMnCuMoVA | 0.19～0.23 | 0.15～0.35 | 0.85～1.05 | 0.80～1.05 | 0.90～1.20 | 0.22～0.30 | 0.02～0.05 | | | | 0.40～0.60 | ≤0.025 |
| 15 | KD | 23NiCrMoVA | 0.21～0.28 | 0.17～0.37 | 0.60～0.90 | 0.80～1.10 | 0.90～1.20 | 0.15～0.30 | 0.05～0.20 | — | — | — | ≤0.20 | ≤0.025 |
| 16 | KD<br>HL | 25NiMnCrMoA | 0.22～0.29 | 0.15～0.35 | 0.71～1.00 | 0.42～0.65 | 0.72～1.00 | 0.01～0.06 | — | — | — | — | ≤0.20 | ≤0.025 |
| 17 | KD<br>HL | 30Ni2CrMnMoVA | 0.30～0.35 | 0.15～0.35 | 0.80～1.10 | 0.80～1.10 | 1.65～2.00 | 0.20～0.30 | 0.05～0.10 | — | — | — | ≤0.20 | ≤0.025 |
| 18 | HL | 11Mn2SiCrMoA | 0.08～0.15 | 1.20～1.40 | 2.00～2.40 | 0.50～0.90 | ≤0.30 | 0.20～0.30 | — | — | — | — | ≤0.20 | ≤0.025 |

表 2（续）

| 序号 | 参考级别[a] | 牌号 | 化学成分（质量分数）/% | | | | | | | | | | | |
|---|---|---|---|---|---|---|---|---|---|---|---|---|---|---|
| | | | C | Si | Mn | Cr | Ni | Mo | V | Ti | B | Nb | Cu | P、S |
| 19 | HL | 12Mn2CrSiA | 0.10～0.18 | 0.50～1.00 | 1.60～2.10 | 0.80～1.10 | — | — | — | — | — | — | ≤0.20 | ≤0.025 |
| 20 | HL | 15Mn2SiCrTiBA | 0.12～0.20 | 0.80～1.20 | 1.50～2.00 | 0.70～1.35 | — | — | — | 0.04～0.10 | 0.001 0～0.003 0 | — | ≤0.20 | ≤0.025 |
| 21 | HL | 15Cr2SiMnMoNbA | 0.12～0.20 | 0.80～1.40 | 0.80～1.10 | 1.50～2.00 | — | 0.05～0.15 | — | — | — | 0.03～0.06 | ≤0.20 | ≤0.025 |
| 22 | HL | 16Mn2SiCrMoVTiA | 0.12～0.22 | 0.50～1.50 | 1.90～2.40 | 0.50～0.90 | ≤0.30 | 0.15～0.30 | 0.05～0.20 | 0.005～0.03 | — | — | ≤0.20 | ≤0.025 |

[a] 参考级别取自 SY/T 5029—2006，通常指可用于生产的抽油杆级别，详见附录 A。

5.1.2 供需双方也可按附录 B 中对应牌号或其他牌号订货，具体成分要求双方协商。

5.1.3 成品钢材的化学成分允许偏差应符合 GB/T 222 的规定。

### 5.2 冶炼方法

除非合同中另有规定，一般应采用转炉或电炉加炉外精炼的冶炼方法。

### 5.3 交货状态

5.3.1 热轧圆钢一般以热轧状态交货。

5.3.2 冷拉圆钢一般以冷拉状态或冷拉＋热处理（退火或回火）状态交货，订货时应在合同中注明。

5.3.3 钢材可以以直条或盘卷交货。以盘条状态交货时应在合同中注明。

### 5.4 力学性能

5.4.1 根据需方要求，用热处理毛坯制成的标准试样测出的纵向力学性能应符合表 3 的规定。

表 3

| 序号 | 牌号 | 试样毛坯尺寸/mm | 热处理制度[a] | | | | 力学性能 | | | | |
|---|---|---|---|---|---|---|---|---|---|---|---|
| | | | 淬火 | | 回火 | | 屈服强度[b] $R_{eL}$/(N/mm²) | 抗拉强度 $R_m$/(N/mm²) | 断后伸长率 $A$/% | 断面收缩率 $Z$/% | 冲击吸收能量 $KU_2$/J |
| | | | 温度/℃ | 介质 | 温度/℃ | 介质 | 不小于 | | | | |
| 1 | 45 | 25 | 840 | 水 | 600 | 水 | 355 | 600 | 16 | 40 | 39 |
| | | | 850 ℃正火 | | | | | | | | |
| 2 | 35Mn2A | 25 | 840 | 水 | 500 | 水 | 735 | 885 | 12 | 45 | 55 |
| 3 | 25MnVA | 15 | 880 | 水，油 | 500 | 水，油 | 735 | 885 | 12 | 50 | 65 |
| 4 | 25CrMnVA | 15 | 880 | 水，油 | 500 | 水，油 | 735 | 885 | 12 | 50 | 65 |
| 5 | 20CrMoA | 15 | 880 | 水，油 | 500 | 水，油 | 735 | 930 | 12 | 50 | 78 |
| 6 | 25CrMoA | 15 | 880 | 水，油 | 500 | 水，油 | 735 | 930 | 12 | 50 | 78 |

**表 3（续）**

| 序号 | 牌号 | 试样毛坯尺寸/mm | 热处理制度[a] | | | | 力学性能 | | | | |
|---|---|---|---|---|---|---|---|---|---|---|---|
| | | | 淬火 | | 回火 | | 屈服强度[b] $R_{eL}$/(N/mm²) | 抗拉强度 $R_m$/(N/mm²) | 断后伸长率 $A$/% | 断面收缩率 $Z$/% | 冲击吸收能量 $KU_2$/J |
| | | | 温度/℃ | 介质 | 温度/℃ | 介质 | 不小于 | | | | |
| 7 | 30CrMoA | 15 | 880 | 水，油 | 540 | 水，油 | 735 | 930 | 12 | 50 | 71 |
| 8 | 35CrMoA | 25 | 850 | 水，油 | 550 | 水，油 | 885 | 1 030 | 12 | 45 | 63 |
| 9 | 42CrMoA | 25 | 850 | 水，油 | 560 | 水，油 | 980 | 1 130 | 12 | 45 | 63 |
| 10 | 20Ni2MoA | 15 | 880 | 水，油 | 630 | 水，油 | 440 | 600 | 18 | 60 | 71 |
| 11 | 40CrMnMoA | 25 | 850 | 水，油 | 600 | 水，油 | 785 | 980 | 10 | 45 | 63 |
| 12 | 40CrMnMoVA | 25 | 850 | 水，油 | 600 | 水，油 | 785 | 980 | 10 | 45 | 63 |
| 13 | 20Cr2MoNiA | 15 | 880 | 水，油 | 560 | 水，油 | 800 | 880 | 12 | 50 | 70 |
| 14 | 20NiCrMnCuMoVA | 15 | 885 | 水，油 | 520 | 水，油 | 795 | 865 | 15 | 55 | 60 |
| 15 | 23NiCrMoVA | 15 | 880 | 水，油 | 560 | 水，油 | 795 | 865 | 12 | 45 | 60 |
| 16 | 25NiMnCrMoA | 15 | 885 | 水，油 | 520 | 水，油 | 795 | 865 | 15 | 55 | 60 |
| 17 | 30Ni2CrMnMoVA | 15 | 880 | 水，油 | 580 | 水，油 | 795 | 965 | 10 | 45 | 60 |
| 18 | 11Mn2SiCrMoA | 15 | 由供方提供参考热处理制度 | | | | 795 | 965 | 12 | 45 | 60 |
| 19 | 12Mn2CrSiA | 15 | | | | | 795 | 965 | 12 | 45 | 60 |
| 20 | 15Mn2SiCrTiBA | 15 | | | | | 795 | 965 | 12 | 45 | 60 |
| 21 | 15Cr2SiMnMoNbA | 15 | | | | | 795 | 965 | 12 | 45 | 60 |
| 22 | 16Mn2SiCrMoVTiA | 15 | | | | | 795 | 965 | 12 | 50 | 60 |
| | | | 热轧状态 | | | | 795 | 965 | 10 | 40 | 47 |

[a] 表中所列热处理温度允许调整范围：淬火温度±15 ℃、回火温度±50 ℃。

[b] 没有明显屈服的钢，屈服强度特征值 $R_{eL}$ 可采用钢的规定非比例延伸强度 $R_{P0.2}$。

5.4.2 钢材直径尺寸小于试样毛坯尺寸时，用原尺寸圆钢进行热处理。

5.4.3 直径小于 16 mm 的圆钢不做冲击试验，供需双方协议可采用非标准试样做冲击试验。

5.4.4 经双方协议供应的其他牌号钢材，其力学性能未指定的可参考本标准附录 A 的要求。

5.4.5 供方应在质量证明书中注明样坯的实际热处理工艺，以供需方参考。

## 5.5 低倍组织

5.5.1 圆钢的横截面酸浸低倍组织试片上不应有目视可见的缩孔、气泡、裂纹、夹杂、翻皮及白点。

5.5.2 酸浸低倍组织合格级别应符合表 4 的规定。

表 4

| 规格/mm | 中心疏松 | 一般疏松 | 锭型偏析 |
|---|---|---|---|
| | 级别，不大于 | | |
| ≥30 | 2.0 | 2.0 | 2.0 |
| <30 | 1.5 | 1.5 | 2.0 |

## 5.6 非金属夹杂物

圆钢应按 GB/T 10561—2005 检验非金属夹杂物，采用 A 法评定，其合格级别应符合表 5 的规定。

表 5

| 夹杂物类型 | A | B | C | D |
|---|---|---|---|---|
| | 级别，不大于 | | | |
| 粗系 | 2.0 | 2.0 | 2.0 | 2.0 |
| 细系 | 2.0 | 2.5 | 2.0 | 2.0 |

## 5.7 热顶锻

圆钢应进行热顶锻检验，检验后的试样高度为原试样高度的 1/3，顶锻后的试样表面不应有裂口、裂缝。若供方能保证热顶锻合格时可不进行检验。

## 5.8 表面质量

5.8.1 热轧圆钢的表面不允许有裂纹、结疤、夹杂、折叠及机械损伤，如有上述缺陷必须清除，清除深度从钢材实际尺寸算起不超过公差之半，清除宽度不小于深度的 5 倍，同一截面达到最大清除深度不得多于一处。允许有从实际尺寸算起不超过直径公差之半的纵向缺陷及深度不超过 0.10 mm 的横向缺陷存在。

5.8.2 冷拉圆钢的表面应洁净、光滑，不允许有裂纹、结疤、折叠、夹杂、拉裂及氧化皮；表面允许有深度不超过从实际尺寸算起该公称尺寸公差之半的个别刮伤、拉痕、黑斑、凹面、麻点及清理斜痕。经热处理的冷拉圆钢表面允许有氧化色。冷拉圆钢经磨光交货的，表面不应有缺陷；经斜辊矫直的，表面允许有螺旋状辊印。

## 5.9 特殊要求

根据需方要求，经供需双方协议，并在合同中注明可供应附加下列特殊要求的钢材：

a) 优选钢的化学成分范围；
b) 对残余或微量元素含量加以限制；
c) 加严尺寸允许偏差要求；
d) 奥氏体晶粒度；
e) 显微组织；
f) 脱碳层；
g) 无损探伤(涡流探伤等)；
h) 其他特殊要求项目。

## 6 试验方法

6.1 每批钢材的检验项目和试验方法应符合表 6 的规定。
6.2 力学和化学试验结果的修约按 YB/T 081 的规定进行。

表 6

| 序号 | 检验项目 | 取样数量/个 | 取样方法及取样部位 | 试验方法 |
|---|---|---|---|---|
| 1 | 化学成分 | 1/炉 | GB/T 20066 | GB/T 223(相应部分)、GB/T 4336<br>GB/T 20123 |
| 2 | 拉伸试验 | 2 | 不同根钢材,GB/T 2975 | GB/T 228.1 |
| 3 | 冲击试验 | 2 | 不同根钢材,GB/T 2975 | GB/T 229 |
| 4 | 低倍组织 | 2 | 不同根钢材 | GB/T 226、GB/T 1979 |
| 5 | 非金属夹杂物 | 2 | 不同根钢材 | GB/T 10561 |
| 6 | 无损探伤(涡流探伤等) | 逐根 | — | GB/T 11260 或双方协商的其他方法 |
| 7 | 热顶锻 | 2 | 不同根钢材 | YB/T 5293 |
| 8 | 晶粒度 | 1 | 任一根钢材 | GB/T 6394 |
| 9 | 显微组织 | 2 | 不同根钢材 | GB/T 13298、GB/T 13299 |
| 10 | 脱碳层 | 3 | 不同根钢材 | GB/T 224 |
| 11 | 尺寸 | 逐根 | — | 卡尺、千分尺 |
| 12 | 表面 | 逐根 | — | 目视 |

## 7 检验规则

### 7.1 检查和验收

7.1.1 圆钢出厂的检验和验收由供方技术质量监督部门进行。
7.1.2 供方应保证交货的圆钢符合本标准要求或合同的规定,需方有权对本标准或合同所规定的任一检验项目进行检查和验收。

### 7.2 组批规则

圆钢应按批检查和验收,每批由同一牌号、同一炉号、同一加工方法、同一规格、同一交货状态、同一热处理制度的圆钢组成。

### 7.3 取样数量与取样部位

每批圆钢的取样数量和取样部位应符合表 6 的规定。

### 7.4 复验与判定规则

7.4.1 圆钢的复验与判定规则按 GB/T 2101 的规定。
7.4.2 供方若能保证圆钢合格时,对同一炉号圆钢的力学性能、低倍组织、非金属夹杂物的检验结果,允许以坯代材、以大代小。

## 8 包装、标志和质量证明书

8.1 热轧及冷拉圆钢应成捆交货，每捆重量应不大于 3 t，捆扎道数：6 m 及以下长度的产品捆扎 5 道；订货长度大于 6 m 定尺的产品以 6 m 为基准，定尺长度数值每增加一个 1.5 m（不足 1.5 m 按 1 个 1.5 m 计）长度，相应增加 1 个捆扎道数。

8.2 冷拉圆钢应经表面防锈处理后成捆包装，外包装用防水编织袋全长包装紧密。

8.3 盘条盘重由生产厂根据原料坯型大小确定。

8.4 产品包装、标志及质量证明书符合 GB/T 2101 的规定。

8.5 包装、标志的其他要求应符合 GB/T 2101 的有关规定。

# 附 录 A
## （资料性附录）
## 钢制抽油杆的力学性能、抽油杆级别定义

**A.1** 钢制抽油杆的力学性能见表 A.1。

**表 A.1**

| API 等级 | 最小屈服强度 0.2%的残余变形 $R_{eL}$/MPa(1b/in²) | 最小抗拉强度 $R_m$/MPa(1b/in²) | 最大抗拉强度 $R_m$/MPa(1b/in²) |
|---|---|---|---|
| C | 415(60 000) | 620(90 000) | 795(115 000) |
| K | 415(60 000) | 620(90 000) | 795(115 000) |
| D、KD | 590(85 000) | 795(115 000) | 965(140 000) |
| HL | 795(115 000) | 965(140 000) | 1195(173 339) |

**A.2** 抽油杆级别定义见表 A.2。

**表 A.2**

| 序 号 | 级 别 | 定 义 |
|---|---|---|
| 1 | C | 用于轻、中负荷油井的钢制抽油杆 |
| 2 | K | 用于腐蚀性的轻、中负荷油井的钢制抽油杆 |
| 3 | D | 用于中、重负荷油井的钢制抽油杆 |
| 4 | KD | 具有 K 级抽油杆的抗腐蚀性能，又有 D 级抽油杆的力学性能的钢制抽油杆 |
| 5 | H | 用于重、超重负荷油井的钢制抽油杆，H 级抽油杆分为 HL 型抽油杆和 HY 型抽油杆 |
| 6 | HL | 通过选用适当的材料和工艺，使其力学性能达到 H 级的钢制抽油杆 |
| 7 | HY | 采用表面淬火工艺，使其力学性能达到 H 级的钢制抽油杆 |

# 附　录　B
## （资料性附录）
## 与本标准牌号成分相同或相近的牌号

**B.1**　与本标准正文中的牌号成分相同或相近的牌号见表 B.1。

**表 B.1**

| 序号 | 中国 | 美国 | | | 日本 | 其他[b] |
|---|---|---|---|---|---|---|
| | 本标准 | AISI[a] | | | JIS | |
| 1 | 45 | 1 045 | | | S45C | |
| 2 | 35Mn2A | | 1 536M | 1 541-VM | | |
| 3 | 25MnVA | 1 526 | 1 526M | | | SSYD-1 |
| 4 | 25CrMnVA | | | | | SSYD-1A |
| 5 | 20CrMoA | 4 120 | | | SCM420 | |
| 6 | 25CrMoA | 4 125 | | | SCM425 | |
| 7 | 30CrMoA | 4 130 | | | SCM430 | |
| 8 | 35CrMoA | 4 135 | | | SCM435 | |
| 9 | 42CrMoA | 4 142 | 4 142M | 4 142H | SCM442 | |
| 10 | 20Ni2MoA | 4 620 | 4 621 | 4 621M | | |
| 11 | 40CrMnMoA | 4 142 | 4 142M | 4 138M | | B7 |
| 12 | 40CrMnMoVA | 4 142 | A 4 142-HM | | | |
| 13 | 20Cr2MoNiA | 4 120 | 4 120M | | | |
| 14 | 20NiCrMnCuMoVA | 4 720 | 4 720SR | | | |
| 15 | 23NiCrMoVA | 4 723 | | | | |
| 16 | 25NiMnCrMoA | 3 130 | | | | 30CrNi |
| 17 | 30Ni2CrMnMoVA | 4 330A | 4 330-HM | 4 330-M | | Norris97 |
| 18 | 11Mn2SiCrMoA | | | | | BZ-11 |
| 19 | 12Mn2CrSiA | | | | | |
| 20 | 15Mn2SiCrTiBA | | | | | |
| 21 | 15Cr2SiMnMoNbA | | | | | SSYH-1 |
| 22 | 16Mn2SiCrMoVTiA | | | | | FG20 |

a　AISI为美国钢铁学会的缩写，用户订货时所列牌号前面有时会加上该缩写字头“AISI”或“A”，牌号后面有时也会附加如：“A”、“M”、“HM”、“SR”、“VM”等用户要求的具有特定含义的字母。

b　此部分牌号来自国内或国外客户的合同要求或生产厂的内部标准，具体出处此处省略。

ICS 77.040.10
H 22

# 中华人民共和国国家标准

GB/T 26076—2010

# 金属薄板(带)轴向力控制疲劳试验方法

Metal sheets and strips—Axial-force-controlled fatigue testing method

2011-01-10 发布

2011-10-01 实施

中华人民共和国国家质量监督检验检疫总局
中国国家标准化管理委员会
发布

# 前　言

本标准由中国钢铁工业协会提出。

本标准由全国钢标准化技术委员会归口。

本标准负责起草单位:北京北冶功能材料有限公司、武汉钢铁(集团)公司、冶金工业信息标准研究院。

本标准主要起草人:李丽敏、李昕、李荣锋、董莉、倪兴涛。

# 金属薄板(带)<br>轴向力控制疲劳试验方法

## 1 范围

本标准规定了室温下金属薄板(带)试样(没有引入应力集中)轴向力控制疲劳试验的术语和定义、试样、试验条件、试验程序、结果表示和试验报告。

本标准适用于厚度为 0.3 mm～3 mm 的金属薄板(带)试样(不包括缺口试样)承受图 1 所示任一类型、恒负荷轴向循环应力幅的疲劳试验;试样矩形横截面的最小截面积小于 30 mm$^2$。

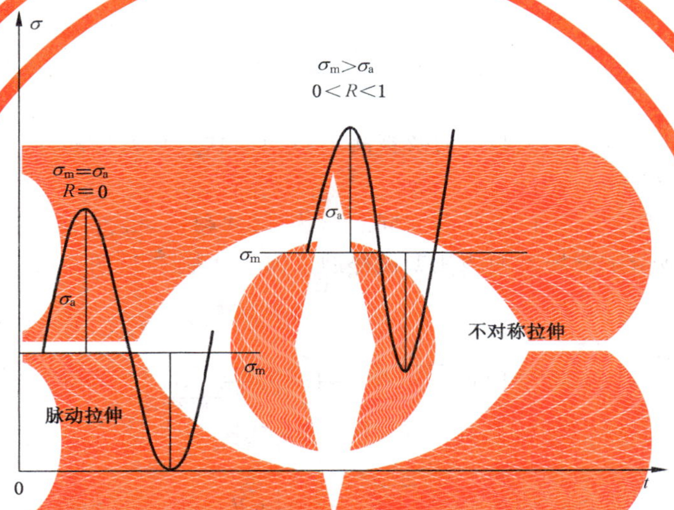


$\sigma_m$——平均应力;
$\sigma_a$——应力幅;
$R$——应力比。

**图 1 循环应力的类型**

## 2 规范性引用文件

下列文件中的条款通过本标准的引用而成为本标准的条款。凡是注日期的引用文件,其随后所有的修改单(不包括勘误的内容)或修订版均不适用于本标准,然而,鼓励根据本标准达成协议的各方研究是否可使用这些文件的最新版本。凡是不注日期的引用文件,其最新版本适用于本标准。

GB/T 3075 金属材料 疲劳试验 轴向力控制方法(GB/T 3075—2008,ISO 1099:2006,MOD)

GB/T 3505 产品几何技术规范 表面结构 轮廓法 表面结构术语定义及参数(GB/T 3505—2000,eqv ISO 4287:1997,Geometrical Product Specification (GPS)—Surface texture:Profile method-terms,definitions and surface texture parameters.)

GB/T 16825.1 静力单轴试验机的检验 第 1 部分:拉力和(或)压力试验机测力系统的检验与校准(GB/T 16825.1—2008,ISO 7500-1:2004,IDT)

GB/T 25917 轴向加荷疲劳试验机动态力校准

## 3 术语和定义

GB/T 3075 确立的以及下列术语和定义适用于本标准。

3.1

**试样厚度　thickness of test piece**

***a***

矩形横截面试样的厚度。

3.2

**试样夹持宽度　gripping part width**

***B***

矩形横截面试样夹持部分的宽度。

3.3

**试样宽度　width of test piece**

***b***

矩形截面试样最大应力处宽度。

## 4　试样

### 4.1　试样形状和尺寸

4.1.1　试样的形状和尺寸取决于试验目的及被测材料的形状。其夹持部分应与试样轴线或缩小的试验截面轴线保持同轴或对称。

4.1.2　疲劳试验所用的同一批试样应具有相同的形状、尺寸和表面状态。

4.1.3　金属薄板(带)疲劳试验推荐的圆弧型试样的几何尺寸如表1、图2所示。

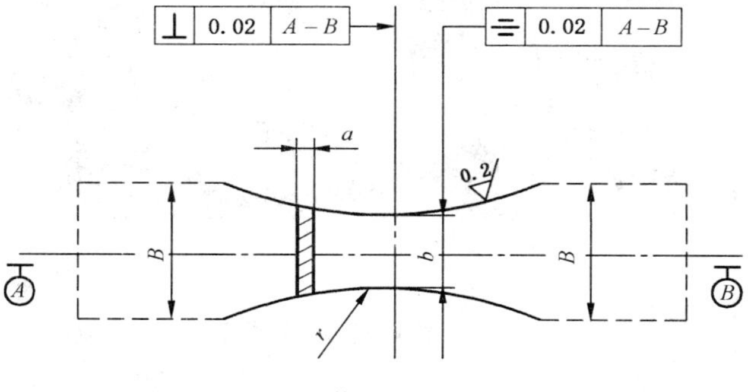


**图2　薄板(带)试样**

**表1　试样几何尺寸**

单位为毫米

| $a \times b$ | $B/b$ | $r$ | $a$ |
|---|---|---|---|
| <30 | ≥1.5 | ≥6$b$ | 0.3～3 |

4.1.4　矩形横截面试样最小截面尺寸的测量误差不大于±0.5%。

4.1.5　试样夹持部分的横截面积与试样最大应力截面面积之比依夹持方法而定,但不应小于1.5。

### 4.2　试样加工

4.2.1　试样所采用的加工工艺应尽量使试样表面产生的残余应力和加工硬化减至最小;在加工过程中应防止过热或其他因素的影响而改变材料的疲劳性能,力求试样表面质量均匀一致。

4.2.2　试样精加工后,应仔细清洗、妥善保存,以防止试样变形、表面损伤和腐蚀。

4.2.3　试样工作部分与圆弧过渡部分的连接应光滑,不得有凹陷。

## 5　试验条件

5.1　试验机的上、下夹具应牢固地夹紧试样端部。夹具的中心线应尽量与试验机的施力轴线重合,确保沿试样轴线无间隙地准确传递循环负荷。

5.2 试验机施加的负荷值应符合以下要求：

5.2.1 试验机静态力的力值准确度应符合 GB/T 16825.1 的要求。

5.2.2 在连续试验 10 h 内，动态力值波动度应符合 GB/T 25917 的要求。

5.2.3 为确保试验中施加负荷的一般程序对每个试样保持一样，负荷的动态误差范围应＜±1%。

5.3 应力循环频率取决于试样刚度和试验要求，所选频率不得引起试样试验部分发热。

## 6 试验程序

### 6.1 试样安装

安装试样时应仔细操作，首先，须完成对中检查，即使试样与试验机上、下夹具间保持同轴，要保证力均匀地分布在试样的整个断面上，并尽量减少试样承受规定轴向应力以外的其他应力。

### 6.2 试验控制参数选择

#### 6.2.1 试验频率选择

力循环的频率取决于所使用的试验机类型，在许多情况下取决于试样的刚度。频率的选择取决于材料、试件和试验机组合。如果频率取决于试样和试验机组合的动态特性，就有必要在试验前测量试样的刚度。

试验频率一般在 5 Hz～200 Hz 范围内，建议采用的试验频率为 5 Hz～15 Hz。同一批试样的试验应在相同的频率下进行。

在高频率时，试样会产生较大热量，从而影响疲劳寿命和疲劳强度的试验结果。如果试样发热，建议降低试验频率。如果试样温度超过 35 ℃，应在报告中注明。

注：如果环境影响显著，试验结果可能依赖于频率。

#### 6.2.2 施加负荷选择

6.2.2.1 施加负荷应平稳、准确、不得超载。在整个试验过程中，动态力值波动度应符合 GB/T 25917 的规定。

6.2.2.2 为避免试样在试验中产生弯曲变形，循环应力类型推荐使用不对称拉伸加载方式（见图 3），即确保 $\sigma_m > \sigma_a$，应力比 $R$ 符合 $0<R<1$。

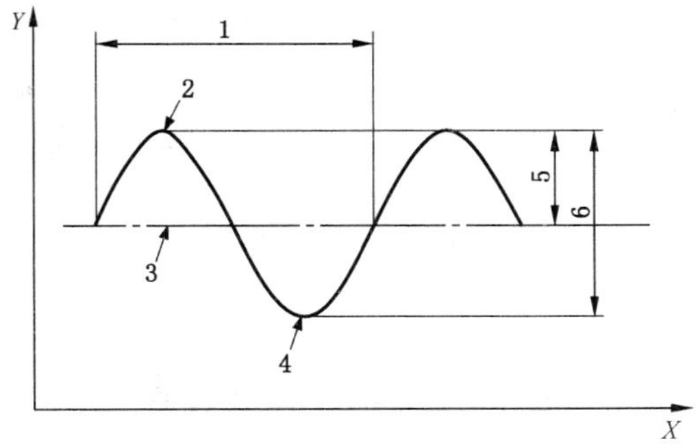


X——时间；

Y——应力。

1——一个应力循环；

2——最大应力；

3——平均应力；

4——最小应力；

5——应力半幅；

6——应力范围。

图 3 疲劳应力循环

6.2.2.3 推荐使用被检材料非比例延伸强度 $R_{p0.2}$ 的 20%～30%作为试验开始采用的应力幅 $\sigma_a$。

6.2.2.4 建议试样夹持力尽可能小，以降低试样于钳口内断裂的概率。

### 6.3 终止试验

试样在规定应力下，通常一直连续试验至试样失效或规定循环次数。试样失效应发生在试样工作段或最大应力截面处，否则试验结果无效。

试验过程如有中断，需在试验报告中注明中断时的循环次数和间歇时间。

## 7 结果表示

7.1 由于疲劳试验数据分散度较大，为了获得比较可靠的试验结果，除合理设计疲劳试验方案外，疲劳试验数据应采用数理统计方法进行处理。

7.2 一般情况下，疲劳试验的结果以图形表示，它表示施加的应力振幅 $S$ 与试样断裂周期 $N$ 间的关系；以统计方法得出的这种曲线称"$S$-$N$ 曲线"；

通常至少取 5 级应力水平。各级应力水平上试样的数量分配应随着应力水平的降低而逐渐增加，应力增减量 $\Delta\sigma_a$ 一般为前级应力幅的 5%～10%用升降法求得的条件疲劳极限作为 $S$-$N$ 曲线上最低应力水平点。每级应力水平上试样的数量不少于 3 个，必要时是由双方协商议定；以 $\sigma_a$ 为纵坐标，$N$ 为横坐标，用最佳拟合法绘制 $S$-$N$ 曲线，见图 4。

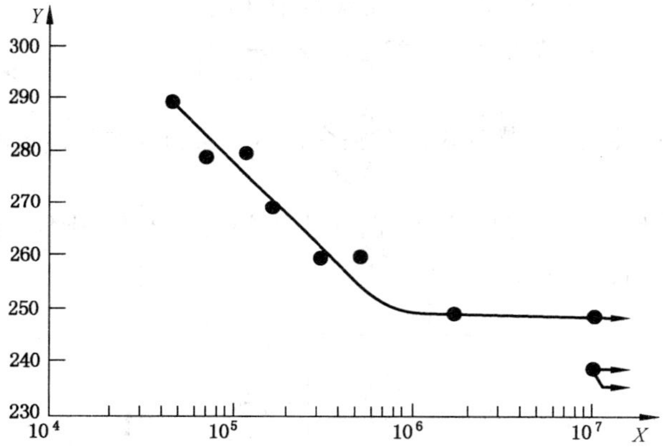


$X$——失效循环次数 $N$；

$Y$——应力幅 $\sigma_a$，单位为牛每平方毫米（N/mm²）。

**图 4 典型的 $S$-$N$ 曲线图**

7.3 对于薄板（带）试样，建议在 $S$-$N$ 曲线的高应力振幅段求取线性回归方程，以预期疲劳寿命，进而检测材料疲劳性能的高低。

## 8 试验报告

试验报告中一般应包括如下内容：

a) 本标准编号；

b) 材料的牌号、规格、热处理工艺及常规力学性能；

c) 试样的制备工艺及其形状、尺寸和表面状态；

d) 试验机型号；

e） 应力循环形式、$\sigma_m$、$2\sigma_a$、$R$；

f） 试验频率 $f$；

g） 试验过程中任何对本标准的偏离；

h） 试验结果。

---

ICS 77.040.10
H 22

# 中华人民共和国国家标准

GB/T 26077—2010

# 金属材料　疲劳试验　轴向应变控制方法

Metallic materials—Fatigue testing—Axial-strain-controlled method

(ISO 12106:2003,MOD)

2011-01-10 发布　　　　2011-10-01 实施

中华人民共和国国家质量监督检验检疫总局
中国国家标准化管理委员会　发布

# 前　言

本标准修改采用国际标准 ISO 12106:2003《金属材料　疲劳试验　轴向应变控制方法》(英文版)。

本标准根据 ISO 12106:2003 重新起草，根据我国的实际情况，本标准在采用国际标准时进行了修改和补充。这些技术性差异用垂直单线标识在它们所涉及的条款的页边空白处。

本标准结构和技术内容与 ISO 12106:2003 基本一致，根据我国情况在以下几方面进行了修改：

——删去了国际标准的前言；

——“本国际标准”一词改为“本标准”；

——用小数点“.”代替作为小数点的“,”；

——规范性引用文件中采用国家标准代替相应国际标准并新增加 6 项国家标准和检定规程；

——增加部分试验术语的文字定义及解释；

——更改对中检查的间隔周期；

——表面粗糙度用 $Ra$ 代替 $R_z$；

——采用 $E^*$ 做为数据处理的推荐弹性模量。

本标准的附录 A 和附录 B 是资料性附录。

本标准由中国钢铁工业协会提出。

本标准由全国钢标准化技术委员会归口。

本标准起草单位：钢铁研究总院、冶金工业信息标准研究院。

本标准起草人：刘涛、高怡斐、董莉。

# 引　言

机械结构的设计应考虑疲劳载荷条件的影响。在某些工业领域(如核电、航空、机械工程),研究材料在反复应变控制条件下(指低循环疲劳)出现循环塑性时的行为是必要的。

为了明确不同试验室试验数据的可靠性和一致性,应对遵从本国家标准某些关键点的试验数据进行收集。

本国家标准包括金属材料疲劳性能试验结果的产生及解释。

# 金属材料 疲劳试验 轴向应变控制方法

## 1 范围

本标准规定了金属材料轴向应变控制疲劳试验的定义、符号、试验设备、试验程序、数据处理和试验报告。

本标准适用于在恒温恒幅条件下应变控制且应变比 $R_{\varepsilon}=-1$ 的单轴加载试样。

本标准也可用于指导在其他条件下进行的疲劳试验。

## 2 规范性引用文件

下列文件中的条款通过本标准的引用而成为本标准的条款。凡是注日期的引用文件，其随后所有的修改单或修订版均不适用于本标准，然而，鼓励根据本标准达成协议的各方研究是否可使用这些文件的最新版本。凡是不注日期的引用文件，其最新版本适用于本标准。

GB/T 12160 单轴试验用引伸计的标定(GB/T 12160—2002, ISO 9513:1999, IDT)

GB/T 16825.1 静力单轴试验机的检验 第1部分:拉力和(或)压力试验机测力系统的检验与校准(GB/T 16825.1—2008,ISO 7500-1:2004,IDT)

GB/T 25917 轴向加力疲劳试验机动态力校准

JJG 141 工作用贵金属热电偶检定规程

JJG 351 工作用廉金属热电偶检定规程

JJG 556 轴向加力疲劳试验机检定规程

JJG 617 数字温度指示调节仪检定规程

## 3 术语和定义

本标准采用下列术语和定义。

3.1

**真应力 ture stress**

***σ***

瞬时力除以标距内的瞬时横截面积。

$\sigma=F/A$ 或 $\sigma=S(1+e)$，式中 $S$ 为工程应力 $F/A_0$，$e$ 为工程应变 $\Delta L/L_0$。

注：当真应变量小于10%时，真应力近似等于工程应力。

3.2

**标距 gauge length**

引伸计测量点之间的距离。

3.3

**真应变 ture strain**

***ε***

标距瞬时增量除以标距瞬时长度的积分值。

$\varepsilon=\int_{L_0}^{L}\frac{\mathrm{d}L}{L}$ 或 $\varepsilon=\ln(1+e)$，式中 $e$ 为工程应变 $\Delta L/L_0$，$L$ 为标距的瞬时长度。

注：当真应变量小于10%时，真应变近似等于工程应变。

3.4

**循环 cycle**

应变-时间函数上周期重复的最小单元。

3.5

**最大值　maximum**

变量在一个循环内的最大代数值。

3.6

**最小值　minimum**

变量在一个循环内的最小代数值。

3.7

**平均值　mean**

变量最大值与最小值代数和的一半。

3.8

**范围　range**

变量最大值与最小值的代数差。

3.9

**幅值　amplitude**

变量范围的一半。

3.10

**疲劳寿命　fatigue life**

$N_f$

达到失效的循环数 $N$。

注：在7.8中有对于失效判据定义的实例，所使用的失效判据应在报告中注明。

3.11

**滞后迴线　hysteresis loop**

在一个循环内应力-应变的封闭曲线。

## 4　符号和说明

4.1～4.3 给出了本标准使用的符号和相应的说明。

### 4.1　试样

见表1。

**表1　与试样相关的符号及说明**

| 试样类型 | 符号 | 说　明 | 单　位 |
|---|---|---|---|
| 通用 | $L_0$ | 原始标距 | mm |
| | $L$ | 瞬时标距 | mm |
| | $A_0$ | 原始横截面积 | $mm^2$ |
| | $A$ | 瞬时横截面积($A=A_0L_0/L$) | $mm^2$ |
| | $A_f$ | 失效处的最小横截面积 | $mm^2$ |
| | $r$ | 过渡弧半径(从试样平行工作部分到夹持端) | mm |
| | $L_t$ | 试样的总长 | mm |
| 圆柱形 | $d$ | 平行工作部分截面直径 | mm |
| | $D$ | 试样夹持端直径 | mm |
| | $L_r$ | 试样截面减小区域长度 | mm |
| 板形 | $B$ | 截面宽度 | mm |
| | $t$ | 厚度 | mm |
| | $W$ | 夹持端宽度 | mm |

## 4.2 疲劳试验

### 4.2.1 符号

$E$——弹性模量(GPa)；

$E_T$——峰值拉伸应力后的卸载模量(见图 1)(GPa)；

$E_C$——峰值压缩应力后的卸载模量(见图 1)(GPa)；

$E^*$——达到稳定循环或半寿命循环时 $E_T$ 与 $E_C$ 的平均值；

$N_f$——到达失效时的循环数；

$T_f$——到达失效时的总时间(s)；

$\sigma$——真应力(MPa)；

$\varepsilon$——真应变；

$\Delta$——参量的变化范围；

$R_{p0.2}$——0.2%规定塑性延伸强度；

$Ra$——表面粗糙度(μm)；

$R_\sigma$——应力比($R_\sigma=\sigma_{min}/\sigma_{max}$)；

$R_\varepsilon$——应变比($R_\varepsilon=\varepsilon_{min}/\varepsilon_{max}$)；

$\dot{\varepsilon}$——应变速率($s^{-1}$)。

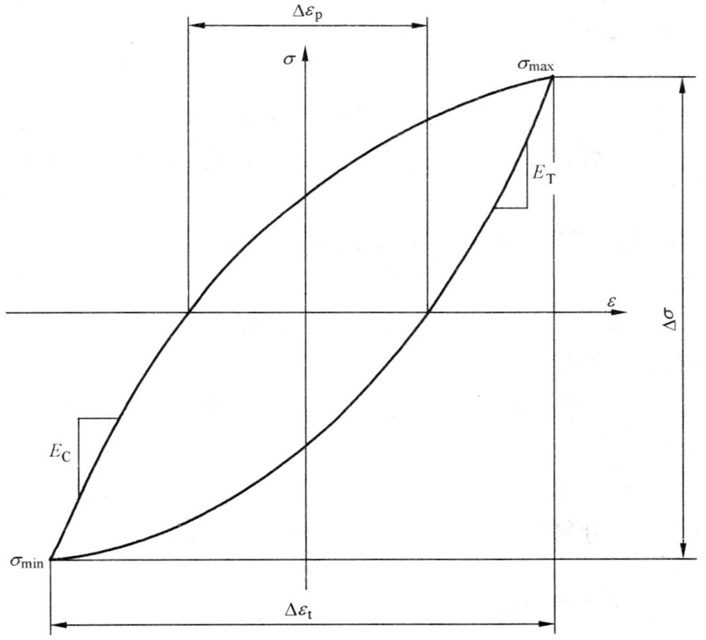


**图 1 应力-应变滞后迴线**

### 4.2.2 下标注

t——总的；

p——塑性的；

e——弹性的；

a——幅值；

m——平均值；

1/4——与前 1/4 循环相关的；

min——最小值；

max——最大值。

## 4.3 结果的表述

见表 2。

表 2 结果表述的符号及名称

| 符号 | 名称 | 单位 |
|---|---|---|
| $\sigma_y'$ | 循环屈服强度[a] | MPa |
| $n$ | 拉伸应变硬化指数 | — |
| $n'$ | 循环应变硬化指数 | — |
| $K$ | 强度系数 | MPa |
| $K'$ | 循环强度系数 | MPa |
| $\sigma_f'$ | 疲劳强度系数 | MPa |
| $b$ | 疲劳强度指数 | — |
| $\varepsilon_f'$ | 疲劳延性系数 | — |
| $c$ | 疲劳延性指数 | — |

[a] 通常采用 0.2%偏置。

## 5 设备

### 5.1 试验机

#### 5.1.1 概述

拉-压疲劳试验机应能够平稳启动，且当试验力过零时试样不能发生过冲。当横梁处于工作位置时试验机应有足够的侧向刚性及对中。

整个机械加载系统(包括力传感器、夹具和试样)应具有足够的侧向刚性，当按照指定的波形进行试验时试验机应能够进行应变控制且能够测量力值。试验机可以是液压伺服式或电子机械式。

#### 5.1.2 力传感器

力传感器应适用于拉-压疲劳试验且具有足够的轴向和侧向刚性。其承载能力应能满足试验需要。

从计算机自动采集系统或从其他非自动采集系统的输出设备记录的力值与真实力值之差应在允许的范围之内。力传感器的承载能力应足够覆盖试验时的力值变化范围，且测量准确度优于 1%。

力传感器应能够进行温度补偿漂移量不超过满量程的 0.002%/℃。

在高温或低温试验下，应对传感器采用适当的隔热或补偿装置以保证其测量准确度在规定范围内。

#### 5.1.3 夹具

夹具应能够将循环力平稳传递至试样纵轴线上。上下夹具间的距离应尽可能的靠近以避免侧向失稳。设备的几何尺寸应能够良好对中以满足 5.1.4 的要求。因此，应限制夹具组件的数量并尽可能减少机械配合面的数量。

夹具应能保证试样在安装过程中的可重复性。夹具应具有确认试样对中用的表面以及保证在试验过程中能够平稳传递拉-压力的表面。其材料的选取应考虑试验温度范围的影响。

#### 5.1.4 对中检查

在刚性装夹系统中出现的不对中弯曲通常有以下一条或几条原因引起(见图 2)：夹具的角度偏差、在理想刚性系统中加力装置(或夹具)的侧向偏差、在非刚性系统中试样链的装配偏差或作动器在轴承间的侧向间隙。

应至少每半年对试验系统对中进行一次检查。在最大应变点处和最小应变点处弯曲应变应小于轴向应变的 5%。图 3 所示为推荐的对中检查应变测量装置。除此之外还有其他能够达到测量对中目的的测量技术，详见附录 A。

### 5.2 应变的测量

应采用轴向引伸计测量试样上的应变。

引伸计应适合长期测量动态应变量并最大限度的降低信号漂移、滑动和机械滞后。它应能直接测量试样上的轴向应变。

应变测量系统包括引伸计及附属电子元件，引伸计应满足 GB/T 12160 中规定的一级引伸计要求。

引伸计与试样连接处的几何形状和压力应保证引伸计既不发生相对滑动又不会损伤试样。

引伸计应能够避免由于热波动而引起的信号漂移。

## 5.3 加热设备及温度测量

试样加热升温时应避免温度超过规定的试验温度。

如果采用直接的感应加热，应将发生器的频率降到足够低以避免加热的“集肤效应”。

加热应使整个试验过程中试样标距部分的温度梯度不大于 3 ℃。考虑到系统的误差，试样温度与试验温度的偏差应不大于±5 ℃。

通常采用热电偶或其他测温仪器对试样标距两端及中间各一点进行试样温度的测量。

在不影响试验结果的前提下(例如应避免裂纹的萌生出现在热电偶与试样的连接点处)试样应与热电偶直接接触。固定热电偶的通常方法为捆绑、压力或点焊。

应保证至少有一个独立于控制通道的传感器用于测量试验温度。

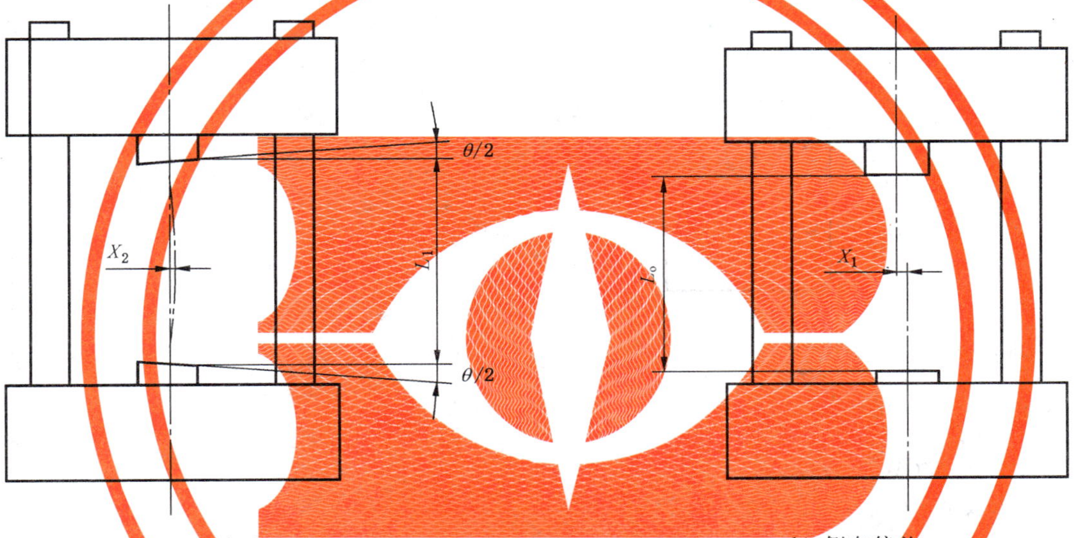


a）角度偏差　　b）侧向偏差

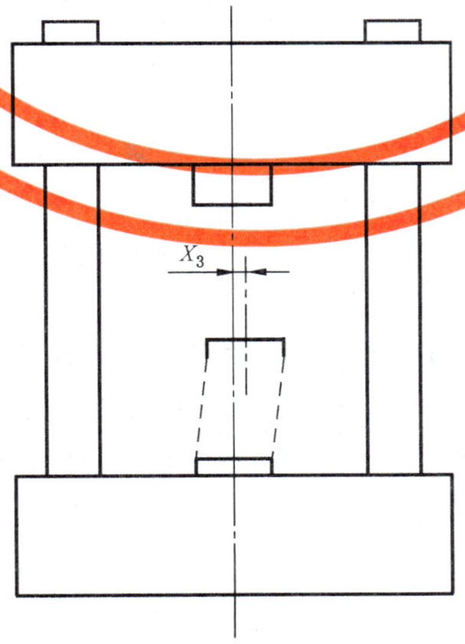


c）在非刚性系统中试样链的偏差

**图 2　由于疲劳试验系统中不对中引起的机械弯曲**

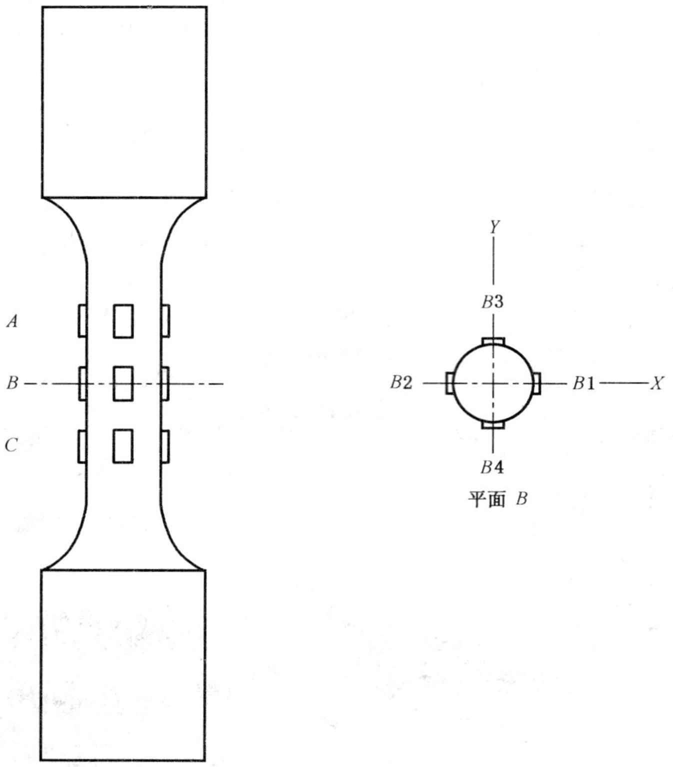


弯曲 $X\text{-}X$：$\frac{\varepsilon_{A2}-\varepsilon_{A1}}{\varepsilon_{A2}+\varepsilon_{A1}}\times 100\%=A_{X\text{-}X}$

弯曲 $Y\text{-}Y$：$\frac{\varepsilon_{A3}-\varepsilon_{A4}}{\varepsilon_{A3}+\varepsilon_{A4}}\times 100\%=A_{Y\text{-}Y}$

平面 $A$ 的弯曲：$\sqrt{(A_{X\text{-}X})^2+(A_{Y\text{-}Y})^2}<5\%$

应对平面 $B$ 及平面 $C$ 做相同的计算。

所有平面的弯曲均应不大于 5%。

图 3　对中检查方案

## 5.4　试验监控设备

### 5.4.1　记录系统

以下设备是记录试验数据的最低要求：

——$X\text{-}Y$ 记录仪用于记录应力-应变滞后迴线；

——能够记录随时间变化的参量如力、应变及温度的记录器；

——峰谷值监测器。

示波器或者通过图像/模拟信号可以再现记录信息的数码存储设备可以代替 $X\text{-}Y$ 记录仪，当信号的速率超过记录仪的最大速率时就会用到它们，因为它们可以随后以更慢的速率再现记录的参量。

通过数字信号进行数据采集和处理任务的计算机系统也可代替上述系统。应力-应变数据点的采样速率应足够快以便正确的再现滞后迴线，特别是反向应变的区域。不同的数据采集设备每个循环采集数据点的数量也会不同，一般来说，需要每个循环至少采集 200 个数据点。

### 5.4.2　循环计数器

循环计数器用于记录应变循环的次数。

## 5.5　检查和校准

应定期对试验机及其控制系统和测量系统进行检查。

每个传感器及其附属电子元件应作为一个系统来检查：

——力值测量系统按照 GB/T 16825.1、GB/T 25917 及 JJG 556 进行校准。

——应变值测量系统按照 GB/T 12160 进行校准。

——温度值测量仪表按照 JJG 617 进行校准。

——热电偶按照 JJG 141 或 JJG 351 进行校准。

在一组试验开始前应检查引伸计的标距，力传感器和引伸计的校准状态，还应检查热电偶或测温仪的校准文件。

## 6 试样

### 6.1 几何尺寸

#### 6.1.1 圆棒及厚度在 5 mm 以上的板状试样

在低循环疲劳试验中，试样的工作部分表征了被测材料的疲劳特性。

试样的几何尺寸应满足以下条件：

——标距部分内统一的圆柱直径；

——尽量降低发生压缩失稳的风险，从而避免在圆弧过渡部分发生失效；

——使应变水平均匀分布在整个标距范围内；

——避免引伸计在测量应变时的信号干扰和滑动。

试样的平行段的长度应大于引伸计的标距，且为了降低在试样标距外发生失效的风险平行段长度应不超过 $L_o+(d/2)$。

考虑到以上要求，根据大量实验室的研究经验以及对各种不同试样的计算结果，推荐使用以下几何尺寸（见图 4）：

——标距部分圆柱直径： $d \geqslant 5$ mm

——标距长度： $L_o \geqslant 2\,d$

——过渡圆弧半径（从试样平行工作部分到夹持端）： $r \geqslant 2\,d$

——夹持端直径： $D \geqslant 2\,d$

——截面减小区域长度： $L_r < 8\,d$

在能够保证均匀的应力应变分布状态的情况下，也可使用其他几何尺寸的横截面和标距长度的试样。

以下三项公差指标非常重要：

——平行度： // $\leqslant 0.005\,d$；

——同轴度： ◎ $\leqslant 0.005\,d$；

——垂直度： ⊥ $\leqslant 0.005\,d$；

（这些值的表述与轴心或基准面相关）

试样的夹持端尺寸由试验设备决定，推荐的连接方式如下所示：

——螺纹连接；

——光滑圆柱形连接（需液压夹具）；

——台阶连接。

夹具应能定位试样并且轴向对中良好，不允许出现过冲。夹具的设计应与试样的夹持端配套，图 5 给出了一些实例。

一般来说，不推荐采用紧固调节螺纹的方式达到试样的对中。

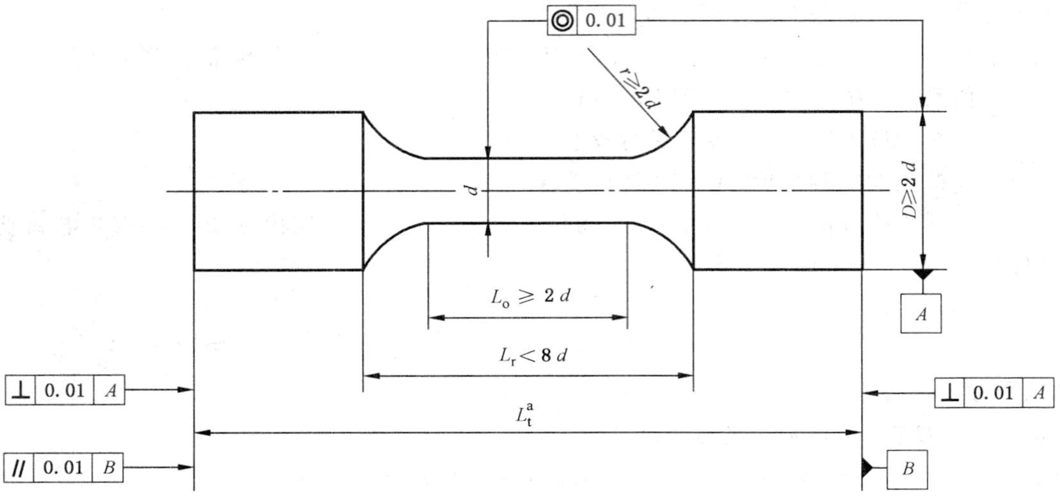


a 与夹持系统相关。

图 4 推荐的圆柱形试样的几何尺寸

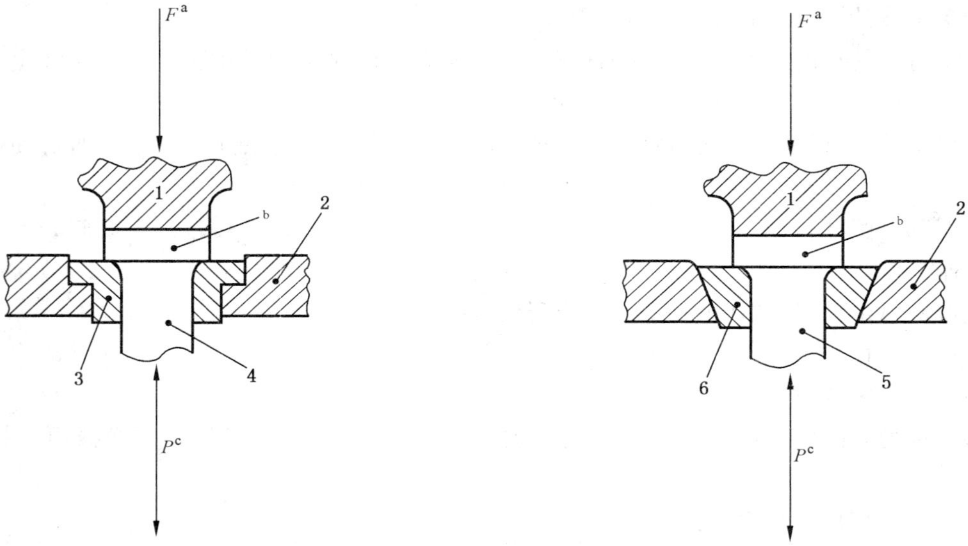


a）台阶连接夹具

b）增强型台阶连接夹具

1——顶头；
2——夹持部分；
3——可分离扣紧圆环；
4——台阶连接试样；
5——增强型台阶连接试样；
6——锥形可分离扣紧圆环；
7——螺纹连接试样；
8——光滑连接试样；
9——夹持部分；
10——锥形夹头。

顶紧力应大于试验力，以免在夹持部位发生过冲。

a 加紧力。
b 试样对中用平面。
c 循环力。
d 加载链。
e 试样顶头。
f 试样对中用平面。

图 5 多种试样装夹装置示意

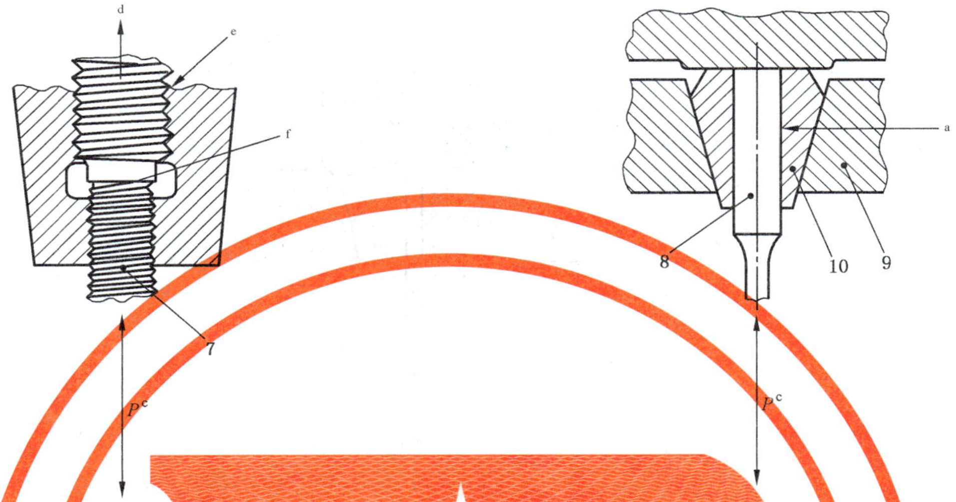


c）螺纹连接夹具　　　　d）光滑（圆柱形）连接夹具

图 5（续）

6.1.2　**厚度在 5 mm 以下的板状试样**

6.1.2.1　**概要**

在之前所讨论的结论也适用于本节试样的测试，但是这些试验需要特殊几何尺寸的试样及装置以避免弯曲。

由于检测的实际力值很小，试验需要比通常更灵敏的力传感器，而且应使用平板夹具或液压夹具。而对于这种夹具来说保证对中是很困难的。

通常，试样在标距部分的宽度比夹持部分窄以确保不在夹持部分发生失效。对于有些情况需要在夹持部分加装垫片来避免在夹持部分发生失效（见图 6）。

可以使用预试样对试验的对中进行检查，其目的是：

——检查夹具的平行和对中；

——检查在轴向载荷下试样的对中。

这项工作所用的预试样应尽可能接近真实试样，在试样的两个表面上安装引伸计。

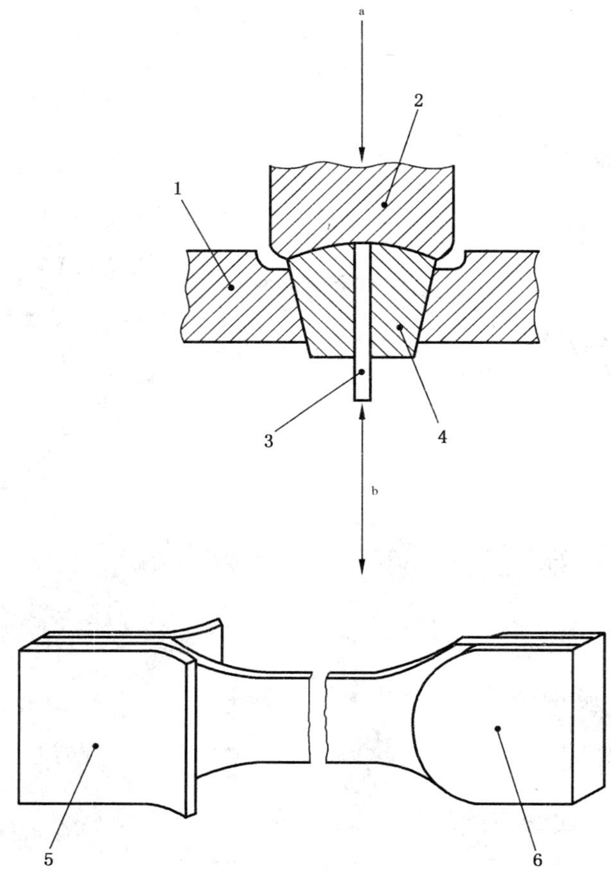


1——夹持部分；

2——锥形顶头；

3——板状试样；

4——锥形夹头；

5——弯曲垫片防止在夹持部分出现夹痕(可由环氧材料做成)；

6——圆形垫片。

[a] 加紧力。

[b] 循环力。

**图6　平板试样装夹装置**

**6.1.2.2　厚度在2.5 mm～5 mm之间**

在不采用防屈曲装置的情况下也可以按照以下步骤进行试验。

平板试样的推荐尺寸如图7所示。在这种情况下，将引伸计安装在试样的宽面上比安装在试样窄面上更好。

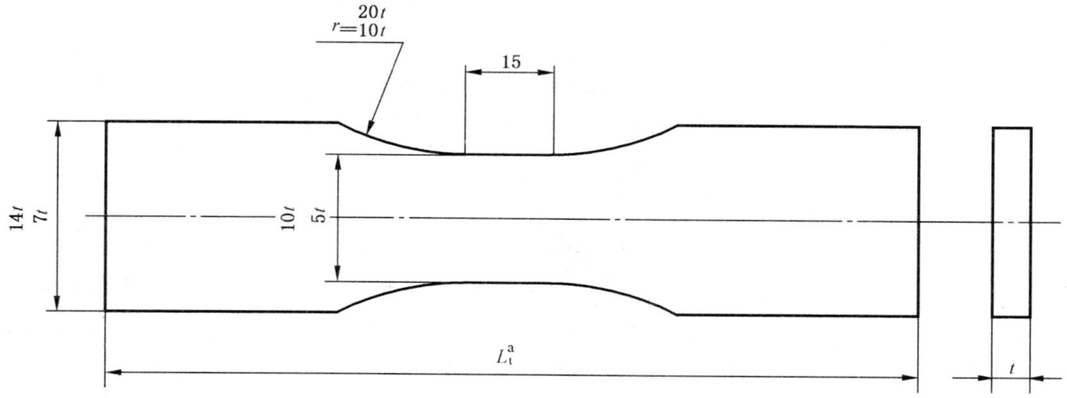


a 与装夹系统相关。

**图 7 平板试样的推荐尺寸**

### 6.1.2.3 厚度小于 2.5 mm

需要采用防屈曲装置。其几何尺寸应与试样配套并允许在试样的窄面上测量应变。

需要采取一些防范措施防止由于试样与抑制装置之间的摩擦引起的力值上升。在试验的任何阶段由摩擦力引起的力值上升不能超过试验力的 2%。采用约 1 mm 厚的聚四氟乙烯薄膜或氮化硼粉末干燥润滑剂就能在一定程度上解决这个问题。不推荐使用烃基润滑剂因为它有可能对试验结果产生影响。

由于试样的不同摩擦力也会不同。应在每个试验开始前通过记录试样在安装防屈曲装置前后在拉伸弹性范围内的力-位移曲线测量摩擦力的大小。

由于防屈曲装置的使用需要在试样的薄边上测量应变，因此应使用两只相同的引伸计分别放在试样的两薄边上测量应变，并取其平均值作为试验的控制参量。

防屈曲装置的实例如图 8 所示。

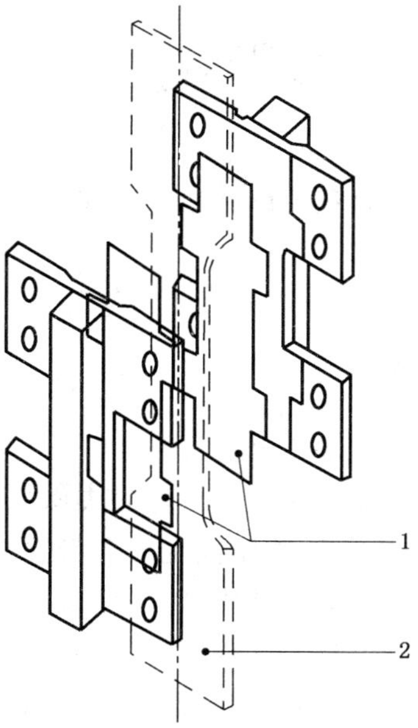


1——聚四氟乙烯薄膜；

2——试样。

**图 8 平板试样的防屈曲装置**

6.2 试样的制备

6.2.1 概要

低循环疲劳试验旨在表征材料的固有特性，按照以下建议进行试样的制备是非常重要的。如果试验的目的是考察某些特殊因素（如表面热处理、氧化等）的影响可以不遵从某些与此相悖的建议。在任何情况下，任何偏离应在试验报告中加以注明。

6.2.2 机加工程序

机加工可能使试样表面产生残余应力从而影响试验结果。这一应力是由加工阶段产生的热梯度引起的，它还与材料的变形或显微组织的改变有关。对于高温试验残余应力对试验结果的影响是不明显的，这是因为在保温过程中释放了部分甚至全部的残余应力。选用适当的精加工工艺可以减小试样的残余应力。对于硬质材料，与刀具加工（车或铣）相比应优先考虑磨削：

——磨削：与成品尺寸相差 0.1 mm 内采用，进刀量不超过 0.005 mm/次；

——抛光：与成品尺寸相差 0.025 mm 内使用粒度逐渐减小的砂纸完成抛光。建议在最终阶段对试样采取纵向抛光。

注 1：材料显微组织的变化：这一现象是由加工过程中的温度升高以及应变硬化引起的。它也是引起相变、表面再结晶的原因。其直接影响就是使试验结果无效，因为测试材料已经不是它的原始状态了，应注意防范。

注 2：污染物介入：某些元素或化合物可能会劣化某种材料的机械性能，例如存在于钢或钛合金中的氯。因此在加工过程中应避免这些元素的使用（特别是在切削乳化液中）。在试样前期保存的清洁及去油过程也应注意上述问题。

6.2.3 取样及标记

从半成品或成分一致的试验材料上取样位置或方向会对得到的试验结果产生重要影响。因此记录试样取样部位的详细信息是必要的。

应在试验报告上附上清晰的取样图，取样图应包括：

——每件试样的取样部位；

——半成品的加工方向（如轧制方向、挤压方向等）；

——每件试样的标记。

在试样加工过程中试样应有唯一的编号。可以用任何标记方法在试样不会被加工掉的区域进行标记，标记应不影响试验质量。

6.2.4 试样的表面状态

试样的表面状态会对试验结果产生影响。影响通常与如下一条或几条因素有关：

——试样的表面粗糙度；

——残余应力；

——材料显微组织的变化；

——污染物的介入。

遵从以下建议可以将上述因素的影响降至最低。

试样的表面状态质量通常用表面粗糙度表征。试样的表面粗糙度对于得到的试验结果的重要性在很大程度上与试验条件有关，试样的表面腐蚀或塑性变形会降低其影响。

建议试样的平均表面粗糙度小于 0.2 μm（或其他参量的等效数值）。

另一个不同于平均表面粗糙度的重要参量是存在于局部的机械划痕。对于圆柱形试样加工的最后工序通常是去除所有由车床造成的沿圆周方向的划伤。建议在磨削之后对试样进行纵向抛光。在低倍（约 20 倍）下检查试样应没有沿圆周方向的划痕和明显的加工痕迹。

如果在试样表面加工完成后再进行热处理，应在热处理后对试样表面进行抛光。如果不能抛光，则热处理宜在真空环境或惰性气体保护条件下进行以避免试样发生氧化。建议去除试样的残余应力。

热处理应不改变被研究材料的显微组织。热处理及机加工的细节应在试验报告中注明。

6.2.5　尺寸检查

应在精加工完成后对试样的尺寸进行检查，采用的检查方法应不改变试样的表面条件。

6.2.6　存放及运输

试样制备好后，应保存以防止任何损伤（接触刮伤或氧化等）。建议采用单独的盒子或带封头的管保存试样。在某些情况下，有必要将试样存放在真空瓶或者放有硅胶的干燥器中。

应尽量减少对试样的运输。

在对试样进行标记时应特别注意。应在试样的两端标记试样，这样当试样断裂后半件试样也可以被识别出来。

## 7　试验程序

7.1　试验室环境

低循环疲劳试验是一种非常复杂的试验。试验结果的质量与选取的试验方法及试验室环境都有很大关系。

试验应在以下合适的环境下进行：

——恒定的室温及相对湿度；

——最小限度的大气污染（如灰尘、化学蒸汽等）；

——没有能够影响试验机控制和数据采集的外部电信号干扰；

——最小限度的外部机械振动。

7.2　试验机控制

试验机的控制精度应使在整个试验过程中应变值的峰值误差在1%以内。

7.3　试样的安装

试样在安装时应尽量避免预应变。

7.4　循环波形-应变速率或循环频率

控制参量（应变）的波形应在试验过程中保持不变（试验研究目的是研究循环波形对于材料疲劳行为影响的试验除外）。对于连续循环试验通常使用三角波。

注：对于高温试验，应避免使用正弦波，因为其应变速率是不断变化的。

对于低循环疲劳试验的频率范围通常在0.01 Hz～1 Hz之间。对于总应变速率来说，其变化范围在$5\times10^{-4}\ s^{-1}$～$5\times10^{-2}\ s^{-1}$之间（0.05% $s^{-1}$～5% $s^{-1}$）。

7.5　试验

7.5.1　预测量

建议在试验开始时在室温下在弹性范围内对试样反复施加循环力，用以测定材料的弹性模量并确认测量系统（力及应变）工作的正确性。弹性模量的测量值与预期值的偏离应不超过±5%。

对于同一试验条件建议通过检测温度从室温升高至试验温度（试验机在力控制模式下力值处于零点）时引伸计的热应变来测量材料的平均热膨胀系数。这一系数的测量值与预期值的偏离应不超过±5%。

通常引伸计的安装是在室温条件下进行的，当到达试验温度时对其示值调零。在这种情况下，在高温试验中应对应变值的测量进行修正，因为引伸计的标距已经因为热膨胀而发生了改变。因此，最低限度在预试验修正时应对标距的热膨胀值进行记录。对于自动系统使用修正后的标距长度用于在线控制及数据采集。

对于某些系统，特别是试验温度超过1 000 ℃时，可能在试样处于热状态时安装引伸计，在这种情况下，不可能测量热膨胀系数。此时应通过可靠的方法测量实际的标距。

7.5.2　弹性模量$E_{1/4}$的测定

在试验温度下试样不发生非弹性应变时，弹性模量$E_{1/4}$的测量与7.5.1的方法相同。

7.5.3 **开始试验**

对于明确的试验程序，选择前四分之一循环的方向是必要的。我们通常选择拉伸应力；对于感应加热的低循环疲劳试验，由于热感应的作用在前四分之一循环的方向是压应力。

在应变控制的试验中，通常的程序是在升温和弹性模量检查后将控制方式由力值转为应变。试验机应在没有过冲的情况下完成这一转换。过冲会对接下来的试验产生影响。

试验开始时的实际应变半幅值与控制应变半幅值的差值应不超过控制应变半幅值的5%。为了达到7.2规定的应变水平需对应变量进行调整，整个调整过程应在前10个循环或失效循环数的1%（取其小者）内完成。

对于由于疏忽或者其他意外引起的试验中止，在恢复试验之前应确认：

——在停止过程中并未损坏试样；

——引伸计未发生滑动。

可以通过分析试验数据对以上两种情况进行确认。未发生上述两种情况下允许在保证没有过冲的条件下恢复试验。

7.6 **试样数量**

推荐试样数量至少为8件，得到的疲劳应变-循环曲线图在循环次数上最少应覆盖3个数量级。

7.7 **试验记录**

7.7.1 **应力-应变滞后迴线**

对于 $X$-$Y$ 记录系统在试验开始阶段，应连续记录由应变控制反馈的原始应力-应变滞后迴线。然后，在试验期间应定期记录这一曲线。数据记录频率的选择与预期的试验循环数有关。通常采用的数据记录组包括试验的前10个循环，接下来按照对数增长（如20、50、100、200、500等）。

对于自动数据采集系统，可以通过预先设定好循环数的程序或者根据两个参量（应力和应变）的变化量制定程序来完成采集循环数的选取。不论采用哪种记录方式，给定的数据采样速率应能够清晰描述滞后迴线（见5.4.1）。

7.7.2 **数据采集**

如果试验设备允许，应力、应变及温度的记录应与时间相关。如不能做到这一点，至少应记录应力、应变及温度的峰值以便根据7.8确定试样失效。

7.8 **失效判据**

对于失效的定义有很多种，试样断为两段只是其中的一种情况。失效判据的选择依赖于对疲劳试验结果的解释以及被测材料的自然特征。对于失效判据的考虑通常基于某些现象的产生、发展和加强，而这些可以被监测到的现象预示着试样将会发生严重损坏或瞬时失效。

失效循环次数 $N_f$ 可以由符合下述失效判据的循环数定义：

a) 试样完全断裂为两部分；

b) 最大拉伸应力相对于试验确定的水平发生某一百分数的变化；

c) 在滞后迴线上拉伸与压缩弹性模量的比值发生一定程度的改变；通常 $E_T/E_C=0.5$ 是评定失效的标准（见图9）；

d) 最大拉伸应力相对于最大压缩应力发生某一百分数的变化。

通常使用上述失效判据a)或b)。然而，以上任意一种条件均可作为失效的判定依据。对于一组试验所使用的失效判据应在报告中注明。图10给出了应力减小失效的实例，在这种情况下，失效的循环次数 $N_f$ 被定义为在拉伸应力-循环次数曲线上应力值急剧下降 $x$%时的循环次数。推荐 $x$ 的值为25。

这一失效判据与在试样上出现的一条（或多条）肉眼可见的裂纹有关。一般来说，裂纹面积与试样原始横截面的比值与应力下降的比值大小相当。

在任何情况下，应记录失效区域相对于原始标距的位置关系并在试验报告中注明。

为了确认试验的有效性应对试样进行预试验检查。这意味着一方面检查试样发生失效或出现主裂纹的位置，另一方面确认是否存在可能导致初始失效或过早失效（如表面缺陷、孔洞、夹杂、引伸计留下的过大的卡痕或者由于对中问题引起的试样弯曲）的缺陷或异常。

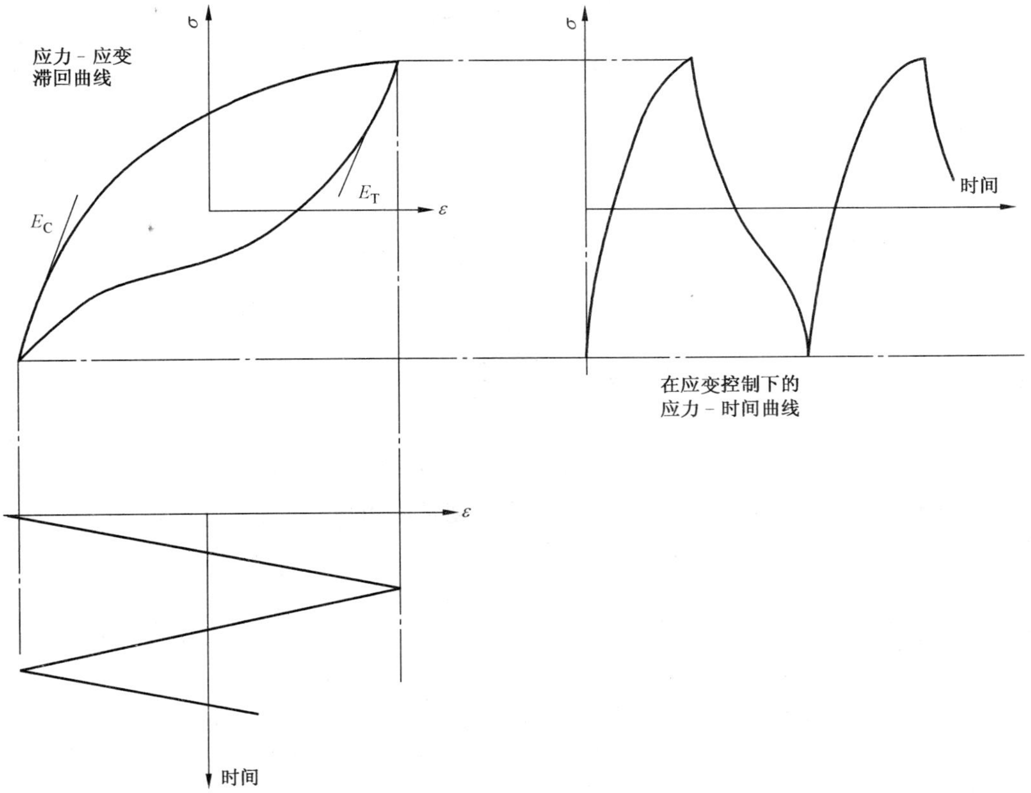


图 9　对于确定失效时拉伸弹性模量与压缩弹性模量的定义

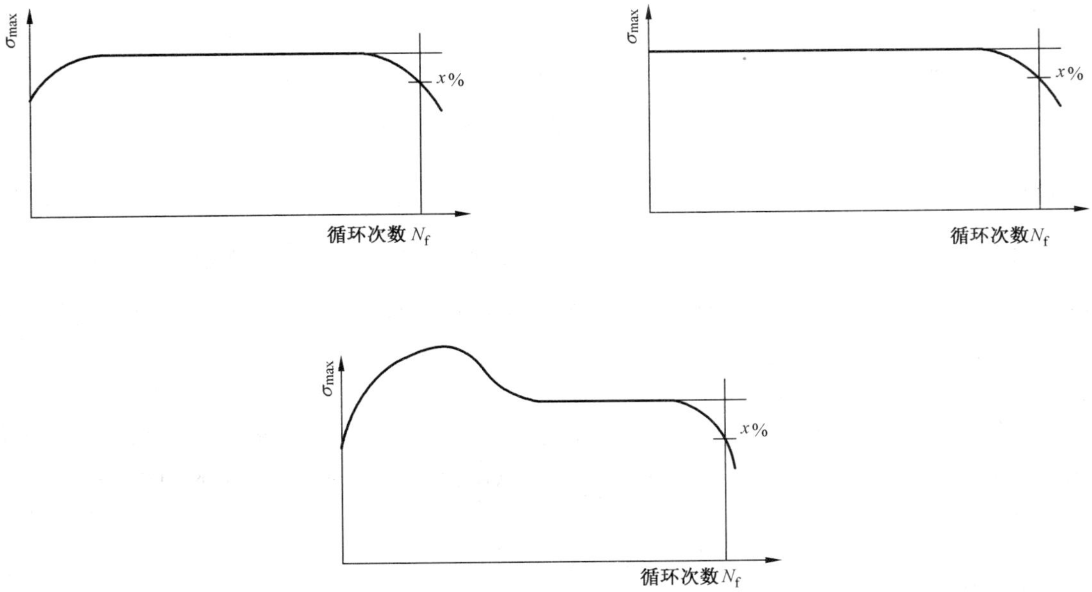


a）对于在初始硬化以及软化后存在稳定状态或一直处于稳定状态的材料

图 10　基于应力的终止试验条件

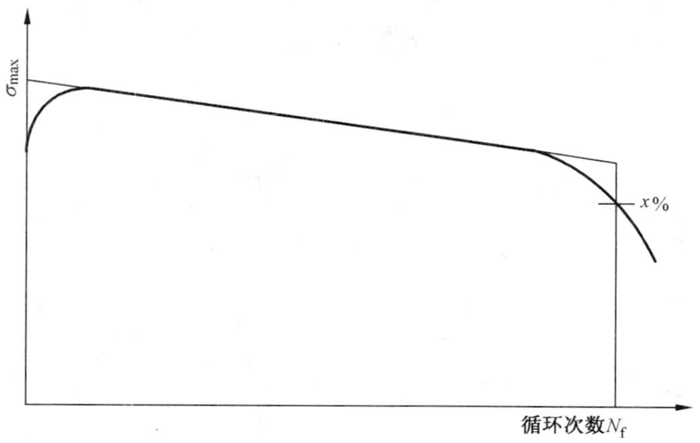


b）对于连续软化的材料

图 10（续）

7.9 终止试验

当达到选定的终止试验条件且试验机配备条件控制停机设备时试验将终止。如果没有这一装置，可以采用其他可行的停止试验机的方法，如当力值达不到某一力值门槛（一般来说，这是一个取决于幅值的满量程的分数）时或者使用控制信号当控制信号与反馈信号达到某一差值时终止试验。

值得注意的是，对于某些试验预选停机应力的方法是不恰当的，试验不应自动停止，例如如图 10 所示的连续循环软化情况。在这种情况下推荐在确定条件应力前先监测材料的反应。实际上，可能在试验结束后再确定失效的循环数。

如果试验在试样断裂前自动停机，在卸下试样前应对试验数据进行检查以确定是否达到失效判据。如果发现停机过早，还可以继续恢复试验。如果达到失效判据，应选择力值控制模式并将力降到零，冷却试样后再将其卸下。如果试样已经断裂通常应选择位移控制模式冷却试样后再将其卸下。

对于高温试验，为了限制试样的氧化及便于将来对断面的显微观察应在试验终止后立即关闭高温炉。如果试验在试样断裂前终止，应尽量避免在加热设备冷却过程中的试样过载。

## 8 数据处理

8.1 必要的试验数据

由 8.2.1 及 8.2.2 定义的试验数据是用于试验分析的必要试验数据。

8.2 基本数据

8.2.1 弹性模量 $E$ 的测定

推荐采用材料在稳定循环或半寿命循环时的循环弹性模量 $E^* = \dfrac{E_T + E_C}{2}$ 来进行后续疲劳参数的计算，如果采用循环弹性模量得到的计算结果不能正确处理时，也可以采用在试验温度下材料在弹性范围内施加循环力测定的 $E_{1/4}$ 的平均值（见 7.5.2）进行计算。

8.2.2 数据记录（见 7.7）

记录峰值应力、应变范围与循环次数的关系和应力-应变滞后迴线，记录间隔为每个数量级记录 3 个滞后迴线（如 1、2、5、10、20、50 等），代表失效的特征点以及下述两种情况发生时的循环次数：

——试样完全断裂；

——拉伸应力第一次下降到由 7.8 选定的条件值以下。

8.3 试验结果分析

8.3.1 不同类型应变值的区别

不同类型的应变值如下所示：

$\varepsilon_{max}$ 和 $\varepsilon_{min}$ 值是实际测量的；

试验测量的 $\varepsilon_{max}$ 和 $\varepsilon_{min}$ 值也可以根据公式 $\varepsilon \approx \ln(1+e)$ 计算得到，式中 $e$ 为工程应变；

$\Delta\varepsilon_t$ 是估计值；

$\Delta\varepsilon_e$ 由 $\Delta\sigma/E$ 计算得到（$E$ 为循环弹性模量 $E^*$ 或测量的一组试样的 $E_{1/4}$ 的平均值）；

对于没有保持时间的连续循环试验 $\Delta\varepsilon_p$ 由 $\Delta\varepsilon_t - \Delta\varepsilon_e$ 计算得到。

8.3.2 疲劳寿命的测定（见 7.8）

失效的循环数 $N_f$ 由 7.8a)～7.8d)给出。

8.3.3 应力-应变及应变-疲劳寿命关系

表 3～表 5 列出了由拉伸试验（参考材料数据）及低循环疲劳试验[应力-应变曲线（前 1/4 循环），在 $N_f/2$ 下的循环应力-应变曲线，疲劳寿命 $N_f$]测定的材料性能。

**表 3 拉伸试验的应力-应变值（前 1/4 循环）**

| 性能 | 说明 | 关系式 |
|---|---|---|
| $E_{1/4}$ | 由给定试样测定的弹性模量 | |
| $E$ | 一组试样测量的 $E_{1/4}$ 的平均值 | |
| $R_{p0.2}$ | 屈服强度（0.2%规定塑性延伸强度） | |
| $n$ | 拉伸应变硬化指数 | $\lg\sigma_a$-$\lg\varepsilon_{pa}$ 曲线的斜率 |
| $K$ | 强度系数。在 $\lg\sigma_a$-$\lg\varepsilon_{pa}$ 曲线上 $\varepsilon_{pa}=1$ 对应的应力截距 | $\sigma_a = K(\varepsilon_{pa})^n$ |

**表 4 循环试验的循环应力-应变值（稳定循环）**

| 性能 | 说明 | 关系式 |
|---|---|---|
| $E^*$ | 稳定循环或半寿命循环时 $E_T$ 与 $E_C$ 的平均值 | |
| $\sigma'_y$ | 循环屈服强度（偏置 0.2%） | |
| $n'$ | $\lg\sigma_a$-$\lg\varepsilon_{pa}$ 曲线的斜率 | |
| $K'$ | 在 $\lg\sigma_a$-$\lg\varepsilon_{pa}$ 曲线上 $\varepsilon_{pa}=1$ 对应的应力截距 | $\sigma_a = K'(\varepsilon_{pa})^{n'}$ |
| — | 循环应力-应变值的组合公式 | $\frac{\Delta\varepsilon}{2} = \frac{\sigma_a}{E} + \left(\frac{\sigma_a}{K'}\right)^{1/n'}$ |

**表 5 低循环疲劳试验的疲劳寿命**

| 性能 | 说明 | 关系式 |
|---|---|---|
| $\sigma'_f$ | 在 $\lg\sigma_a$-$\lg 2N_f$ 曲线上 $2N_f=1$ 对应的应力截距 | $\sigma_a = \sigma'_f/E\ (2N_f)^b$ |
| b | $\lg(\Delta\varepsilon_e/2)$-$\lg 2N_f$ 曲线的斜率（指定 $2N_f$ 范围内） | |
| $\varepsilon'_f$ | 在 $\lg(\Delta\varepsilon_p/2)$-$\lg 2N_f$ 曲线上 $2N_f=1$ 对应的塑性应变截距 | $\varepsilon_{p/2} = \varepsilon'_f(2N_f)^c$ |
| $c$ | $\lg(\Delta\varepsilon_p/2)$-$\lg 2N_f$ 曲线的斜率（指定 $2N_f$ 范围内） | |
| $\Delta\varepsilon_t$ | 总应变幅 | $\varepsilon_t/2 = \Delta\varepsilon_e/2 + \Delta\varepsilon_p/2$<br>$\varepsilon_t/2 = (\sigma'_f/E)\ (2N_f)^b + \varepsilon'_f(2N_f)^c$ |

## 9 试验报告

### 9.1 概述

试验报告应包括试验目的、材料信息、试验方法、试验条件、试验结果以及在试验过程中出现的任何异常或中断。

这些信息应包括 9.2 到 9.8 所示内容。

**9.2　试验目的**

研究的目的。

**9.3　材料**

——牌号；

——化学成分；

——名称；

——热处理制度；

——显微组织/硬度；

——在试验温度下的力学性能。

**9.4　试样**

试样图应包括：

——取样位置及方向；

——最终加工状态及表面粗糙度 *Ra*。

**9.5　试验方法**

试验设备：

——机架承载能力：±____ kN　　校准：____ kN；

——作动器类型(液压、电子机械等)；

——作动器的承载能力：±____ kN；

——控制类型(模拟、数字、混合)。

注：混合控制器具有模拟的伺服环及数字的操作界面。

力值链：

——夹具类型(手动或液压预紧、描述或图片)；

——在试验力下确认对中及弯曲等级的方法。

加热系统：

——高温炉类型(电阻、辐射、感应等)；

——在试样标距部分的轴向温度梯度预期值：____℃；

——试验温度及其波动范围：____℃±____℃；

——热电偶类型；

——升温时间、保温时间及试验时间。

引伸计：

——引伸计使用的描述(图表或图片)；

——标距：____ mm；

——量程范围：±____ mm；

——校准程序及结果；

——最近一次校准数据：________________。

**9.6　试验条件**

——轴向应变范围：____________；

——应变比 $R_\varepsilon(=\varepsilon_{min}/\varepsilon_{max})$：____________；

——波形：____________；

——应变速率或频率：____________；

——前 1/4 循环方向(拉伸或压缩)。

### 9.7 试验结果表述

#### 9.7.1 单根试样试验结果表述(见 8.2.2)

对于单根试验：

——应变量的数据表(最大、最小、幅值)，真应力(最大、最小、幅值)以及根据表 6 得到的塑性应变与循环次数的关系；

——在半对数坐标和线性坐标下拉伸及压缩应力与循环次数的关系曲线；

——在试验开始阶段、接近中值寿命以及失效阶段的滞后迴线。

注：通常使用半对数坐标。

**表 6 在低循环疲劳试验中应变和应力与循环次数的关系**

材料名称：________ 试样编号：________ 总应变半幅值：________

试验温度：________ 弹性模量 $E^{*}$ ($E_{1/4}$)：________ 应变速率：________

| 循环数 | 总应变/% | | | 应力/MPa | | | 塑性应变/% |
|---|---|---|---|---|---|---|---|
| | 最大 | 最小 | 幅值 | 最大 | 最小 | 幅值 | 幅值 |
| | | | | | | | |
| | | | | | | | |
| | | | | | | | |
| | | | | | | | |
| | | | | | | | |
| | | | | | | | |
| | | | | | | | |
| | | | | | | | |
| | | | | | | | |

#### 9.7.2 一组试样试验结果表述

对于一组试样：

——一个数据表，如表 7 试验结果的摘要(按照应变半幅值的降序排列)；

——中值疲劳寿命的应力半幅值 $\sigma_a$ 与循环次数的关系曲线(双对数坐标)；

——应力半幅值 $\sigma_a$ 和 $\sigma_{a1/4}$ 与 $\varepsilon_{ta}$ 和 $\varepsilon_{ta1/4}$ 的关系曲线(双对数坐标)，用于确定 $K$、$n$、$K'$、$n'$ 的值；

——总应变、弹性应变、塑性应变半幅值与循环次数的关系曲线(双对数坐标)，用于确定 $\sigma_f'$、$b$、$\varepsilon_f'$、$c$ 的值。

为了得到参量的关系，用于得到系数的试验数量应增加到合适的范围。

曲线关系的实例如图 B.1～图 B.4 所示。

**表 7 对于一组试样试验结果的摘要**

| 应变半幅值 | 失效的循环次数 | 在中值寿命的应力半幅值 |
|---|---|---|
| $\varepsilon_{10}$ | $N_{f10}$ | $\sigma_{10}$ |
| $\varepsilon_9$ | $N_{f9}$ | $\sigma_9$ |
| $\varepsilon_8$ | $N_{f8}$ | $\sigma_8$ |
| $\varepsilon_7$ | $N_{f7}$ | $\sigma_7$ |
| $\varepsilon_6$ | $N_{f6}$ | $\sigma_6$ |
| $\varepsilon_5$ | $N_{f5}$ | $\sigma_5$ |
| $\varepsilon_4$ | $N_{f4}$ | $\sigma_4$ |
| $\varepsilon_3$ | $N_{f3}$ | $\sigma_3$ |
| $\varepsilon_2$ | $N_{f2}$ | $\sigma_2$ |
| $\varepsilon_1$ | $N_{f1}$ | $\sigma_1$ |

### 9.8 存储于低循环疲劳数据库的数据

通过对低循环疲劳试验结果的提炼建立一个使用方便且界面友好的数据库是行之有效的。

这一数据库应包括但不限于以下几点：

a) 单根试样试验结果摘要表(表 6)；

b) 一组试样试验结果摘要表(表 7)；

c) 试验结果分析摘要表(表 8)。

表 6、表 7 和表 8 的生成可以采用电子计算机及电子制表软件，这些软件可以通过网络连接或者磁盘对数据库进行扩充(数据文件通常编译为 ASCⅡ码)。

**表 8 低循环疲劳试验结果分析**

日期：__________

数据源：__________

| 材料(牌号) | |
|---|---|
| 化学成分 | |
| 热处理 | |
| 备注 | |
| 试验条件 | |
| 试验目的 | |
| 材料名称 | |
| 取样位置 | |
| 试样类型 | |
| 试验温度 | |
| 试验机类型 | |
| 控制方式 | |
| 波形 | |
| 频率或应变速率 | |
| 失效判据 | |
| 试样数量 | |
| 循环应力-应变性能(稳定循环) | |
| $\sigma'_y$ 循环屈服强度(偏置 0.2%) | |
| $n'$ 循环应变硬化指数 | |
| $K'$ 循环强度系数 | |
| 疲劳性能 | |
| $\sigma'_f$ 疲劳强度系数 | |
| $b$ 疲劳强度指数 | |
| $\varepsilon'_f$ 疲劳延性系数 | |
| $c$ 疲劳延性指数 | |

# 附 录 A
## （资料性附录）
## 对中检查方法实例

对中检查应采用标准的校准试样，用于对中检查的试样其几何尺寸可以小于试验用试样（如图 3 所示）。建议对中试样材料采用经过热处理硬化的钢等，其弹性应变应大于 0.4%或弹性应力范围超过正式试验最大应变对应的应力值。

为了检查由于角度偏差、侧向偏差和/或试样链偏差引起的不对中，应将电阻应变片按照图 3 所示的位置安好。将试样的一端夹持，当温度达到平衡后，将电桥信号置零。再将试样的另一端夹持。

对试样施加拉力直到应变量达到 0.4%或者正式试验的最大应变量（如果这一值不超过 0.4%）。按照图 3 所列公式计算弯曲应变。只要三个测量平面上有一个平面的弯曲应变超过 5%，就应对试验机架、作动器、夹具和/或力传感器进行调整，然后重复以上步骤，直至所有工作平面的弯曲应变均不超过 5%。

对压应力重复上述操作，直到对中指标达到特定要求（如 5%）。

如果检查结果不理想，则：

——校验测量结果的复现性若干次；

——确认这一结果是由试验机引起的而不是试样引起的；

——检查加载链（夹具、传感器、试验机）的几何精度。

# 附　录　B
（资料性附录）
试验结果的绘图表述实例

材料:316 L

温度:550 ℃

试样编号:5E47

总应变半幅值:0.47%

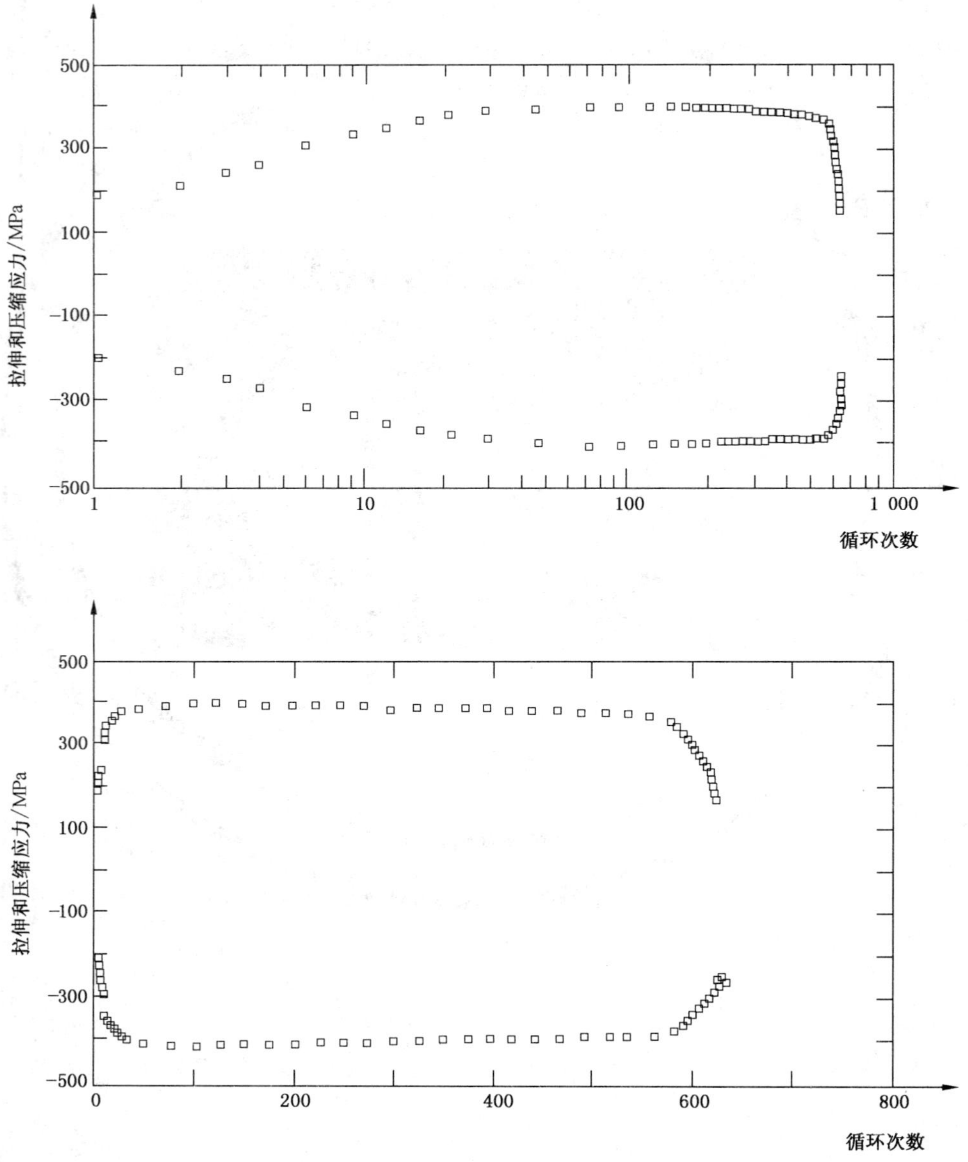


图 B.1　拉伸和压缩应力与循环次数的关系曲线（半对数坐标和线性坐标）

材料:316 L

温度:550 ℃

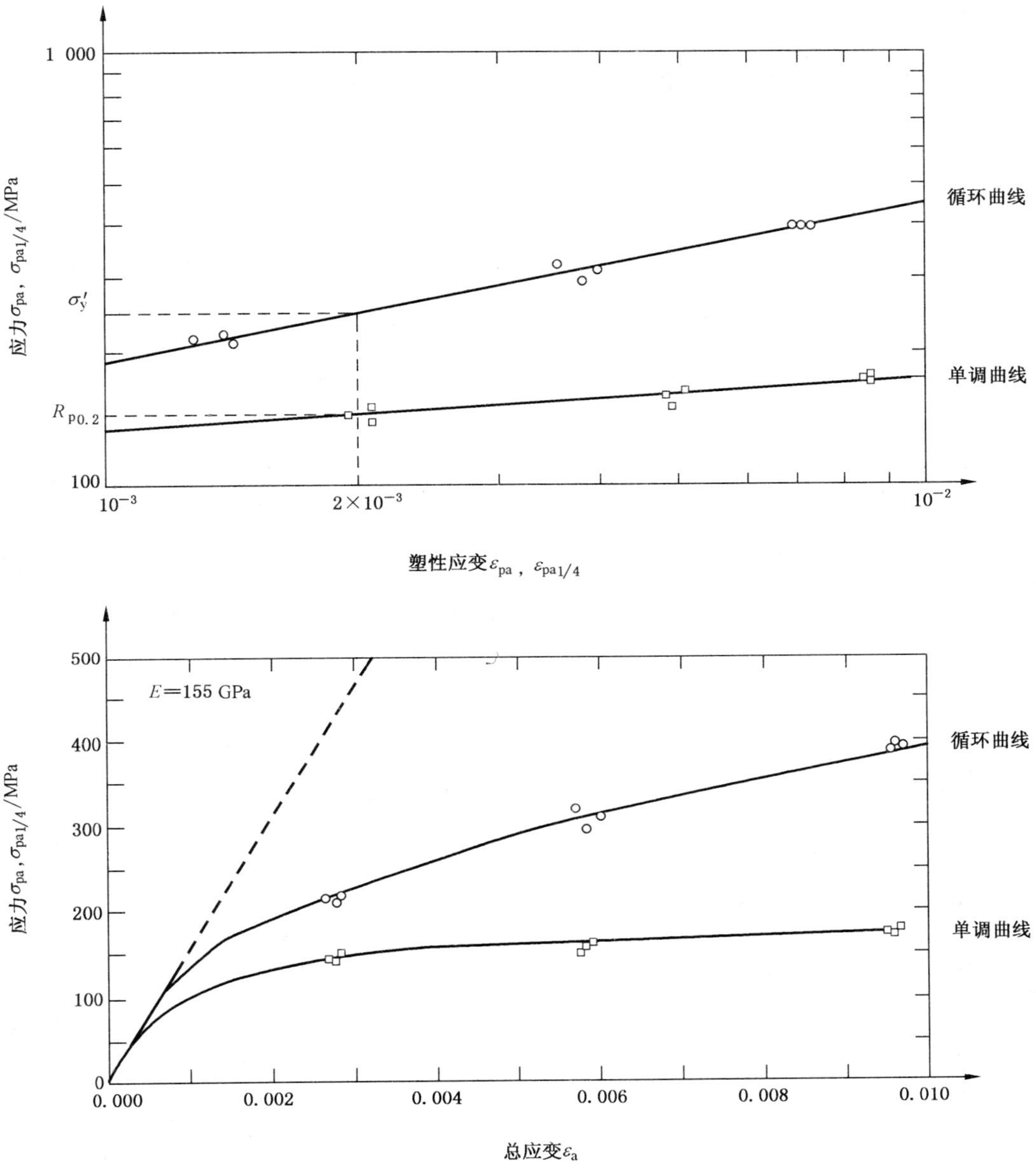


拉伸应力-应变曲线：$\sigma_{a1/4}=K(\varepsilon_{pa1/4})^n$　($K=316$；$n=0.126\ 7$)

($1.9\times10^{-3}<\varepsilon_{pa1/4}<8.5\times10^{-3}$)

循环应力-应变曲线：$\sigma_a=K'(\varepsilon_{pa})^{n'}$　($K'=241.8$；$n'=0.367\ 4$)

($1.3\times10^{-3}<\varepsilon_{pa}<7.2\times10^{-3}$)

总应力-应变曲线：$\frac{\Delta\varepsilon}{2}=\frac{\sigma_a}{E}+\left(\frac{\sigma_a}{K'}\right)^{1/n'}$

**图 B.2　拉伸和循环应力-应变曲线**

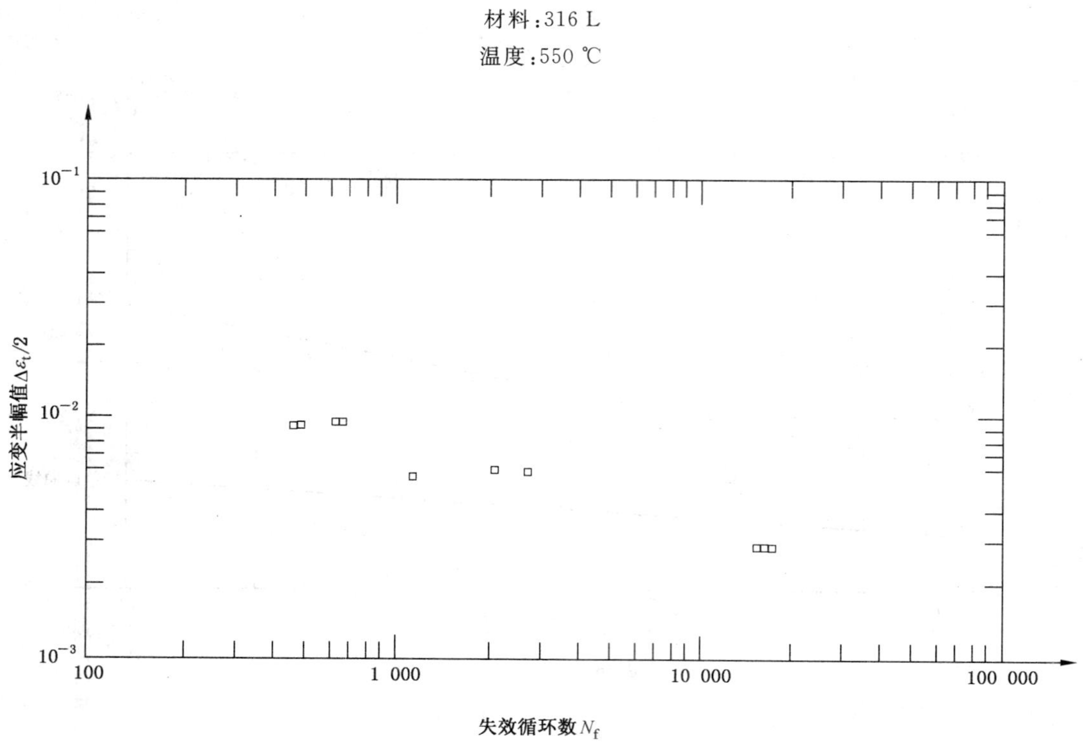


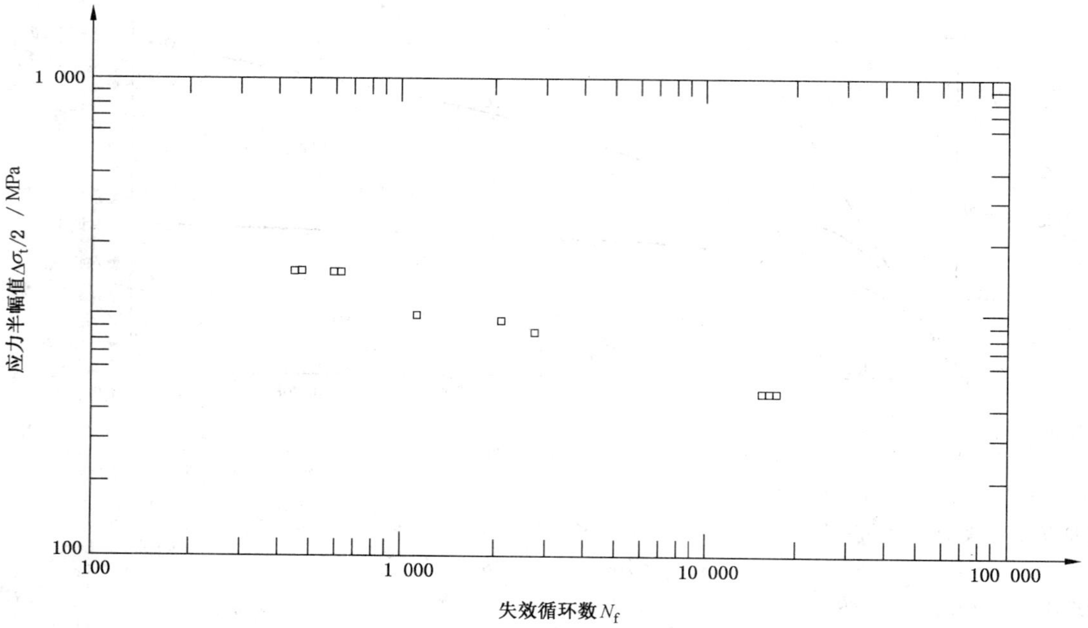


**图 B.3　在 $N_f/2$ 点处应变半幅值($\Delta\varepsilon_t$)/2 和应力半幅值($\Delta\sigma$)/2 与失效循环数 $N_f$ 的关系曲线**

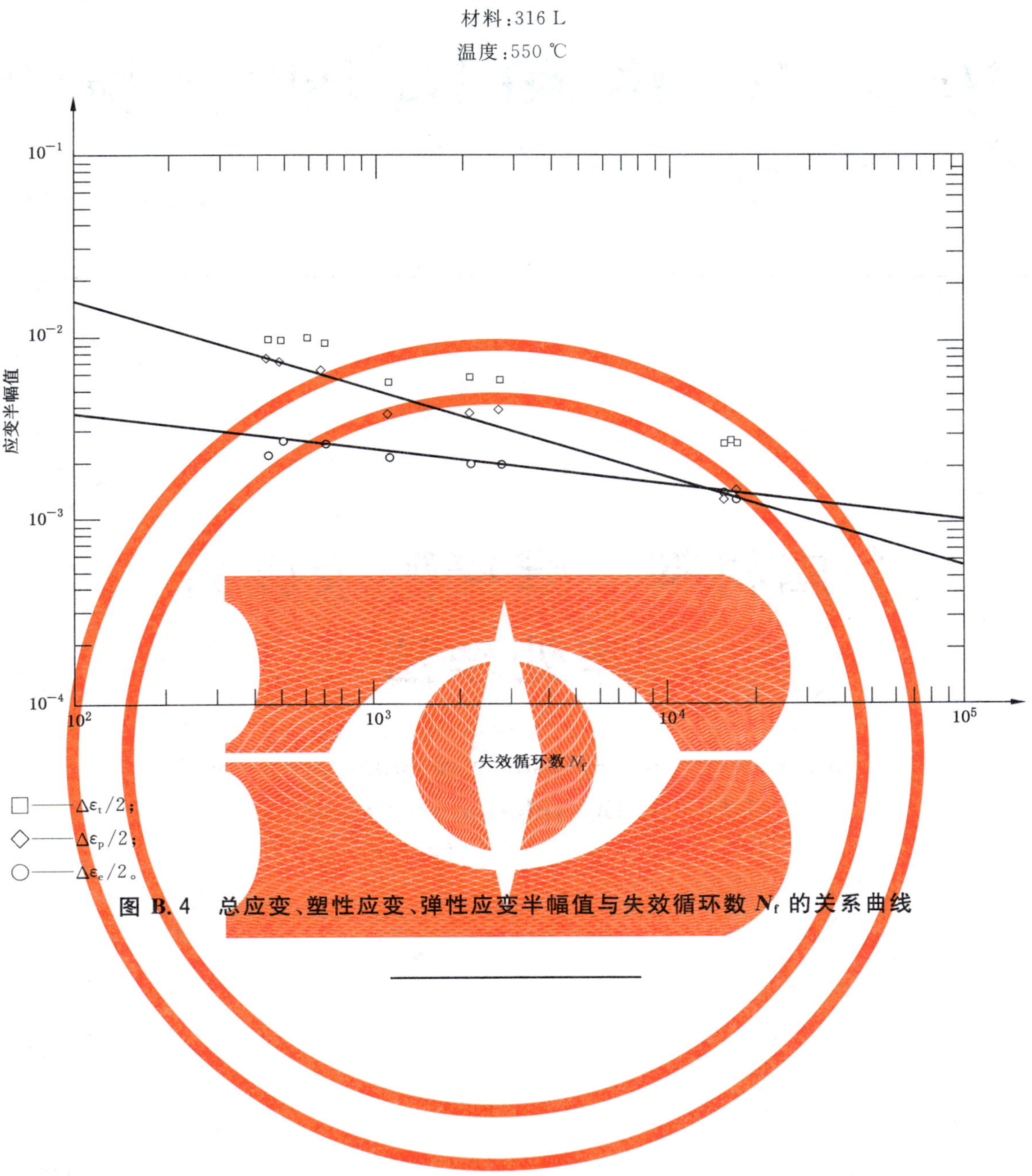


**图 B.4 总应变、塑性应变、弹性应变半幅值与失效循环数 $N_f$ 的关系曲线**

ICS 77.040.10
H 22

# 中华人民共和国国家标准

GB/T 26078—2010

# 金属材料　焊接残余应力爆炸处理法

Metallic materials—Welding residual stresses—Method with explosion treatment

2011-01-10 发布

2011-10-01 实施

中华人民共和国国家质量监督检验检疫总局
中国国家标准化管理委员会
发布

# 前　言

本标准的附录A为规范性附录。

本标准由中国钢铁工业协会提出。

本标准由全国钢标准化技术委员会归口。

本标准起草单位：武汉钢铁（集团）公司、中国科学院金属研究所、沈阳消应爆破工程有限公司。

本标准主要起草人：李荣锋、陈怀宁、谭胜禹、朱颖萍、祝洪川、邱保文、涂应宏。

# 引　言

焊接残余应力广泛存在于各种焊接结构中，较高的拉伸焊接残余应力对焊接结构的长期安全服役性能往往产生不利影响。

焊接残余应力产生的根本原因是焊接接头区域金属（包括焊缝和热影响区）和母材金属之间由于温度差别产生的非协调应变，因此，任何消除焊接残余应力的过程都是使焊接接头区域的这种非协调变形向协调方向的转变，例如使焊接接头区域产生塑性伸长或使基体产生塑性缩短。爆炸处理法是一种典型的通过力学形变方法消除焊接残余应力的技术。

通过爆炸过程中产生的冲击波能量不仅可以很好地消除焊接构件中的残余应力，通常情况下还可以改善被处理材料的各种力学性能。爆炸处理法适合于各种工程构件消除应力的需求，特别适合于大中型钢结构，以及由异种焊接接头或不锈钢材料制成的结构件。通过焊缝的分段、多批次爆炸处理，可以方便地解决大中型结构超长焊缝的整体或局部消除应力处理。

# 金属材料　焊接残余应力 爆炸处理法

**重要提示：本标准并未指出所有可能的安全问题。使用者有责任采取适当的安全与健康措施，并保证符合国家相关法规规定的条件。**

## 1　范围

本标准规定了采用爆炸处理法消除焊接残余应力的原理、爆炸处理参数的确定、爆炸处理效果的评价、相关施工作业与安全事项。

本标准适用于厚度大于 5 mm、屈服强度不超过 900 MPa、焊接质量合格、延展性能较好（$A>10\%$）的金属材料焊接构件的焊后消除残余应力处理。

## 2　规范性引用文件

下列文件对于本文件的应用是必不可少的。凡是注日期的引用文件，仅注日期的版本适用于本文件。凡是不注日期的引用文件，其最新版本（包括所有的修改单）适用于本文件。

GB 6722　爆破安全规程

GB 8031　工业电雷管

GB 9786　普通导爆索

GB 19417　导爆管雷管

GB/T 24179　金属材料　残余应力测定　压痕应变法

ASTM E837　测定残余应力标准试验方法　钻孔应变片方法

## 3　术语和定义

下列术语和定义适用于本标准。

3.1

**残余弹性应变　residual elastic strain**

$\varepsilon_{er}$

由焊接产生的残留在焊接接头中的弹性应变。

3.2

**总塑性应变　total plastic strain**

$\varepsilon_{p}$

爆炸处理后最终在金属中产生的塑性应变。

3.3

**冲击波诱导塑性应变　plastic strain induced by shock waves**

$C$

在冲击波诱导下金属产生的塑性应变。

3.4

**剩余应力　remained stress**

爆炸处理后金属中残留的应力值。

## 4 符号和说明

本标准使用的符号及说明见表1。

**表1 符号和说明**

| 符号 | 说　明 | 单位 |
|---|---|---|
| $\varepsilon_{er}$ | 残余弹性应变 | mm/mm |
| $\varepsilon_{p}$ | 总塑性应变 | mm/mm |
| $C$ | 冲击波诱导塑性应变 | mm/mm |
| $V$ | 单位长度的用药量 | g/m |
| $W$ | 焊缝宽度 | mm |
| $\sigma_{Y}$ | 材料的屈服强度($R_{eL}$或$R_{p0.2}$) | MPa |
| **注**：1 MPa=1 N/mm$^2$。 | | |

## 5 原理

爆炸处理法消除焊接残余应力的过程是借助爆炸冲击波的能量使焊接接头附近金属通过局部的塑性流变而达到消除应力的目的。

研究表明，爆炸处理过程中金属产生的塑性应变量由两部分组成：第一部分为残余应力诱导的，其数值为残余弹性应变；第二部分为冲击波本身诱导金属产生的伸长塑性形变$C$。因此爆炸处理后的总塑性应变如式(1)所示：

$$\varepsilon_{p}=\varepsilon_{er}+C \qquad (1)$$

存在三种典型的爆炸处理情况(见图1)：

a) 中性爆炸处理条件($C=0$)。此时产生的塑性应变完全取决于初始残余应力，爆炸处理的结果是残余弹性应变$\varepsilon_{er}$全部变成塑性应变，残余应力完全被消除；

b) 硬性爆炸处理条件($C>0$)。爆炸处理的结果是在爆炸处理区形成一定数值的残余压应力；

c) 软性爆炸处理($C$值与残余弹性应变$\varepsilon_{er}$反号)。爆炸处理的结果是爆炸处理区仍保留一定数值的残余拉应力。

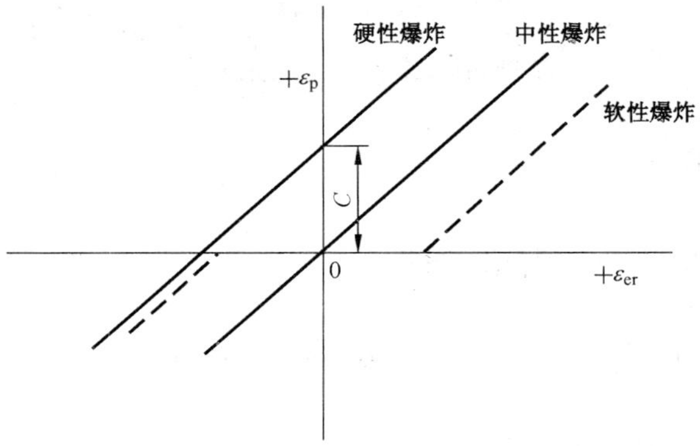


图中$C$显示了硬性爆炸处理条件。

**图1 爆炸处理过程中的塑性形变规律**

## 6 爆炸处理工艺参数的确定

### 6.1 爆炸处理工艺

爆炸处理工艺是指采用特定的火工用品(主要是炸药),根据焊接残余应力的形成特点和分布特征,在焊接接头附近按照一定数量和方式布置条形或板状炸药的方法。

由于爆炸处理法消除焊接残余应力的效果依赖冲击波作用下材料的流变情况,因此,针对不同性质、不同类型的焊接结构,就需要制定不同的爆炸工艺。影响爆炸工艺的因素除了选用合适的炸药外,还要考虑金属材料的屈服强度、塑性、板厚、结构形状、焊缝形状和宽度等,有时还要考虑天气与环境等因素。

爆炸处理工艺参数确定前是否进行工艺评定应由相关方确定。

### 6.2 炸药的选用

爆炸处理用的炸药要便于携带并能方便地沿焊缝进行铺设施工,通常选用板(条)状塑性橡胶炸药(以太安或黑索金为主爆剂)或导爆索等类型的炸药。炸药的爆速范围应在 3 000 m/s～7 500 m/s,炸药密度在 0.8 g/cm$^3$～1.60 g/cm$^3$ 左右为宜,且密度越低者效果越好。

### 6.3 缓冲垫

为了避免爆炸冲击波作用带来钢板表面烧蚀和产生表层拉应力层的不良影响,不能将炸药与钢板直接接触,应在炸药和钢板之间加上 1 mm～8 mm 厚的缓冲垫。可选材料为胶皮、油毡纸等。

### 6.4 基本布药工艺

通常采用的条状橡胶炸药的截面尺寸为(3 mm～10 mm)×(10 mm～12 mm)(厚×宽),标准导爆索的截面尺寸为直径 6 mm。图 2 所示的单面布药形式是最基本的中心对称方式,可满足厚度 16 mm 以下普通碳素钢的整体消除应力需求。图 2 中的药条间距一般为 10 mm～15 mm。随着板厚的增加或材料屈服强度的提高,为了保证爆炸面的效果,应增加相应的条(根)数,但最终的药条宽度不应大于焊缝宽度 $W$+30 mm,否则应增加药条层数。

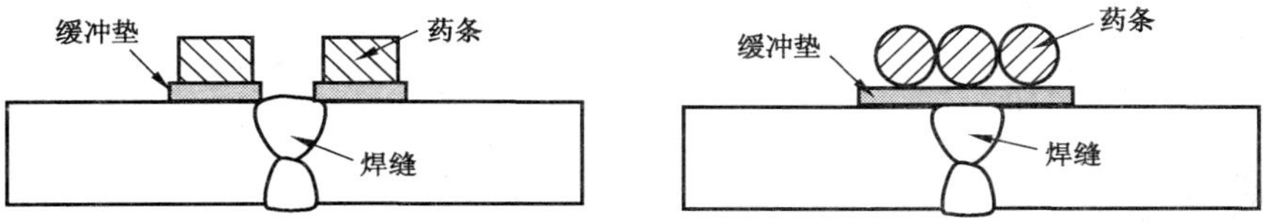


图 2 基本布药工艺

### 6.5 用药量

用药量大小,在待处理焊缝被很好地固定或约束的情况下,主要根据材料的屈服强度和板厚确定。一般情况下,推荐采用如下经验公式(2):

$$V=(0.006\sim0.008)W\cdot\sigma_Y \quad \cdots\cdots(2)$$

式中:

$V$——用药量,单位为克每米(g/m);

$W$——焊缝宽度,单位为毫米(mm);

$\sigma_Y$——材料的屈服强度,单位为兆帕(MPa)。

### 6.6 不同结构类型的爆炸处理方法

#### 6.6.1 容器的爆炸处理

各类容器,包括常规容器和压力容器,消除焊接残余应力的目的一般是为了防止结构的应力腐蚀开裂。因此在实施爆炸处理时,一般只在容器内部进行单面焊缝的处理,但不能保证外部焊缝的消除应力效果。

注:为了避免可能在容器内表面形成由冲击波产生的浅表层拉压力,推荐采用爆速为 3 000 m/s～4 500 m/s 的炸

药。当采用高爆速炸药时，应加入较厚的缓冲垫，由此影响消除应力的效果可通过事先工艺试验确定。

6.6.2 大型厚壁焊接构件的爆炸处理

对于非储存容器类型的其他焊接结构，如水电站的钢岔管、压力钢管、闸门、石化部门的反应塔、钢厂的钢包等冶金机械，消除焊接残余应力的目的一般是为了防止脆断或疲劳破坏，需要大幅度地消除残余应力，通常进行双面爆炸处理。爆炸处理从两面分别进行，而不推荐两面同时引爆。

注：当施工环境不足以进行双面爆炸处理时，相关方可另行协商。

6.6.3 其他特殊类型的焊接构件

除上述类型的构件外，还有一些特殊类型的焊接构件需要进行消除应力处理，如压力管道、采油平台、船体外壳等。管道的爆炸处理一般只能从外部进行，小直径管道(直径小于 300 mm)爆炸时药条应布置在压应力区，大直径的管道爆炸工艺同 6.6.1 中的平板结构。对于海上使用的设备，由于存在应力腐蚀、腐蚀疲劳等问题，所以需要最大程度地消除残余应力。

6.7 进行上述爆炸处理的施工作业与安全事项见附录 A。

## 7 爆炸处理效果的评价

7.1 评价方法：推荐采用无损或半无损的残余应力测量方法，如压痕应变法或钻孔应变法，按照 GB/T 24179 或 ASTM E837 执行。

7.2 评价规则：爆炸处理的效果评价以现场抽测的数据为准。对于完全相同的构件，抽测台(件)数由相关方商定，建议按 10%～20%的数量抽检，测试结果作为此类构件爆炸处理的验收依据。爆炸处理前后应在相似的典型部位进行应力测试，典型部位包括处理表面的对接/搭接焊缝、交叉焊缝、安装焊缝等。对于一般的常压容器，测试部位一般包括底板上的对接/搭接焊缝、筒体上的纵缝、环缝和两者的交叉焊缝。每个部位的测点数量由相关方确定，一般取 1 个～3 个。

7.3 爆炸处理后的效果，即平均剩余应力的水平，视处理对象的设计要求和施工条件由相关方确定。如无特殊要求，一般要达到 40%以上，即平均剩余应力不超过所测母材实际屈服强度的 60%。

## 8 评价报告

评价报告建议包括以下内容：

a) 本标准的编号；

b) 工程名称、工程地点、委托单位、施工范围；

c) 母材和焊接材料的牌号和性能；

d) 爆炸工艺；

e) 应力测试结果(包括应力测试部位、测试方法和设备等信息)；

f) 评价结论。

# 附　录　A
（规范性附录）
## 爆炸处理的施工作业与安全事项

现场爆炸处理是一项危险的工作，不仅需要高空作业，还要时刻小心炸药和雷管的保存、携带和使用操作。相关规定见 GB 6722，GB 8031，GB 9786 和 GB 19417。

### A.1　施工前的准备工作

**A.1.1**　进入现场实施爆炸处理前，应详细勘察爆炸区周围的地形环境，避免发生意外事故。

**A.1.2**　爆炸处理前应通知并警示现场附近的生产和施工单位做好防护措施，特别注意附近的厂房玻璃等弱连接结构在多次冲击波作用下可能出现松动和脱落造成的危害。

### A.2　布药与引爆施工作业注意事项

**A.2.1**　根据现场实际情况，确定选择采用条型炸药还是导爆索。布药原则为获得合适的消除应力效果，同时避免结构产生宏观变形。布药时一般以焊缝为中心对称布置。每次引爆的炸药用量一般不超过 5 kg。

**A.2.2**　药条与钢板之间要布置缓冲垫。在粘贴药条和缓冲垫之前，应彻底清除焊缝附近的水渍、油污和灰尘，保证炸药和衬垫贴紧钢板表面。

**A.2.3**　炸药引爆方式：使用电雷管引爆炸药，雷管头部不得直接对着钢板，以防烧伤钢板。雷管要背对钢板并包在药条中，离开钢板的距离为 100 mm 左右。同一场所用两支以上雷管引爆时，应使用同一批次瞬发雷管同时引爆。

**A.2.4**　爆炸处理作业必须按预定顺序进行，不得漏炸。为防止漏炸，两次爆炸处理之间应有 100 mm～200 mm 的重叠段。爆炸以后应认真检查，发现是否存在拒爆或被冲掉等情况，如有应及时补贴炸药重炸。

### A.3　施工作业安全措施

**A.3.1**　每次爆炸处理施工前要对作业人员进行技术培训和安全教育，严格遵守爆破作业安全规程，遵守当地公安部门有关爆破安全管理的规定。对炸药的运输储存及保管使用应严格按以下几点进行操作：

**A.3.1.1**　施工用药应存在当地公安部门规定使用的仓库内。

**A.3.1.2**　按当地公安部门的规定领取和使用爆炸物品，每次提取炸药要作好存取记录，运输炸药时要采用专用车辆，车上不准有其他易燃易爆物品与其共存。炸药和雷管要分开存放和提取。

**A.3.1.3**　每次出库药量应根据当天施工情况适量提取，并保证当天用完，不允许将剩余药条存放在除药库以外的任何地方。

**A.3.2**　每次爆炸处理施工前应与现场有关单位联系，通知警戒范围、警戒标志、警戒信号以及施工开始与结束的时间。

**A.3.3**　每次爆炸后，及时派安全员检查效果，检查有无爆炸残留物。

**A.3.4**　爆炸时的人员安全距离为 30 m，爆炸时警戒半径 50 m。

**A.3.5**　雷、雨、雪天不得进行爆炸作业，如有特别要求也要避免采用电力起爆方式。

**A.3.6** 一般情况下环境温度应处于－5 ℃～40 ℃之间，在此环境温度之外禁止爆炸作业。

**A.3.7** 焊缝未完成或探伤不合格的构件不得进行爆炸处理。

**A.3.8** 施工现场严格禁止动火、吸烟。

**A.3.9** 所有作业人员进入现场必须戴好安全帽，穿防滑鞋。

**A.3.10** 若需夜间作业，照明光线要充足，以保证作业质量和安全。

**A.3.11** 爆炸处理施工环境中不得含有爆炸粉尘和可燃气体。

**A.3.12** 使用电雷管引爆，必须切断附近电源，并用仪表检测杂散电流，当杂散电流超过 30 mA 时，禁止使用普通电雷管；附近有射频电源时，必须遵守 GB 6722 中规定的允许安全距离。

**A.3.13** 其他爆炸施工安全事项参考爆炸施工国家标准中的相关规定。

ICS 53.020.30
J 80

# 中华人民共和国国家标准

GB/T 26079—2010

# 梁式吊具

**Beam-type lifting device**

2011-01-10 发布 2011-10-01 实施

中华人民共和国国家质量监督检验检疫总局
中国国家标准化管理委员会 发布

# 前　言

本标准的附录 A 是规范性附录。

本标准由中国钢铁工业协会提出。

本标准由全国钢标准化技术委员会归口。

本标准起草单位：巨力索具股份有限公司、冶金工业信息标准研究院。

本标准主要起草人：杨建国、张成学、李廷树、赵春江、崔建英、冯超、任翠英。

# 梁 式 吊 具

## 1 范围

本标准规定了梁式吊具的术语、订货内容、分类、类别代号及主参数、结构与型号、要求、试验方法、检验规则、标志、包装、运输和贮存。

本标准适用于起重机吊钩下的吊运用梁式吊具(以下简称吊具)。本标准规定以外的其他梁式吊具也可参照执行。

## 2 规范性引用文件

下列文件对于本文件的应用是必不可少的。凡是注日期的引用文件,仅注日期的版本适用于本文件。凡是不注日期的引用文件,其最新版本(包括所有的修改单)适用于本文件。

GB/T 321 优先数和优先数系(GB/T 321—2005,ISO 3:1973,IDT)

GB/T 699 优质碳素结构钢

GB/T 985.1 气焊、焊条电弧焊、气体保护焊和高能束焊的推荐坡口(GB/T 985.1—2008,ISO 9692-1:2003,MOD)

GB/T 985.2 埋弧焊的推荐坡口(GB/T 985.2—2008,ISO 9692-2:1998,MOD)

GB/T 1231 钢结构用高强度大六角头螺栓、大六角螺母、垫圈技术条件

GB/T 1591 低合金高强度结构钢

GB 2893 安全色(GB 2893—2008,ISO 3864-1:2002,MOD)

GB/T 3077 合金结构钢

GB/T 3323—2005 金属熔化焊焊接接头射线照相

GB/T 6402—2008 钢锻件超声检测方法

GB/T 8162 结构用无缝钢管

GB/T 8923—1988 涂装前钢材表面锈蚀等级和除锈等级(eqv ISO 8501-1:1988)

GB/T 11345—1989 钢焊缝 手工超声波探伤方法和探伤结果分级

GB/T 16270 高强度结构钢 热处理和控轧钢板(GB/T 16270—1996,neq ISO 4950-3:1981)

GB/T 16762 一般用途钢丝绳吊索特性和技术条件(GB/T 16762—1997,eqv ISO 7531:1987)

GB/T 20652 M(4)、S(6)和 T(8)级焊接吊链(GB/T 20652—2006,ISO 4778:1981,IDT)

GB 50017 钢结构设计规范

JB/T 5000.3—2007 重型机械通用技术条件 第 3 部分:焊接件

JB/T 5000.8 重型机械通用技术条件 第 8 部分:锻件

JB/T 5000.12—2007 重型机械通用技术条件 第 12 部分:涂装

JB/T 5000.15—2007 重型机械通用技术条件 第 15 部分:锻钢件无损探伤

JB/T 8398 双幅板压制滑轮

JB/T 8521.1 编织吊索 安全性 第 1 部分:一般用途合成纤维扁平吊装带

JB/T 8521.2 编织吊索 安全性 第 2 部分:一般用途合成纤维圆形吊装带

JB/T 9005.10 起重机用铸造滑轮技术条件

JB/T 9739.2 汽车起重机和轮胎起重机 滑轮

JJG 4—1999 钢卷尺检定规程

LD/T 48 起重机械吊具和索具安全规程

TB/T 3123.11 铁路行车事故救援设备 第11部分:高性能合成纤维起重吊索

ISO 7593 T(8)级非焊接吊链

## 3 术语和定义

下列术语和定义适用于本标准。

3.1

**梁式吊具 beam-type lifting device**

以梁体为主体,用于悬挂负载且满足负载吊运要求,并能够与起重机吊钩连接的装置。

3.2

**梁体 beam body**

吊具中的刚性主体构件。此构件也可称为横梁。

3.3

**吊索 sling**

提升负载时,连接梁体与负载或连接起重机与梁体,带或不带端配件的部件。如合成纤维吊装带、钢丝绳吊索、吊链或其他连接件等。

3.4

**设计类别 design category**

依据吊具工作条件,规定相应的强度安全系数,分为A类设计和B类设计。

3.5

**强度安全系数 strength safety factor**

构件材料的极限应力(屈服强度 $R_{eL}$)与许用应力之比。没有明显屈服强度的钢材,屈服强度 $R_{eL}$ 应采用规定的非比例延伸强度 $R_{p0.2}$ 表示。

3.6

**稳定安全系数 buckling safety factor**

构件的临界压力与轴向工作压力之比。

3.7

**额定载荷 rated load**

在垂直吊运工况下,吊具规定的最大起重重量。

## 4 订货内容

按照本标准订货的合同应包括以下内容:

a) 产品名称;

b) 本标准编号;

c) 设计类别和强度安全系数;

d) 使用温度;

e) 额定载荷及载荷吊点的位置参数;

f) 其他特殊要求。

## 5 分类、代号及主参数

### 5.1 分类

5.1.1 按吊具结构分为一字型吊具、工字型吊具、双层型吊具、门型吊具、C型吊具、多翼型吊具和井字型吊具等。

5.1.2 按梁体截面分为箱形截面吊具、单腹板截面吊具和圆环截面吊具等。

### 5.2 代号

代号由“横梁”汉语拼音字母HL和类别代号组成。

例如：HL×

其中：H、L——分别为“横”、“梁”汉语拼音的首位字母；

×——类别代号，详见表1。

表1 梁式吊具分类

| 分类 | 类别代号 | 吊具结构 | 梁体结构 |
| --- | --- | --- | --- |
| 一字型吊具 | Y | 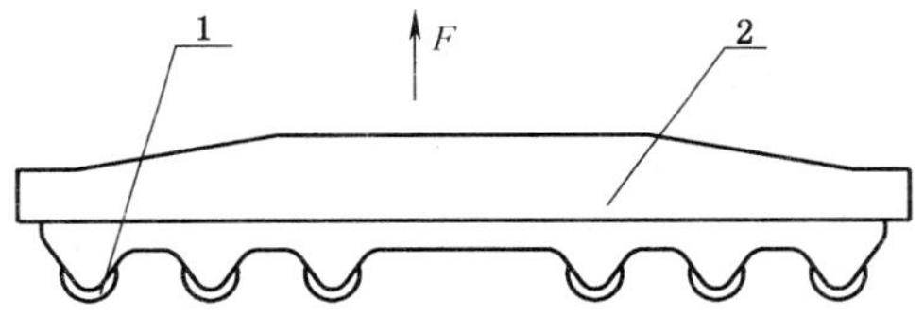<br>1——滑轮；<br>2——梁体。 | 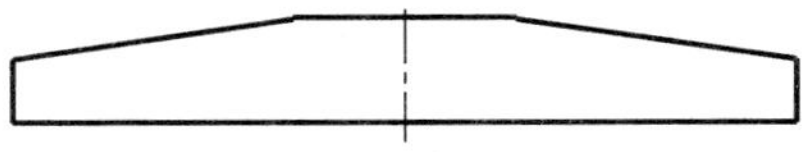<br>a)<br>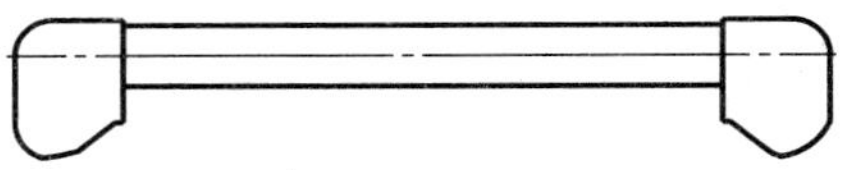<br>b)<br>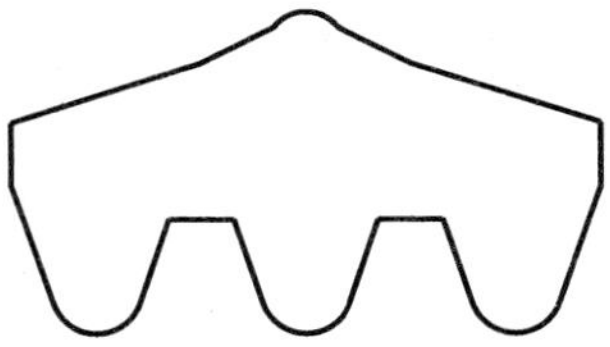<br>c) |
| 工字型吊具 | G | 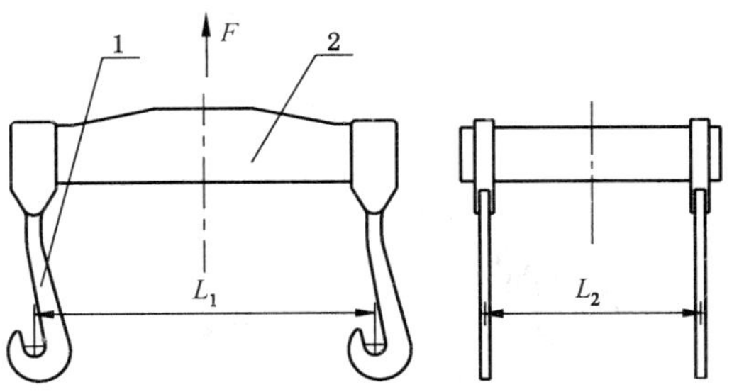<br>1——板钩；<br>2——梁体。 | 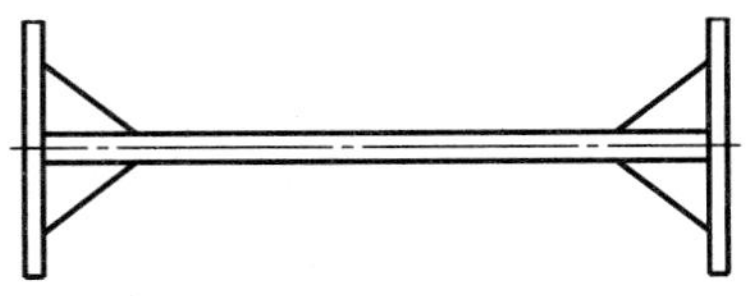<br>a)<br>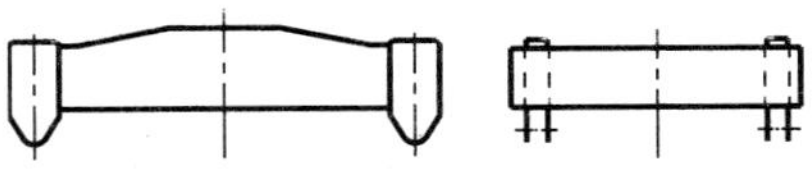<br>b) |

**表 1**（续）

| 分类 | 类别代号 | 吊具结构 | 梁体结构 |
|---|---|---|---|
| 双层型吊具 | S | 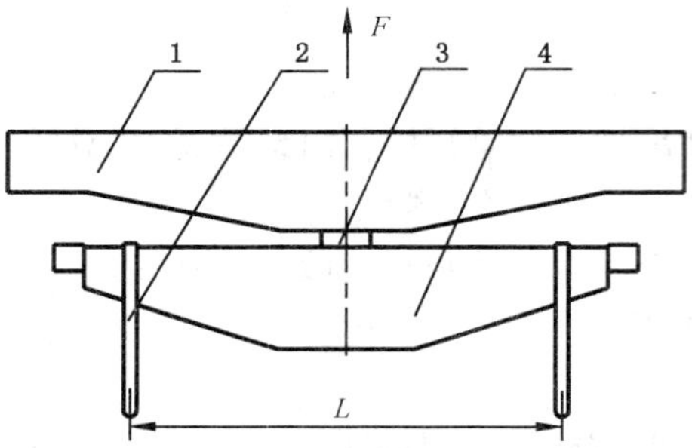<br>1——上层梁；<br>2——吊索；<br>3——连接轴；<br>4——下层梁。 | 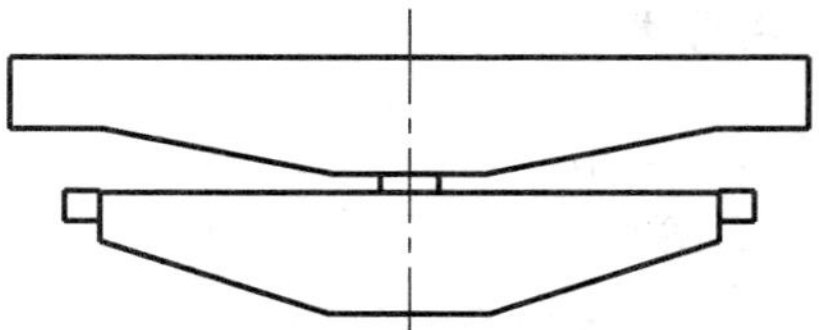<br>a)<br>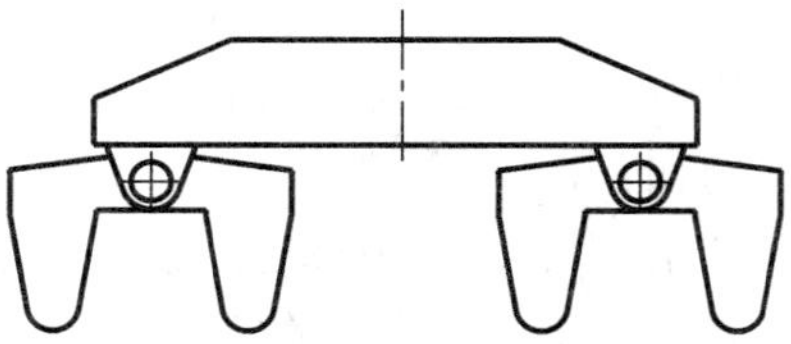<br>b) |
| 门型吊具 | M | 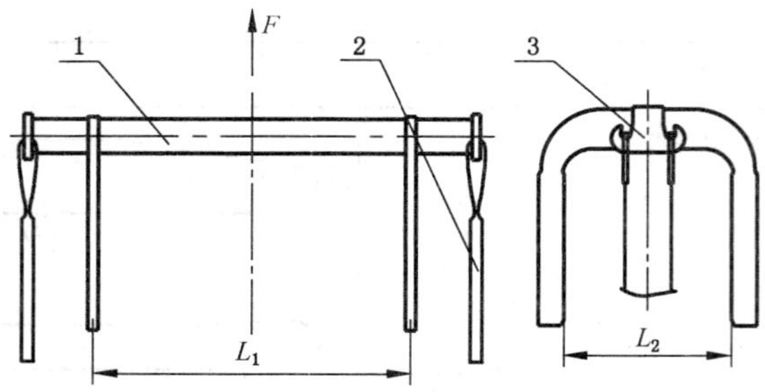<br>1——梁体；<br>2——吊索；<br>3——锻造吊钩。 | 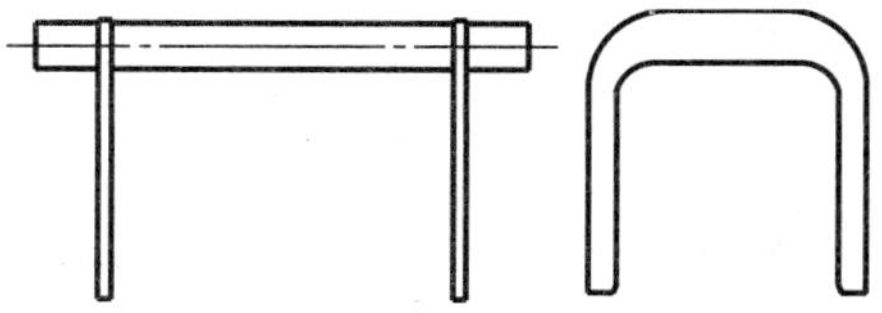 |
| C型吊具 | $C_D$ | 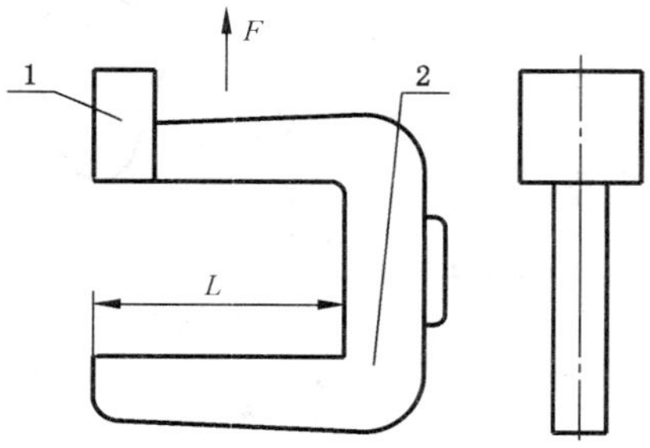<br>1——配重；<br>2——梁体。 | 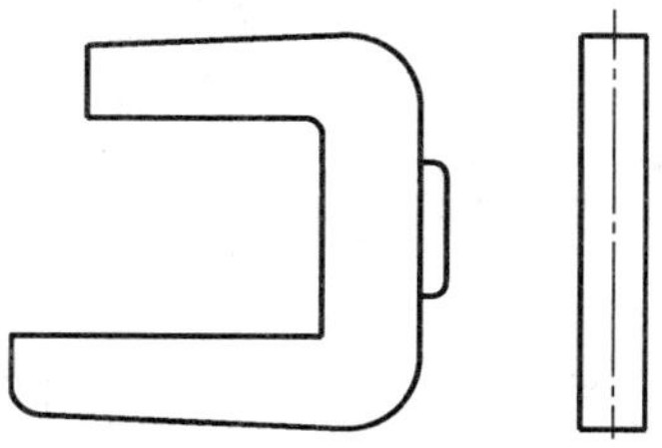 |
| | $C_S$ | 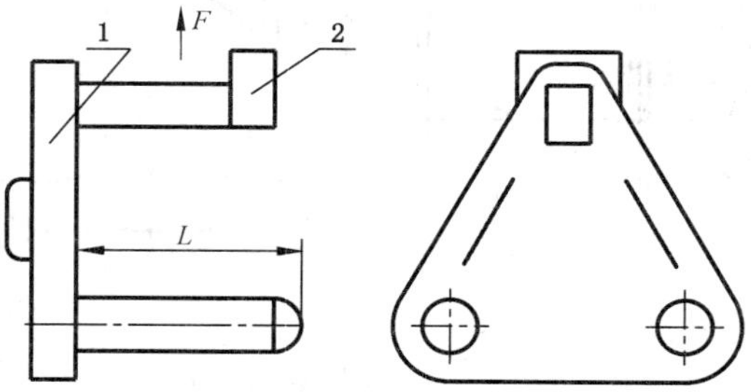<br>1——梁体；<br>2——配重。 | 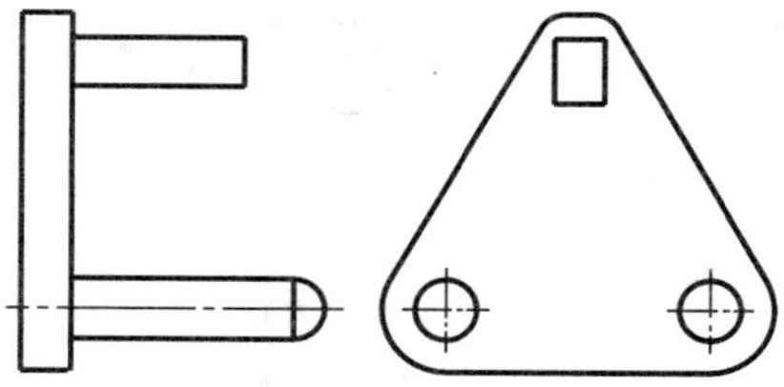 |

表 1（续）

| 分类 | 类别代号 | 吊具结构 | 梁体结构 |
|---|---|---|---|
| 多翼型吊具 | $D_n$ | 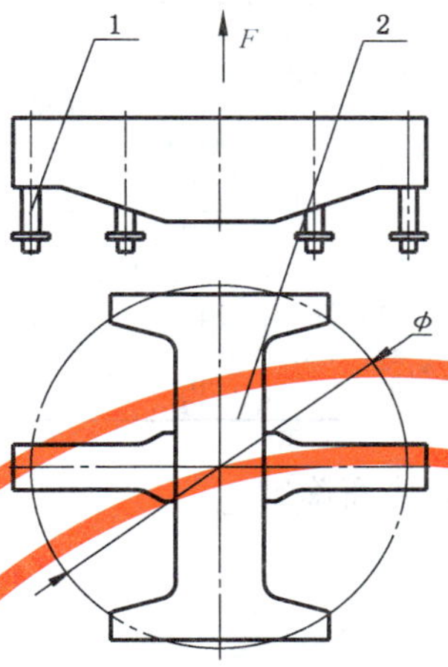<br>1——起重螺杆组件；<br>2——梁体。 | 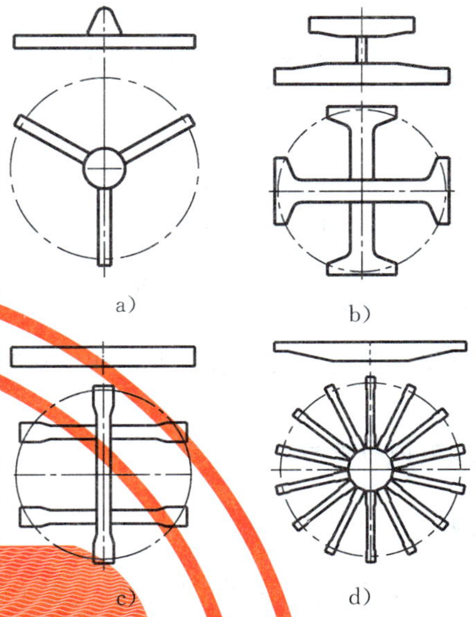 |
| 井字型吊具 | J | 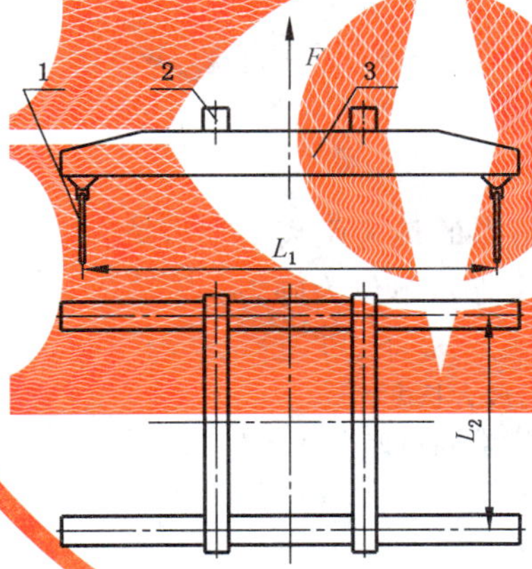<br>1——吊索；<br>2——上梁；<br>3——下梁。 | 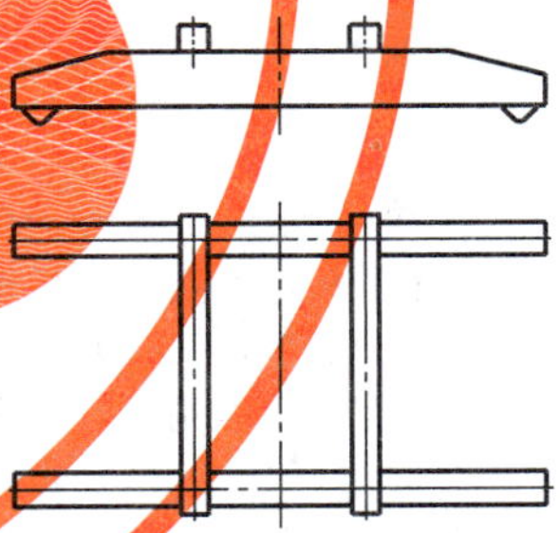 |
| 注 1：$D_n$ 的角标 $n$ 表示翼梁个数。<br>注 2：$C_D$ 的角标 D 表示 C 型单卷吊具。<br>注 3：$C_S$ 的角标 S 表示 C 型双卷吊具。<br>注 4：吊具结构中的 $F$ 仅表示吊具受到起重机向上起吊的力，不是吊点的实际位置。 | | | |

## 5.3 主参数

5.3.1 主参数为吊具的额定载荷，见表 2。主参数分为第一系列和第二系列，优先选用第一系列。额定载荷大于 900 t 时，可按 GB/T 321 中的 R20 优先数系选取。

表 2　额定载荷

| 系列 | 额定载荷/t | | | | | | | | | |
|---|---|---|---|---|---|---|---|---|---|---|
| 第一系列 | 2 | 3.2 | 4 | 5 | 6.3 | 8 | 10 | 12.5 | 16 | 20 |
| | 25 | 32 | 40 | 50 | 63 | 80 | 100 | 125 | 160 | 200 |
| | 250 | 320 | 400 | 500 | 630 | 800 | — | — | — | — |
| 第二系列 | 3 | 6 | 9 | 12 | 15 | 18 | 21 | 24 | 27 | 30 |
| | 36 | 45 | 60 | 70 | 80 | 90 | 115 | 150 | 185 | 230 |
| | 270 | 300 | 350 | 450 | 550 | 700 | 900 | — | — | — |

5.3.2　使用方对主参数有特殊要求时，由供需双方协商确定。

## 6　结构与型号

### 6.1　结构

吊具结构及梁体结构分别见表 1。

### 6.2　型号

□ □-□

——载荷吊点的最大距离 $L(\phi)$，单位为毫米(mm)，见表 1。

——额定载荷 $t$，单位为吨，见表 2。

——代号，见 5.2 条。

**注 1：** C 型吊具载荷吊点最大距离，指卷类被吊物的最大长度。

**注 2：** 工字型、门型和井字型吊具载荷吊点的最大距离，指由四个吊点中心组成矩形的长和宽。

**注 3：** 多翼型吊具的载荷吊点最大距离，指吊点形成中心圆的直径。

### 6.3　标记示例

**示例 1：**

额定载荷 32 t，吊点最大距离为 3 200 mm 的一字型吊具标记为：HLY 32-3200。

**示例 2：**

额定载荷 16 t，卷长为 1 250 mm 的 C 型单卷吊具标记为：HLCD 16-1250。

**示例 3：**

额定载荷 32 t，卷长为 1 800 mm 的 C 型双卷吊具标记为：HLCS 32-1800。

**示例 4：**

额定载荷 630 t，吊点中心组成矩形的长×宽为 6 300 mm×3 200 mm 的井字型吊具标记为：HLJ 630-6300×3200。

**示例 5：**

额定载荷 800 t，吊点中心圆直径为 18 000 mm，由 15 个翼梁组成的多翼型吊具标记为：$HLD_{15}$ 800-18000。

## 7　要求

### 7.1　性能

7.1.1　吊具在无载荷、悬置状态下，梁体上载荷吊点的高度差应小于 $1.5\ L(\phi)/1\ 000$。当使用方对吊点高度差有特殊要求时，由供需双方协商确定。

注：$L(\phi)$为载荷吊点中心的最大距离。

7.1.2 无载荷状态下，梁体上载荷吊点的距离，在水平方向偏差为±$1.5L(\phi)/1\ 000$。

7.1.3 吊具上的吊索长度无调节装置时，肢间的长度差应符合7.8条的规定。

7.1.4 在1.25倍额定载荷试验过程中，梁体不得失去稳定。卸载后，梁体不得出现裂纹、漆膜脱落、连接松动和影响正常使用的塑性变形；吊索不得出现裂纹、断丝等影响正常使用的缺陷；滑轮应转动灵活。

## 7.2 计算载荷

吊具在强度安全系数下的计算载荷应符合如下规定：

a) 连接起重机与梁体的吊索，其计算载荷为梁体、梁体下吊索的自重和吊具额定载荷之和；

b) 梁体的计算载荷为梁体自重、梁体下吊索重量和吊具额定载荷之和；

c) 梁体下吊索的计算载荷为吊具额定载荷。

## 7.3 梁体强度安全系数

7.3.1 安全系数应依据设计类别进行选取。

7.3.1.1 A类设计

7.3.1.1.1 符合以下条件可选取A类设计：

a) 使用周期次数不大于2万次；

b) 极少量的非故意性超载；

c) 最大动载荷不超过额定载荷的50%，且概率不超过1%；

d) 在指挥者的指挥下慢速起吊；

e) 使用温度＞－20 ℃～＋65 ℃。

7.3.1.1.2 A类设计的安全系数应符合如下规定：

a) 弯曲设计不小于2.0；

b) 连接设计不小于2.4。

注：连接包括焊接连接和紧固件连接。

7.3.1.2 B类设计

7.3.1.2.1 符合以下条件可选取B类设计：

a) 载荷有更大的不确定性；

b) 非故意性超载可能性较大；

c) 搬运方法比较粗糙；

d) 最大动载荷达到额定载荷，且概率不超过1%；

e) 起吊速度快；

f) 使用温度＞－20 ℃～＋65 ℃。

7.3.1.2.2 B类设计的安全系数应符合如下规定：

a) 弯曲设计不小于3.0；

b) 连接设计不小于3.6。

7.3.2 当使用温度影响吊具材料的力学性能或超出A类设计、B类设计的规定时，强度安全系数应适当调整。

## 7.4 梁体稳定性

受轴向压力的梁体，其稳定安全系数为5.0。

### 7.5 梁体疲劳验算

7.5.1 A类设计的梁体不需要疲劳验算。

7.5.2 B类设计的梁体需要疲劳验算时,按照GB 50017的规定。

### 7.6 制造

7.6.1 材料

7.6.1.1 各构件的金属材料应分别符合GB/T 699、GB/T 1591、GB/T 16270和GB/T 3077等的规定。

7.6.1.2 梁体用无缝钢管应符合GB/T 8162的规定。

7.6.1.3 三向受力或有特殊要求的金属构件所使用的钢板,应进行超声波探伤检验,不允许存在夹层等缺陷。

7.6.2 焊缝

7.6.2.1 焊缝坡口应符合GB/T 985.1和GB/T 985.2的规定。

7.6.2.2 焊缝不应有裂纹、未熔合、未焊满、气孔、夹渣等缺陷,应符合JB/T 5000.3—2007中Ⅱ级的规定。

7.6.2.3 箱形和单腹板梁体的对接全焊透等焊缝,超声波探伤检验应不低于GB/T 11345—1989中Ⅰ级、射线探伤应不低于GB/T 3323—2005中Ⅱ级的规定。

7.6.3 梁体

7.6.3.1 箱形和单腹板梁体腹板的平面度应不大于1.2$\delta$,且不超过10 mm,见图1。

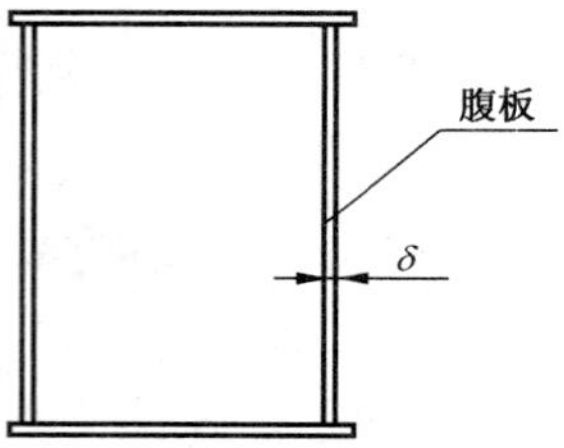


a） 箱形截面

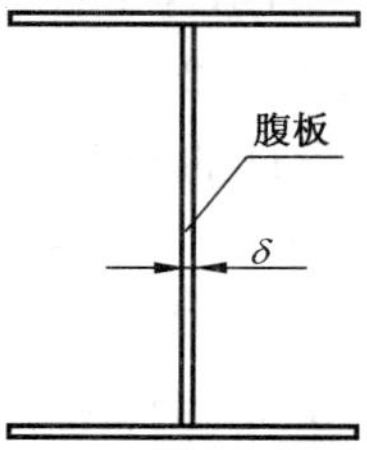


b） 单腹板截面

图1

7.6.3.2 箱形和单腹板梁体翼缘板的水平倾斜度$C \leqslant B/200$,见图2。

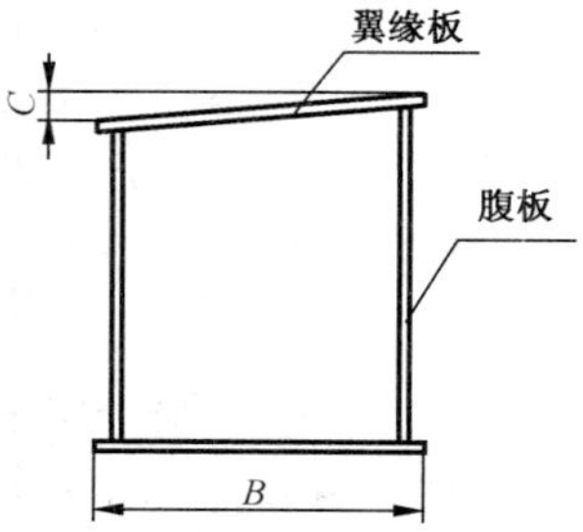


a） 箱形截面

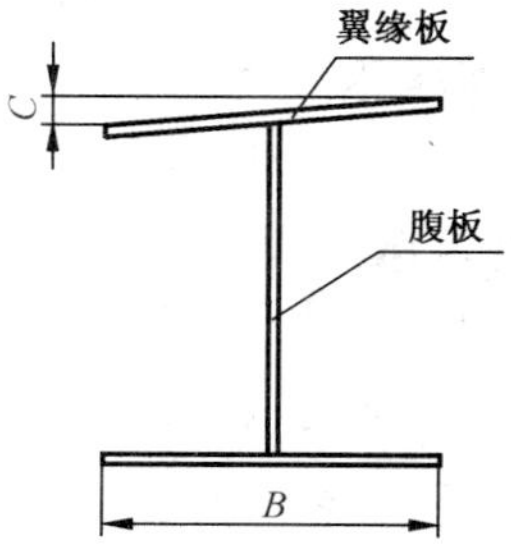


b） 单腹板截面

图2

7.6.3.3 箱形梁体腹板的垂直度 $h \leqslant H/200$，单腹板梁体腹板的垂直度 $h \leqslant H/300$，见图 3。

a） 箱形截面　　b） 单腹板截面

图 3

7.6.4 焊接构件的未注尺寸极限偏差和形位公差应不低于 JB/T 5000.3—2007 中 B 级和 F 级的规定。

7.6.5 钢锻件不允许存在白点，裂纹和缩孔等缺陷，并符合 JB/T 5000.8 的规定。超声波探伤检验符合 GB/T 6402—2008 中 2 级、磁粉探伤符合 JB/T 5000.15—2007 中 2 级的规定。

7.6.6 用于连接金属结构件的高强度螺栓、螺母、垫圈应符合 GB/T 1231 的规定。

## 7.7 涂装

7.7.1 构件用钢板在涂装前应进行除锈处理，其质量等级按 GB/T 8923—1988 的规定，手工方式除锈应达到 St2 级，抛（喷）丸（或其他磨粒）方式除锈应达到 Sa2 $\frac{1}{2}$ 级。

7.7.2 吊具的涂装漆膜应包括：底漆、中层漆和面漆漆膜。漆膜不允许有针孔、气孔、裂纹、咬底、漏涂、流挂和局部脱落等缺陷。面漆表面应均匀、平整、色泽一致。

7.7.3 使用方无特殊要求时，吊具面漆颜色为安全色中的黄色。

7.7.4 要求涂装安全标志时，宜在吊具主视面上，涂黑、黄相间的条纹，并符合 GB 2893 的规定。

7.7.5 漆膜厚度和附着力应分别符合 JB/T 5000.12—2007 环境腐蚀类别和试验结果分级 1 级的规定。

## 7.8 吊索

吊索应符合以下标准的规定：

a） 一般用途合成纤维扁平吊装带应符合 JB/T 8521.1 的规定；

b） 一般用途合成纤维圆形吊装带应符合 JB/T 8521.2 的规定；

c） 高性能合成纤维吊索应符合 TB/T 3123.11 的规定；

d） 钢丝绳吊索应符合 GB/T 16762 的规定；

e） M(4)、S(6)和 T(8)焊接吊链应符合 GB/T 20652 的规定；

f） T(8)级非焊接吊链应符合 ISO 7593 的规定。

## 7.9 吊钩

锻造吊钩和板钩应符合 LD/T 48 的规定。

## 7.10 滑轮

7.10.1 双幅板压制滑轮应符合 JB/T 8398 的规定。

7.10.2 铸造滑轮应满足以下要求：

a) 滑轮直径与钢丝绳直径的比值通常不小于10；

b) 滑轮应符合JB/T 9005.10的规定。

7.10.3 MC尼龙滑轮应符合JB/T 9739.2的规定。

## 8 试验方法

### 8.1 载荷吊点中心距离

载荷吊点中心距离检验按附录A的规定，并符合7.1.2的要求。

### 8.2 吊索长度

吊索在无载荷、平直状态下，用钢卷尺测量。并符合7.8的要求。

### 8.3 梁体形位误差

将梁体平放在平台或其他装置上，进行检测：

a) 腹板平面度用1 m平尺检测。将平尺的测量面放置腹板上，用塞尺测得腹板与平尺的间隙值，最大间隙与最小间隙的差值符合7.6.3.1的要求；

b) 翼缘板水平倾斜度用水平仪检测。在筋板处测出三个截面的 $C$ 值，以最大值作为评定结果，并符合7.6.3.2的要求；

c) 腹板垂直度用线垂和钢板尺检测。在筋板处测出三个截面的 $h$ 值，以最大值作为评定结果，并符合7.6.3.3的要求。

### 8.4 涂装

涂装检验应符合如下规定：

a) 漆膜外观用目视检测，并符合7.7.2的要求；

b) 漆膜厚度用膜厚仪检测。以每10 $m^2$（漆膜面积不足10 $m^2$ 的按10 $m^2$ 计）作为一处，钢管每3 m～4 m长作为一处，每处测3点～5点。每处所测各点厚度的平均值，不得低于规定涂层总厚度的90%，且不高于120%。每处所测各点厚度的最小值不应小于规定涂层总厚度的70%；

c) 漆膜附着力用“画叉法”检测，并符合JB/T 5000.12的要求。

### 8.5 静平衡试验

将梁体置于适当高度保持静止，用水准仪测量。求得垂直方向上多个载荷吊点间的最大高度差，并符合7.1.1的要求。

### 8.6 载荷试验

8.6.1 载荷试验设备可为拉力试验机或起重机，拉力试验机测力仪的不确定度不大于0.3%。

8.6.2 采用金属应变原理在拉力试验机上进行载荷试验时，按以下步骤进行：

a) 试样与拉力试验机可靠连接后，进行应变测量的连接；

b) 启动拉力试验机，载荷逐渐加至1.25倍额定载荷，保载时间不少于10 min。重复试验3次，记录每一次应变值和应力值；

c) 卸载后，目视试样外观，焊缝裂纹用5倍放大镜检查，并符合7.1.4的要求。

8.6.3 在用户使用现场，使用起重机进行载荷试验时，应符合以下规定：

a） 常温环境下，风速不大于 8 m/s，载荷逐渐加至 1.25 倍额定载荷，起升高度 100 mm～200 mm，悬置时间不少于 10 min；

b） 卸载后，目视吊具外观，焊缝裂纹用 5 倍放大镜检查，并符合 7.1.4 的要求。

## 9 检验规则

### 9.1 出厂检验

吊具出厂前应进行出厂检验，检验项目见表 3。

### 9.2 型式检验

9.2.1 有下列情形之一时，应进行型式检验，检验项目见表 3。

a） 新产品鉴定；

b） 正式生产后，结构、工艺有较大改变，可能影响吊具性能；

c） 吊具停产两年以上，恢复生产；

d） 国家质量监督部门提出要求。

**表 3 出厂和型式检验项目**

| 序号 | 项　目 | 出厂检验 | 型式检验 | 试验方法 | 要　求 |
|---|---|---|---|---|---|
| 1 | 载荷吊点中心距离检验 | √ | √ | 8.1 | 7.1.2 |
| 2 | 吊索长度检验 | √ | √ | 8.2 | 7.8 |
| 3 | 腹板平面度检验 | √ | √ | 8.3a) | 7.6.3.1 |
| 4 | 翼缘板倾斜度检验 | √ | √ | 8.3b) | 7.6.3.2 |
| 5 | 腹板垂直度检验 | √ | √ | 8.3c) | 7.6.3.3 |
| 6 | 漆膜外观检验 | √ | √ | 8.4a) | 7.7.2 |
| 7 | 漆膜厚度检验 | √ | √ | 8.4b) | 7.7.5、设计图纸 |
| 8 | 漆膜附着力检验 |  | √ | 8.4c) | 7.7.5 |
| 9 | 静平衡试验 | √ | √ | 8.5 | 7.1.1 |
| 10 | 载荷试验 |  | √ | 8.6 | 7.1.4 |

9.2.2 如果制造厂没有条件进行载荷试验，相关事宜供需双方协商确定。

### 9.3 抽样

9.3.1 出厂前的吊具应按照出厂检验项目百分之百进行检验，并将检验结果填写在产品合格证明书内。

9.3.2 吊具进行型式检验时，应从按照出厂检验项目合格的吊具中随机抽取至少 1 台，作为试验样品。

### 9.4 合格判定

9.4.1 出厂检验项目经检验合格，判定该吊具合格；若表 3 中的 1、3、4、5、9 项中有不合格项目，经一次修整后，仍有不合格项目，判定该吊具不合格。

9.4.2 型式检验项目经检验合格，判定该批吊具合格；若检验项目中有不合格项目，判定该批吊具不合格。

## 10 标志和包装

10.1 产品标志包括：

a) 制造厂名称；
b) 吊具名称；
c) 吊具型号：
d) 额定载荷；
e) 吊具自重；
f) 出厂编号；
g) 出厂日期。

10.2 产品包装应按运输方式和双方协议执行。产品出厂文件应包括：

a) 产品合格证明书；
b) 产品使用说明书；
c) 产品主要材料检验单(需要时)；
d) 产品试验报告(需要时)；
e) 装箱单(需要时)。

## 11 运输和贮存

吊具在运输和贮存过程中，应防止碰撞、变形和锈蚀。

# 附　录　A
## （规范性附录）
## 载荷吊点中心距离检验

**A.1**　在无日照影响下进行检验。

**A.2**　采用 0～250 N 的标准弹簧秤。

**A.3**　测量时钢卷尺与吊具温度一致，钢卷尺自然下垂且不得摆动。

**A.4**　测量所得钢卷尺上的读数，加上表 A.1 所列修正值，再加上钢卷尺的计量修正值（应经二级计量部门检定合格，并在有效期内），即为实际值。

**表 A.1　修正值**

| 吊索长度、吊点中心距离/m | 拉力值/N | 钢卷尺截面尺寸/mm | | | |
|---|---|---|---|---|---|
| | | 10×0.25 | 13×0.2 | 15×0.2 | 15×0.25 |
| | | 修正值/mm | | | |
| ≤7.5 | 150 | 1.0 | 1.0 | 0.5 | 0.5 |
| >7.5～10.5 | | 2.0 | 2.0 | 1.5 | 1.0 |
| >10.5～13.5 | | 2.5 | 2.5 | 2.0 | 1.5 |
| >13.5～16.5 | | 3.0 | 2.5 | 2.0 | 1.5 |
| >16.5～19.5 | | 3.5 | 3.0 | 2.5 | 1.5 |
| >19.5～22.5 | | 3.5 | 3.5 | 2.5 | 1.0 |
| >22.5～25.5 | | 4.0 | 3.5 | 2.5 | 0.5 |
| >25.5～28.5 | | 4.0 | 3.5 | 2.5 | 0 |
| >28.5～31.5 | | 4.0 | 3.5 | 2.0 | −0.5 |
| >31.5～35 | | 4.0 | 3.5 | 1.5 | −2.0 |
| >35～40 | | 3.5 | 2.5 | 0 | −4.5 |
| >40～45 | | 2.5 | 1.5 | −1.5 | −8.0 |
| >45～50 | | 1.0 | 0 | −4.5 | −13.0 |
| >50～55 | | −1.0 | −2.0 | −7.5 | −18.0 |
| >55～60 | | −3.0 | −5.0 | −11.5 | −25.5 |
| 注：表 A.1 中扣除了根据 JJG 4—1999 规定检定时须加 150 N 所产生的弹性伸长。 | | | | | |

ICS 77.140.70
H 44

# 中华人民共和国国家标准

GB/T 26080—2010

# 塔机用冷弯矩形管

## Roll-forming rectangle steel tube for tower crane

2011-01-10 发布　　2011-10-01 实施

中华人民共和国国家质量监督检验检疫总局
中国国家标准化管理委员会　发布

# 前　言

本标准按照GB/T 1.1—2009给出的规则起草。

本标准附录A为资料性附录。

本标准由中国钢铁工业协会提出。

本标准由全国钢标准化技术委员会(SAC/TC 183)归口。

本标准主要起草单位:上海宝钢建筑工程设计研究院、武钢集团汉口轧钢厂、长沙中联重工科技发展股份有限公司、冶金工业信息标准研究院。

本标准主要起草人:郁竑、万国胜、喻乐康、冯超、周伟钢、汪清、马越峰、李烨、张秀芳、熊治民。

# 塔机用冷弯矩形管

## 1 范围

本标准规定了塔式起重机结构用冷弯矩形管的分类及代号、订货内容、尺寸、外形、重量及允许偏差、技术要求、试验方法、检验规则、包装、标志和质量证明书。

本标准适用于可冷加工变形的冷轧或热轧钢板和钢带在连续辊式冷弯机组上生产的用于塔式起重机结构件的矩形管(以下简称塔机管)。

## 2 规范性引用文件

下列文件对于本文件的应用是必不可少的。凡是注日期的引用文件,仅注日期的版本适用于本文件。凡是不注日期的引用文件,其最新版本(包括所有的修改单)适用于本文件。

GB/T 222 钢的成品化学成分允许偏差

GB/T 228.1 金属材料 拉伸试验 第1部分:室温试验方法(GB/T 228.1—2010,ISO 6892-1:2009,MOD)

GB/T 229 金属材料 夏比摆锤冲击试验方法(GB/T 229—2007,ISO 148-1:2006,MOD)

GB/T 232 金属材料 弯曲试验方法(GB/T 232—1999,eqv ISO 7438:1985)

GB/T 699 优质碳素结构钢

GB/T 700 碳素结构钢

GB/T 1591 低合金高强度结构钢

GB/T 2101 型钢验收、包装、标志及质量证明书的一般规定

GB/T 2975 钢及钢产品力学性能试验取样位置及试样制备

GB/T 3323—2005 钢熔化焊接接头射线照相

GB/T 4171 耐候结构钢

GB/T 6725 冷弯型钢

GB/T 6728 结构用冷弯空心型钢 尺寸、外形、重量及允许偏差

GB/T 20066 钢和铁 化学成分测定用试样的取样和制样方法(GB/T 20066—2006,ISO 14284:1998,IDT)

## 3 分类及代号

塔机管按产品用途分为:

塔机结构主弦杆用冷弯矩形管,简称为塔机主管,代号为:TZ;

塔机结构腹杆用冷弯矩形管,简称为塔机腹管,代号为:TF。

## 4 订货内容

按本标准订货的合同应包括下列内容:

a）本标准号；

b）产品名称、尺寸（或代号）；

c）钢材牌号；

d）交货重量；

e）定尺长度；

f）其他特殊要求。

## 5 尺寸、外形、重量及允许偏差

### 5.1 截面尺寸及截面特性

5.1.1 塔机管截面形状及尺寸标注如图1所示。

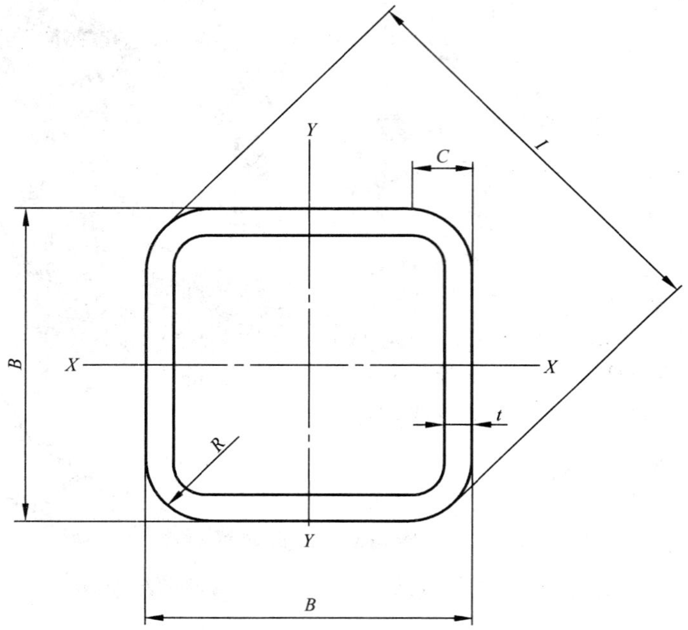


$B$——边长；

$I$——对角线长；

$t$——壁厚；

$R$——外圆弧半径；

$C$——外圆弧直线段长度。

**图1 塔机用冷弯矩形管**

5.1.2 塔机管常用截面尺寸及截面特性见表1。经供需双方协议，可供应表1所列尺寸以外的塔机管。

表 1 塔机管常用截面尺寸及截面特性

| 边长<br>B×B/<br>(mm×mm) | 壁厚<br>t/<br>mm | 理论重量<br>M/<br>(kg/m) | 截面面积<br>A/<br>$cm^2$ | 惯性矩<br>$I_x=I_y$/<br>$cm^4$ | 惯性半径<br>$r_x=r_y$/<br>cm | 截面模数<br>$w_x=w_y$/<br>$cm^3$ | 扭转常数 | |
|---|---|---|---|---|---|---|---|---|
| | | | | | | | $I_t/cm^4$ | $C_t/cm^3$ |
| TF 50×50 | 4.0 | 5.454 | 6.947 | 23.725 | 1.847 | 9.490 | 40.047 | 14.43 |
| | 5.0 | 6.559 | 8.356 | 27.037 | 1.799 | 10.815 | 47.457 | 16.56 |
| TF 60×60 | 4.0 | 6.710 | 8.547 | 43.539 | 2.256 | 14.513 | 72.188 | 21.97 |
| | 5.0 | 8.129 | 10.356 | 50.468 | 2.207 | 16.822 | 85.560 | 25.61 |
| TF 70×70 | 4.0 | 7.966 | 10.147 | 72.108 | 2.665 | 20.602 | 117.975 | 31.11 |
| | 5.0 | 9.699 | 12.356 | 84.602 | 2.616 | 24.172 | 141.183 | 36.65 |
| TF 80×80 | 4.0 | 9.222 | 11.747 | 111.031 | 3.074 | 27.757 | 179.808 | 41.84 |
| | 5.0 | 11.269 | 14.356 | 131.414 | 3.025 | 32.853 | 216.628 | 49.68 |
| TZ 118×118 | 10.0 | 31.890 | 40.625 | 763.215 | 4.334 | 129.358 | 1 309.115 | 196.94 |
| TZ 135×135 | 10.0 | 37.228 | 47.425 | 1 199.754 | 5.030 | 177.741 | 2 024.404 | 269.63 |
| | 12.0 | 43.435 | 55.331 | 1 345.484 | 4.931 | 199.331 | 2 322.465 | 303.93 |
| TZ 180×180 | 12.5 | 62.585 | 79.726 | 3 629.415 | 6.747 | 403.268 | 6 080.259 | 610.89 |

## 5.2 外形、长度及交货重量

5.2.1 塔机主管的边长、对角线长、对角线之差、壁厚、直角度、外圆弧半径、外圆弧直线段长度、凹凸度、直角度、弯曲度、扭曲度允许偏差应符合表 2 的规定，并按 GB/T 6728 的规定进行测量。

表 2 塔机主管外形尺寸及允许偏差

单位为毫米

| 产品规格 | TZ 118×118×10 | TZ 135×135×10 | TZ 135×135×12 | TZ 180×180×12.5 |
|---|---|---|---|---|
| 边长(B) | 118.0±1.0 | 135.0±1.0 | | 180.0±1.3 |
| 对角线长(I) | 147.8±1.5 | 171.9±1.5 | 171.2±1.5 | 233.8±2.0 |
| 对角线之差(ΔI) | 2.5 | 2.5 | 3.0 | 3.0 |
| 壁厚(平板部分) | 10.0±0.7 | 10.0±0.7 | 12.0±0.8 | 12.5±0.8 |
| 外圆弧半径(R)<br>外圆弧直线段长度(C) | 23±2.0<br>≤25 | 22.0±2.0<br>≤24 | 25.0±2.0<br>≤27 | 26.0±2.0<br>≤28 |
| 凹凸度 | ≤0.6 | | | ≤1.0 |
| 直角度 | 90°±1.0° | | | |
| 弯曲度 | 每米不应大于 1 mm，总弯曲度不应大于总长度的 0.1% | | | |
| 扭曲度(V) | 2+长度×0.5/1 000 | | | |

5.2.2 塔机腹管的边长、壁厚、直角度、弯角处外圆弧半径、弯曲度、凹凸度、扭曲度允许偏差应符合 GB/T 6728 的规定。

5.2.3 塔机管尺寸应在距离端部不小于 100 mm 处测量。

5.2.4 长度及允许偏差

5.2.4.1 塔机管通常交货长度为 2 m～16 m，其长度允许偏差应符合表 3 的规定。经供需双方协议可供应超过上述规定长度的塔机管。

5.2.4.2 塔机管按定尺或倍尺长度交货时，应在合同中注明。

5.2.4.3 塔机管端部应锯切正直，锯切斜度≤3 mm。精确定尺产品端部不允许锯切毛刺。

**表 3 长度及允许偏差**

单位为毫米

| 定尺精度 | 长 度 | 允许偏差 |
|---|---|---|
| 普通定尺 | 2 000～16 000 | 主管：$^{+30}_{0}$ |
| | | 腹管：$^{+5}_{0}$ |
| 精确定尺 | 2 000～6 000 | $^{+5}_{0}$ |

## 5.3 交货重量

塔机管通常按实际重量交货。

# 6 技术要求

## 6.1 原料性能

6.1.1 塔机管的原料牌号、化学成分、力学性能应符合 GB/T 699、GB/T 700、GB/T 1591、GB/T 4171 等相应标准的规定。根据需方要求可提供其他牌号的塔机管。

6.1.2 成品化学成分应符合 GB/T 222 的规定。

## 6.2 产品性能

塔机管(平板部分)的屈服强度、抗拉强度、延伸率、冲击功应符合 GB/T 6725 的规定。

## 6.3 交货状态

塔机管以冷加工状态交货。如有特殊要求由供需双方协商确定。

## 6.4 表面质量

6.4.1 塔机管表面质量应符合 GB/T 6725 的规定。

6.4.2 塔机管弯角处不允许有肉眼可见的裂纹。

## 6.5 焊缝质量

6.5.1 塔机管焊缝处不应有开焊、搭焊、烧穿及严重错位。

6.5.2 塔机管焊缝处的外毛刺应予以清除，清除后表面应平整。

6.5.3 焊缝处的内毛刺一般不清除，内毛刺应连续、饱满、无细裂纹。

6.5.4 塔机主管焊缝位置居中偏移量为±10 mm；塔机腹管焊缝位置居中偏移量为±7 mm。

6.5.5 塔机主管焊缝处不允许补焊。对小于500 mm长的焊缝高低允许修磨，但不应影响焊缝强度，修磨后的塔机管厚度不小于最小允许厚度。

## 7 试验方法

7.1 每批塔机管的检验项目、取样数量、取样部位及试验方法应符合表4的规定。

表4 取样部位与试验方法

| 序号 | 检验项目 | 取样数量/个 | 取样部位 | 试验方法 |
|---|---|---|---|---|
| 1 | 化学成分 | 1/炉 | 原料或产品，GB/T 20066 | 按相应产品、牌号标准 |
| 2 | 拉伸试验 | 1 | 产品平板部分[a]<br>（纵向试样） | GB/T 228.1、GB/T 2975 |
| 3 | 冲击试验 | 1 | 产品平板部分[a]<br>（纵向试样） | GB/T 229、GB/T 2975 |
| 4 | 焊缝压扁试验 | 1 | 产品（主管）截面部分<br>（纵向试样） | 参见附录A |
| 5 | 尺寸 | 逐根 | — | 量具、卡板 |
| 6 | 表面 | 逐根 | — | 目视 |
| [a] 平板部分不包括焊缝及角部。 | | | | |

7.2 塔机主管焊缝压扁试验参见附录A。

7.3 塔机主管焊缝型式检验

7.3.1 塔机主管焊接质量型式检验应达到GB/T 3323—2005中的Ⅱ级。

7.3.2 有下列情况之一时，塔机主管焊缝应进行型式检验：

a) 新产品试制鉴定时；
b) 正式投产后，原材料、生产工艺有较大改变，可能影响产品质量时；
c) 产品停产半年以上，恢复生产时；
d) 用户有特殊要求时；
e) 国家质量监督部门提出要求时。

## 8 检验规则

### 8.1 出厂检验

塔机管的出厂检验由供方质量部门进行，出厂检验合格后方可交货，用户有权进行复验。

### 8.2 组批规则

每批塔机管应由同一牌号、同一规格的塔机管组成。每批重量不超过60 t。

### 8.3 复验与判定

塔机管的复验与判定规则应符合GB/T 2101中相应的规定。

## 9　包装、标志和质量证明书

9.1　塔机管的包装和标志按 GB/T 6725 的规定执行。

9.2　塔机管的质量证明书按 GB/T 2101 的规定执行。

# 附 录 A
## （资料性附录）
## 焊缝压扁试验

### A.1 适用范围

本附录适用于塔机主管焊缝质量的检验。塔机主管弯角处质量也可参照本试验方法进行。

### A.2 试验步骤

将规定长度的塔机主管产品试样放置在压力试验机的专用压头下面，试验时焊缝面朝上，将专用压头对准焊缝面逐渐施加垂直向下压力进行压扁试验，见图 A.1。

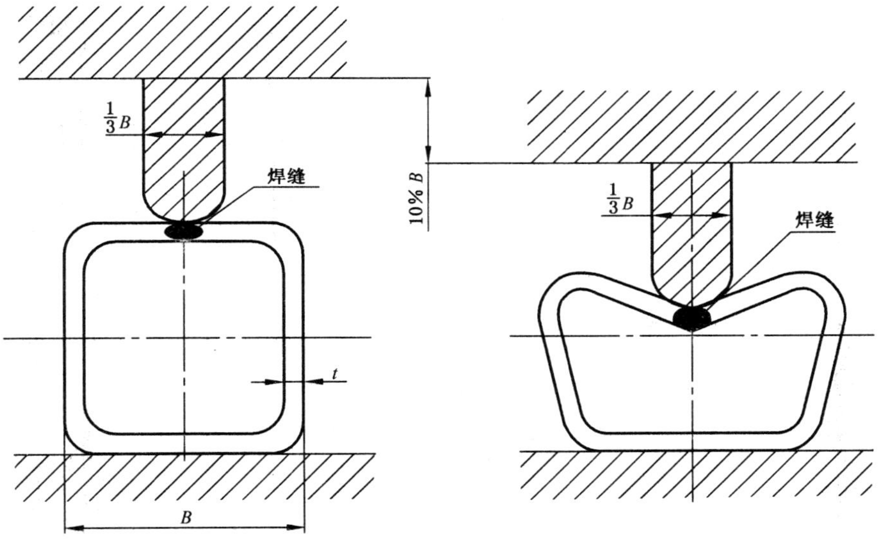


图 A.1 塔机主管焊缝压扁试验

### A.3 试验设备

压力试验机应能将试样压扁至规定的压下量，压头应具有足够的刚度。压力试验机的上下压板宽度应超过试样宽度。

### A.4 试验专用压头

压头上部应固定在压力试验机的上压板上，压头下部为圆弧形，压头的宽度为三分之一的产品边长（即 1/3$B$）；压头的高度通常为 150 mm～200 mm；压头的长度应大于或等于试样的长度，通常为 50 mm～100 mm。

## A.5 试样

试样必须在塔机主管成品中截取，试样长度应小于或等于压头的长度，通常为 50 mm～100 mm。试样的棱边允许用锉或其他方法将其倒圆或倒角。

## A.6 压下量

在试验机压力的作用下焊缝面压下量达到 10%$B$ 时，焊缝不开裂的为焊缝压扁试验合格。

ICS 77.140.75
H 48

# 中华人民共和国国家标准

GB/T 26081—2010

# 污水用球墨铸铁管、管件和附件

## Ductile iron pipes, fittings and accessories for sewage applications

(ISO 7186:1996, Ductile iron products for sewage applications, MOD)

2011-01-10 发布　　2011-10-01 实施

中华人民共和国国家质量监督检验检疫总局
中国国家标准化管理委员会　发布

# 前　言

本标准按照 GB/T 1.1—2009 给出的规则起草。

本标准使用重新起草法修改采用 ISO 7186:1996《污水管道用球墨铸铁产品》。

本标准与 ISO 7186:1996 相比在结构上有较多调整，附录 A 中列出了本标准与 ISO 7186:1996 章条编号对照一览表。

本标准与 ISO 7186:1996 相比存在技术性差异，这些差异涉及的条款已通过在其外侧页边空白位置的垂直单线(|)进行了标示，附录 B 中给出了相应技术性差异及其原因的一览表。

本标准还做了下列编辑性修改：

——用小数点“.”代替符号“,”；

——删除了国际标准前言；

——用“本标准”代替“本国际标准”；

——增加了资料性附录 A 和附录 B，便于与国际标准章条与技术性差异对比；

——增加了资料性附录 C 和附录 D，便于用户选择涂层种类；

——增加了资料性附录 E，以补充参考要求。

本标准由中国钢铁工业协会提出。

本标准由全国钢标准化技术委员会(SAC/TC 183)归口。

本标准主要起草单位：新兴铸管股份有限公司、冶金工业信息标准研究院。

本标准主要起草人：张同波、李军、李艳宁、孙恕、董莉、董建忠、叶卫合、刘俊峰、李宁、王恩清、刘彦辉、张永杰、朱岭生、宋斌。

# 污水用球墨铸铁管、管件和附件

## 1 范围

本标准规定了以任何铸造工艺或加工形式生产的建筑物外排出管道和污水管道用球墨铸铁管(以下简称球铁管)、管件和附件的定义、技术要求、性能要求、检测方法、型式试验、检验规则、标记及质量证明书等。

本标准适用于以下管道:

——在无压力(重力系统)、负压或正压条件下运行。

——安装在地上或地下。

——单独输送或混合输送雨水、生活污水和某些类型的工业废水。

注:本标准中的所有压力均为相对压力,单位为兆帕(MPa)。

## 2 规范性引用文件

下列文件对于本文件的应用是必不可少的。凡是注日期的引用文件,仅注日期的版本适用于本文件。凡是不注日期的引用文件,其最新版本(包括所有的修改单)适用于本文件。

GB/T 41 六角螺母 C级(GB/T 41—2000,ISO 4034:1999,EQV)

GB/T 95 平垫圈 C级(GB/T 95—2002,ISO 7091:2000,EQV)

GB/T 228.1 金属材料 拉伸试验 第1部分:室温试验方法(GB/T 228.1—2010,ISO 6892-1:2009,MOD)

GB/T 231.1 金属材料 布氏硬度试验 第1部分:试验方法(GB/T 231.1—2009,ISO 6506-1:2005,MOD)

GB/T 5780 六角头螺栓 C级(GB/T 5780—2000,ISO 4016:1999,EQV)

GB/T 8170 数值修约规则与极限数值的表示和判定

GB/T 13295 水及燃气管道用球墨铸铁管、管件和附件(GB/T 13295—2008,ISO 2531:1998,MOD)

GB/T 17456.1 球墨铸铁管外表面锌涂层 第1部分:带终饰层的金属锌涂层(GB/T 17456.1—2009,ISO 8179-1:2004,IDT)

GB/T 17456.2 球墨铸铁管外表面锌涂层 第2部分:带终饰层的富锌涂料涂层(GB/T 17456.2—2010,ISO 8179-2:1995,MOD)

GB/T 17457 球墨铸铁管和管件 水泥砂浆内衬(GB/T 17457—2009,ISO 4179:2005,IDT)

GB/T 17671 水泥胶砂强度检验方法(ISO法)(GB/T 17671—1999,ISO 679:1989,IDT)

GB/T 21873 橡胶密封件 给、排水管及污水管道用接口密封圈 材料规范(GB/T 21873—2008,ISO 4633:2002,MOD)

GB/T 24596 球墨铸铁管和管件 聚氨酯涂层

ISO 7005-2 金属法兰 第2部分:铸铁法兰

ISO 10804-1 球墨铸铁管线用约束接口系统 第1部分:设计标准和型式试验

## 3 术语和定义

GB/T 13295 中界定的以及下列术语和定义适用于本文件。

3.1

**检查井 inspection chamber**

排出管道或污水管道的部件，用于从地面进入检查和维护设备。

3.2

**人孔 manhole**

规格足够大的污水管道部件，供人和设备从地面进入，进行检查和维修。

3.3

**排水系统 discharge system**

用于收集和排出建筑物中废水和雨水的管、管件以及附件系统。

注：由排水管、通风管和落水管组成，安装在建筑物内部或依附于建筑物上。

3.4

**排出管道 drain**

安装在建筑物外部的管道系统，将建筑物的排水系统和最近的污水管道或化粪池连接在一起。

3.5

**污水管道 sewer**

用于收集建筑物的废水和雨水，并输送到处理地的管道系统。

3.6

**重力污水管道 gravity sewer**

在重力作用下运行的污水管道。

3.7

**有压污水管道 pressure sewer**

在正压状态运行的污水管道(或污水管道的一部分)。

3.8

**负压污水管道 vacuum sewer**

在负压状态运行的污水管道。

3.9

**混合污水管道 combined sewer**

用于混合输送雨水和废水的污水管道。

3.10

**独立污水管道 separate sewer**

用于单独输送雨水和废水的污水管道。

3.11

**密封试验压力 leak tightness test pressure**

在生产过程中，为保证密封性施加在部件上的压力。

3.12

**插口端 spigot end**

插口的最大插入深度加上 50 mm。

# 4 分类

## 4.1 按公称直径分类

球铁管和管件的公称直径可分为DN80、DN100、DN125、DN150、DN200、DN250、DN300、DN350、DN400、DN450、DN500、DN600、DN700、DN800、DN900、DN1000、DN1100、DN1200、DN1400、DN1500、DN1600、DN1800、DN2000、DN2200、DN2400及DN2600共26种。

## 4.2 按接口型式分类

球铁管和管件按接口型式可分为柔性接口、法兰接口及约束接口等型式。

# 5 尺寸、外形及允许偏差

## 5.1 尺寸及允许偏差

### 5.1.1 接口类型及连接

#### 5.1.1.1 总则

本标准不涉及接口设计和密封圈形状。

橡胶密封圈的材质应符合GB/T 21873的规定,如有必要使用除橡胶以外的材质(如高温法兰接口用),这些材质应符合相关标准的规定。

#### 5.1.1.2 柔性接口

为了便于不同类型柔性接口部件之间的相互连接,带有柔性接口的球铁管和管件的插口外径及允许偏差应符合5.1.2的规定。每种柔性接口的设计均应达到7.5的规定。

注1:在极小DE偏差范围内同某一类型接口连接时,应按照安装指南进行安装,以确保在高压下仍能达到接口性能标准(如外径的测量与分类)。

注2:在与外径不符合5.1.2要求的现有管线互相连接时,应根据安装指南采取合适的连接方法(如连接装置)。

#### 5.1.1.3 法兰接口

设计的法兰接口应能与符合ISO 7005-2中尺寸要求的法兰相连接,以保证相同PN和DN的所有部件(管、管件、阀门等)间的相互连接具有完善的性能。

螺栓和螺母应分别符合GB/T 5780及GB/T 41中4.6级的最低要求。如要求使用密封圈,密封圈应符合GB/T 95的规定。

制造商应在其产品目录中说明其产品一般以固定法兰型式还是以活动法兰型式交货。

#### 5.1.1.4 约束接口

约束接口的设计应符合ISO 10804-1的规定。带有约束接口的球铁管和管件的插口外径及允许偏差应符合5.1.2的规定。

### 5.1.2 外径

球铁管和管件插口外径DE应符合表1的规定,允许偏差应符合GB/T 13295的规定。

对于不大于DN300的球铁管,用卷尺测量管体外径,从插口端起2/3管长范围内均应符合安装尺寸要求，以便于施工现场切割；对于大于 DN300 的球铁管，应有一定数量的球铁管符合上述要求，该数量由供需双方协商决定，同时应进行可切割标识。

球铁管和管件插口不圆度应为：

——DN80～DN200：在 DE 偏差范围内；

——DN250～DN600：不超过 1%；

——>DN 600：不超过 2%。

**表 1 插口外径及公称壁厚**

单位为毫米

| 公称直径 DN | 外径 DE | 公称壁厚 $e$ | |
|---|---|---|---|
| | | 压力管道用球铁管 | 重力管道用球铁管 |
| 80 | 98 | 4.4 | 3.8 |
| 100 | 118 | 4.4 | 3.8 |
| 125 | 144 | 4.5 | 3.8 |
| 150 | 170 | 4.5 | 3.9 |
| 200 | 222 | 4.7 | 3.9 |
| 250 | 274 | 5.5 | 4.7 |
| 300 | 326 | 6.2 | 5.4 |
| 350 | 378 | 6.3 | 6.0 |
| 400 | 429 | 6.5 | |
| 450 | 480 | 6.9 | |
| 500 | 532 | 7.5 | |
| 600 | 635 | 8.7 | |
| 700 | 738 | 8.8 | |
| 800 | 842 | 9.6 | |
| 900 | 945 | 10.6 | |
| 1 000 | 1 048 | 11.6 | |
| 1 100 | 1 152 | 12.6 | |
| 1 200 | 1 255 | 13.6 | |
| 1 400 | 1 462 | 15.7 | |
| 1 500 | 1 565 | 16.7 | |
| 1 600 | 1 668 | 17.7 | |
| 1 800 | 1 875 | 19.7 | |
| 2 000 | 2 082 | 21.8 | |
| 2 200 | 2 288 | 23.8 | |
| 2 400 | 2 496 | 25.8 | |
| 2 600 | 2 702 | 27.9 | |

5.1.3 内径

球铁管和管件内径标准值相当于公称直径 DN，允许偏差应符合 GB/T 13295 的规定。

5.1.4 壁厚

5.1.4.1 球铁管

球铁管的公称壁厚 $e$ 应符合表 1 的规定。

重力管道用球铁管和压力管道用离心球铁管的壁厚允许偏差应为－(1.3＋0.001DN)mm，压力管道用离心球铁管的最小壁厚为 3 mm；压力管道用非离心球铁管的壁厚允许偏差应为－(2.3－0.001DN)mm，最小壁厚为 4.7 mm。

5.1.4.2 管件

压力管道用管件的壁厚和允许偏差应符合 GB/T 13295 的规定，重力管道用管件的最小壁厚应等于或高于相同 DN 球铁管的最小壁厚。

5.1.5 长度

5.1.5.1 承插直管

承插直管的长度 $Lu$ 应符合表 2 的规定。

设计长度应在表 2 给出长度的±250 mm 偏差范围内。实际长度根据 8.1 测量得出，定尺管的允许长度偏差应符合表 5 的规定。短尺管的最大允许缩短长度为 500 mm，在提供的各种规格的承插直管总数中，短尺管比例不得超过 10%。

注：用于截取性能试验试样的球铁管应视为足尺管。

表 2 承插直管的长度

单位为毫米

| 公称直径 DN | 标准长度 $Lu$ |
|---|---|
| 80～600 | 4 000,5 000,5 500,6 000,9 000 |
| 700～800 | 4 000,5 500,6 000,7 000,9 000 |
| 900～2 600 | 4 000,5 500,6 000,7 000,8 150,9 000 |

5.1.5.2 法兰管

法兰管的长度 $L$ 应符合表 3 的规定。根据供需双方的协议也可以提供其他长度的法兰管。

表 3 法兰管的长度

单位为毫米

| 球铁管类型 | DN | 标准长度 $L$ |
|---|---|---|
| 整体铸造法兰直管 | 80～2 600 | 500,1 000,2 000,3 000 |
| 螺纹连接或焊接法兰直管 | 80～600 | 2 000,3 000,4 000,5 000,6 000 |
| | 700～1 000 | 2 000,3 000,4 000,5 000,6 000 |
| | 1 100～2 600 | 4 000,5 000,6 000,7 000,8 150 |

5.1.5.3 管件

5.1.5.3.1 重力管道用管件

管件长度及其允许偏差应符合供方说明书的规定。

a) 双承套管(见图 1)

公称直径为 DN80～DN2600。

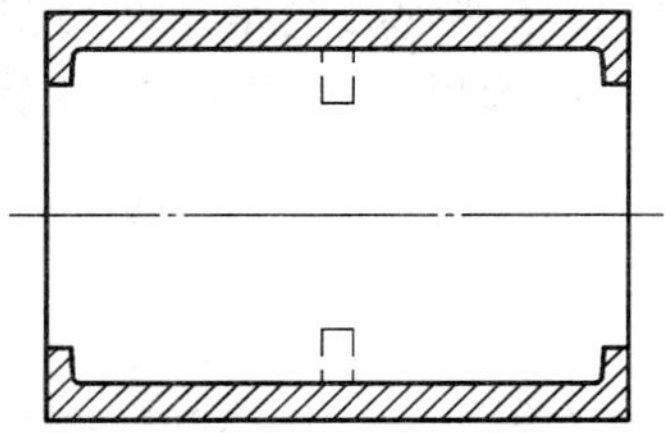

图 1 双承套管

b) 人孔连接器(见图 2)

公称直径为 DN150～DN2000。

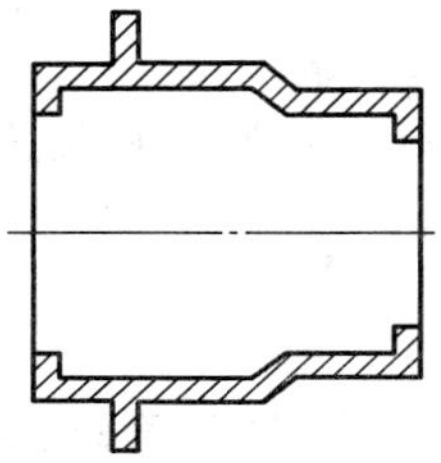

图 2 人孔连接器

c) 双承弯管(见图 3)

公称直径为 DN80～DN2600,弯头的角度 $\alpha$ 应在供方说明书中给出。

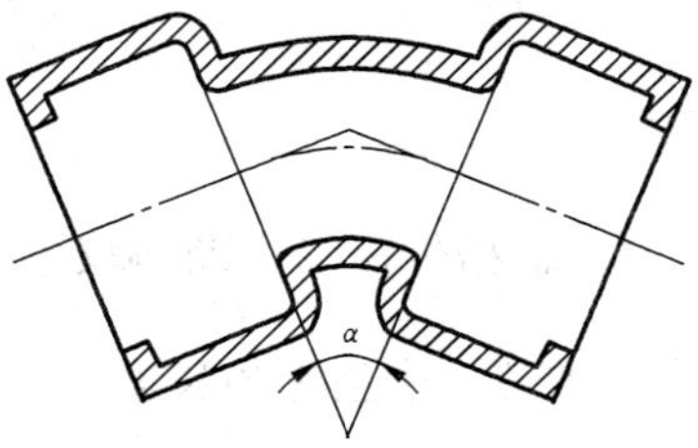


图 3 双承弯管

d) 带支管的斜三通(见图 4)

主管公称直径为 DN100～DN500,支管公称直径为 dn80～dn250。供方说明书中应给出 DN×dn、接口类型(承口或插口)以及支管角度 $\alpha$。

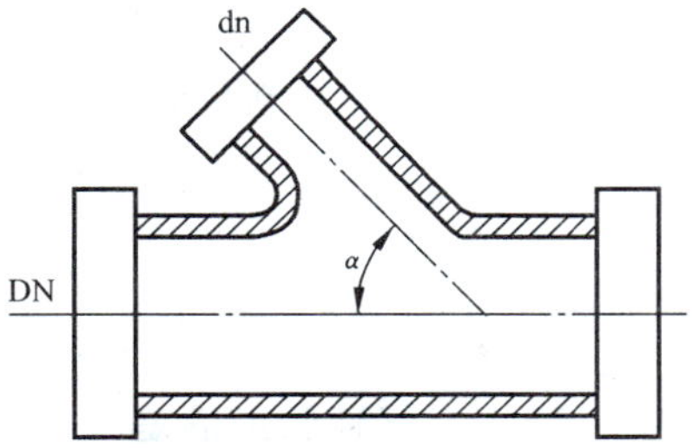


图4　带支管的斜三通

e)　连接支管(见图5)

连接支管的公称直径为dn100～dn250,与DN200～DN2600的球铁管连接在一起。供方说明书应给出接口类型(承口或插口)、支管的角度α和球铁管要切割的孔的形状(圆形、方形或长方形)。

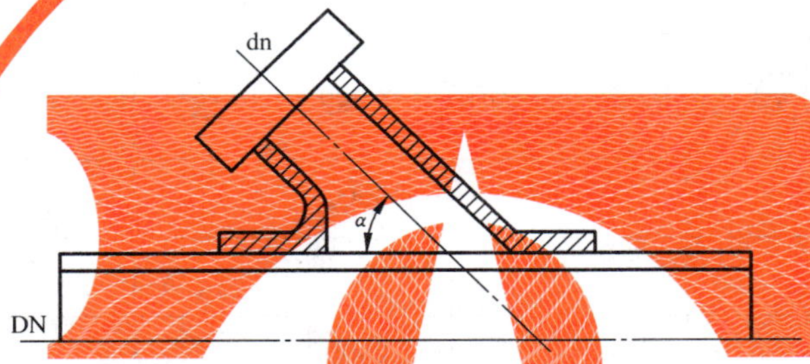


图5　连接支管

f)　检修三通(见图6)

公称直径为DN100～DN800。供方说明书应给出接口类型(承口或插口)以及检修三通的形状和尺寸。

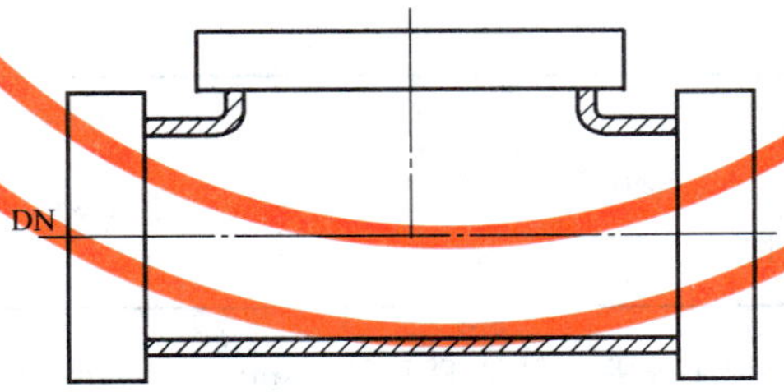


图6　检修三通

g)　清扫口(见图7)

公称直径为DN150～DN1400。供方说明书应给出球铁管切割孔的形状、尺寸以及与球铁管的连接方式。

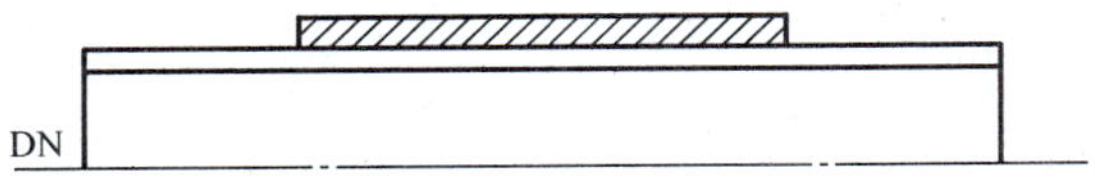


图7　清扫口

5.1.5.3.2 **压力管道用管件**

管件类型、尺寸及允许偏差应符合GB/T 13295的规定。

5.1.5.4 **长度偏差**

球铁管和管件的长度允许偏差应符合表4和表5的规定。

**表4 管件长度偏差**

单位为毫米

| 管件类型 | 公称直径DN | 偏差 |
|---|---|---|
| 盘承、盘插、承套、渐缩管 | 80～1 200<br>1 400～2 600 | ±25<br>±35 |
| 三通 | 80～1 200 | +50<br>−25 |
| | 1 400～2 600 | +75<br>−35 |
| 90°(1/4)弯管 | 80～2 600 | ±(15+0.03DN) |
| 45°(1/8)弯管 | 80～2 600 | ±(10+0.025DN) |
| 22°30′(1/16)、<br>11°15′(1/32)弯管 | 80～1 200<br>1 400～2 600 | ±(10+0.02DN)<br>±(10+0.025DN) |
| 重力管道用管件 | 80～2 600 | ±(15+0.03DN) |

**表5 球铁管和管件长度偏差**

单位为毫米

| 铸件类型 | 偏差 |
|---|---|
| 承插直管<br>承接管件<br>法兰管或盘接管件 | −30/+70<br>±20<br>±10[a] |

[a] 根据供需双方协商，可以执行较小偏差。但是DN≤600 mm时，不小于±3 mm；DN>600 mm时，不小于±4 mm。

5.1.6 **检查井**

检查井可作为一个整体部件，也可将底部（检修三通）和垂直部分进行现场安装。

开口尺寸应为250 mm、300 mm、400 mm和600 mm。

5.1.7 **人孔**

人孔包括不小于DN800的垂直部分、底部平台、可容纳支架和人孔盖的顶部平台、两个或更多个固定在垂直部分的进/出口。

进/出口的数量和位置需经供需双方协商决定，并应保证人孔内流体的连续。

### 5.2 外形

球铁管应平直，其直线度的最大偏差不得超过有效长度的 0.125%。
直管及管件端面应与轴线垂直。

## 6 技术要求

### 6.1 力学性能

#### 6.1.1 拉伸试验

球铁管、管件和附件的抗拉强度和断后伸长率应符合表 6 的规定。

表 6 球铁管和管件抗拉强度和断后伸长率

| 铸件类型 | 抗拉强度 $R_m$/MPa | 断后伸长率 $A$/% | |
|---|---|---|---|
| | DN80～DN2600 | DN80～DN1000 | DN1100～DN2600 |
| 离心球铁管 | ≥420 | ≥10 | ≥7 |
| 非离心球铁管、管件、附件 | ≥420 | ≥5 | ≥5 |

注：根据供需双方的协议，可检验规定塑性延伸强度($R_{P0.2}$)的值。其中
当 DN100～DN1000，$A$≥12%时，允许 $R_{P0.2}$≥270 MPa；或 当 DN＞DN1000，$A$≥10%时，允许 $R_{P0.2}$≥270 MPa。
其他情况下应 $R_{P0.2}$≥300 MPa。
当 DN80～DN1000 离心球铁管的设计最小壁厚不小于 10 mm 时，断后伸长率不得小于 7%。

#### 6.1.2 布氏硬度

球铁管、管件和附件应具有可以用标准工具对其进行切割、钻孔、打眼以及机械加工的硬度。
离心球铁管的布氏硬度值不得超过 230 HBW，非离心球铁管、管件和附件的布氏硬度值不得超过 250 HBW。焊接部件的焊接热影响区的布氏硬度值可高些。

### 6.2 涂覆要求

#### 6.2.1 总则

一般情况下，球铁管、管件和附件内外都应有涂层。涂覆前内外表面应无铁锈和杂物。涂覆后内外表面应光洁，涂层均匀，粘附牢固，不因气候变化而发生异常。

#### 6.2.2 球铁管的涂覆

##### 6.2.2.1 外涂层

根据使用的外部条件(参见附录 C)，可以使用下述涂层：

——外表面带终饰层的喷锌涂层；
——外表面带终饰层的富锌涂料涂层；
——聚氨脂；
——环氧树脂。

外表面喷锌涂层应符合 GB/T 17456.1 的规定，富锌涂料涂层应符合 GB/T 17456.2 的规定，聚氨酯涂层应符合 GB/T 24596 的规定。根据供需双方协议，也可以使用其他种类的涂层。

除仅用于输送雨水的管道外，可能与流体接触的端部表面应使用合成树脂进行涂覆(承口内表面和插口端外表面)。涂层的性能应符合 7.6 的规定。

#### 6.2.2.2 内涂层

根据使用的内部条件(参见附录 D)，可以使用下述涂层：
——水泥砂浆；
——聚氨脂。

水泥砂浆内衬应符合 GB/T 17457 的规定，内衬水泥砂浆在养护 28 d 后的抗压强度不应小于 50 MPa。根据供需双方协议，也可以使用其他种类的涂层。

除仅用于输送雨水的管道外，内涂层的性能应符合 7.6 和 7.7 的规定。

### 6.2.3 管件和附件的涂覆

#### 6.2.3.1 外涂层

根据使用的外部条件(参见附录 C)，可以使用下述涂层：
——外表面带终饰层的喷锌涂层；
——外表面带终饰层的富锌涂料涂层；
——聚氨脂；
——环氧树脂。

外表面喷锌涂层应符合 GB/T 17456.1 的规定，富锌涂料涂层应符合 GB/T 17456.2 的规定，聚氨酯涂层应符合 GB/T 24596 的规定。根据供需双方协议，也可以使用其他种类的涂层。

除仅用于输送雨水的管道外，可能与流体接触的端部表面应使用合成树脂进行涂覆(承口内表面和插口端外表面)。涂层的性能应符合 7.6 的规定。

#### 6.2.3.2 内涂层

根据使用的内部条件(参见附录 D)，可以使用下述涂层：
——水泥砂浆；
——聚氨脂。

水泥砂浆内衬应符合 GB/T 17457 的规定，内衬水泥砂浆在养护 28 d 后的抗压强度不应小于 50MPa。根据供需双方协议，也可以使用其他种类的涂层。

除仅用于输送雨水的管道外，内涂层的性能应符合 7.6 和 7.7 的规定。

## 6.3 密封要求

### 6.3.1 管道设计要求

正常运行状态下，包括可预见的外部负荷和接口运动(偏转、径向和轴向运动)，球铁管道在表 7 规定的压力下使用时，目测应无渗漏。

表 7　设计压力

| 运行类型 | 内部压力/MPa | | 连续状态下外部压力/MPa |
|---|---|---|---|
| | 连续状态下 | 偶然状态下 | |
| 重力 | 0～0.05 | 0.2 | 0.1 |
| 正压 | 参见附录 E 的 PFA | 参见附录 E 的 PMA | 0.1 |
| 负压 | −0.05 | −0.08 | 0.1 |

### 6.3.2　管道部件的密封性

在设计运行状态下使用时，球铁管、管件、检查室及人孔目测应无渗漏。

按照 8.5.1 检验时，正压管道用球铁管及管件应无泄露、出汗或其他可见缺陷。

按照 8.5.2 检验时，负压管道用球铁管及管件应无泄露、出汗或其他可见缺陷。

按照 8.5.3 检验时，重力管道用球铁管、管件、检查室及人孔应无泄露、出汗或其他可见缺陷。

### 6.4　表面质量

6.4.1　球铁管及管件的表面不应有裂纹、重皮。

6.4.2　承、插口密封工作面不应有连续的轴向沟纹，密封面以外的表面不影响使用的局部凸起应予验收。

6.4.3　带内衬球铁管及管件的内表面上的任何凸起高度不应超出内衬厚度的 1/2。

6.4.4　球铁管及管件外表面的局部凹陷、铸造缺陷以及毛刺、飞边清除后的壁厚不得小于最小壁厚。

6.4.5　对于球铁管、管件和附件表面不影响最小壁厚的缺陷和局部损伤，必要时可进行修复，例如焊补，修复后的球铁管、管件和附件应符合本标准的规定。

## 7　性能要求

### 7.1　总则

球铁管、管件和附件应进行 7.2～7.7 的性能型式试验。当同一尺寸范围组合的性能基于同种设计参数时，一种规格可以代表一组。如果某组中的产品设计和/或制造过程不同，应重新对该组进行分配组合。如果某组只有一种规格，这种规格可视为同种设计和生产工艺的邻组的一部分。

按照表 8 的规定进行型式试验时，每组中应至少取 1 种规格进行试验。

表 8　型式试验规格组合

单位为毫米

| 性能试验 | 规格组合 | | | | |
|---|---|---|---|---|---|
| 球铁管的纵向抗弯强度 | DN80～DN200 | — | — | — | — |
| 球铁管的径向刚度 | DN80～DN250 | DN300～DN600 | DN700～DN1000 | DN1100～DN2000 | DN2200～DN2600 |
| 重力管道的密封性 | | | | | |
| 内部正压下接口密封性 | | | | | |
| 内部负压下接口密封性 | | | | | |
| 外部正压下接口密封性 | | | | | |
| 内部循环压力下接口密封性 | | | | | |
| 耐化学腐蚀性 | DN80～DN2600 | | | | |
| 耐磨性 | | | | | |

### 7.2 纵向抗弯强度

按照9.1检验时，长度直径比(长度/直径)等于或大于25的球铁管应符合7.2.1和7.2.2的规定。

#### 7.2.1 使用状态下的完整性

球铁管应能承受表9中的最大工作弯矩而无残余变形，目测内外涂层无影响使用缺陷。

#### 7.2.2 抗弯曲性

按照7.2.1的规定试验后，球铁管应能承受表9中的极限弯矩而管壁无破损。

表9 试验弯矩

| DN/mm | 最大工作弯矩/(kN·m) | | 极限弯矩/(kN·m) | |
|---|---|---|---|---|
| | 重力球铁管 | 压力球铁管 | 重力球铁管 | 压力球铁管 |
| 80 | 4 | 5 | 7 | 9 |
| 100 | 6 | 8 | 11 | 13 |
| 125 | 9 | 12 | 16[a] | 20 |
| 150 | 13 | 16 | 22[a] | 28 |
| 200 | 23 | 30 | 38[a] | 51 |
| [a] 这些极限弯矩比使用注2公式计算出的弯矩低，以避免靠近支架的管壁发生局部变形。 | | | | |

注1：通过施加同一数值的载荷 $F$ 得到弯矩 $M$。

注2：弯矩由下式计算得到：

$$M = 0.25\pi \cdot 10^{-6} R_f \cdot D^2 \cdot e$$

式中：

$M$ ——弯矩，单位为千牛顿米(kN·m)；

$R_f$ ——管壁允许应力，单位为兆帕(MPa)；计算最大工作弯矩时 $R_f = 250$ MPa，计算极限弯矩时 $R_f = 420$ MPa；

$D$ ——球铁管的平均直径(DE-e)，单位为毫米(mm)；

$e$ ——球铁管的最小壁厚，单位为毫米(mm)(见表1)。

### 7.3 径向刚度

按照9.2试验时，球铁管应符合7.3.1和7.3.2的规定。

#### 7.3.1 使用状态下的完整性

球铁管的径向刚度不应小于表10的规定，即能够承受表10中的试验载荷，并且球铁管出现的径向变形符合表10的规定。内外涂层应无影响性能的缺陷，允许承受载荷区域上的外涂层出现局部损伤。

#### 7.3.2 抗径向变形性

按照7.3.1的规定试验后，球铁管应能承受7.3.1中得到的允许径向变形值的两倍而管壁无破损。

表 10　球铁管的径向刚度和径向变形

| DN/mm | 最小径向刚度 $S^a$/(kN/m²) | 试验载荷 $F^a$/(kN/m) | 管的允许径向变形/% | $e_{calc}$[b]/mm |
|---|---|---|---|---|
| 重力管道用球铁管 | | | | |
| 80 | 402 | 31.1 | 1.39 | 3.11 |
| 100 | 227 | 25.3 | 1.68 | 3.10 |
| 125 | 123 | 21.4 | 2.07 | 3.09 |
| 150 | 74 | 17.9 | 2.39 | 3.18 |
| 200 | 33 | 10.7 | 3.13 | 3.15 |
| 250 | 33 | 14.0 | 3.21 | 3.93 |
| 300 | 34 | 17.4 | 3.00 | 4.60 |
| 350 | 32 | 19.8 | 3.10 | 5.18 |
| 压力管道用球铁管 | | | | |
| 80 | 856 | 61.8 | 1.40 | 3.70 |
| 100 | 481 | 50.7 | 1.70 | 3.70 |
| 125 | 271 | 42.1 | 2.05 | 3.75 |
| 150 | 163 | 35.6 | 2.45 | 3.75 |
| 200 | 84 | 29.5 | 3.00 | 3.95 |
| 250 | 75 | 32.6 | 3.00 | 4.70 |
| 300 | 68 | 34.8 | 3.00 | 5.40 |
| 350 | 44 | 27.4 | 3.10 | 5.45 |
| 400 | 34 | 24.3 | 3.20 | 5.65 |
| 450 | 29 | 24.0 | 3.30 | 6.00 |
| 500 | 28 | 26.7 | 3.40 | 6.60 |
| 600 | 27 | 32.1 | 3.60 | 7.75 |
| 700 | 17 | 25.5 | 3.80 | 7.80 |
| 800 | 15 | 27.1 | 4.00 | 8.55 |
| 900 | 15 | 29.5 | 4.00 | 9.50 |
| 1 000 | 14 | 31.9 | 4.00 | 10.45 |
| 1 100 | 14 | 34.3 | 4.00 | 11.40 |
| 1 200 | 14 | 36.7 | 4.00 | 12.35 |
| 1 400 | 14 | 42.5 | 4.00 | 14.35 |
| 1 500 | 14 | 44.9 | 4.00 | 15.30 |
| 1 600 | 13 | 47.4 | 4.00 | 16.25 |
| 1 800 | 13 | 52.2 | 4.00 | 18.15 |
| 2 000 | 13 | 58.0 | 4.00 | 20.15 |
| 2 200 | 13 | 62.9 | 4.00 | 22.05 |
| 2 400 | 13 | 67.7 | 4.00 | 23.95 |
| 2 600 | 13 | 73.5 | 4.00 | 25.95 |

[a] 考虑到重力球铁管的最小壁厚较小，最小径向刚度与试验载荷略小于计算值。

[b] 计算 $S$ 值的管壁厚 $e_{calc}$ 等于球铁管的公称壁厚和最小壁厚的平均值。

注 1：径向变形等于球铁管在垂直方向的变形[单位为毫米，(mm)]除以其初始外径[单位为毫米，(mm)]再乘以 100。

**注 2**：径向刚度、垂直变形和试验载荷的关系如下：

$$S = 0.019\frac{F}{Y}$$

式中：

$S$——径向刚度，单位为千牛顿每平方米（$kN/m^2$）；

$F$——试验载荷，单位为千牛每米（kN/m）；

$Y$——垂直变形，单位为米（m）；

**注 3**：管的径向刚度 $S$ 由下式计算出：

$$S = 1\,000\frac{E \cdot I}{D^3} = 1\,000\frac{E}{12}\left(\frac{e_{calc}}{D}\right)^3$$

式中：

$S$ ——径向刚度，单位为千牛顿每平方米（$kN/m^2$）；

$E$ ——材质的弹性模量，单位为兆帕（MPa），（球墨铸铁的弹性模量为 170 000 MPa）；

$I$ ——每单位长度管壁的面积的二次矩，单位为立方米（$m^3$）；

$e_{calc}$——管的壁厚，单位为毫米（mm）；

$D$ ——管的平均直径（DE-$e_{calc}$），单位为毫米（mm）；

### 7.4 重力管道的密封性

按照 9.3 检验时，重力条件下球铁管、管件、检修室和人孔应密封。

### 7.5 接口的密封性

#### 7.5.1 总则

接口设计应进行密封型式试验，以保证即使在最不利的铸造公差和接口运动条件下，施加一定的内外压力，也能密封完好。

型式试验中，承插口密封面间的最大径向间隙（最大承口与最小插口连接）应为设计的最大间隙加上最大间隙的－5%～0，可以对承口内表面进行机械加工以达到要求。

所有承口应与插口一起进行型式试验，自插口端面起大于 2 倍公称直径值距离的球铁管壁厚应为设计的最小壁厚加上最小壁厚的 0～10%。允许对插口进行机械加工以达到要求的壁厚。

如果接口设计已进行过型式试验，供方有检验报告，且至少连续使用了 10 年，则只需在对接口密封有不利影响的设计改动时进行型式试验。

约束接口的型式试验应符合 ISO 10804-1 的规定。

#### 7.5.2 内部正压力

按照 9.4 检验内部正压力下接口的密封性时，压力管道的接口试验压力不应低于 PEA，重力和负压管道的接口试验压力不应低于 0.2 MPa。

接口应在下述 2 种情况下进行试验，在 2 h 的试验过程中，应无明显渗漏：

a) 接口应平直，拔出至供方说明书的允许值，且受到不小于 30 倍公称直径值剪切力的情况下，单位为牛顿（N）；

b) 接口偏转时，试验偏转角度应为：

——对于 DN80～DN300，不小于 3°30′；

——对于 DN350～DN600，不小于 2°30′；

——对于 DN700～DN2600，不小于 1°30′。

#### 7.5.3 内部负压力

按照 9.5 检验内部负压力下接口的密封性时，试验压力不应低于－0.09 MPa，接口在下述 2 种情况下 2 h 的试验过程中，压力变化不应大于 0.009 MPa。

a) 接口应平直，拔出至供方说明书的允许值，且受到不小于 30 倍公称直径值剪切力的情况下，单位为牛顿(N)；

b) 接口偏转时，试验偏转角度应为：

——对于 DN80～DN300，不小于 3°30′；

——对于 DN350～DN600，不小于 2°30′；

——对于 DN700～DN2600，不小于 1°30′。

### 7.5.4 外部正压力

按照 9.6 检验外部正压力下接口的密封性时，接口应平直，试验压力不应低于 0.2 MPa。当接口受到不小于 30 倍公称直径值的剪切力的情况下，单位为牛顿(N)，试验时间为 2 h，接口应无明显泄露。

### 7.5.5 内部循环正压力

按照 9.7 检验正压用途的接口在内部循环正压力下的密封性时，接口应平直，拔出至供方说明书的允许值，试验压力在 PMA 和(PMA-5)之间变换，经过 24 000 个循环周期后，接口应无明显泄露。

### 7.6 耐化学腐蚀性

除仅用于输送雨水的管道外，球铁管和管件按照 9.8 试验时，应分别暴露在酸溶液和碱溶液里各 6 个月。

6 个月试验后应满足下列条件：

——水泥砂浆内衬厚度的减少不应大于 0.2 mm；

——合成树脂涂层(涂覆在球铁管和管件的承口内表面和插口端外表面)应无明显裂纹、气泡或脱落。

——橡胶圈无明显裂纹；硬度、抗拉强度和延伸率应符合 GB/T 21873 的规定。

注：其他的涂层组合也可用相同的方法进行试验，在试验过程中应能调整 pH 值。

如果供方按照相关标准或协议对内衬进行过试验并有记录，且至少成功使用了 5 年，那么仅在涂层材质、种类或配方明显改变且可能对内衬性能有不利影响时，才要求按照 9.8 进行性能试验。

### 7.7 耐磨性

按照 9.9 试验时，5 000 个循环周期以后：

——水泥砂浆内衬的球铁管磨损深度不应大于 0.6 mm；

——合成树脂涂层的球铁管磨损深度不应大于 0.2 mm。

为了对管件的耐磨性进行试验，可将球铁管按管件进行涂覆，再按照 9.9 进行试验。

如果供方按照相关标准或协议对内衬进行过试验并有记录，且至少成功使用了 5 年，那么仅在涂层材质、种类或配方明显改变且可能对内衬性能有不利影响时，才要求按照 9.9 进行性能试验。

## 8 检测方法

### 8.1 尺寸

应采用合适的工具对球铁管、管件及附件的外径、内径、长度以及壁厚进行测量。外径用绕形量具、量规或专用量具测量；内径用卡尺、内径千分尺、样板等工具测量；长度用直尺或卷尺等工具测量；壁厚可以直接测量，也可用合适的工具间接测量。

注：从管模拔出球铁管时，可以采用目测颜色均匀度的方法目测壁厚的均匀性。

## 8.2 直线度

检验直线度的方法通常为目测。若有异议，可用以下方法检验。

球铁管在两个台架或滚轮上沿轴向滚动，台架或滚轮之间的间距不小于球铁管标准长度的2/3。确定直轴最大偏离点，在此点测量的偏离程度不应超过5.2中的限定值。

## 8.3 力学性能

### 8.3.1 拉伸试验

#### 8.3.1.1 本体试样

##### 8.3.1.1.1 离心球铁管

自管插口处取样，本体试样应与轴线平行，试样厚度应符合表11的规定。

##### 8.3.1.1.2 非离心球铁管、管件和附件

生产厂可自定取样方式，可以从整体铸件或附属铸件上取，也可从单独铸出的样品上取。后者应为相同工艺条件的铁液。如果铸件经过热处理，本体试样也应经过同样的热处理。试样厚度应符合表11的规定。

#### 8.3.1.2 试样

试样是通过机械加工试样中间部位的金属得到的，包括一个圆柱部分，圆柱直径应符合表11的规定。如果试样的规定直径大于本体试样最小厚度的60%，则允许用较小直径的加工试样或者从球铁管上较厚部分切割出另外一件本体试样。

试样标距至少为其直径的5倍，试样端部应适合安装在试验机上。

试样圆柱部分的表面粗糙度 $Ra$ 不得大于6.3。

生产厂可以选择下列两种方法中的一种加工试样。

方法A：

加工试样至其公称直径的±10%，试验前测量实际直径(±0.01 mm)，用测得的直径计算截面积和抗拉强度。

方法B：

在表11规定的直径偏差内加工试样至其公称面积 $S_0$，用 $S_0$ 计算抗拉强度。

**表11 本体试样厚度与试样直径**

| 铸件类型 | 试样 | | | |
|---|---|---|---|---|
| | 方法A | 方法B | | |
| | 公称直径/mm | 公称面积 $S_0$/mm² | 公称直径/mm | 直径偏差/mm |
| 离心球铁管实际壁厚 $e$/mm | | | | |
| <6 | 2.5 | 5 | 2.52 | ±0.01 |
| $6 \leqslant e < 8$ | 3.5 | 10 | 3.57 | ±0.02 |
| $8 \leqslant e < 12$ | 5 | 20 | 5.05 | ±0.02 |
| ≥12 | 6 | 30 | 6.18 | ±0.03 |

表 11（续）

| 铸 件 类 型 | 试 样 | | | |
|---|---|---|---|---|
| | 方法 A | 方 法 B | | |
| | 公称直径/mm | 公称面积 $S_0$/mm² | 公称直径/mm | 直径偏差/mm |
| 非离心球铁管、管件和附件： | | | | |
| 整体铸造本体试样 | 5 | 20 | 5.05 | ±0.02 |
| 分体铸造本体试样： | | | | |
| 铸件厚度<12 mm 时，试样厚度 12.5 mm | 6 | 30 | 6.18 | ±0.03 |
| 铸件厚度≥12 mm 时，试样厚度 25 mm | 12 或 14 | — | — | — |

8.3.1.3 设备与试验方法

拉伸试验机应有合适的支架或夹具固定试样以适应轴向拉力。试验时，试样在一定拉力范围内会断裂，因此试验机要有一个与之相应的力度范围。

拉力增速应控制在每秒 6 N/mm²～30 N/mm²。

试验后，可以用最大力除以试样截面积计算得出抗拉强度。把试样断裂的两部分拼在一起测量标距的伸长量，用标距的伸长量与初始标距相比求出伸长率。伸长率还可直接用引伸计测量。

8.3.1.4 试验结果数值的修约

试验结果数值的修约间隔应符合 GB/T 228.1 的规定，修约方法应符合 GB/T 8170 的规定。

注：不得将低于标准值的试验结果数值修约至标准值。

8.3.2 布氏硬度试验

应在铸件上或从该铸件切取的试样上进行布氏硬度试验。试样表面应光滑和平坦，并且不应有氧化皮及外界污物，尤其不应有油脂。布氏硬度试验应符合 GB/T 231.1 的规定。

8.4 涂覆

8.4.1 水泥砂浆内衬

水泥砂浆内衬的检验应符合 GB/T 17457 的规定，内衬水泥砂浆强度的检验应符合 GB/T 17671 的规定。

8.4.2 锌层

锌层的检验应符合 GB/T 17456.1 和 GB/T 17456.2 的规定。

8.4.3 聚氨酯涂层

聚氨酯涂层的检验应符合 GB/T 24596 的规定。

8.5 密封试验

8.5.1 正压管道用球铁管和管件的密封性试验

8.5.1.1 总则

试验应在内外涂覆前进行，锌层涂覆可在试验前进行。试验装置应适合规定的球铁管和/或管件的试验压力，并装有精度级别 2.5 级以上的压力表。

8.5.1.2　离心球铁管

应稳步升高内部水压直至至少达到如下试验压力：

——DN80～DN300：4.0 MPa；

——DN350～DN600：3.0 MPa；

——DN700～DN2600：2.5 MPa。

压力周期持续时间不应少于 15 s，其中保压时间不少于 10 s。

8.5.1.3　非离心球铁管和管件

由生产厂选择进行水压试验或气压试验。

水压试验的方法与离心球铁管相同(见 8.5.1.2)，试验压力应符合表 12 的规定。

表 12　非离心球铁管和管件的试验压力

| DN/mm | 最小试验压力[a]/MPa |
| --- | --- |
| 80～300 | 2.5[b] |
| 350～600 | 1.6 |
| 700～2 600 | 1.0 |

[a] 由于在试验过程中很难对较高内部压力的试件提供足够的约束，因此厂内水压试验压力比球铁管的要小。

[b] 带有 PN10 法兰的球铁管和管件的试验压力为 1.6 MPa。

进行气压试验时，内部压力至少为 0.1 MPa，目测时间不小于 10 s，可在铸件外表面均匀地涂抹泡沫剂或把铸件浸入水中进行渗漏检查。

8.5.2　负压管道用球铁管和管件的密封性试验

所有球铁管和管件均应进行气密性试验，内压至少为 0.1 MPa，管件的目测时间不少于 10 s，球铁管的目测时间不少于 60 s，可在铸件外表面均匀地涂抹泡沫剂或把铸件浸入水中进行渗漏检查。

8.5.3　重力管道用球铁管和管件的密封性试验

8.5.3.1　离心铸铁管

应稳定地升高内部水压直至达到 0.2 MPa 的试验压力。

压力周期总持续时间不应少于 15 s，包括达到试验压力时的 10 s。在水压试验过程中或结束后立即进行目视检查。

8.5.3.2　非离心球铁管、管件、检查井和人孔

重力管道用非离心球铁管、管件、检查井和人孔应符合 9.3 的性能要求。

8.6　表面质量

应目测检验球铁管、管件和附件的表面质量。

## 9 型式试验

### 9.1 纵向抗弯强度

试验在一根放在相距 4 m 的两个支架上的球铁管上进行(见图 8);通过一个垫块将载荷加在两个支架的中间位置。两个支架与垫块成 120°的"V"形,并用一层厚度 10 mm±5 mm、硬度不小于 50 IRHD 的弹性材料覆盖;垫块宽度不大于 100 mm。试验前,球铁管应在环境温度下浸入水中 24 h。

首先,稳步升高载荷直到球铁管受到表 9 中给出的最大工作弯矩,保持恒定 10 min。然后撤掉载荷,目测管身。

然后,在同一根球铁管上,稳步升高载荷直至其受到表 9 中给出的极限弯矩。加载速率不应超过 2 kN/s。保证载荷应施加 60 s。

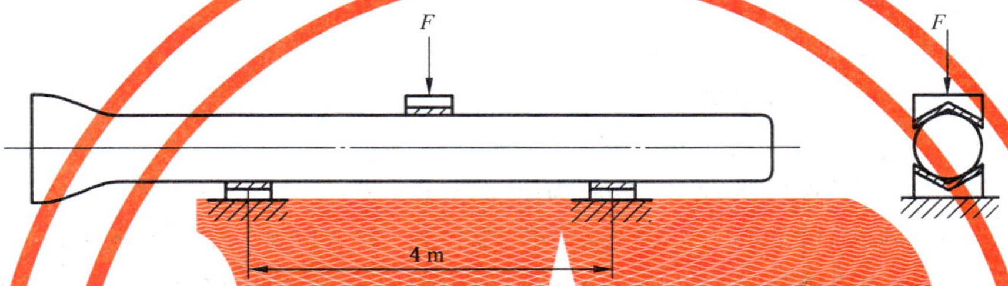


图 8 球铁管纵向抗弯强度试验示意图

### 9.2 径向刚度

试验应在从管身上切取的 500 mm±20 mm 长的一段球铁管上进行。管段应放在大约 200 mm 宽、600 mm 长,角度为 170°～180°的"V"形支架上(见图 9)。通过一个约 50 mm 宽、600 mm 长的受力梁将载荷作用在球铁管顶部,"V"形支架和受力梁均应覆盖一层厚度为 10 mm±5 mm、硬度不小于 50IRHD 的弹性材料。试验前,管段应在环境温度下浸入水中大约 24 h。

稳步升高载荷直至表 10 中的最小径向刚度对应的试验载荷,并保持 60 s。测量管段的垂直变形,计算出的径向变形不大于表 10 中的允许值。目测管段内外涂层有无影响性能的缺陷。

然后增加载荷至垂直变形达到上述测量值的两倍,保持载荷 60 s。

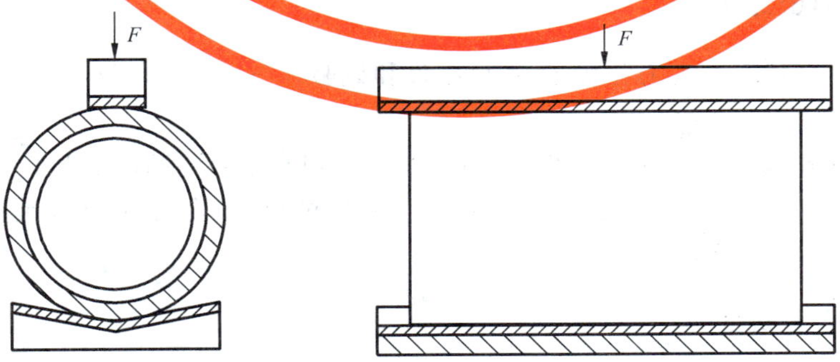


图 9 球铁管径向刚度试验示意图

### 9.3 重力管道用部件的密封性

配有合适的端口固定装置的球铁管、管件、检查室及人孔应注满水且适当地排出空气,接着内部水压升到 0.2 MPa 并保持稳定至少 2 h，在这期间进行泄漏检查。

试验应在室温下的涂覆过的产品上进行，可以和 9.4 的试验同时进行。

### 9.4 内部正压下接口的密封性

试验在两段球铁管的连接处进行，每段球铁管至少长 1 m（见图 10）。

不管接口处于平直、偏转还是承受载荷的状态下，试验装置均应有合适的边界约束。试验装置应配有精度级别 2.5 级以上的压力表。

若剪切力 $W$ 通过 120°V 形垫块作用于插口端，V 形垫块位置应取位于自承口端起 0.5 倍公称直径值或 200 mm 处两者的较大值。承口应压在水平支架上。剪切力 $W$ 由 $F$ 求出，作用于接口的垂直合力 $F$ 应符合 7.5.2 的规定。剪切力 $W$ 应由下列公式计算得出：

$$W = \frac{F \cdot c - M(c-b)}{c-a} \qquad \cdots\cdots(1)$$

式中：

$W$ ——剪切力，单位为牛顿（N）；

$F$ ——垂直合力，单位为牛顿（N）；

$M$ ——图 10 中左侧直管的重量，单位为牛顿（N）；

$a$、$b$、$c$ ——分别为图 10 中所示尺寸，单位为毫米（mm）。

受试组装件中应注满水并易于排气，压力持续增至 7.5.2 的规定值，压力增速不应超过0.1 MPa/s，试验压力在±0.05 MPa 范围内浮动至少保持 2 h，在此期间每 15 min 要对接口进行一次全面检查。

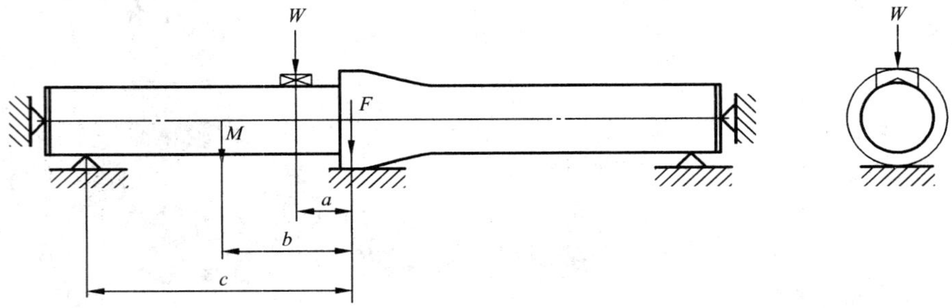


**图 10 内压下接口密封性试验示意图**

### 9.5 内部负压下接口密封性

不管接口处于平直状态还是偏转状态，受试组件和试验设备与 9.4 相同，管段应进行轴向约束以防止发生相对运动。

受试组件中排空水，抽空到 0.09 MPa 的负内压，然后与真空泵隔断。试验装置在真空下放置 2 h，2 h 后真空变化不超过 0.009 MPa。在 5 ℃～40 ℃下开始试验，试验期间，试验装置的温度变化应不大于 10 ℃。

### 9.6 外部正压下接口密封性

受试组件有两个连接在一起的管承口和一个双插口件构成（见图 11），形成一个环形腔，一个接口在内压力下进行试验，另一个接口可以在外压力下进行试验。

受试组件受到的垂直力 $W$ 应符合 7.5.4 的规定，通过 120°V 形垫块，分别有一半的力作用在受试组件两侧的插口部位。V 形垫块位置大约在自承口端起 0.5 倍公称直径值或 200 mm 处，取两者中的最大值。承口应放在水平支架上。

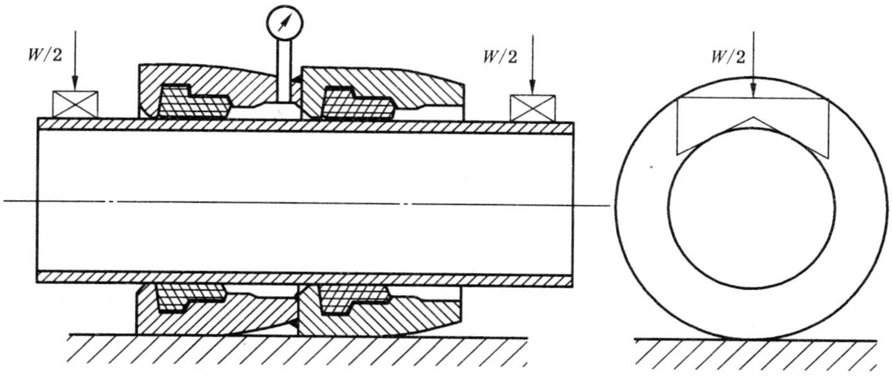


图 11 外部正压下接口密封性试验示意图

受试组件中注满水并易于排气，压力持续升至 7.5.4 中给出的试验压力，试验压力在±0.01 MPa 范围内至少保持 2 h，在此期间每 15 min 全面检查接口内壁一次。

## 9.7 内部循环正压力下接口密封性

受试组件及试验装置同 9.4，受试组件中应注满水并易于排气。

压力持续升至 PMA，然后根据下列压力循环进行自动监测：

a) 持续下降至(PMA－5)MPa；

b) 保持(PMA－5)MPa 压力至少 5 s；

c) 压力持续上升至 PMA；

d) 保持 PMA 至少 5 s。

记录循环次数，如果接口漏水应自动终止试验。约束接口试验时，应每 15 min 测量一次插口的轴向运动。

试验期间应采取一切必要的安全防护措施。

## 9.8 耐化学腐蚀性

### 9.8.1 试验组件

对试验组件进行两种试验(见图 12)，组件包括：

——带有水泥砂浆内衬的管段，管段上有一个合成树脂涂层的承口；

——涂覆过的管件插口；

——橡胶圈。

管段和插口的规格为 DN200，管段长度为 0.5 m±0.1 m，管件插口的长度为 0.4 m±0.1 m。

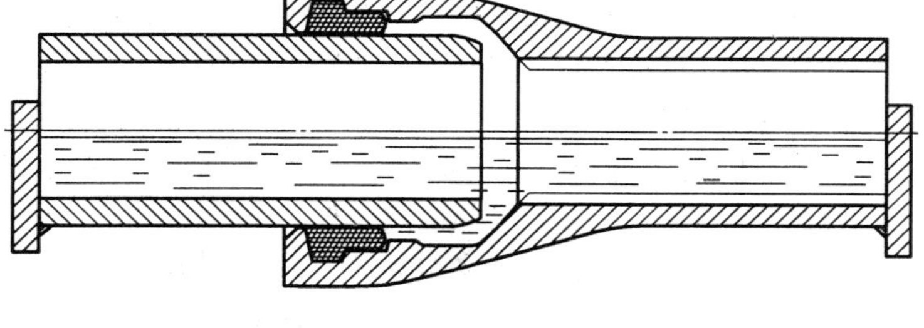

图 12 耐化学腐蚀性试验示意图

### 9.8.2 试验步骤

应使用硬塑料刷子和空压风对水泥砂浆内衬管段进行内部清理，除去散砂和砂浆碎屑。试验前，球铁管在环境温度下浸在水中大约 24 h。处理后，按 9.8.3 测量出水泥砂浆内衬的初始厚度。

水平放置两个受试件：

——第一个用 pH 值为 3 的硫酸溶液注到球铁管的一半高度；

——第二个用 pH 值为 13 的氢氧化钠溶液注到球铁管的一半高度。

溶液以大约(1±0.5)L/min 的流速在试验组件中流动，试验温度为(18±2)℃。

应经常对溶液的 pH 值进行监控和调整，确保 pH 值的变化(相对于初始值)不大于±0.3。

加入软水或去离子水对 $Ca^{2+}$ 浓度进行监控和调整，浓度不应大于 200 mg/L。

### 9.8.3 测量

测量前将水泥砂浆内衬球铁管在环境温度下浸在水中大约 24 h。沿两条纵向线测量水泥砂浆内衬的厚度，这两条线位于 5 点和 7 点两个位置，在每条线上均匀分布 15 个测量点。试验前后的测量点的位置应是相同的，建议使用模板确定。使用电磁仪器测量厚度。

### 9.8.4 试验结果

计算出的水泥砂浆内衬的变化就是试验前后每个测量点上初始厚度变化的平均值。

对水泥砂浆内衬、合成树脂涂层以及橡胶密封圈进行观测和测量，以检验是否符合 7.6 的规定。

## 9.9 耐磨性

### 9.9.1 水泥砂浆内衬

试验应在一个 1 m 长的 DN200 的管段上进行，装入试验介质后两端密封。水泥砂浆内衬管段应使用硬塑料刷子和空压风进行内部清理，除去散砂粒和砂浆碎屑。

试验前，将内衬管段在环境温度下浸在水中大约 24 h。

沿 6 点位置的纵向线测量出水泥砂浆内衬的厚度，在每条线上均匀分布 15 个测量点，不包括两端各 150 mm 范围。试验前后测量点的位置应是相同的，建议使用模板确定。使用电磁仪器测量厚度。

试验材料应为天然硅质砂，达到高于仰拱 38 mm±2 mm 的高度，管内有足够的水达到同一高度。砂粒应为圆形且没有经过破碎，直径为 2 mm～10 mm，平均直径约为 6 mm。

将管段水平固定在试验装置上，此装置能使管段每 3 s～5 s 倾斜+22.5°和−22.5°。

50 000 个循环周期后检查管段。根据试验前后厚度平均值的差计算出水泥砂浆内衬的磨损深度。

### 9.9.2 合成树脂内衬

试验应在一个 1 m 长的 DN200 的管段上进行，装入试验介质后两端密封。

沿 6 点位置的纵向线测量出合成树脂内衬的厚度，在每条线上均匀分布 15 个测量点，不包括两端各 150 mm 范围。试验前后测量点的位置应是相同的，建议使用模板确定。使用电磁仪器测量厚度。

试验材料应为天然硅质砂，达到高于仰拱 38 mm±2 mm 的高度，管内有足够的水达到同一高度。砂粒应是圆形且没有经过破碎，直径为 2 mm～10 mm，平均直径约为 6 mm。

将管段水平固定在试验装置上，此装置能使试样每 3 s～5 s 倾斜+22.5°和−22.5°。

50 000 个循环周期后检查管段，根据试验前后厚度平均值之间的差计算出合成树脂内衬的磨损深度。

# 10 检验规则

## 10.1 检查和验收

球铁管和管件的检查和验收，由供方技术质量监督部门进行。必要时，需方可到供方进行质量验收。

## 10.2 组批规则

### 10.2.1 球铁管

球铁管应按批进行检查和验收。球铁管每批应由同一公称直径、同一接口型式、同一定尺长度、同一退火制度的球铁管组成。每批最大数量应符合表13的规定。

表13 每批最大数量

| 铸件类型 | DN/mm | 每批最大数量 |
|---|---|---|
| 离心球铁管 | 100～300 | 200根 |
| | 350～600 | 100根 |
| | 700～1 000 | 50根 |
| | 1 100～2 600 | 25根 |
| 非离心球铁管、管件和附件[a] | 100～2 600 | 4t |
| [a] 铸件重量不包括冒口。 | | |

### 10.2.2 管件

管件应按批进行检查和验收。每批应由同一炉铁液、同一造型工艺生产的管件组成，每批最大数量应符合表13的规定。

## 10.3 取样数量

10.3.1 应逐根(件)对球铁管和管件的尺寸、直线度、表面质量、涂覆质量、密封试验进行检验。

10.3.2 球铁管和管件每批任取一根(件)试样，进行拉伸试验和布氏硬度试验。

## 10.4 判定和复验规则

拉伸试验结果不符合表6的规定时，供方应按下列规定进行：

(1) 检查力学性能未达到要求的原因，确定此批铸件是进行重新热处理还是报废。重新热处理后的铸件需按8.3进行再次检验。

注：供方可对报废批铸件进一步试验分析，以减少报废数量。

(2) 如对试棒有争议，可做进一步的试验。如果试验通过，则该批合格；如果未通过试验，可选择(1)中的方法。

# 11 标记和质量证明书

## 11.1 颜色

污水用球铁管、管件及附件应用褐色、红色或灰色进行标识。

## 11.2 标记

所有球铁管与管件都应有清晰持久的标记。标记至少应有以下内容：

——生产厂名称或商标；

——生产年份；

——铸铁材质；

——公称直径 DN；

——法兰 PN 值；

——标准编号；

——插口插入深度标识；

——产品批号；

——球铁管可切割标识；

——用途标识(重力或有压)。

以上前五项要铸出或冷冲,后五项可用任何方法进行喷印或打印。

## 11.3 质量证明书

产品出厂时应附有产品质量证明书,证明书至少应包括以下内容：

——生产厂名称或商标；

——标准编号；

——产品名称、规格；

——产品批号；

——水压试验数值和/或气密性试验数值；

——力学性能数值；

——内外涂层种类。

# 附 录 A
## （资料性附录）
## 本标准与 ISO 7186:1996 章条编号对照

表 A.1 给出了本标准与 ISO 7186:1996 章条编号对照一览表。

**表 A.1 本标准与 ISO 7186:1996 章条编号对照**

| 本标准章条编号 | 对应的国际标准章条编号 |
|---|---|
| 1 | 1 |
| 2 | 2 |
| 3 | 3 |
| 4.1 | 4.1.1 |
| 4.2 | 4.1.3 |
| 4.3 | — |
| 5.1 | 4.2、8 |
| 5.2 | 4.2.4 |
| 6.1 | 4.3.1 |
| 6.2 | 4.4、4.5 |
| 6.3 | 5.1、5.2 |
| 6.4 | 4.1.2 |
| 7.1 | — |
| 7.2 | — |
| 7.3 | — |
| 7.4 | 5.2 |
| 7.5 | 5.3 |
| 7.6 | — |
| 7.7 | — |
| 8.1 | 6.1 |
| 8.2 | 6.2 |
| 8.3 | 6.3 |
| 8.4 | — |
| 8.5 | 6.5 |
| 8.6 | — |
| 9.1 | — |
| 9.2 | — |
| 9.3 | 7.1 |
| 9.4 | 7.2 |

表 A.1（续）

| 本标准章条编号 | 对应的国际标准章条编号 |
| --- | --- |
| 9.5 | — |
| 9.6 | 7.3 |
| 9.7 | — |
| 9.8 | — |
| 9.9 | — |
| 10 | 6.3.5 |
| 11 | 4.1.4、4.6 |
| 附录 A | — |
| 附录 B | — |
| 附录 C | — |
| 附录 D | — |

# 附　录　B
# （资料性附录）
# 本标准与 ISO 7186:1996 技术性差异及其原因

表 B.1 给出了本标准与 ISO 7186:1996 技术性差异及其原因一览表。

**表 B.1　本标准与 ISO 7186:1996 技术性差异及其原因**

| 本标准章条编号 | 技术性差异 | 原　因 |
|---|---|---|
| 1 | 相对压力单位改为“MPa” | “巴”不是国际计量单位 |
| | 增加了“本标准规定了……质量证明书” | 适应我国标准要求 |
| 2 | 关于规范性引用文件，本标准做了具有技术性差异的调整，调整的情况集中反映在第 2 章“规范性引用文件”中，具体调整如下：<br>——增加了引用 GB/T 24596（见 6.2.2.1）、GB/T 8170（见 8.3.1.4） | 适应我国技术条件 |
| 4.3 | 增加了球铁管 C 级别分类要求 | 和国际标准接轨 |
| 5.1.1.4 | 增加了约束接口要求 | 扩大了使用接口的范围 |
| 5.1.4 | 改变了壁厚公称值及偏差公式 | 和国际标准接轨 |
| 5.1.2 | 增加了可切割管的规定 | 便于实际操作 |
| 5.1.5.1 | 增加了判断短尺管的具体要求 | 适应我国国情 |
| 6.2 | 只给出了管和管件常用的内外涂层的种类 | 方便用户使用 |
| 6.4 | 增加了表面质量要求 | 方便质量验收，提高操作性 |
| 7.1 | 增加了纵向抗弯强度、径向刚度、内部循环正压力下的密封性、耐化学腐蚀性以及耐磨性的规定 | 提高了产品质量 |
| 8.2 | 增加了检验直线度方法通常为目测 | 提高操作性 |
| 8.3.1.4 | 增加了拉伸试验结果的修约要求 | 方便质量验收 |
| 9 | 增加了纵向抗弯强度、径向刚度、内部循环正压力下的密封性、耐化学腐蚀性以及耐磨性的试验方法 | 便于试验操作 |
| 9.7 | 增加了内部循环正压力下的密封试验方法 | 便于试验操作 |
| 10.1 | 增加了管和管件检验和验收由供方技术监督部门进行。必要时，需方可到供方进行质量验收 | 适应我国标准要求 |
| 10.3 | 增加了取样数量的规定 | 提高了操作性 |
| 11.3 | 增加了质量证明书的规定 | 适应我国标准要求 |
| 附录 A | 增加了本标准与国际标准章条对照 | 适应我国标准编写要求 |
| 附录 B | 增加了本标准与国际标准技术性差异及其原因 | 适应我国标准编写要求 |
| 附录 C | 增加了外涂层的选择条件 | 便于用户选择涂层种类 |
| 附录 D | 增加了内涂层的选择条件 | 便于用户选择涂层种类 |
| 附录 E | 修改了压力用途污水管道的允许压力 | 要求更完整、更具体 |

# 附　录　C
（资料性附录）
外部保护

外部运行环境下，腐蚀性特征因素包括：

——电阻率；

——pH值；

——地下水位；

——杂散电流；

——电化学腐蚀；

——污染物。

# 附 录 D
（资料性附录）
## 内部保护

污水的腐蚀性特征因素包括：

——pH 值；

——硫酸盐($SO_4^{2-}$)；

——腐蚀性 $CO_2$；

——氯化物($Cl^-$)；

——镁离子 $Mg^{2+}$；

——氨基 $NH^{4+}$。

# 附 录 E
## （资料性附录）
## 压力污水管道的允许压力

### E.1 总则

带有柔性接口的部件应按照允许工作压力（PFA）进行分级，前面加上字母 C。

带有法兰接口的部件应按照法兰的 PN 值进行分级。

允许压力间的关系如下所示：

（a） PFA

$$PFA=\frac{20\cdot e_{min}\cdot R_m}{D\cdot S_f} \qquad \cdots\cdots(E.1)$$

其中：

$e_{min}$——球铁管最小壁厚，单位为毫米（mm）；

$D$ ——球铁管平均外径（DE－$e_{min}$），单位为毫米（mm）；

$R_m$——球铁管最小抗拉强度，单位为兆帕（MPa）；（$R_m$＝420 MPa）；

$S_f$：安全系数 3。

（b） PMA

$$PMA=1.2\times PFA \qquad \cdots\cdots(E.2)$$

（c） PEA

$$PEA=1.2\times PFA+5 \qquad \cdots\cdots(E.3)$$

管线系统内的允许压力应为管线系统内所有部件的最低压力等级。

### E.2 首选压力等级

柔性接口部件的首选压力等级为 C25、C30 和 C40。也可以采用其他的压力等级，包括 C20、C50、C64 和 C100。首选压力等级（白色部分）和其他压力等级（灰色部分）应符合表 E.1 的规定。

法兰接口部件的首选压力等级为 PN10、PN16、PN25 和 PN40。

**表 E.1 球铁管的首选等级和其他等级**

| DN/mm | DE/mm | 公称壁厚/mm | | | | | | |
|---|---|---|---|---|---|---|---|---|
| | | C20 | C25 | C30 | C40 | C50 | C64 | C100 |
| 40 | 56 | — | — | — | 4.4 | 4.4 | 4.4 | 4.4 |
| 50 | 66 | — | — | — | 4.4 | 4.4 | 4.4 | 4.4 |
| 60 | 77 | — | — | — | 4.4 | 4.4 | 4.4 | 4.4 |
| 65 | 82 | — | — | — | 4.4 | 4.4 | 4.4 | 4.4 |
| 80 | 98 | — | — | — | 4.4 | 4.4 | 4.4 | 4.8 |
| 100 | 118 | — | — | — | 4.4 | 4.4 | 4.4 | 5.5 |

表 E.1（续）

| DN/mm | DE/mm | 公称壁厚/mm | | | | | | |
|---|---|---|---|---|---|---|---|---|
| | | C20 | C25 | C30 | C40 | C50 | C64 | C100 |
| 125 | 144 | — | — | — | 4.5 | 4.5 | 4.8 | 6.5 |
| 150 | 170 | — | — | — | 4.5 | 4.5 | 5.3 | 7.4 |
| 200 | 222 | — | — | — | 4.7 | 5.4 | 6.5 | 9.2 |
| 250 | 274 | — | — | — | 5.5 | 6.4 | 7.8 | 11.1 |
| 300 | 326 | — | — | — | 6.2 | 7.4 | 8.9 | 12.9 |
| 350 | 378 | — | — | 6.3* | 7.1 | 8.4 | 10.2 | 14.8 |
| 400 | 429 | — | — | 6.5* | 7.8 | 9.3 | 11.3 | 16.5 |
| 450 | 480 | — | — | 6.9 | 8.6 | 10.3 | 12.6 | 18.4 |
| 500 | 532 | — | — | 7.5 | 9.3 | 11.2 | 13.7 | 20.2 |
| 600 | 635 | — | — | 8.7 | 10.9 | 13.1 | 16.1 | 23.8 |
| 700 | 738 | — | 8.8* | 9.9 | 12.4 | 15.0 | 18.5 | 27.5 |
| 800 | 842 | — | 9.6 | 11.1 | 14.0 | 16.9 | 21.0 | — |
| 900 | 945 | — | 10.6 | 12.3 | 15.5 | 18.8 | 23.4 | — |
| 1 000 | 1 048 | 9.8 | 11.6 | 13.4 | 17.1 | 20.7 | — | — |
| 1 100 | 1 152 | 10.6 | 12.6 | 14.7 | 18.7 | 22.7 | — | — |
| 1 200 | 1 255 | 11.4 | 13.6 | 15.8 | 20.2 | — | — | — |
| 1 400 | 1 462 | 13.1 | 15.7 | 18.2 | — | — | — | — |
| 1 500 | 1 565 | 13.9 | 16.7 | 19.4 | — | — | — | — |
| 1 600 | 1 668 | 14.8 | 17.7 | 20.6 | — | — | — | — |
| 1 800 | 1 875 | 16.4 | 19.7 | 23.0 | — | — | — | — |
| 2 000 | 2 082 | 18.1 | 21.8 | 25.4 | — | — | — | — |
| 2 200 | 2 288 | 19.8 | 23.8 | — | — | — | — | — |
| 2 400 | 2 495 | 21.4 | 25.8 | — | — | — | — | — |
| 2 600 | 2 702 | 23.1 | 27.9 | — | — | — | — | — |

* 在 C40 和 C30 之间或 C30 和 C25 之间过渡的规格，其壁厚比计算壁厚大。

## E.3 允许压力

### E.3.1 承插直管

承插直管的允许压力应符合表 E.2 的规定。

表 E.2 承插直管的允许压力

| DN | 最小壁厚/mm | PFA/MPa | PMA/MPa | PEA/MPa |
|---|---|---|---|---|
| 80 | 3 | 4.0 | 4.8 | 5.3 |
| 100 | 3 | 4.0 | 4.8 | 5.3 |
| 125 | 3 | 4.0 | 4.8 | 5.3 |
| 150 | 3 | 4.0 | 4.8 | 5.3 |
| 200 | 3.2 | 4.0 | 4.8 | 5.3 |
| 250 | 3.9 | 4.0 | 4.8 | 5.3 |
| 300 | 4.6 | 4.0 | 4.8 | 5.3 |
| 350 | 4.7 | 3.0 | 3.6 | 4.1 |
| 400 | 4.8 | 3.0 | 3.6 | 4.1 |
| 450 | 5.1 | 3.0 | 3.6 | 4.1 |
| 500 | 5.7 | 3.0 | 3.6 | 4.1 |
| 600 | 6.8 | 3.0 | 3.6 | 4.1 |
| 700 | 6.8 | 2.5 | 3.0 | 3.5 |
| 800 | 7.5 | 2.5 | 3.0 | 3.5 |
| 900 | 8.4 | 2.5 | 3.0 | 3.5 |
| 1 000 | 9.3 | 2.5 | 3.0 | 3.5 |
| 1 100 | 10.2 | 2.5 | 3.0 | 3.5 |
| 1 200 | 11.2 | 2.5 | 3.0 | 3.5 |
| 1 400 | 13.0 | 2.5 | 3.0 | 3.5 |
| 1 500 | 13.9 | 2.5 | 3.0 | 3.5 |
| 1 600 | 14.8 | 2.5 | 3.0 | 3.5 |
| 1 800 | 16.6 | 2.5 | 3.0 | 3.5 |
| 2 000 | 18.5 | 2.5 | 3.0 | 3.5 |
| 2 200 | 20.3 | 2.5 | 3.0 | 3.5 |
| 2 400 | 22.1 | 2.5 | 3.0 | 3.5 |
| 2 600 | 24.0 | 2.5 | 3.0 | 3.5 |

### E.3.2 法兰管

法兰管的允许压力应符合表 E.3 的规定。

表 E.3 法兰管的允许压力

| 压力等级<br>PN | PFA/MPa | PMA/MPa | PEA/MPa |
|---|---|---|---|
| 10 | 1.0 | 1.2 | 1.7 |
| 16 | 1.6 | 2.0 | 2.5 |
| 25 | 2.5 | 3.0 | 3.5 |
| 40 | 4.0 | 4.8 | 5.3 |

ICS 17.220.20
H 21

# 中华人民共和国国家标准化指导性技术文件

GB/Z 26082—2010

# 纳米材料直流磁化率（磁矩）测量方法

**Measuring method for DC magnetic susceptibility（magnetic moment）of nanomaterials**

2011-01-10 发布　　2011-10-01 实施

中华人民共和国国家质量监督检验检疫总局
中国国家标准化管理委员会　发布

# 前　言

本指导性技术文件由中国科学院提出。

本指导性技术文件由全国纳米技术标准化技术委员会纳米材料分技术委员会(SAC/TC 279/SC 1)归口。

本指导性技术文件起草单位:中国科学院物理研究所国家超导重点实验室。

本指导性技术文件主要起草人:张鹰子、闻海虎。

# 纳米材料直流磁化率(磁矩)测量方法

## 1 范围

本指导性技术文件规定了测量纳米材料直流磁化率(磁矩)的术语及定义、样品制备及测量、测量仪器、测量步骤和试验报告等。

本指导性技术文件适用于利用电磁感应定律制造的超导量子干涉器磁强计及振动样品磁强计测量纳米材料的直流磁化率(磁矩)。亚微米尺度范围的材料也可参照本标准执行。

## 2 规范性引用文件

下列文件中的条款通过本指导性技术文件的引用而成为本指导性技术文件的条款。凡是注日期的引用文件,其随后所有的修改单(不包括勘误的内容)或修订版均不适用于本指导性技术文件,然而,鼓励根据本指导性技术文件达成协议的各方研究是否可使用这些文件的最新版本。凡是不注日期的引用文件,其最新版本适用于本指导性技术文件。

GB/T 19619 纳米材料术语

## 3 术语及定义

GB/T 19619 确立的以及下列术语定义适用于本指导性技术文件。

3.1

**磁矩 magnetic moment**

在磁场作用下能发生变化并反过来影响磁场的介质,叫磁介质。对任一磁性物质而言,由电流产生磁矩的最小单位为原子。原子因藉由电子的自旋及环绕着原子核的运动而产生磁矩。磁矩方向可由右手定则确定。其表达式见式(1):

$$\vec{m}_j = \vec{A}_j i \qquad \cdots\cdots(1)$$

式中:

$\vec{m}_j$——磁矩矢量,单位为安培平方米(A·m$^2$);

$\vec{A}_j$——电流 $i$ 所包围之封闭面积矢量,单位为平方米(m$^2$);

$i$——封闭路径上电流,单位为安培(A)。

依据磁矩在外加磁场作用时的不同表现,通常可以简单将物体区分成下列三类物质:

a) 抗磁性物质:当在外加磁场作用时,物体本身所产生的磁化方向与外加场相反;

b) 顺磁性物质:当在外加磁场作用时,物体本身所产生的磁化方向与外加场相同;

c) 铁磁性物质:当在外加磁场作用时,物体本身所产生极强的磁化且方向与外加场一致。铁磁性物质又分为软磁质和硬磁质。

3.2

**磁化强度 magnetization**

单位体积的磁化物质内的总磁矩,其表达式见式(2):

$$\vec{M} = \sum_j \vec{m}_j / V \qquad \cdots\cdots(2)$$

式中:

$\vec{M}$——磁化强度矢量,单位为安培每米(A/m);

$V$——磁化物质的体积,单位为立方米(m$^3$)。

3.3

**磁化率 susceptibility**

常用的有三种，分别为体积磁化率、质量磁化率、摩尔磁化率。

3.3.1

**体积磁化率 volume susceptibility**

单位磁场中的磁化强度，其表达式见式(3)：

$$\chi = M/H \qquad (3)$$

式中：

$\chi$——体积磁化率，无量纲；

$M$——磁化物质的磁化强度，单位为安培每米(A/m)；

$H$——外加磁场强度，单位为安培每米(A/m)。

3.3.2

**质量磁化率 mass susceptibility**

单位质量与单位磁场中的磁矩，其表达式见式(4)：

$$\chi_\rho = M/(\rho H) = \chi/\rho = m/(\rho V H) \qquad (4)$$

式中：

$\chi_\rho$——磁化物质的质量磁化率，单位为立方米每千克($m^3/kg$)；

$m$——磁化物质的磁矩，单位为安培平方米($A \cdot m^2$)；

$\rho$——磁化物质的质量密度，单位为千克每立方米($kg/m^3$)。

3.3.3

**摩尔磁化率 molar susceptibility**

单位摩尔与单位磁场中的磁矩，其表达式见式(5)：

$$\chi_{mol} = mM_{mol}/(\rho V H) \qquad (5)$$

式中：

$\chi_{mol}$——磁化物质的摩尔磁化率，单位为立方米每摩尔($m^3/mol$)；

$M_{mol}$——磁化物质的摩尔质量，单位为千克每摩尔(kg/mol)。

3.4

**电磁感应定律 law of electromagnetic induction**

3.4.1

**磁通量 magnetic flux**

在磁场中，单匝导线回路所圈定的磁通量表达式见式(6)：

$$\Phi_j = \int_{A_j} \vec{B} d\vec{A}_j = \int_{A_j} (\mu_0 \vec{H} + \mu_0 \vec{M}) d\vec{A}_j \qquad (6)$$

式中：

$\Phi_j$——磁通量，单位为韦伯(Wb)；

$A_j$——回路圈定的面积，单位为平方米($m^2$)；

$\mu_0$——真空磁导率($\mu_0 = 4\pi \times 10^{-7}$ H/m)，单位为亨每米(H/m)；

$B$——磁感应强度，单位为特斯拉(T)。

3.4.2

**感应电动势 induction electromotive force**

由于磁通量的变化而产生的电动势。感应电动势与磁通量之间定量关系的描述被称为法拉第电磁感应定律。导体路中感应电动势的大小，与穿过回路的磁通量的变化率成正比。对单匝回路而言，其感应电动势的表达式见式(7)：

$$\varepsilon_j = -\frac{\mathrm{d}\Phi_j}{\mathrm{d}t} \qquad \cdots\cdots (7)$$

式中：

$\varepsilon_j$ ——感应电动势，单位为伏特(V)；

$\Phi_j$——磁通量，单位为韦伯(Wb)。

对 $N$ 匝串连的回路(线圈)而言，其总感应电动势表达式见式(8)：

$$\varepsilon = -\sum_{j=1}^{N}\frac{\mathrm{d}\Phi_j}{\mathrm{d}t} \qquad \cdots\cdots (8)$$

## 4 样品制备及测量

### 4.1 样品制备

利用现有的超导量子干涉器磁强计(SQUID)和振动样品磁强计(VSM)，由于受其测量灵敏度的限制，不可能对单一的纳米级的颗粒进行磁化率测量。因此要把足够数量的纳米颗粒一起封装在磁化率很小的特定胶囊中压紧并密封以便于测量，或把纳米粉末压制成纳米块材用于测量。测量结果与纳米颗粒的平均尺度及相应的胶囊或块材尺度有关。我们可以取一个长径比较大的胶囊封装纳米粉末或压制长径比较大的纳米块，测量中使磁场平行于轴心。纳米材料数量的多少直接影响到测量的准确度。通常，应综合考虑测量仪器的尺度、量程、测量准确度及纳米材料具体数量来进行测量。测量结果是一个宏观量，具有统计平均的意义，并且与纳米颗粒的平均尺度及相应的尺度分布有关。对于纳米线、纳米管、纳米棒、纳米纤维、纳米箔带、纳米晶片、生长在基片上的纳米薄膜等测量应该考虑样品各向异性的影响，如晶体的轴向、磁场方向、退磁因子等。

### 4.2 样品的磁性测量

对于纳米材料，通常是测量其质量磁化率或摩尔磁化率，这是因为对于大量的纳米颗粒体积磁化率的测量，应该考虑实际测量体积与理想体积的不同所引起的测量误差。测量被测物质的磁矩在给定磁场下随温度的变化，可以用来确定被测物质的属性，如顺磁性、抗磁性、铁磁性、反铁磁性，亚铁磁性与超导性等，导出磁化率(磁矩)与温度的函数关系。确定各种材料的特征温度，如临界温度、相变温度、居里温度与尼尔温度等。测量被测物质的磁矩在给定温度下随磁场的变化，可以用来确定被测物质的性能参数，如矫顽力、磁滞损耗、磁通钉扎、超导临界磁场、与磁化曲线等。对于测量各种材料的直流磁化率，实际上并非直接测量其直流磁化率，而是直接测量其磁矩。具体的直流磁化率计算是根据其样品的质量、体积、质量密度及相对分子质量计算完成。

#### 4.2.1 样品的磁化率与温度关系

样品可以简单分为抗磁性物质($\chi<0$)或顺磁性物质($\chi>0$)，对于给定磁场，测量磁化物质的磁矩与温度关系，经过换算即可获得磁化物质的磁化率与温度的对应关系。

#### 4.2.2 样品的磁滞回线

给定温度，当外磁场循环变化时($0\to H\to 0\to -H\to 0$)，样品的磁感应强度 $B$ 或磁化强度 $M$ 的变化轨迹。

#### 4.2.3 样品的磁驰豫

给定磁场、温度及时间长度，测量样品的磁化性质随时间的变化。

## 5 测量仪器

测试仪器应定期检测，未经自检或送检的仪器不能作为有效仪器使用。

**注**：仪器常用单位：1 Gs$=10^{-4}$ T，1 emu$=10^{-3}$ A·m$^2$，1 Oe$=10^3/4\pi$ A/m

5.1 磁强计

5.1.1 超导量子干涉器磁强计(SQUID)

超导量子干涉器磁强计是利用约瑟夫森效应制成的器件,是高灵敏度的磁探测器件。样品在磁场中产生的磁矩,通过传输系统的上下运动,使探测线圈中的磁通量产生变化。根据电磁感应定律,探测线圈产生感应电动势,该电动势与磁通量变化率成比例,经放大及线圈耦合形成超导量子干涉器磁强计测得的信号。利用特定公式对一个循环周期(或多循环周期平均成一个循环周期)的信号集合进行数字拟和,即可获得样品的磁矩。超导量子干涉器磁强计的磁矩微分精度为:$\leqslant 10^{-8}$ emu(在测量范围0.25 T以内),$\leqslant 6\times10^{-8}$ emu(在测量范围7 T以内)。

5.1.2 振动样品磁强计(VSM)

振动样品磁强计是利用样品在探测线圈内上下作周期性高频振动,使探测线圈中的磁通量产生周期性变化,从而生成出感应电动势。该电动势信号与磁矩成比例。振动样品磁强计的微分精度通常比超导量子干涉器磁强计的精度大一个数量级。

5.2 分析天平

所用测量仪器为准确度好于0.5 %,灵敏度好于0.1 mg的电子天平。

5.3 几何尺寸测量仪器

尺寸测量可以用扫描电镜(SEM)、扫描隧道显微镜(STM)、原子力显微镜(AFM)、透射电镜(TEM)等。

## 6 测量步骤

测量通常是由计算机控制下的仪表进行数据采集。数据由计算机保存。数据文件应包括:文件名、测量时间、样品特性、样品尺寸、测量温度、测量结果等相关测量条件。

测量步骤如下:

a) 样品封装,封装时注意不要用铁磁性工具操作,不要有任何可能的人为污染。纳米粉应用磁化率低于$10^{-7}$ emu的材料进行封装定位,并注意封装的对称性;

b) 实验室的温度是否满足23 ℃±5 ℃;

c) 实验室的湿度是否在70%以下;

d) 检查磁强计剩场:通常利用振荡模式退场后,磁体剩场小于5 Gs;磁强计的剩场可以利用高斯计来确定或利用标准样品进行曲线比对分析;如果异常,应考虑:

 1) 对磁体的屏蔽合金进行退磁;

 2) 对磁体进行重置;

e) 检查样品腔的真空密封状况及样品安装过程是否规范:若有样品腔有漏气或气体吸附现象,会在40 K~60 K测量范围内发现顺磁峰(氧峰)。需要排除异常及把样品腔的温度升至室温除气后才能继续测量;

f) 检查试验磁强计及线路是否有良好电磁环境屏蔽;

g) 检查磁强计预备待测条件是否完备;

h) 按仪器操作程序规程安装样品于恰当的测量位置;

i) 按测量需求编写测量程序;

j) 检查测量程序;

k) 确定上述步骤无误后,启动测量;

l) 测量后,确定测量无误后,书写试验报告。

## 7 试验报告

试验报告一般应包括以下内容：

a） 标准编号；

b） 委托单位；

c） 样品名称、编号、样品形态；

d） 测量条件（如测量温度和湿度等）；

e） 测量仪器；

f） 测量结果；

g） 其他必要的试验记录内容；

h） 检验者、审核者及检验日期。

ICS 17.040.20
G 04

中华人民共和国国家标准化指导性技术文件

GB/Z 26083—2010

# 八辛氧基酞菁铜分子在石墨表面吸附结构的测试方法（扫描隧道显微镜）

Determination for Copper(Ⅱ) octaalkoxyl-substituted phthalocyanine on graphite surface (scanning tunneling microscope)

2011-01-10 发布　　2011-10-01 实施

中华人民共和国国家质量监督检验检疫总局
中国国家标准化管理委员会　发布

# 前　言

本指导性技术文件由中国科学院提出。

本指导性技术文件由全国纳米技术标准化技术委员会纳米材料分技术委员会(SAC/TC 279/SC 1)归口。

本指导性技术文件起草单位:中国科学院化学研究所(分子纳米结构与纳米技术院重点实验室)、国家纳米科学中心。

本指导性技术文件主要起草人:严会娟、任玲玲、雷圣宾、万立骏。

# 八辛氧基酞菁铜分子在石墨表面吸附结构的测试方法（扫描隧道显微镜）

## 1 范围

本指导性技术文件规定了利用扫描隧道显微镜检测八辛氧基酞菁铜分子在石墨表面吸附结构的原理、术语及定义、探针和基底制备、样品制备、测试条件、测试步骤、图像分析以及结果表示等。

本指导性技术文件适用于在常温(10 ℃～35 ℃)和1个大气压环境条件下，用扫描隧道显微镜测试八辛氧基酞菁铜分子在石墨表面的吸附结构。

注：八辛氧基酞菁铜分子[copper(Ⅱ) octaalkoxyl-substituted phthalocyanine，简写为CuPcOC8，化学结构见图2]是酞菁类分子中的一种，应用于光电等研究领域。

## 2 术语和定义

下列术语和定义适用于本指导性技术文件。

2.1

**隧道效应　tunneling effect**

微观粒子在动能小于势垒高度时仍能穿透势垒的现象，是由微观粒子波动性所确定的量子效应。

2.2

**隧道电流　tunneling current**

将扫描探针和被研究的表面作为两个电极，当探针和样品间隙达到纳米尺度时，在外加电场的作用下，电子会穿过两个电极间的势垒流向另一电极而产生的电流。隧道电流是电子波函数重叠的量度，与针尖和样品间的距离以及平均功函数有关。

2.3

**扫描隧道显微镜　scanning tunneling microscope，STM**

根据量子力学中的隧道效应研制的显微镜，通过探测扫描探针与样品间的隧道电流来获取样品表面的形貌及电子态密度信息。

2.4

**解理　cleavage**

晶体材料受到外部机械力作用时，沿一定晶向或晶面有规则地裂开，显示出其稳定的低指数表面的性质。

## 3 原理

扫描隧道显微镜的基本原理是利用量子力学中的隧道效应进行工作，有恒电流和恒高度两种工作模式，当采用恒电流模式进行图像扫描时，可观察样品表面的形貌起伏。

## 4 测试条件

常温(10 ℃ ～ 35 ℃)和1个大气压环境，扫描高定向裂解石墨(HOPG，highly orientated pyrolytic graphite)基底表面，得到如图1所示的图像，则证明仪器工作正常，可以进行八辛氧基酞菁铜分子在石墨表面吸附结构的测试。

## 5 测试步骤

### 5.1 探针制备

采用机械成型法制备铂/铱(Pt/Ir)探针。以锋利的剪刀将一根细铂/铱丝(直径 0.25 mm,比例为 Pt ∶Ir = 90 ∶10)沿轴向约 30°～40°迅速剪断。

### 5.2 基底制备及表征

用导电胶将石墨基底粘在直径为 100 mm～200 mm 的钢片上,通过解理方法制备新鲜石墨表面。将制备的石墨基底放置在扫描隧道显微镜的样品台上作为一个电极,将制备的 Pt/Ir 探针固定在扫描头上作为另一个电极,在常温和 1 个大气压环境条件下用恒电流模式采集图像,图像采集条件为遂道电流 $I$=800 pA～1 000 pA,偏压 $E_{bias}$=10 mV～50 mV,得到石墨基底原子级分辨的 STM 图像(见图 1)。图像具有三重对称性,经傅立叶变换后为呈正六边形结构,单胞参数为 $a=b=0.25$ nm±0.02 nm,$\alpha=60°\pm2°$,如图 1 中的平行四边形所示。

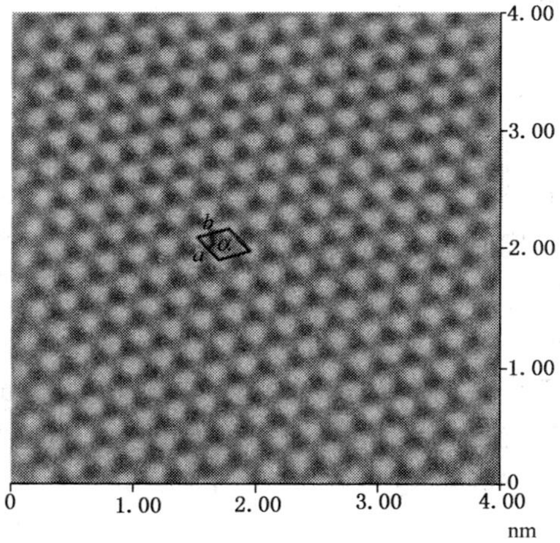


**图 1 石墨表面原子级分辨率的 STM 图像**

### 5.3 样品制备

将八辛氧基酞菁铜分子溶于甲苯(HPLC 级)中得到样品溶液,其浓度范围为 $10^{-6}$ mol/L ～ $10^{-5}$ mol/L。取 5 μL 样品溶液滴在新鲜解理的石墨表面上,待甲苯蒸发完,得到吸附有八辛氧基酞菁铜分子的样品。

### 5.4 样品检测

在得到 5.2 中图 1 所示的石墨基底的 STM 图像后,采用相同的步骤和模式,在相同的实验环境下,采集按 5.3 制备的吸附有八辛氧基酞菁铜分子的石墨表面的 STM 图像,图像采集条件为隧道电流 $I$=920 pA±50 pA, 偏压 $E_{bias}$=−600 mV±50 mV,得到八辛氧基酞菁铜在石墨表面的吸附结构,见图 3。

图 3 显示八辛氧基酞菁铜分子在 STM 图像中呈中心为暗的四个亮瓣组成的结构。图 3 右上角的插入图为单个八辛氧基酞菁铜分子放大的 STM 图像。

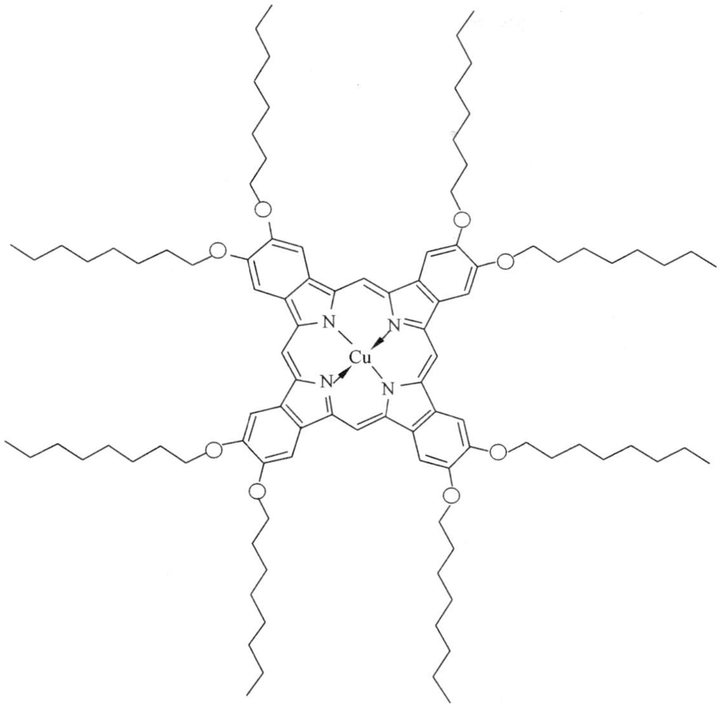


图 2　八辛氧基酞菁铜分子的化学结构

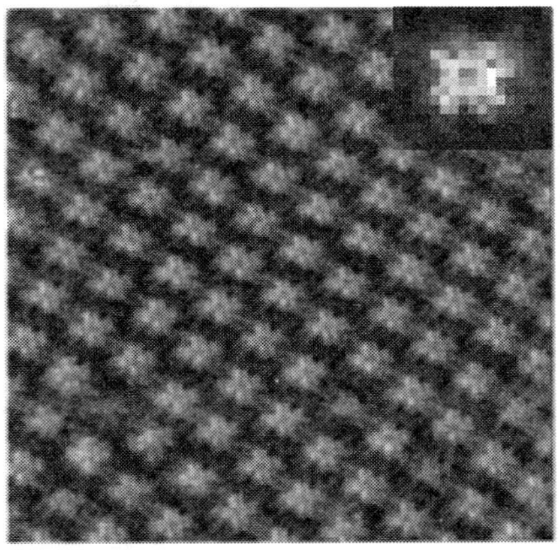

25.4 nm×25.4 nm

图 3　八辛氧基酞菁铜分子在石墨表面吸附结构的 STM 图像，
插入图像为八辛氧基酞菁铜分子的高分辨 STM 图像

## 6　测试结果

在仪器工作状态正常时，使用推荐参数扫描八辛氧基酞菁铜分子在石墨表面的吸附结构，得到如图 3 所示的八辛氧基酞菁铜分子的 STM 图像。